浙江省普通本科高校"十四五"重点教材

U0182749

工程结构抗震设计

谢　旭　王激扬

张　鹤　方火浪

编著

ZHEJIANG UNIVERSITY PRESS

浙江大学出版社

·杭州·

图书在版编目(CIP)数据

工程结构抗震设计/谢旭等编著. —杭州:浙江
大学出版社，2023.3
ISBN 978-7-308-23561-7

Ⅰ.①工… Ⅱ.①谢… Ⅲ.①建筑结构－抗震设计
Ⅳ.①TU352.104

中国国家版本馆 CIP 数据核字(2023)第 038582 号

工程结构抗震设计

谢　旭　王激扬　张　鹤　方火浪　编著

责任编辑	石国华
责任校对	杜希武
封面设计	周　灵
出版发行	浙江大学出版社
	（杭州市天目山路 148 号　邮政编码 310007）
	（网址：http://www.zjupress.com）
排　　版	杭州星云光电图文制作有限公司
印　　刷	杭州杭新印务有限公司
开　　本	787mm×1092mm　1/16
印　　张	22.5
字　　数	520 千
版 印 次	2023 年 3 月第 1 版　2023 年 3 月第 1 次印刷
书　　号	ISBN 978-7-308-23561-7
定　　价	68.00 元

版权所有　翻印必究　印装差错　负责调换

浙江大学出版社市场运营中心联系方式：0571－88925591；http://zjdxcbs.tmall.com

前　言

目前有关工程结构抗震设计的教材已有很多种版本,但是这些教材的内容都偏重建筑结构,对其他工程结构的抗震设计方法涉及较少。尽管建筑结构的抗震设计方法在工程结构抗震设计中有特别重要的地位,但是在本科大类教育为发展趋势的当今,既有教材还不能满足工程结构抗震设计的教学需要。为此,我们在浙江大学建筑工程学院的支持下,结合浙江大学土木、水利与交通工程专业覆盖的专业方向编写了这本教材,内容包括地震工程基础理论、场地与基础、建筑结构、桥梁结构、地下结构、减隔震结构以及水工结构的抗震设计方法,编写的思路是以基础理论为重点,应用地震工程的基础理论(如场地地震运动、结构线性和非线性地震反应计算理论),结合震害、现行规范和标准的设计要求,阐述各类工程结构的抗震设计方法。另外,除有特别说明外,书中引用的规范和标准只说明其名称,没有注明其版本,在参考文献中列出了本书引用的规范和标准的版本。

本书第 1 章、第 2 章由方火浪研究员编写;第 3 章、第 8 章和第 10 章由谢旭教授编写,其中的算例由诸葛翰卿博士协助完成;第 4 章至第 7 章主要由王激扬副教授编写,谢旭分担这些章部分内容的编写;第 9 章和第 11 章由张鹤教授编写。全书最后由谢旭修改并统稿。在编写过程中,引用了文献资料的部分内容,并从不同途径获得震害照片及其他资料,在此向原作者表示感谢。由于编者水平有限,书中存在的错误、不妥以及疏漏之处,敬请读者批评指正。

编　者

2022 年 7 月

目　录

第1章　地震基础知识和抗震设防目标

地震是由于地壳中岩体的错动断裂导致地球内部长期积累的能量突然释放而引起地表振动的一种自然现象。地球每年会发生大约 500 万次地震,其中造成人类灾害的地震有 20 次左右。我国是一个多地震国家,年均 5 级以上的地震有 20～30 次,5 级以下的地震有 1000 余次。为了减轻地震造成的灾害程度,人类不断探索地震的发生规律和防灾减灾技术,逐渐形成了抗震设计理论和抗震工程技术分支学科。

本章主要介绍地震基础知识、地震强度及其影响、工程抗震设计设防目标等基础内容,是后续章节学习的基础。

1.1　地震成因与分布

1.1.1　地球构造

地球是一个近似于椭圆形的球体,平均半径约为 6371km。地球从地表面至核心由三个不同物质的球层构成:地壳、地幔和地核(见图 1.1.1)。

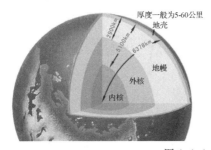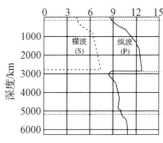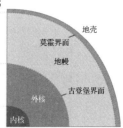

图 1.1.1　地球构造及介质的波速变化

地壳是地球表面的一个薄层,它由多个大小不等的不连续块体组成,上表面呈高低起伏的形态,下侧为莫霍界面。地壳的厚度并不均匀,大陆地壳的平均厚度约 35km,青藏高原的地壳厚度 50～70km,而海洋地壳的厚度仅 5～10km。地壳外侧主要是花岗岩层,内侧主要是玄武岩层或辉长岩层。

地幔是地壳下面至介质波速发生急剧变化的古登堡界面以上的中间层,厚度约 2865km,主要由致密的造岩物质构成,是地球内部体积最大的一层。地幔又可分为上地幔和下地幔两层。上地幔的顶部存在一个可能是岩浆发源地的软流圈,推测是由于放射性元素大量富集、变质和放热、高温软化岩石和局部熔融造成的。软流圈以上的地幔部分和地壳共同组成了岩石圈。下地幔的温度、压力和密度均较大,物质呈可塑性固态。

地核是地幔下面的地球中心层,平均厚度约 3478km。地核可分为外核和内核两层,外核厚度约 2200km,物质大致呈液态,可流动;内核是一个半径约为 1278km 的球,推测是固态物质。地核的温度和压力都很高,估计分别在 5000℃ 和 1320MPa 以上。

地壳和地幔上部是发生地震的主要位置。

1.1.2 地震成因与类型

根据成因不同,地震可分为构造地震、火山地震、塌陷地震和人为地震四类。

1. 构造地震

地球构造板块学说认为,地壳主要由不连续的六大板块组成,分别是太平洋板块、欧亚板块、非洲板块、美洲板块(北美板块和南美板块)、印度洋—澳大利亚板块板块和南极板块(见图 1.1.2)。地壳与上地幔的岩石层组成厚约 100km 的全球岩石圈,地幔上部软流层的物质由海岭涌出,推着软流层上面的岩石圈发生水平运动,导致板块边缘的岩石应力不断积蓄。当积蓄的应力超过岩石的极限值时,岩石会发生断裂或错动,积蓄的能量得到释放,并以地震波的形式向四周辐射,传到地面引起地面振动和变形。这类因地壳运动引起的地震被称为构造地震。全球发生的地震绝大多数属于构造地震。

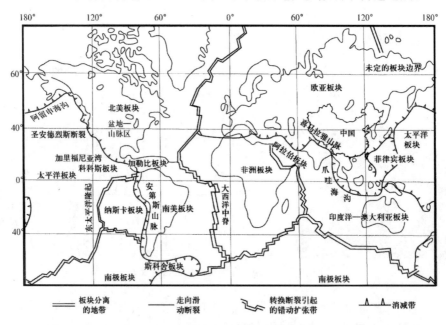

图 1.1.2 地球构造板块

[地图审图号 GS(2009)1345 号,引自顾淦臣等(2009)]

断层是岩石断裂时岩块发生相对位移的位置。根据断层两侧岩块的相对位移方向不同,有正断层、逆断层和平移断层三种形式(见图 1.1.3)。

正断层:岩石因受拉、受剪切而发生的断裂或错动,表现为向外、向下移动[见图 1.1.3(a)]。正断层走向延伸不太稳定,断面参差不齐,断层破碎带比较宽,两侧伴有张拉节理,并造成地层的重复。

逆断层:岩石因受挤压隆起而发生的断裂或错动,表现为向内、向上移动[见图 1.1.3(b)]。断层走向延伸比较稳定或呈弧形弯曲,断面比较平滑,两侧伴有与主断层斜交的破裂,并造成地层缺失。1923 年的日本关东地震、1964 年的美国阿拉斯加地震、2008 年的汶川地震和 2011 年的日本东北太平洋冲地震均为逆断层型地震。

平移断层:岩石沿水平方向平行错位,向两侧移动[见图 1.1.3(c)]。面向断层的延伸方向,如其右侧相对向身后运动,称其为右平移断层,反之则称其为左平移断层。1906 年的美国旧金山地震为平移断层型地震。

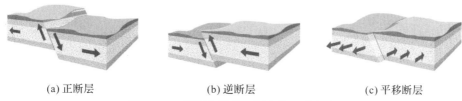

(a) 正断层　　　　　　　(b) 逆断层　　　　　　　(c) 平移断层

图 1.1.3　断层分类及两侧岩块运动方向

2. 火山地震

火山地震是火山爆发时岩浆或气体猛烈冲击围岩引起的地面振动。与构造地震相比,火山地震强度弱,发生频率低,影响范围小。这类地震占各类地震总数的 7% 左右,主要分布在南美洲、日本等地。例如,1914 年日本樱岛火山喷发引起 6.7 级地震。

3. 塌陷地震

塌陷地震是岩洞、溶洞、矿区的采空区等因某种原因造成塌陷所引起的小范围地面振动。这类地震影响范围小,数量少,占各类地震总数的 3% 左右。国外发生过最大达 5 级的矿山塌陷地震,我国也曾发生过 4 级的矿山塌陷地震。

4. 人为地震

人为地震主要是由爆炸以及水库大量蓄水或过多抽水、油气田注水等行为引起地应力突然变化导致的地面振动。这类地震发生在爆炸点、水库、油气田附近地区,深度浅,影响范围小。30 多个国家的 100 多座水库因蓄水而诱发地震,1962 年我国广东省新丰江水库库区曾发生过因水库蓄水诱发 6.1 级地震。

1.1.3　地震分布

1. 全球地震活动与分布

全球大部分地震发生在板块交界处,并形成环太平洋、欧亚和海岭三大地震带(见图 1.1.4)。

环太平洋地震带:该地震带位于太平洋周边地区,包括南美洲的智利、秘鲁,北美洲的危地马拉、墨西哥、美国等国家的西海岸,阿留申群岛、千岛群岛、日本列岛、琉球群岛以及菲律宾、印度尼西亚和新西兰等国家和地区。该地震带是地震活动最强烈的地震带,全球约80%的地震都发生在这条地震带上。

欧亚地震带:该地震带从地中海北岸开始,沿着阿尔卑斯山脉和喜马拉雅山脉,经意大利亚的平宁半岛和西西里岛、土耳其、伊朗、巴基斯坦、印度北部、我国青藏高原南部,并在印度东部与环太平洋地震带相连接,全长两万多公里,集中了约15%的全球地震。

海岭地震带:又称洋脊地震带,分布在太平洋、大西洋、印度洋中的海岭(海底山脉)。由于该地震带不在人类居住和活动区域,且地震发生的次数占比不大,人们对它的关注相对比较少。

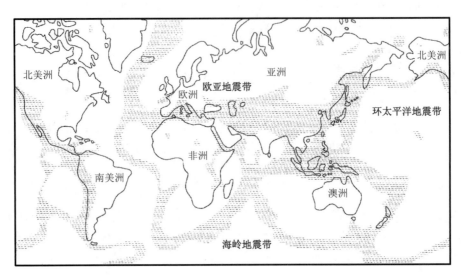

图1.1.4 全球地震带分布

[地图审图号 GS(2009)1345号,引自顾淦臣等(2009)]

2. 我国地震活动分布

我国地处世界两大地震带——环太平洋地震带与欧亚地震带之间,受太平洋板块、印度洋板块和亚欧板块的挤压,地震断裂带发育,地震活动频度高、强度大、震源浅、分布广。我国地震活动主要分布在五个地区的23条地震带上。这五个地区分别是:①西南地区,主要是西藏、四川西部和云南中西部;②西北地区,主要在甘肃河西走廊、青海、宁夏、天山南北麓;③华北地区,主要在太行山两侧、汾渭河谷、阴山—燕山一带、山东中部和渤海湾;④东南沿海的广东、福建等地;⑤台湾省及其邻近海域。西藏、新疆、云南、四川、青海等省区位于喜马拉雅—地中海的欧亚地震带上,东南沿海和台湾省位于环太平洋地震带上。华北地区的地震属于板块内部地震。

青藏高原地震区是我国地震活动强烈、大地震频繁发生的最大地震区。据统计,这里8级以上地震发生过9次,7~7.9级地震发生过78次,均居全国之首。新疆、台湾地震区曾发生过8级的地震。华南地震区的东南沿海外带地震带发生过1604年福建泉州8级地震、1605年海南琼山7.5级地震和1918年广东南澳7.3级地震。表1.1.1为20世纪以来我国10次8级及以上强震记录。

表 1.1.1　20 世纪以来我国 10 次 8 级及以上强震记录

序号	时间	地震名称	震级	震中位置
1	1902-08-22	新疆阿图什	8.3	39.8°N,76.2°E
2	1906-12-23	新疆玛纳斯	8.0	45.3°N,85.0°E
3	1920-06-05	台湾花莲东南海中	8.0	23.5°N,122.7°E
4	1920-12-16	宁夏海源	8.5	36.7°N,105.7°E
5	1927-05-23	甘肃古浪	8.0	37.60°N,102.80°E
6	1931-08-11	新疆富蕴	8.0	46.44°N,89.54°E
7	1950-08-15	西藏察隅	8.5	28.5°N,96.0°E
8	1951-11-18	西藏当雄	8.0	30.5°N,91.05°E
9	1972-11-25	台湾新港东海中	8.0	25.05°N,121.50°E
10	2008-05-12	汶川地震	8.0	31.01°N,103.42°E

1.1.4　地震的空间位置和时间序列

震源是地震发生的起始位置,即断层开始破裂的地方。震源在地面的投影称为震中;震源到震中的距离称为震源深度;震中到地面任一观测点的距离称为震中距;震源到地面任一观测点的距离称为震源距;地面任一观测点至地震断层地表破裂迹线或断层面延伸至地表位置的最短距离称为断层距。图 1.1.5 为地震空间位置术语示意图。

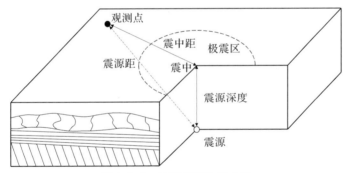

图 1.1.5　地震空间位置术语

根据震源深度不同,地震分为浅源地震、中源地震和深源地震。浅源地震的震源深度小于 60km,中源地震的震源深度为 60～300km,深源地震的震源深度大于 300km。全球大部分地震属于浅源地震,我国发生的地震绝大部分震源深度为 10～20km。

根据震中距大小不同,地震可分为地方震、近震、远震。地方震的震中距小于100km,近震的震中距为 100～1000km,远震的震中距大于 1000km。在震中附近,振动最剧烈、破坏最严重的地区称为极震区。

根据发生时间的先后顺序,地震可分为前震、主震和余震。一个地震序列中最强的地震称为主震,主震前在同一震区发生的较小地震称为前震,主震后在同一震区陆续发生的较小地震称为余震。

1.2　地震波及其传播

从断层释放出来的能量以地震波的形式传播到地表。地震波是从震源向四周辐射的弹性波,其传播过程大致可划分为两个阶段(见图1.2.1),第一阶段是从震源经过地壳传到深层基岩,第二阶段是从基岩传至地表。在第一阶段,地震波的变化主要表现为振幅的衰减;在第二阶段,地震波需要穿过地表覆盖层。由于覆盖层存在性质不同的土层界面,地震波在界面上会发生折射和反射,因此地震波到达地表后其频率和振幅特性与覆盖层的土层结构和地质条件相关。由于覆盖层的弹性模量较基岩小,地表的振幅通常大于基岩的振幅。

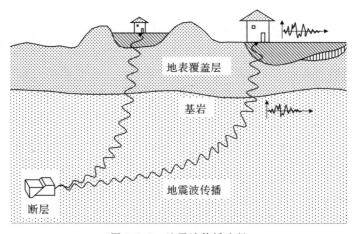

图 1.2.1　地震波传播途径

地震波可分为体波和表面波两大类,震源向四周辐射的振动波为体波,在地表经反射后在地表附近会形成表面波。

1.2.1　体波

体波是指在地球内部传播的波,包含纵波和横波两种。

纵波是压缩波,是质点间弹性压缩与张拉变形相间出现、周而复始的过程。纵波可在固体和液体中传播,波的传播方向与质点振动方向一致,如图1.2.2(a)所示。横波是剪切波,波的传播方向与质点振动方向垂直[见图1.2.2(b)],横波只能在固体介质中传播。

假定地球为各向同性弹性介质,纵波与横波的传播速度为

$$V_p = \sqrt{\frac{\lambda + 2G}{\rho}} = \sqrt{\frac{E(1-\nu)}{(1+\nu)(1-2\nu)\rho}} \tag{1.2.1}$$

$$V_s = \sqrt{\frac{G}{\rho}} = \sqrt{\frac{E}{2(1+\nu)\rho}} \tag{1.2.2}$$

式中：V_p 为纵波速度；V_s 为横波速度；ρ 为介质密度；E 为弹性模量；ν 为泊松比；λ 为拉梅常数，$\lambda = \dfrac{E\nu}{(1-\nu)(1-2\nu)}$；$G$ 为剪切模量，$G = \dfrac{E}{2(1+\nu)}$。

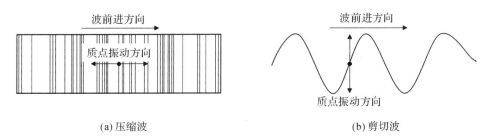

(a) 压缩波　　　　　　　　　　　　　(b) 剪切波

图 1.2.2　体波的传播方向与质点振动方向

岩体泊松比一般为 0.22 左右，由式 (1.2.1) 和式 (1.2.2) 可以得到纵波速度为横波速度的 1.67 倍。由此可见，纵波波速较快，先于横波到达，故称 P 波（Primary wave）；横波要慢一些，随后到达，故称为 S 波（Secondary wave 或 Shear wave）。S 波根据质点的振动方向不同还可以细分为 SH 波和 SV 波，其中 SH 波的质点振动方向在水平面上，SV 波的质点振动方向在竖直平面上。

1.2.2　面波

面波是体波经地层界面多次反射形成的次生波，沿介质表面或地球表面传播，有瑞利波（Rayleigh 波，R 波）和勒夫波（Love 波，L 波）两种。

R 波是各向同性的半无限弹性体表面附近的波动。R 波传播时[见图 1.2.3(a)]，介质质点在前进方向的竖直平面内作后退的椭圆振动（当波向右传播时，椭圆是逆时针方向旋转），长轴在深度方向。位移振幅随着深度的增大而逐渐减小，深层的位移为零。

当在半无限弹性体上面存在一厚度均匀的弹性表层，且表层剪切波速小于下层剪切波速时，则在表层及两层交界面附近存在 L 波。L 波传播时[见图 1.2.3(b)]，介质质点的振动方向平行于地表平面，与波的传播方向垂直。图中 $abcd$ 为地表平面上的波动曲线，be 和 cf 为质点位移沿着深度的分布曲线。

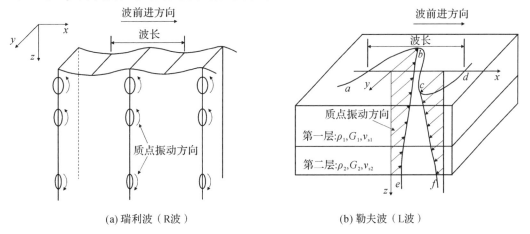

(a) 瑞利波（R波）　　　　　　　　　　(b) 勒夫波（L波）

图 1.2.3　面波质点振动方式

地震波的传播速度以纵波最快,横波次之,面波最慢。然而,受地震规模、震源机制、传播介质、传播路径等因素的影响,地表的地震波为各种波形相互叠加的结果,地震波记录中很难分离出各类弹性波。

1.2.3　地震波记录及其特性

地震波是由地震仪记录到的观测点的振动过程,是判断地震发生时间、震级和震源位置的重要依据,也是结构地震反应计算的地震输入。记录的地震波一般为加速度时程,通过积分计算获得速度和位移时程。图 1.2.4 是 2008 年汶川地震时茂县台站记录到的地震加速度时程和经频谱计算得到的功率谱曲线,EW、NS 和 UD 分别表示东西方向、南北方向和上下方向。

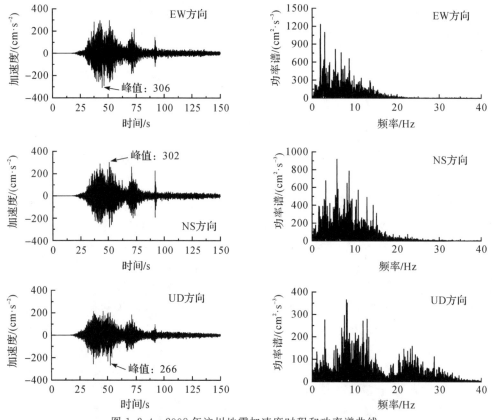

图 1.2.4　2008 年汶川地震加速度时程和功率谱曲线

地震时程中的峰值、频谱特性和持续时间是反映地震动强度的三个要素。

1.峰值

峰值是指地震记录中的最大值,是描写地面运动强烈程度的最直观的参数。从图 1.2.4 中的加速度时程可以看出,EW、NS 和 UD 方向的加速度峰值分别为 306cm/s²、302cm/s² 和 266cm/s²。

2. 频谱特性

地震波的频谱特性反映了地震波中所包含的各种频率的振动大小。地震动时程通过傅里叶变换可以获得频域信息,即地震波的频谱特性(详见§3.9)。频谱特性可以用傅里叶谱或功率谱来表示。从图 1.2.4 中的加速度功率谱曲线可以看出,UD 方向的高频分量比 EW 和 NS 方向的高频分量丰富,EW、NS 和 UD 方向的主频分别约为 1.8Hz、5.9Hz 和 8.1Hz。

震级、震中距和场地条件对地震波的频谱特性有重要影响。震中距较远的观测点受到表面波成分的影响,地震波中长周期成分丰富;近断层的地震波因受断层滑动过程的影响,长周期成分也较卓越。此外,场地条件也是影响地震波频谱特性的重要参数。

3. 持续时间

震害经验和研究表明,地震动持续时间对结构地震损伤程度有较大的影响。结构经长时间地震反复作用后会出现裂纹、裂纹扩展和刚度进一步退化的情况,加大结构地震损伤程度。

1.2.4　人工地震动合成

地震动是结构地震反应计算的输入数据。历史地震记录虽然能真实反映地震动的基本特征,然而,历史地震记录的数量有限,我们很难找到能满足抗震设计要求的地震记录。因此,在结构抗震设计时需要模拟能反映地震动统计特征和满足工程场地条件的人工地震动作为输入条件。

人工地震动模拟方法很多,三角级数合成方法是一种较常用的方法。三角级数法的基本思想是用一组频率、相位不同的三角级数之和构造一个高斯平稳过程,然后乘以强度包络函数,调整时域的幅值获得非平稳时程,并通过迭代计算使其反应谱(有关反应谱的相关内容将在第 3 章讨论)逐渐逼近设定的目标谱。这种模拟方法的计算步骤如下。

(1)根据确定的目标反应谱算出与此对应的地震动功率谱

$$S(\omega) \approx -\frac{\xi}{\pi\omega} \frac{S_a^2(\omega)}{\ln\left(-\dfrac{\pi}{\omega T_d}\ln p\right)} \tag{1.2.3}$$

式中:$S(\omega)$ 为地震动的功率谱;$S_a(\omega)$ 为目标反应谱;ω 为圆频率;T_d 为地震动持续时间;ξ 为阻尼比;p 为计算反应谱的平均幅值不超过目标反应谱幅值的概率系数,一般取 $p \geqslant 0.85$。

(2)用一组三角级数构造均值为零的高斯平稳随机过程 $a(t)$,即

$$a(t) = \sum_{k=1}^{N} C(\omega_k)\cos(\omega_k t + \varphi_k) \tag{1.2.4}$$

式中:ω_k 为第 k 个频谱的圆频率;t 为时间(s);φ_k 为 $[0, 2\pi]$ 范围内均匀分布的随机初相位;N 为离散频率总数;$C(\omega_k)$ 为第 k 个频谱的傅里叶幅值谱。根据傅里叶幅值谱与功率谱的关系,$C(\omega_k)$ 可表示为

$$C(\omega_k) = \sqrt{4S(\omega_k)\Delta\omega} \tag{1.2.5}$$

式中:$\Delta\omega = \dfrac{2\pi}{T_d}$;$\omega_k = k\Delta\omega$。

(3)将地震动加速度时程 $A(t)$ 视为平稳随机过程 $a(t)$ 与考虑非平稳特性的强度包

络函数 $f(t)$ 的乘积,即

$$A(t) = a(t)f(t) \tag{1.2.6}$$

强度包络函数通常根据历史强震记录的统计资料确定,一般定义为三段曲线形式(见图 1.2.5)

$$f(t) = \begin{cases} (t/t_1)^2, & 0 < t \leqslant t_1 \\ 1, & t_1 < t \leqslant t_2 \\ \exp\big(-c(t-t_2)\big), & t_2 < t \leqslant T_d \end{cases} \tag{1.2.7}$$

式中:t_1 和 t_2 分别为地震波平稳时间段的起始和结束时刻;c 为 $0.1 \sim 1.0$ 的常数。

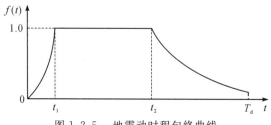

图 1.2.5　地震动时程包络曲线

（4）由上述过程生成的人工地震动的反应谱与目标反应谱有偏差时,将人工地震动的反应谱与目标反应谱进行比较,并按以下公式修改傅里叶幅值谱

$$C_{n+1}(\omega_k) = C_n(\omega_k) \frac{S_a(\omega_k)}{S_{an}(\omega_k)} \tag{1.2.8}$$

式中:$C_n(\omega_k)$ 和 $S_{an}(\omega_k)$ 分别为经过 n 次迭代后生成的人工地震波的傅里叶幅值谱和反应谱。

将修改后的傅里叶幅值谱 $C_{n+1}(\omega_k)$ 代入式（1.2.4）生成新的平稳过程,再乘以包络函数 $f(t)$ 获得新的人工地震动,通过不断迭代,直到满足收敛条件为止。作为一个例子,计算图 1.2.6(a) 的虚线目标反应谱的地震动加速度时程,取 t_1、t_2 和 T_d 分别为 8s、23s 和 40s,c 和 p 分别为 0.2 和 0.85。图 1.2.6(b) 为按上述方法合成的人工地震动加速度时程,得到的地震动加速度时程的反应谱曲线为图 1.2.6(a) 的实线,结果与目标反应谱吻合。

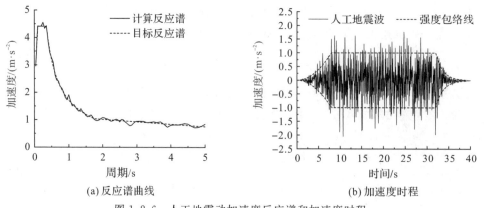

(a) 反应谱曲线　　　　　　　　　(b) 加速度时程

图 1.2.6　人工地震动加速度反应谱和加速度时程

1.3　地震强度

1.3.1　地震震级

1935 年,美国地震学家里克特(Richter)最先提出用震级衡量地震大小的概念。地震震级定义为标准地震仪(Wood Anderson 扭摆式地震仪,周期 0.8s,阻尼系数 0.8,放大倍数 2800 倍)在距离震中 100km 处的地面记录到的最大水平位移幅值(μm)的对数值。当记录到的最大水平位移幅值不在上述地点时,里氏震级按下式修正

$$M = \lg A - \lg A_0(\Delta) \tag{1.3.1}$$

式中:M 为震级;Δ 为震中距;A 为地震记录中的最大水平位移幅值(μm);A_0 为标准地震在同一震中距处的最大水平位移幅值(μm);$\lg A_0(\Delta)$ 称为标定函数,表示零级地震时在不同震中距的振幅对数值。由式(1.3.1)可知,震级增大一级,地震位移值增大 10 倍。

地震震级与断层释放的能量大小相关。地震释放的能量与震级的关系可表示为

$$\lg E = 1.5M + 11.8 \tag{1.3.2}$$

式中:E 为地震释放的能量(尔格)。根据这一关系,地震释放的能量与 $10^{1.5M}$ 成正比。震级每增大一级,地震释放的能量增大约 32 倍。

目前,地震学领域一般采用直接反映断层参数的矩震级表示地震大小。矩震级 M_w 定义为

$$M_w = \frac{2}{3}\lg M_0 - 6.06 \tag{1.3.3}$$

式中:M_0 为地震矩(N·m),由断层位置岩石的剪切模量 μ、断层面积 S 和断层的平均位错量 D 按下式计算

$$M_0 = \mu D S \tag{1.3.4}$$

1.3.2　地震烈度

地震烈度是指地震时某一区域的地面和各类建筑物遭受到地震影响的强弱程度。地震烈度与地震震级是两个不同的概念。震级代表地震本身的大小,由震源释放的地震能量决定,一次地震只有一个数值。而烈度在同一次地震中是因地而异,一个地区的烈度不仅与震级、震源深度和震中距有关,而且与地震波传播途径中的地质条件有关。因此,地震烈度反映了一次地震中某一地区地震动多种因素综合强度的总体水平,是对震害影响的综合评价。

地震烈度把地震影响的强烈程度,从无感、有感到建筑物毁坏、山河改观等划分为若干等级,以统一的尺度衡量地震影响的强烈程度。各国根据本国国情制定了相应的地震烈度表。我国和西方国家采用的改进麦加利烈度表(MMS)共分 12 个等级。日本将无感定为 0 度,有感则分为 1 至 7 度,共分 8 个等级。表 1.3.1 是《中国地震烈度表》,规定了地震烈度等级和评定地震烈度的房屋类别,以及地震烈度评定方法。评定指标包括房屋震害、人的感觉、器物反应、生命线工程震害、其他震害和仪器测定的地震烈度。评定方法为综合运用宏观调查和仪器测定的多指标方法。

表 1.3.1　中国地震烈度

地震烈度	评定指标							仪器测定的地震烈度 I_1	合成地震动的最大值	
	房屋震害			人的感觉	器物反应	生命线工程震害	其他震害现象		加速度 /(m/s²)	速度 /(m/s)
	类型	震害程度	平均震害指数							
I(1)	—	—	—	无感	—	—	—	$1.0 \leq I_1 < 1.5$	1.80×10^{-2} $(<2.57 \times 10^{-2})$	1.21×10^{-3} $(<1.77 \times 10^{-3})$
II(2)	—	—	—	室内个别静止中的人有感觉,个别较高楼层中的人有感觉	—	—	—	$1.5 \leq I_1 < 2.5$	3.69×10^{-2} $(2.58 \times 10^{-2} \sim 5.28 \times 10^{-2})$	2.59×10^{-3} $(1.78 \times 10^{-3} \sim 3.81 \times 10^{-3})$
III(3)	—	门、窗轻微作响	—	室内少数静止中的人有感觉,少数较高楼层中的人有明显感觉	悬挂物微动	—	—	$2.5 \leq I_1 < 3.5$	7.57×10^{-2} $(5.29 \times 10^{-2} \sim 1.08 \times 10^{-1})$	5.58×10^{-3} $(3.82 \times 10^{-3} \sim 8.19 \times 10^{-3})$
IV(4)	—	门、窗作响	—	室外少数人有感觉,室内多数人,少数人睡梦中惊醒	悬挂物明显摆动,器皿作响	—	—	$3.5 \leq I_1 < 4.5$	1.55×10^{-1} $(1.09 \times 10^{-1} \sim 2.22 \times 10^{-1})$	1.20×10^{-2} $(8.20 \times 10^{-3} \sim 1.76 \times 10^{-2})$
V(5)	—	门窗、屋顶、屋架颤动作响,灰土掉落,个别房屋墙体抹灰出现细微裂缝,个别老旧A1类或A2类房屋墙体出现轻微裂缝或原有裂缝扩展,个别屋顶烟囱掉砖,个别檐瓦掉落	—	室内绝大多数、室外多数人有感觉,多数人梦中惊醒,少数人惊逃户外	悬挂物大幅度晃动,少数架上小物品、个别顶部沉重或放置不稳定器物摇动或翻倒,水晃动并从盛满的容器中溢出	—	—	$4.5 \leq I_1 < 5.5$	3.19×10^{-1} $(2.23 \times 10^{-1} \sim 4.56 \times 10^{-1})$	2.59×10^{-2} $(1.77 \times 10^{-2} \sim 3.80 \times 10^{-2})$

续表

地震烈度	类型	房屋震害		评定指标				仪器测定的地震烈度 I_I	合成地震动的最大值	
		震害程度	平均震害指数	人的感觉	器物反应	生命线工程震害	其他震现象		加速度 /(m/s²)	速度 /(m/s)
Ⅵ(6)	A1	少数轻微破坏和中等破坏，多数基本完好	0.02~0.17	多数人站立不稳，多数人惊逃户外	少数轻家具和物品移动，少数顶部沉重的器物翻倒	个别桥梁挡块破坏，个别拱桥主拱圈出现裂缝及桥台开裂；个别主变压器跳闸；个别老旧支线管道有破坏，局部水压下降	河岸和松软土地出现裂缝，饱和砂层出现喷砂冒水；个别独立砖烟囱轻度裂缝	$5.5 \leqslant I_I < 6.5$	6.53×10^{-1} $(4.57 \times 10^{-1} \sim$ $9.36 \times 10^{-1})$	5.57×10^{-2} $(3.81 \times 10^{-2} \sim$ $8.17 \times 10^{-2})$
	A2	少数轻微破坏和中等破坏，大多数基本完好	0.01~0.13							
	B	多数轻微破坏，大多数中等破坏和基本完好	≤0.11							
	C	大多数或个别轻微破坏，绝大多数基本完好	≤0.06							
	D	大多数或个别轻微破坏，绝大多数基本完好	≤0.04							
Ⅶ(7)	A1	少数中等破坏和毁坏，多数轻微破坏	0.15~0.44	大多数人惊逃户外，骑自行车的人有感觉，行驶中的汽车驾乘人员有感觉	物品从架子上掉落，多数顶部重的器物翻倒，少数家具倾倒	少数桥梁梁块破坏，个别拱桥主拱圈出现明显裂缝以及变形以及少数桥台开裂；个别砌体柱型高压电气设备破坏，少数管道破坏，局部停水	河岸出现塌方，饱和砂层常见喷水冒砂，松软土地上地裂缝较多；大多数独立砖烟囱中等破坏	$6.5 \leqslant I_I < 7.5$	1.35 $(9.37 \times 10^{-1} \sim$ $1.94)$	1.20×10^{-1} $(8.18 \times 10^{-2} \sim$ $1.76 \times 10^{-1})$
	A2	少数中等破坏，多数轻微破坏和基本完好	0.11~0.31							
	B	少数中等破坏，多数轻微破坏和基本完好	0.09~0.27							
	C	少数轻微破坏和中等破坏，大多数基本完好	0.05~0.18							
	D	少数轻微破坏和中等破坏，大多数基本完好	0.04~0.16							
Ⅷ(8)	A1	少数毁坏，多数严重和中等破坏	0.42~0.62	多数人摇晃颠簸，行走困难	除重家具外，室内物品大多数倾倒或移位	少数桥梁梁体移位，开裂及多数拱桥主拱圈开裂严重，少数桥变形；个别砌体柱型高压电气设备破坏，多数瓷柱型高压电气设备破坏；多数支线管道及少数干线管道破坏，部分区域停水	干硬土地上出现裂缝，饱和砂层绝大多数喷砂冒水；大多数独立砖烟囱严重破坏	$7.5 \leqslant I_I < 8.5$	2.79 $(1.95 \sim 4.01)$	2.58×10^{-1} $(1.77 \times 10^{-1} \sim$ $3.78 \times 10^{-1})$
	A2	少数严重破坏，多数中等和轻微破坏	0.29~0.46							
	B	少数严重破坏，多数中等破坏和轻微破坏	0.25~0.50							
	C	少数中等破坏和毁坏，多数轻微破坏和基本完好	0.16~0.35							
	D	少数中等破坏，多数轻微破坏和基本完好	0.14~0.27							

续表

地震烈度	房屋震害 类型	房屋震害 震害程度	平均震害指数	人的感觉	器物反应	生命线工程震害	其他震害现象	仪器测定的地震烈度 I_1	合成地震动的最大值 加速度 /(m/s²)	合成地震动的最大值 速度 /(m/s)
IX(9)	A1	大多数毁坏和严重破坏	0.60~0.90	行动的人摔倒	室内物品大多数倾倒或移位	个别桥梁桥墩局部压溃或重落梁;个别拱桥垮塌或严重变压干跨塌;多数变压器套管破坏,少数基岩裂缝,错动;瓷柱破坏;各类供水管道破坏,渗漏广泛发生,大范围停水	干硬土地上多处出现裂缝,可见基岩裂缝,错动,滑方常见;独立砖烟囱多数倒塌	$8.5 \leqslant I_1 < 9.5$	5.77 (4.02~8.30)	5.55×10^{-1} (3.79×10^{-1}~8.14×10^{-1})
IX(9)	A2	少数毁坏,多数严重破坏和中等破坏	0.44~0.62							
IX(9)	B	少数毁坏,多数严重破坏和中等破坏	0.48~0.69							
IX(9)	C	多数严重破坏和中等破坏,少数轻微破坏	0.33~0.54							
IX(9)	D	少数严重破坏,多数中等破坏和轻微破坏	0.25~0.48							
X(10)	A1	绝大多数毁坏	0.88~1.0	骑自行车的人会摔倒;处于不稳状态的人会摔离原地,有抛起感	—	个别桥梁桥墩压溃或折断,少数落梁;少数拱桥跨塌或濒于跨塌;多数变压器移位,脱轨,套管断裂漏油,多数瓷柱型高压电气设备破坏;供水管网毁坏,全区域停水	山崩和地震断裂出现;大多数独立砖烟囱从根部破坏或倒毁	$9.5 \leqslant I_1 < 10.5$	1.19×10^{1} (8.31~1.72×10^{1})	1.19 (8.15×10^{-1}~1.75)
X(10)	A2	大多数毁坏	0.60~0.88							
X(10)	B	大多数毁坏	0.67~0.91							
X(10)	C	大多数严重破坏和毁坏	0.52~0.84							
X(10)	D	大多数严重破坏和毁坏	0.46~0.84							
XI(11)	A1		1.00	—	—	—	地震断裂延续很大;大量山崩滑坡	$10.5 \leqslant I_1 < 11.5$	2.47×10^{1} (1.73×10^{1}~3.55×10^{1})	2.57 (1.76~3.77)
XI(11)	A2		0.86~1.00							
XI(11)	B	绝大多数毁坏	0.90~1.00							
XI(11)	C		0.84~1.00							
XI(11)	D		0.84~1.00							
XII(12)	各类	几乎全部毁坏	1.00	—	—	—	地面剧烈变化,山河改观	$11.5 \leqslant I_1 < 12.0$	$>3.55\times10^{1}$	>3.77

注:①"—"表示无内容。②A1类:未抗震设防的土木、砖木、石等房屋;A2类:穿斗木构架房屋;B类:未经震设防的砖混结构房屋;C类:按照Ⅷ度(7度)抗震设防的砖混结构房屋;D类:按照Ⅷ度(7度)抗震设防的钢筋混凝土框架混凝土框架房屋。③表中给出的合成地震动的最大值为所对应的仪器测定的地震烈度中值;加速度和速度数值分别对应附录A中公式(A.5)的PGA和公式(A.6)的PGV;括号内为变化范围。

烈度划分与人的感觉、建筑物的震害和地表现象有关：Ⅰ～Ⅴ度以人的感觉和器物反应为主要评定依据；Ⅵ～Ⅹ度以房屋震害为主要评定依据，同时参照表 1.3.1 中其他各栏评定指标判定的结果；Ⅺ度和Ⅻ度综合房屋震害和地表震害现象。房屋破坏等级划分为基本完好、轻微破坏、中等破坏、严重破坏和毁坏 5 个等级，其定义和对应的震害指数如下。

基本完好：承重和非承重构件完好，或个别非承重构件轻微损坏，不加修理可继续使用，震害指数为 0.00～0.10。

轻微破坏：个别承重构件出现可见裂缝，非承重构件有明显裂缝，不需要修理或稍加修理即可继续使用，震害指数为 0.10～0.30。

中等破坏：多数承重构件出现轻微裂缝，少数有明显裂缝，个别非承重构件破坏严重，需要一般修理后才可使用，震害指数为 0.30～0.55。

严重破坏：多数承重构件破坏较严重，非承重构件局部倒塌，房屋修复困难，震害指数为 0.55～0.85。

毁坏：多数承重构件严重破坏，房屋结构濒于崩溃或已倒毁，已无修复可能，震害指数为 0.85～1.00。

地震震级和烈度是两个不同的概念，但两者之间存在一定的关系，对于中浅源地震，震级 M 与震中烈度 I_0 的近似关系如表 1.3.2 所示。表中值按以下经验关系式得出

$$M = 0.58I_0 + 1.5 \tag{1.3.5}$$

表 1.3.2　震级与震中烈度的关系

震级 M	2	3	4	5	6	7	8	8 以上
震中烈度 I_0	1～2	3	4～5	6～7	7～8	9～10	11	12

1.3.3　地震动的距离衰减

地震动的距离衰减是描述地震动参数在地面随震中距离的变化规律，通过这种关系使震源发生的地震参数与工程场地的地震动参数联系起来，以便预测潜在断层破裂时周围地区可能受到影响的程度。地震动参数可以用位移、速度、加速度等物理量来表示。

地震动参数的衰减规律与地质构造、震级、传播路径、场地条件等因素有关，十分复杂。目前，地震动参数的距离衰减关系通常只考虑震级、距离和场地土层的影响，表示为

$$\lg Y = c_1 + c_2 M + c_3 \lg(R + R_0) + \sigma \tag{1.3.6}$$

式中：Y 为地震动参数，如峰值位移、峰值速度、峰值加速度等；M 为震级；R 为距离，可以是震中距、震源距或断层距；c_1、c_2、c_3 和 R_0 为回归系数；σ 为回归分析中不确定性的随机变量。

1.4　地　震　灾　害

地震对地面及地下结构产生的破坏作用主要表现为地面振动及伴生的地面裂缝、变形等导致结构物损毁、设备和设施破坏、交通和通信中断、生命线工程设施破坏等几种形

式。地震灾害按照发生的时间分为直接灾害和次生灾害两类。直接灾害是指地震破坏直接引起的人员伤亡和财产损失,而次生灾害是指地震破坏引起的间接灾害,如地震诱发的火灾、水灾、有毒物质污染、海啸、泥石流等造成人员伤亡和财产损失。

据统计,因地震时结构物破坏造成的人员伤亡占总数的95%,特别是在早期的强地震中,由于结构物缺乏抗震措施,地震破坏严重,人员伤亡重大。20世纪初以来,人员伤亡比较大的地震有:1923年日本关东地震(M7.9,死亡约24.2万人),1976年唐山地震(M7.6,死亡约24.3万人),1995年日本阪神地震(M7.2,死亡超过6000人),1999年集集地震(M7.6,死亡2405人,受伤超过8000人,失踪79人),1999年土耳其西北部Kocaeli地震(M7.4,死亡18000以上),2008年汶川地震(M8.0,死亡6.9多万人,失踪1.7多万人,受伤超过37.4万人),2010年海地地震中(M7.3,推测死亡人数达到10万~20万人)。此外,2004年印度洋地震(M9.0)中,海啸造成印度尼西亚苏门答腊岛近30万人死亡;2011年日本东北太平洋冲地震(M9.0)引起的海啸导致近2万人失踪和死亡。

1.4.1 直接灾害

1. 地表破坏

地震引起的地表破坏有地裂缝、滑坡塌方、喷砂冒水、软土震陷等几种形式。

地裂缝有两种类型。一类是构造地裂缝,它是地下断层错动在地表留下的痕迹,其走向与断层一致。如1999年我国台湾集集地震中在台中县中学操场形成2.5m的地表落差[见图1.4.1(a)],2007年日本新潟地震(M6.6)发生道路开裂[见图1.4.1(b)]。另一类是重力引起的地裂缝和滑坡塌方。重力引起的地裂缝是土层在地貌重力作用下由于挤压、拉伸和扭曲引起的结果,常发生在古河道、河湖堤岸等地表土质松软潮湿的地方。滑坡塌方多发生在山区或丘陵地区,滑坡会切断道路、冲毁房屋,大规模的滑坡还会吞没村庄、堵塞河流。在2008年汶川地震中,山体滑坡导致汶川县城房屋被掩埋以及道路阻断[见图1.4.1(c)]。

(a) 地表落差   (b) 地表裂缝

(c) 山体滑坡

图1.4.1 地表落差、地表裂缝和山体滑坡

　　喷砂冒水现象发生在地下水位较高、砂层埋深较浅的沿海或平原地区。地震引起的振动会使含水砂土层受到挤压,颗粒结构趋于密实,孔隙水排泄受到限制,引起孔隙水压急剧上升,地下水夹带砂土冒出地面,形成喷水冒砂现象。软土震陷一般发生在高压缩性的饱和软黏土及强度较低的淤泥质土地区。在强震作用下,软土被压密产生沉陷。图1.4.2(a)和图1.4.2(b)分别为1995年日本阪神地震中砂土液化时的地面喷水冒砂和2007年日本新潟地震时的软土震陷灾害。

(a) 液化时地面喷水冒砂　　　　　　　　　(b) 软土震陷

图 1.4.2　液化和软土震陷

2. 结构物破坏

结构物地震破坏主要表现为倒塌、开裂(断裂)、变形等几种形式。

地震导致结构承受巨大的惯性力作用或者过大的相对位移,当组合内力超过结构的承载能力时,延性差的结构会发生倒塌破坏。图1.4.3(a)和图1.4.3(b)分别为历史地震中结构物受到强大的惯性力引起的建筑结构和桥梁破坏例子。

(a) 建筑物破坏

(b) 桥梁破坏

图 1.4.3　地震惯性力引起的结构物破坏

当结构构件之间连接强度低或者支承长度不足时,地震变形引起构件滑落。这类破坏主要发生在装配式结构。在 2008 年汶川地震中,不少住宅因多空板滑落而倒塌,都汶公路庙子坪岷江特大桥发生落梁破坏(见图 1.4.4)。

图 1.4.4　建筑物多空板滑落和桥梁落梁

地基是结构物的支撑体,当地基失效时,地面和地下结构物一般都难以幸免。如在 1964 年日本新潟地震(M7.5)中,砂土液化、地基失效使许多建筑物倾倒或者发生不同程度的破坏[见图 1.4.5(a)];1999 年集集地震中不少建筑物也因地基变形发生倾斜、变形[见图 1.4.5(b)]。

(a)地基液化　　　　　　　　　　　　(b)地基震陷

图 1.4.5　地基失效引起的建筑物倾倒

1.4.2　次生灾害

次生灾害造成的损失有时比直接灾害还要大,尤其是在大城市、大工业区,道路交通设施、给水与排水、电力和通信、煤气等是支撑人民日常生活以及生产活动最基本的要素,其中某一类设施在地震中功能失效会引起其他灾害。例如,1906 年 4 月 18 日美国旧金山地震(M7.8)引起的大火,由于地震导致城市消防灭火功能的丧失,大火烧毁的建筑物达 2.8 万余幢,整个城市几乎成为一片废墟;1960 年 5 月 21 日智利沿海地震(M9.5)引发海啸,海浪高达 20.3m,并以每小时 640km 的速度横扫太平洋,在 22 小时后袭击了 17000km 以外的日本本州和北海道沿海地区,3～4m 的浪高冲毁了海港设施、码头和沿岸建筑物;1970 年 5 月 31 日秘鲁钦博特地震(M7.7),瓦斯卡兰山北峰泥石流从 3750m

的高度泻下，流速达 320km/h，摧毁、淹没了村镇和建筑，导致地貌改观，死亡达 2.5 万人；2008 年的汶川地震引发的山体滑坡和泥石流造成了重大的人员伤亡和经济损失；2011 年日本东北太平洋冲地震（M9.0）引发海啸，不仅引起重大人员伤亡和财产损失，还导致福岛第一核电站 1～3 号机组发生爆炸和核泄漏，带来严重的后果（见图 1.4.6）。

(a) 地震前　　　　　　　　　　　　　　　(b) 地震后

图 1.4.6　海啸引起的核电站破坏

1.5　工程抗震设防标准和目标

1.5.1　地震烈度的概率分布

目前的科技水平还不能精确预测未来可能发生的地震情况，抗震设计采用的地震动强度一般是在历史地震资料统计基础上，综合周围断层活动性以及工程设施重要性来确定的。统计方法有两种，一是直接根据本地区的历史地震动强度资料进行统计，结合场地条件对地震动特性作适当的修正；二是根据该地区历史地震的震级和震源距统计数据，通过地震动距离衰减关系间接推断地震动强度。

在预测地震强度时，假定地震的发生是一个随机变量，在一定年限内，地震发生的次数、时间、空间和强度都是随机的。一般用地震烈度的年平均发生率、超越概率和平均重现期三个随机参数分析地震的危险性。

年平均发生率：地震烈度大于等于给定的地震烈度值的年平均发生率。

超越概率：在一定时期内，工程场地可能遭遇大于或等于给定的地震烈度值的概率。

平均重现期：地震烈度大于等于给定的地震烈度值的平均重现周期。

假定地震发生的概率符合泊松分布，则场地在 t 年内发生 n 次烈度大于等于 I 的地震的概率 $P_t(I,n)$ 可表示为

$$P_t(I,n) = \frac{[\lambda(I)t]^n}{n!}\exp(-\lambda(I)t) \tag{1.5.1}$$

式中：$\lambda(I)$ 为烈度大于等于 I 的地震年平均发生率。根据式（1.5.1），场地在设计基准期 T 内至少发生 1 次烈度大于等于 I 的地震的概率 $P_T(I)$ 为

$$P_T(I)=1-P_T(I,0)=1-\exp(-T/N(I)) \tag{1.5.2}$$

式中：$P_T(I)$ 为设计基准期内的超越概率；$N(I)$ 为平均重现期，$N(I)=\dfrac{1}{\lambda(I)}$。

根据我国华北、西北和西南地区的地震烈度分布统计资料，50 年设计基准期内最大地震烈度的概率分布符合极值Ⅲ型分布，其分布函数 $P(I)$ 可表示为

$$P(I)=\exp\left(-\left(\frac{I_u-I}{I_u-I_m}\right)^k\right) \tag{1.5.3}$$

式中：I_u 为地震烈度上限，取 12；I_m 为众值烈度；k 为形状函数。对式（1.5.3）求导可得最大地震烈度的概率密度函数 $p(I)$ 为

$$p(I)=\frac{k(I_u-I)^{k-1}}{(I_u-I_m)^k}\exp\left(-\left(\frac{I_u-I}{I_u-I_m}\right)^k\right) \tag{1.5.4}$$

地震基本烈度是指某地区在今后一定时间内，在一般场地条件下可能遭受的最大地震烈度。我国根据华北、西北和西南地区的历史震灾记录以及地质构造等资料进行统计分析，定义设计基准期 50 年内超越概率为 10%（重现期约 474 年）的烈度为该地区的基本烈度，一般称为中震烈度或基本地震烈度。此外，我国还定义了众值烈度、罕遇烈度的超越概率。

众值烈度：一般称为小震烈度或多遇地震烈度，以下简称为小震或多遇地震，其设计基准期 50 年内超越概率为 63.2%（重现期 50 年）。

罕遇烈度：一般称为大震烈度或罕遇地震烈度，以下简称为大震或罕遇地震，其设计基准期 50 年内超越概率为 2%（重现期约 2475 年）。

现行《中国地震动参数区划图》新增加了极罕遇地震烈度的概念，将 50 年超越概率为 0.5%（重现期约 9975 年）的称为巨震或极罕遇地震。

众值烈度和罕遇烈度是相对于基本烈度的烈度概念。根据我国统计数据的概率分析，基本烈度与众值烈度差的平均值为 1.55 度，罕遇烈度比基本烈度高 1 度左右。四种烈度之间的关系如图 1.5.1 所示。

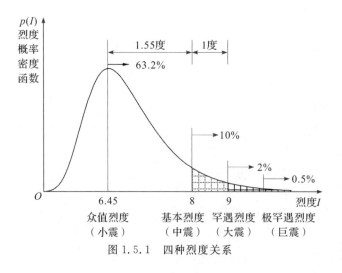

图 1.5.1　四种烈度关系

1.5.2　地震动参数区划图

地震动参数区划图是以烈度和地震动参数为指标,将国土划分为不同地震危险程度或抗震设防等级的地图。区划图作为国家地震设防的基础性标准,与各行业(房屋、水利、交通、能源、化工等)抗震设计标准共同构成了建设工程抗震设防标准体系。我国从20 世纪 30 年代开始做地震区划工作。自新中国成立以来,全国地震烈度区划图已经编制了五次(1956 年、1977 年、1990 年、2001 年、2016 年),历经五代。第一代至第三代的名称为“地震烈度区划图”,第四代和第五代的名称为“中国地震动参数区划图”。

第一代区划图于 1956 年发布,给出了全国最大地震影响烈度的分布。

第二代区划图于 1977 年发布,是用中长期地震预测的方法编制的,给出了未来一百年内场地可能遭遇的最大地震烈度,被建筑抗震设计规范正式引用。

第三代区划图于 1990 年发布,采用了地震危险性分析的概率方法,以 50 年超越概率 10% 在一般场地条件下的烈度值进行区域划分。

第四代区划图于 2001 年发布,以 50 年超越概率 10% 的地震动峰值加速度和特征周期进行区域划分。

2016 年发布的第五代区划图为现行《中国地震动参数区划图》,采用地震危险性分析的概率方法,明确了在基本地震、多遇地震、罕遇地震和极罕遇地震作用下地震动参数的确定方法,以地震动峰值加速度和地震动反应谱特征周期为指标,将国土范围划分为不同抗震设防要求的区域。

理论分析和震害分析表明,在同一烈度下,不同震级、不同震中距的地震引起的地震动特征不同,不同动力特征的结构损伤程度也不同。一般来说,在同一烈度下,震级较大、震中距较远的地震对长周期柔性结构的破坏比震级较小、震中距较近的地震更为严重。其主要原因是高频分量随传播距离的衰减快于低频分量随传播距离的衰减。震级大、震中远的地震波的主频是低频分量,接近长周期高柔性结构的自振周期,存在共振效应。为反映同一烈度下不同震级、不同震中距地震对结构的影响,采用不同的设计特征周期。

图 1.5.2 和图 1.5.3 分别为我国 Ⅱ 类场地基本地震动峰值加速度和基本地震动加速度反应谱特征周期区划图。其中建筑场地根据《建筑抗震设计规范》划分为 Ⅰ～Ⅳ 4,Ⅰ 类场地又分为 I_0 和 I_1 两个亚类(详见第 2 章)。

《中国地震动参数区划图》规定:

(1)多遇地震动峰值加速度宜按不低于基本地震动峰值加速度的 1/3 倍确定;罕遇地震动峰值加速度宜按基本地震动峰值加速度的 1.6～2.3 倍确定;极罕遇地震动峰值加速度宜按基本地震动峰值加速度的 2.7～3.2 倍确定。

(2)多遇地震动加速度反应谱特征周期可按基本地震动加速度反应谱特征周期取值;罕遇地震动加速度反应谱特征周期应大于基本地震动加速度反应谱特征周期,增值不宜低于 0.05s。

(3)I_0、I_1、Ⅲ、Ⅳ 类场地的地震动峰值加速度应根据 Ⅱ 类场地的地震动峰值加速度进行调整,按下式确定

$$a_{max} = F_a a_{maxII} \tag{1.5.5}$$

式中:a_{max} 为非Ⅱ类场地的地震动峰值加速度;$a_{maxⅡ}$ 为Ⅱ类场地的地震动峰值加速度;F_a 为场地的地震动峰值加速度调整系数,可按表 1.5.1 所给值分段线性插值确定(注:《建筑抗震设计规范》还未引入场地地震动峰值加速度调整措施)。

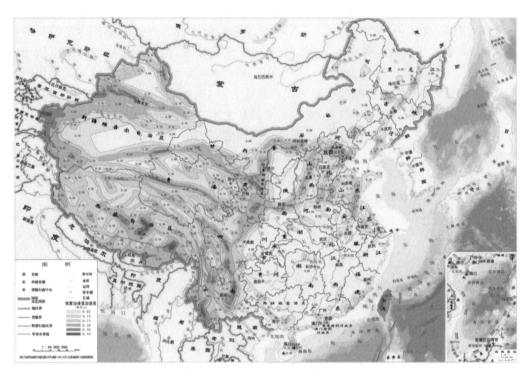

图 1.5.2　我国Ⅱ类场地基本地震动峰值加速度区划图

[地图审图号 GS(2012)710 号,来自中国地震局网站]

表 1.5.1　场地地震动峰值加速度调整系数

Ⅱ类场地地震动峰值加速度	场地类别				
	I_0	I_1	Ⅱ	Ⅲ	Ⅳ
≤0.05g	0.72	0.80	1.00	1.30	1.25
0.10g	0.74	0.82	1.00	1.25	1.20
0.15g	0.75	0.83	1.00	1.15	1.10
0.20g	0.76	0.85	1.00	1.00	1.00
0.30g	0.85	0.95	1.00	1.00	0.95
≥0.40g	0.90	1.00	1.00	1.00	0.90

注:g 为重力加速度。

　　(4) I_0、I_1、Ⅲ、Ⅳ类场地的特征周期应按表 1.5.2 根据Ⅱ类场地的特征周期进行调整(注:《建筑抗震设计规范》仍采用设计地震分组方式,表 1.5.2 第一列的 0.35、0.40 和 0.45 分别对应于设计地震分组的第一组、第二组和第三组)。

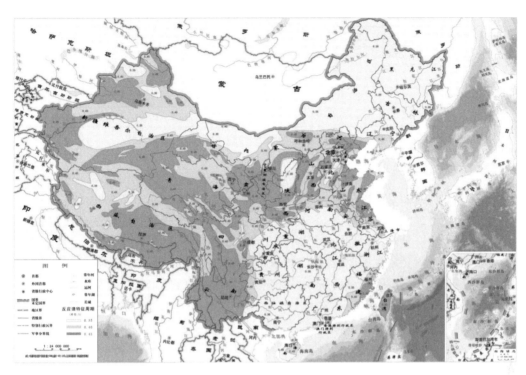

图 1.5.3　我国Ⅱ类场地基本地震动加速度反应谱特征周期区划图

[地图审图号 GS(2012)710 号,来自中国地震局网站]

表 1.5.2　场地基本地震动加速度反应谱特征周期调整　　　　　（单位:s）

Ⅱ类场地基本地震动加速度 反应谱特征周期分区值	场地类别				
	Ⅰ₀	Ⅰ₁	Ⅱ	Ⅲ	Ⅳ
0.35	0.20	0.25	0.35	0.45	0.65
0.40	0.25	0.30	0.40	0.55	0.75
0.45	0.30	0.35	0.45	0.65	0.90

（5）当工程抗震设防或防震减灾需要以地震烈度作为地震危险性的宏观衡量尺度时,可根据Ⅱ类场地的地震动峰值加速度与地震基本烈度的关系确定地震烈度（见表 1.5.3）。

表 1.5.3　Ⅱ类场地地震动峰值加速度与地震基本烈度对照

Ⅱ类场地地震动 峰值加速度	$0.04g{\leqslant}a_{max}$ $<0.09g$	$0.09g{\leqslant}a_{max}$ $<0.19g$	$0.19g{\leqslant}a_{max}$ $<0.38g$	$0.38g{\leqslant}a_{max}$ $<0.75g$	$a_{max}{\geqslant}0.75g$
地震烈度	6	7	8	9	≥10

注:g 为重力加速度。

根据《建筑抗震设计规范》,场地地震烈度和地震动峰值加速度的关系见表 1.5.4,其中极罕遇地震为《建筑隔震设计标准》规定的场地地震烈度和地震动峰值加速度的关系。

表 1.5.4　场地地震烈度和地震动峰值加速度对照　　　　（单位：cm/s²）

抗震设防烈度	6 度	7 度	8 度	9 度
多遇地震	18	35(55)	70(110)	140
设防地震	50	100(150)	200(300)	400
罕遇地震	125	220(310)	400(510)	620
极罕遇地震	160	320(460)	600(840)	1080

注：括号内数值分别用于设计基本地震加速度为 0.15g 和 0.3g 的地区，g 为重力加速度。

1.5.3　抗震设防分类和设防标准

由于不同行业的工程结构各有特点，其抗震性能和抗震要求也各不相同。根据结构使用功能的重要性、结构破坏对社会经济的影响，我国各类结构的抗震设计规范制定了相应的抗震设防分类和设防标准。

建筑物的抗震设防应按照《建筑工程抗震设防分类标准》确定其抗震设防类别及抗震设防标准。建筑抗震设防类别如表 1.5.5 所示，各类别建筑的抗震设防标准应符合下列要求。

特殊设防类（甲类）：抗震设防应按高于本地区抗震设防烈度 1 度的要求加强其抗震措施，但抗震设防烈度为 9 度时应按比 9 度更高的要求采取抗震措施。同时，应按批准的地震安全性的结果且高于本地区抗震设防烈度的要求确定地震作用。

重点设防类（乙类）：抗震设防应按高于本地区抗震设防烈度一度的要求加强其抗震措施，但抗震烈度为 9 度时应按比 9 度更高的要求采取抗震措施。同时，应按本地区抗震设防烈度确定地震作用。

标准设防类（丙类）：抗震设防应按本地区抗震设防烈度确定其抗震措施和地震作用，达到在遭遇高于当地抗震设防烈度的预估罕遇地震影响时不致倒塌或发生危及生命安全的严重破坏的抗震设防目标。

适度设防类（丁类）：抗震设防允许比本地区抗震设防烈度的要求适当降低其抗震措施，但抗震设防烈度为 6 度时不应降低。一般情况下，应按本地区抗震设防烈度要求确定地震作用。

表 1.5.5　建筑抗震设防类别

抗震设防类别	适用范围
特殊设防类（甲类）	指使用上有特殊设施，涉及国家公共安全的重大建筑工程和地震时可能发生严重次生灾害等特别重大灾害后果，需要进行特殊设防的建筑。
重点设防类（乙类）	指地震时使用功能不能中断或需尽快恢复的生命线相关建筑，以及地震时可能导致大量人员伤亡等重大灾害后果，需要提高设防标准的建筑。
标准设防类（丙类）	指大量的除甲、乙、丁类以外按标准要求进行设防的建筑。
适度设防类（丁类）	指使用上人员稀少且震损不致产生次生灾害的建筑，允许在一定条件下适度降低要求的建筑。

《铁路工程抗震设计规范》《城市桥梁抗震设计规范》和《公路桥梁抗震设计规范》根据桥梁在震后修复难易程度及其在交通网络中位置的重要性,将桥梁分为特殊设防类(甲类或 A 类)、重点设防类(乙类或 B 类)、标准设防类(丙类或 C 类)、适度设防类(丁类或 D 类)。

《城市轨道交通结构抗震设计规范》和《地下结构抗震设计标准》根据地下结构涉及国家公共安全和地震时使用功能不能中断或需尽快恢复的生命线相关程度,将地下结构分为特殊设防类(甲类)、重点设防类(乙类)、标准设防类(丙类)。

《水工建筑物抗震设计标准》根据水工建筑物重要性和工程场地地震基本烈度,将水工建筑物分为特殊甲类(1 级—壅水和重要泄水,烈度 ≥6 度)、乙类(1 级—非壅水或 2 级—壅水,烈度 ≥6 度)、丙类(2 级—非壅水或 3 级,烈度 ≥7 度)、丁类(4 级或 5 级,烈度 ≥7 度)。

1.5.4　抗震设防水准和设计方法

抗震设防的目的是减轻结构地震破坏、避免人员伤亡和减少经济损失。鉴于地震的发生在时间、空间和强度上都无法准确预测,保证结构在未来可能发生的地震中不受破坏是不现实和不经济的。抗震设防水准在很大程度上取决于经济和技术条件。为了达到经济与安全的合理平衡,抗震设防目标是对不同频率和强度的地震设置不同的抵抗要求。基于这样的设计思想,我国各类抗震设计规范制定了相应的抗震设防水准和设计方法。

《建筑抗震设计规范》采用三水准设防、两阶段设计。三水准抗震设防目标为"小震不坏,中震可修,大震不倒"。

第一水准:当遭受低于本地区设防烈度的多遇地震(小震)影响时,主体结构不受损坏或不需修理仍可继续使用。

第二水准:当遭受本地区设防烈度的地震(中震)影响时,结构可能损坏,经一般修理或不需修理仍可继续使用。

第三水准:当遭受高于本地区设防烈度的预估罕遇地震(大震)影响时,结构不致倒塌或不发生危及生命的严重破坏。

根据上述三水准抗震设防目标的要求,在第一水准(小震)时,结构处于弹性工作阶段,因此可以采用线弹性动力理论进行结构的地震反应分析,以满足强度要求。在第二、第三水准(中震、大震)时,结构可进入弹塑性工作阶段,通过延性和能量吸收能力来抵抗地震作用。

两阶段设计方法为:

第一阶段设计:按多遇地震烈度对应的地震作用效应和其他荷载效应的基本组合计算结构构件的截面承载力;按多遇烈度对应的地震作用标准值计算结构的弹性变形,并进行弹性变形验算。

第二阶段设计:按罕遇地震烈度对应的地震作用验算结构的弹塑性变形。

第一阶段的设计保证了第一水准的强度要求和变形要求,第二阶段的设计旨在保证结构满足第三水准的抗震设防要求。第二水准的抗震设防目标主要通过抗震构造措施来实现。

采用隔震技术的建筑结构将非隔震建筑结构的"小震不坏,中震可修,大震不倒"提升为"中震不坏,大震可修,巨震不倒",并按三阶段进行设计。

城市及公路桥梁工程采用两水准设防、两阶段设计的方法。第一阶段的抗震设计对应 El 地震作用,采用弹性抗震设计,要求结构处于弹性状态;第二阶段的抗震设计对应 E2 地震作用,要求主要桥梁在地震后具有需要的通行能力。城市轨道交通结构采用三水准设防、三阶段设计,分别对应于 E1 地震、E2 地震和 E3 地震的抗震设防目标。地下结构采用四水准设防、二阶段设计,分别对应于多遇地震、设防地震、罕遇地震和极罕遇地震的抗震设防目标。水工建筑物采用一水准设防、一阶段设计。抗震设防的目标是确保在遭遇设计烈度地震时水工建筑物不会造成严重破坏,并防止其发生次生灾害。

本章习题

1.1 地震按其成因分为哪几种类型? 简述世界地震带和我国地震带分布情况。

1.2 试述构造地震成因的局部机制和宏观背景。

1.3 什么是地震波? 地震波有哪几种? 各类波的传播速度大小关系如何?

1.4 地震动时程的三要素是什么?

1.5 什么是地震烈度? 地震烈度与地震震级之间有什么相关性?

1.6 地震基本烈度的含义是什么?

1.7 抗震设防目标是如何确定的?

1.8 什么是建筑抗震三水准设防目标和二阶段设计方法?

第2章 场地、地基与基础抗震

在第 1 章已经提到,地震波从震源传播到地面过程中,地表覆盖层条件对输入到结构的地震动有较大的影响。地震灾害资料表明,工程结构的地震破坏情况与场地条件密切相关。因此,工程结构抗震设计需要考虑场地条件差异的影响。

本章主要介绍场地地震运动理论以及《建筑抗震设计规范》和《建筑地基基础设计规范》规定的场地分类、地基及基础的抗震性能验算方法、液化地基判别及其抗震措施等内容。

2.1 场地地震运动

2.1.1 场地效应及其影响因素

场地是工程群体所在地,其范围相当于厂区、居民小区和自然村或平面不小于 $1km^2$ 的区域。场地中的土层不但是地震波传播的介质,也是结构物的地基,即结构物的持力层。

结构受到的地震作用是场地的地震波由地基传递给结构的地震动。场地中地震波的传播路径、频率、振幅会受到场地条件的影响,产生地震动的场地效应。局部场地效应有可能导致结构物的地震灾害集中。根据 1923 年日本关东地震(M7.9)和 1967 年委内瑞拉加拉加斯地震(M6.5)的震害调查结果,不同场地的建筑物破坏程度差异很大,这种现象在许多地震中得到证实。

影响场地地震运动的因素主要包括以下几个方面:

(1)场地土层条件。由于土层的滤波特性,土层条件放大或缩小场地的地震反应。一般来说,软土层对场地运动的放大效应大于硬土层,但当软弱夹层位于地表以下一定深度时,可以起到隔震作用,且夹层越厚,隔震的效果越明显。

(2)局部地形地质条件。不规则地形会引起地震波的散射,山梁、河谷、盆地等不规则地形引起散射波、入射波和反射波相互叠加,导致地震动的放大或衰减。

(3)地下水位。地下水位对地震动的影响程度与水位深度、地基土的类型有关,地下水位较浅时影响较大,地下水位较深时影响较小;软土地基受到的影响程度大,坚硬土地基受到的影响小。

2.1.2 场地一维剪切波的重复反射理论

如图 2.1.1 所示,假定 $N-1$ 个水平土层覆盖在均匀半无限空间基岩之上,各土层的厚度、质量密度、剪切模量和阻尼比分别为 h_n、ρ_n、G_n 和 $\xi_n(n=1,2,\cdots,N-1)$，半无限空间基岩的质量密度、剪切模量和阻尼比分别为 ρ_N、G_N 和 ξ_N。局部坐标系 z 轴的坐标原点设置在各层上界面，方向向下为正。

假定入射波为竖向传播的剪切波。这时，微元体（见图 2.1.1）的动力平衡方程可表示为：

$$-\rho_n A\,\mathrm{d}z\,\frac{\partial^2 u_n(z,t)}{\partial t^2}+\left[\tau_n(z,t)+\frac{\partial \tau_n(z,t)}{\partial z}\mathrm{d}z\right]A-\tau_n(z,t)A=0 \quad (2.1.1)$$

式中：$u_n(z,t)$ 和 $\tau_n(z,t)$ 分别为第 n 层内 z 处的水平位移和剪应力；$\mathrm{d}z$ 为微元体的竖向厚度；A 为微元体的面积；t 为时间。

假定土体均为 Kelvin-Voigt 黏弹性体，其应力 — 应变关系可表示为

$$\tau_n(z,t)=G_n\gamma_n(z,t)+\eta_n\frac{\partial \gamma_n(z,t)}{\partial t} \quad (2.1.2)$$

式中：$\gamma_n(z,t)$ 为第 n 土层内 z 处的剪应变；η_n 为黏性系数。

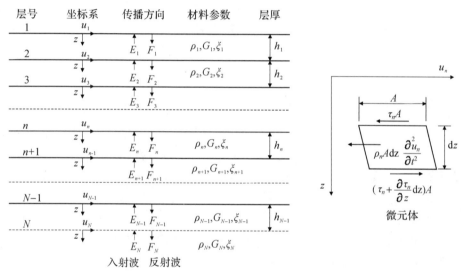

图 2.1.1　水平成层场地的一维波动模型

将几何方程

$$\gamma_n(z,t)=\frac{\partial u_n(z,t)}{\partial z} \quad (2.1.3)$$

代入式(2.1.2)，再把式(2.1.2)代入式(2.1.1)，黏弹性土体的一维剪切波动方程可表示为

$$\rho_n\frac{\partial^2 u_n(z,t)}{\partial t^2}=G_n\frac{\partial^2 u_n(z,t)}{\partial z^2}+\eta_n\frac{\partial^2 u_n(z,t)}{\partial t\partial z} \quad (2.1.4)$$

在简谐波入射条件下，式(2.1.4)的解可写成如下形式

$$u_n(z,t)=U_n(z)\mathrm{e}^{\mathrm{i}\omega t} \quad (2.1.5)$$

式中：U_n 为第 n 层的位移振幅；ω 为圆频率；i 为虚数单位。

将式(2.1.5)代入式(2.1.4)可得

$$(G_n + \mathrm{i}\omega\eta_n)\frac{d^2 U_n}{dz^2} + \rho_n\omega^2 U_n = 0 \tag{2.1.6}$$

式(2.1.6)的稳态解可表示为

$$U_n(z) = E_n \mathrm{e}^{\mathrm{i}k_n z} + F_n \mathrm{e}^{-\mathrm{i}k_n z} \tag{2.1.7}$$

上式中的右边第一项为沿 z 相反方向传播的简谐波,即由土层下面向上传播的入射波;右边第二项为沿 z 方向传播的简谐波,即由土层上面向下传播的反射波;E_n 和 F_n 分别为第 n 层入射波和反射波的振幅;k_n 为第 n 层剪切波波数,定义为

$$k_n^2 = \frac{\rho_n\omega^2}{G_n(1+\mathrm{i}2\xi_n)} = \frac{\rho_n\omega^2}{G_n^*} \tag{2.1.8}$$

式中:$\xi_n = \omega\eta_n/2G_n$;$G_n^* = G_n(1+\mathrm{i}2\xi_n)$ 为复剪切模量。

第 n 层的剪应变和剪应力分别为

$$\gamma_n(z,t) = \frac{\partial u_n(z,t)}{\partial z} = \mathrm{i}k_n(E_n\mathrm{e}^{\mathrm{i}k_n z} - F_n\mathrm{e}^{-\mathrm{i}k_n z})\mathrm{e}^{\mathrm{i}\omega t} \tag{2.1.9}$$

$$\tau_n(z,t) = G_n^*\gamma_n = \mathrm{i}k_n G_n^*(E_n\mathrm{e}^{\mathrm{i}k_n z} - F_n\mathrm{e}^{-\mathrm{i}k_n z})\mathrm{e}^{\mathrm{i}\omega t} \tag{2.1.10}$$

对第 n 层和第 $n+1$ 层,在其界面处满足应力及位移连续条件,即 $\tau_n(h_n,t) = \tau_{n+1}(0,t)$ 和 $u_n(h_n,t) = u_{n+1}(0,t)$,可得第 n 层和第 $n+1$ 层波幅系数的转换关系为

$$\boldsymbol{H}_{n+1} = \boldsymbol{T}_n \boldsymbol{H}_n \quad (n=1,2,\cdots,N-1) \tag{2.1.11}$$

式中:$\boldsymbol{H}_n$ 和 $\boldsymbol{T}_n$ 分别为第 n 层的波幅矢和相邻层间转化矩阵,表示为

$$\boldsymbol{H}_n = [E_n, \quad F_n]^{\mathrm{T}} \tag{2.1.12}$$

$$\boldsymbol{T}_n = \begin{bmatrix} \dfrac{1+\alpha_n}{2}\mathrm{e}^{\mathrm{i}k_n h_n} & \dfrac{1-\alpha_n}{2}\mathrm{e}^{-\mathrm{i}k_n h_n} \\[2mm] \dfrac{1-\alpha_n}{2}\mathrm{e}^{\mathrm{i}k_n h_n} & \dfrac{1+\alpha_n}{2}\mathrm{e}^{-\mathrm{i}k_n h_n} \end{bmatrix} \tag{2.1.13}$$

式中:α_n 为波阻抗比,定义为

$$\alpha_n = \sqrt{\frac{\rho_n G_n^*}{\rho_{n+1}G_{n+1}^*}} \tag{2.1.14}$$

由传递公式(2.1.11)可得顶层和第 n 层波幅系数之间的转换关系为

$$\boldsymbol{H}_n = \overline{\boldsymbol{T}}_n \boldsymbol{H}_1 \tag{2.1.15}$$

式中:$\overline{\boldsymbol{T}}_n$ 为 2×2 阶传递矩阵,表示为

$$\overline{\boldsymbol{T}}_n = \boldsymbol{T}_{n-1}\cdots\boldsymbol{T}_2\boldsymbol{T}_1 = \begin{bmatrix} t_{n,11} & t_{n,12} \\ t_{n,21} & t_{n,22} \end{bmatrix} \tag{2.1.16}$$

式(2.1.15)表明,任意土层中入射波和反射波的位移振幅可表示为第 1 土层中入射波和反射波位移振幅的线性组合。对于给定的圆频率 ω,$\overline{\boldsymbol{T}}_n$ 取决于第 1 层到第 n 层土层的力学性质及第 1 层到第 $n-1$ 层的层厚,与入射波无关。

自由地表的应力条件为

$$\tau_1(0,t) = 0 \tag{2.1.17}$$

将式(2.1.10)代入式(2.1.17)得

$$E_1 = F_1 \tag{2.1.18}$$

由式(2.1.15)、式(2.1.16)和式(2.1.18)可得

$$E_1 = F_1 = \frac{E_n}{t_{n,11} + t_{n,12}} = \frac{F_n}{t_{n,21} + t_{n,22}} \tag{2.1.19}$$

因此,可由任意土层的入射波或反射波的振幅得到地表的波幅,当 $n = N$ 时,则由基底波幅计算地表波幅,即工程中的正演计算。

由式(2.1.15)、式(2.1.16)式(2.1.18)可得

$$E_n = (t_{n,11} + t_{n,12})E_1 \tag{2.1.20}$$

$$F_n = (t_{n,21} + t_{n,22})E_1 \tag{2.1.21}$$

式(2.1.20)和式(2.1.21)表示根据地表的入射波或反射波振幅可以计算下卧任意土层及基底的波幅,此过程为工程中的反演分析。

作为特例,考虑如图 2.1.2 所示的具有不同特性的两土层界面处的入射波、反射波和透射波之间的关系。根据式(2.1.11)~式(2.1.13)和 $F_1 = 0$,可以得到反射波和透射波的振幅与入射波振幅之间的关系为

$$\frac{F_2}{E_2} = \frac{1 - \alpha_2}{1 + \alpha_2} \tag{2.1.22}$$

$$\frac{E_1}{E_2} = \frac{2}{1 + \alpha_2} \tag{2.1.23}$$

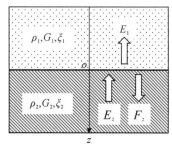

图 2.1.2　两土层界面波动

式中:α_2 为波阻抗比。由式(2.1.14)可得

$$\alpha_2 = \sqrt{\frac{\rho_1 G_1^*}{\rho_2 G_2^*}} \tag{2.1.24}$$

根据式(2.1.22)~式(2.1.24),可以得到:

(1)当透射侧为刚体时(固定边界),$G_1 = \infty$,因此,$\alpha_2 = \infty$,$F_2 = -E_2$,即在界面处产生关于界面对称的后退反射波,界面处的位移为 0。

(2)当透射侧为空气时(自由边界),$G_1 = 0$,因此,$\alpha_2 = 0$,$F_2 = E_2$,即在界面处产生关于界面对称的逆行波,界面处的位移振幅为反射波振幅的 2 倍。

(3)当波从硬土侧向软土侧入射时,$\rho_1 G_1 < \rho_2 G_2$,因此,$\alpha_2 < 1$,$E_1 > E_2$,即透射波振幅大于入射波振幅;当波从软土侧向硬土侧入射时,$\rho_1 G_1 > \rho_2 G_2$,因此,$\alpha_2 > 1$,$E_1 < E_2$,即透射波振幅小于入射波振幅。

对于不规则剪切波,首先通过傅里叶变换将其转换为一系列不同频率、振幅和相位差的简谐波叠加(傅里叶变换参见 §3.9 节),求出目标土层各频率成分的振幅,即频域反应。然后,通过傅里叶逆变换将频域反应转换成时域反应,得到目标土层在不规则剪切波作用下的反应。

纵波的重复反射理论与剪切波相似,这时土层产生竖向振动和竖向正应力。

2.1.3　场地地震反应分析

场地地震反应分析是场地设计地震动参数确定、工程场地地震安全性评价和重大工程抗震设计的重要组成部分。它不仅是解决工程抗震设计中地震动输入问题的主要手

段,如从基岩地震动推算地表土层或地表以下某一深度土层的地震动或地震动特征,或反过来由地表土层的地震动推算基岩地震动或地表以下某一深度土层的地震动,也是研究场地土层结构和土动力特性与地震动关系、土层地震动与各类工程结构地震反应关系的基本工具。

场地地震反应的确定性分析方法可分为两类:一类是时域非线性计算方法,另一类是频域或时域等效线性化方法。时域非线性计算方法在理论上更符合实际情况,能够清晰地反映整个地震反应过程。但是,由于时域动力反应计算涉及土的应力 — 应变本构关系,且计算效率低,实际工程设计中直接应用有一定难度。等效线性化方法使用等效剪切模量和阻尼比代替所有不同应变幅值下的剪切模量和阻尼比,将非线性问题转化为线性黏弹性问题,并采用频域或时域线性波动方法,通过迭代计算求解场地地震反应。由于后者具有参数获取方便、计算量小、易于掌握等优点,这种方法在工程设计中得到广泛应用。

当场地的地貌较平坦且土层水平方向土性变化不大时,可以将其近似为水平成层场地,使场地的地震反应计算简化为一维波动问题。然后,利用一维剪切波重复反射理论和土体频域等效线性化方法,计算水平成层场地的地震反应。具体计算步骤如下:

(1)确定场地基岩及覆盖层的物理及非线性参数,并对场地进行分层。

(2)用傅里叶变换将已知土层的地震波转换为一系列不同频率、振幅和相位差的简谐波。

(3)根据土层等效剪应变 γ_e 的初始值或上一次迭代计算所得值作为剪应变幅值,利用通过室内动三轴等试验得到的土体剪切模量 — 剪应变幅值关系和阻尼比 — 剪应变幅值关系(见图 2.1.3),确定土体的剪切模量 G 和阻尼比 ξ(见图 2.1.4)。

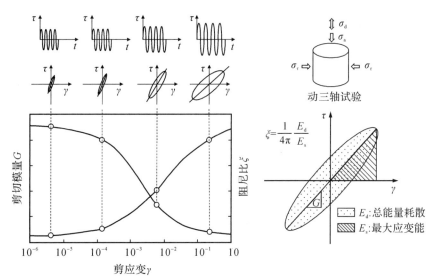

图 2.1.3　剪切模量 — 剪应变幅值关系和阻尼比 — 剪应变幅值关系

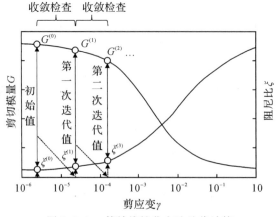

图 2.1.4　等效线性化方法迭代计算

（4）利用一维剪切波重复反射理论，计算各频率分量下整个土层的入射波和反射波振幅，即入射波和反射波的频域反应。

（5）通过傅里叶逆变换将频域反应转换成时域反应，得到各土层的地震反应时程。

（6）根据地震反应分析结果，确定本次迭代计算后各土层新的土体等效剪应变，一般取最大剪应变的 0.65 倍。

（7）计算各土层前后二次迭代的等效剪应变或剪切模量和阻尼比的误差。如果误差在允许范围内，则计算所得结果即为最终的场地地震反应；否则，重复步骤（3）至步骤（6），直到满足计算精度要求为止。

作为应用例子，对图 2.1.5 所示的某实际水平成层地基进行地震反应计算。地震仪设置在地下 47m 处，在某次地震中记录到的地震波（E+F，其中 E 为入射波，F 为反射波）如图 2.1.6 所示。由于基岩上方的地基是非线性的，为了提高计算精度，将其细分为42 层。以观测点的地震波作为已知值，利用一维剪切波重复反射理论和土体频域等效线性化方法，可以得到各土层的地震反应。图 2.1.7(a)和图 2.1.7(b)分别为地表和基岩的计算总加速度（E+F）时程，图 2.1.7(c)为基岩的计算入射加速度（E）时程。比较图 2.1.7(b)和图 2.1.7(c)，可以看出基岩的总加速度峰值大于入射加速度峰值。结果表明，由于地基表层土体的非线性特性，地表加速度大幅度增加。

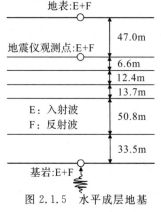

图 2.1.5　水平成层地基

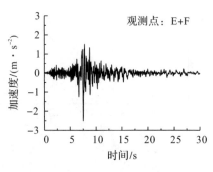

图 2.1.6　观测点的地震波记录

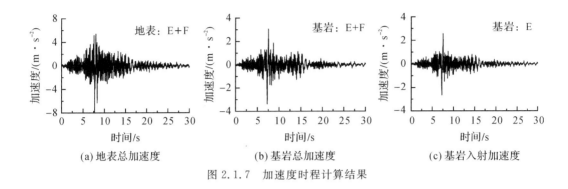

(a) 地表总加速度　　　　　(b) 基岩总加速度　　　　　(c) 基岩入射加速度

图 2.1.7　加速度时程计算结果

　　对于局部地形地质条件复杂的场地，一维地震反应分析方法将不再适用，需采用二维或三维地震反应分析方法。二维分析方法适用于土层沿竖向和沿一个水平方向变化明显而沿另一个水平方向变化不明显的场地地震反应分析。有限元法由于其灵活性可以模拟复杂的地形形状特征与材料特性，具有良好的工程适用性，因此在二维或三维场地的地震反应分析中得到了广泛应用。如图 2.1.8 所示，用有限元法分析场地地震反应相当于在半空间场地内截取一个有限域进行计算和分析，其边界称为人工边界。人工边界将半空间场地划分为近场有限域和远场无限域。对于近场有限域，考虑不规则的地形条件和土层的非线性与非均质特性，而对于远场无限域，一般不作特别考虑，仅体现在截取产生的人工边界条件上。由于人工边界是一个虚拟的物理边界，因此在对近场有限域进行有限元建模时，必须对人工边界施加适当的边界条件来模拟连续土体的辐射阻尼，以保证非均匀土层中产生的散射波从近场有限计算区域内部穿过人工边界而不发生反射。为了解决这一问题，国内外学者通过研究提出了一些有效的模拟方法。目前，最常用的方法是在人工边界上设置法向和切向阻尼器单元（黏性边界）或法向和切向弹簧—阻尼器单元（黏弹性边界）。

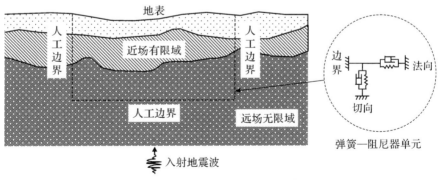

图 2.1.8　二维场地地震反应计算

2.2 场地分类

由于场地特性对结构的地震反应有很大影响,设计时需要把这种影响反映到结构地震反应计算结果。场地分类是考虑场地特性影响的一种经验方法。

2.2.1 场地覆盖层厚度

场地覆盖层厚度指地表至地下基岩面的距离。由于基岩位置通常在深处,许多工程难以勘察到基岩位置。从地震波传播的角度来看,基岩界面是地震波传播过程中的强折射与反射面,当下层剪切波速远大于上层剪切波速时,下层可作为基岩。《建筑抗震设计规范》按下列要求确定场地覆盖层的厚度:

(1)一般情况下,应按地面至剪切波速大于 500m/s 且其下卧各层岩土的剪切波速均不小于 500m/s 的土层顶面的距离确定。

(2)当地面 5m 以下存在剪切波速大于其上部各土层剪切波速 2.5 倍的土层,且该层及其下卧各层岩土的剪切波速均不小于 400m/s 时,可按地面至该土层顶面的距离确定。

(3)剪切波速大于 500m/s 的孤石、透镜体,应视同周围土层。

(4)土层中的火山岩硬夹层,应视为刚体,其厚度应从覆盖土层中扣除。

2.2.2 场地土类型

场地土类型是按照土层本身的刚度特性来划分的。根据土层剪切波速,场地土可分为 5 种类型,见表 2.2.1。

表 2.2.1 土的类型划分和剪切波速范围

土的类型	岩土名称和性状	土层剪切波速范围/$(\text{m} \cdot \text{s}^{-1})$
岩石	坚硬、较硬且完整的岩石。	$v_s > 800$
坚硬土或软质岩石	破碎和较破碎的岩石或软和较软的岩石,密实的碎石土。	$800 \geqslant v_s > 500$
中硬土	中密、稍密的碎石土,密实、中密的砾、粗、中砂,$f_{ak} > 150\text{kPa}$ 的黏性土和粉土,坚硬黄土。	$500 \geqslant v_s > 250$
中软土	稍密的砾、粗、中砂,除松散外的细、粉砂,$f_{ak} \leqslant 150\text{kPa}$ 的黏性土和粉土,$f_{ak} > 130\text{kPa}$ 的填土,可塑新黄土。	$250 \geqslant v_s > 150$
软弱土	淤泥和淤泥质土,松散的砂,新近沉积的黏性土和粉土,$f_{ak} \leqslant 130\text{kPa}$ 的填土,流塑黄土。	$v_s \leqslant 150$

注:f_{ak} 为由载荷试验等方法得到的地基承载力特征值;v_s 为岩土剪切波速。

由于场地一般由多种类别的土层构成。对于由多个土层组成的场地[见图 2.2.1(a)],应根据反映各土层综合刚度的等效剪切波速来确定土的类型。等效剪切波速是土层的平均剪切波速,按照剪切波从地面到计算深度各层土中传播的时间、与该波通过计算深度内单一土层[见图 2.2.1(b)]传播的时间相等的原则定义,由以下两式确定

$$v_{se} = \frac{d_0}{t} \tag{2.2.1}$$

$$t = \sum_{i=1}^{n} \frac{d_i}{v_{si}} \tag{2.2.2}$$

式中:v_{se} 为土层等效剪切波速(m/s);d_0 为计算深度(m),取覆盖层厚度和 20m 两者的较小值;t 为剪切波在地面到计算深度之间的传播时间(s);d_i 为计算深度范围内第 i 土层的厚度(m);v_{si} 为计算深度范围内第 i 土层的剪切波速(m/s);n 为计算深度范围内土层的分层数。

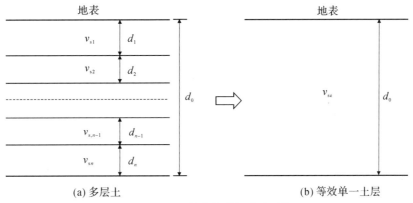

图 2.2.1　土层等效剪切波速计算

《建筑抗震设计规范》规定:对于丁类建筑及丙类建筑中层数不超过 10 层、高度不超过 24m 的多层建筑,当无实测剪切波速时,可根据岩土名称和性状,按表 2.2.1 划分土的类型,再利用当地经验在该表所示的剪切波速范围内估算各土层的剪切波速。

2.2.3　场地类别划分

为了考虑场地条件差异对抗震设计时的地震作用选取影响,把场地分成几个类别。《建筑抗震设计规范》根据土层等效剪切波速和场地覆盖层厚度的不同,将建筑场地划分为表 2.2.2 所示的 4 大类,其中 Ⅰ 类场地又分为 Ⅰ₀ 和 Ⅰ₁ 两个亚类。

表 2.2.2　各类建筑场地的覆盖层厚度　　　　　　　　　（单位:m）

岩石剪切波速或土层等效剪切波速(m/s)	场地土类型				
	I_0	I_1	Ⅱ	Ⅲ	Ⅳ
$v_{se} > 800$	0				
$800 \geqslant v_{se} > 500$		0			
$500 \geqslant v_{se} > 250$		<5	$\geqslant 5$		
$250 \geqslant v_{se} > 150$		<3	$3 \sim 50$	>50	
$v_{se} \leqslant 150$		<3	$3 \sim 15$	$15 \sim 80$	>80

【例 2.2.1】 已知某建筑场地的地质钻探资料如例表 2.2.1 所示,试确定该场地的类别。

例表 2.2.1　场地地质钻探资料

土层底部深度/m	土层厚度/m	土层名称	土层剪切波速/(m/s)
3.0	3.0	杂填土	150
29.0	26.0	粉质黏土	220
37.0	8.0	细砂	290
48.0	11.0	中砂	320
70.0	22.0	砾石夹砂	550

解　(1)确定覆盖层厚度

由例表 2.2.1 可知,48m 以下的土层为砾石夹砂,土层剪切波速大于 500m/s,覆盖层厚度应定为 48.0m。

(2)确定地面以下 20m 范围内土层的类型

剪切波从地表到 20m 深度范围的传播时间为

$$t = \sum_{i=1}^{n} \frac{d_i}{v_{si}} = \frac{3}{150} + \frac{17}{220} = 0.097(s)$$

等效剪切波速为

$$v_{se} = \frac{d_0}{t} = \frac{20}{0.097} = 206.2(m/s)$$

因为等效剪切波速:$250m/s \geqslant v_{se} > 150m/s$,故表层土属于中软土。

(3)确定场地的类别

根据表层土的等效剪切波速 $250m/s \geqslant v_{se} > 150m/s$ 和覆盖层厚度 48m 位于 3～50m 范围内两个条件,查表 2.2.2 得,该场地的类别属于第 Ⅱ 类。

2.2.4　地段划分与工程场地选择

通过对大量震害的调查发现,场地的地质、地形、地貌等对建筑物的震害有显著影响。因此,从结构抗震概念设计的角度考虑,首先要注意场地的选择。《建筑抗震设计规范》将建筑场地划分为对抗震有利、一般、不利和危险地段(见表 2.2.3),从宏观上指导设计人员趋利避害,合理选择工程场地。

表 2.2.3　有利、一般、不利和危险地段的划分

地段类别	地质、地形、地貌
有利地段	稳定基岩,坚硬土,开阔、平坦、密实、均匀的中硬土等。
一般地段	不属于有利、不利和危险的地段。
不利地段	软弱土,液化土,条状突出的山嘴,高耸孤立的山丘,陡坡,陡坎,河岸和边坡的边缘,平面分布上成因、岩性、状态明显不均匀的土层(如故河道、疏松的断层破碎带、暗埋的塘浜沟谷和半填半挖地基),高含水量的可塑黄土,地表存在结构性裂缝等。
危险地段	地震时可能发生滑坡、崩塌、地陷、地裂、泥石流等及发震断裂带上可能发生地表错位的部位。

在选择工程场地时,应选择有利于抗震的地段,避开不利地段,尽量避免在危险地段建造建筑物或构筑物。当不能避免时,应采取适当的抗震措施。

2.3　地基与基础的抗震验算

2.3.1　地基抗震设计原则

震害调查发现,地基失效引起上部结构破坏的主要原因是地基的液化、地震沉陷和不均匀沉降。《建筑抗震设计规范》规定,下列建筑物可不进行天然地基及基础的抗震承载力验算:

(1)《建筑抗震设计规范》规定可不进行上部结构抗震验算的建筑。

(2)地基主要受力范围内不存在软弱黏性土层的下列建筑:①一般的单层厂房和单层空旷房屋;②砌体房屋;③不超过 8 层且高度在 24m 以下的一般民用框架和框架-抗震墙房屋;④基础荷载与第③项相当的多层框架厂房和多层混凝土抗震墙房屋。

2.3.2　地基抗震承载力验算

由于地震动的快速反复变化,土体没有足够的时间产生变形,因此地震作用下土体的强度一般略高于静荷载作用下土体的强度。并且,从结构安全和工程经济角度考虑,地震作用的随机性和瞬态性降低了目标抗震设计的可靠性指标。《建筑抗震设计规范》规定,地基抗震承载力设计值按地基静力承载力设计值乘以调整系数来计算,即

$$f_{aE} = \xi_a f_a \tag{2.3.1}$$

式中:f_{aE} 为调整后的地基抗震承载力;ξ_a 为地基抗震承载力调整系数,按表 2.3.1 取值;f_a 为深宽修正后的地基承载力特征值,按现行《建筑地基基础设计规范》采用。

表 2.3.1　地基抗震承载力调整系数

岩土名称和性状	ξ_a
岩石,密实的碎石土,密实的砾、粗、中砂,$f_{ak} \geqslant 300 kPa$ 的黏性土和粉土。	1.5
中密、稍密的碎石土,中密和稍密的砾、粗、中砂,密实和中密的细、粉砂,$150 kPa \leqslant f_{ak} < 300 kPa$ 的黏性土和粉土,坚硬黄土。	1.3
稍密的细、粉砂,$100 kPa \leqslant f_{ak} < 150 kPa$ 的黏性土和粉土,可塑黄土。	1.1
淤泥,淤泥质土,松散的砂,杂填土,新近堆积黄土及流塑黄土。	1.0

地基和基础的抗震验算通常采用"拟静力法",即假定地震作用为静力作用,然后验算地基的承载力和稳定性。验算天然地基地震作用下的竖向承载力时,基础底面的平均压力和边缘最大压力应符合下列要求

$$p \leqslant f_{aE} \tag{2.3.2}$$

$$p_{\max} \leqslant 1.2 f_{aE} \tag{2.3.3}$$

式中：p 为地震作用效应标准组合的基础底面的平均压力；$p_{\max}$ 为地震作用效应标准组合的基础底面边缘的最大压力。

此外，对于高宽比大于 4 的高层建筑，在地震作用下基础底面不宜出现脱离区，即零应力区（见图 2.3.1），对于其他建筑，基础底面与地基土之间脱离区面积不应超过基础底面面积的 15%。

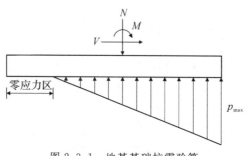

图 2.3.1　地基基础抗震验算

2.4　地基土液化及其抗震措施

2.4.1　地基土液化及其影响因素

饱和松软的砂土和粉土在强烈地震作用下，土颗粒结构趋于密实。如果土体本身渗透系数较小，短时间内孔隙水来不及排出，受到挤压的孔隙水压力将急剧增加。当孔隙水压力增加到与剪切面上的法向压应力接近或相等时，砂土或粉土受到的有效压应力下降直至完全消失。这时，砂土颗粒局部或全部处于悬浮状态，土体丧失抗剪强度，显示出近于液体的特性。这种现象一般被称为砂土液化或地基土液化。

饱和砂土的抗剪强度可表示成

$$\tau_f = (\sigma - u)\tan\varphi' \tag{2.4.1}$$

式中：τ_f 为土的抗剪强度；σ 为作用在剪切面上的法向总应力；u 为孔隙水压力；φ' 为土的有效内摩擦角。

从式（2.4.1）可以看出，当孔隙水压力上升到法向总应力时，土的抗剪强度趋于 0，土体呈现液化现象而丧失抗剪承载力，导致地基失效。

砂土液化可引起地面喷水冒砂、地基不均匀沉陷、斜坡失稳、滑移，从而造成建筑物的破坏。震害调查发现，影响地基液化的主要因素有以下几个方面：

（1）土层的地质年代。地质年代的新老表示土层沉积时间的长短。土层地质年代越古老，土的固结性、密实性和结构性就越好，抗液化能力就越强。

（2）土的黏粒含量。黏粒是指粒径小于等于 0.005mm 的土颗粒。粉土是黏性土与砂性土之间的一种过渡性土。粉土的黏粒含量越高,液化的可能性就越小。这是因为随着土中黏粒的增加,土的黏聚力就增大,从而提高了其抗液化的能力。

(3)土层的组成和密实程度。颗粒均匀、单一的土比颗粒级配良好的土更容易液化;细砂比粗砂更容易液化;松砂比密砂更容易液化。

(4)土层的埋深。液化土层的埋深越大,砂土层上的有效覆盖应力也越大,液化的可能性就越小。

(5)地下水位深度。地下水位较浅时相比于地下水位较深时更有可能发生液化。对于砂土,地下水位深度低于 4m 时易液化,超过该深度后几乎不发生液化。

(6)地震烈度和持续时间。地震烈度越高,地震动持续时间越长,越容易发生液化。在同等烈度下,大震级远离震中处的地震持续时间比中、小震级靠近震中处的地震持续时间要长。因此,前者更容易液化。

2.4.2 液化土的判别与评价

地基土的液化判别过程可分为两个阶段:初步判别和标准贯入试验判别。在经初步判别地基土为不液化或可不考虑液化的影响时,则不需要进行第二阶段的标准贯入试验判别,以减少勘察工作量;在经初步判别还不能排除地基土发生液化的可能性时,就必须进行标准贯入试验判别,以定量判别地基土是否液化以及液化程度,为工程处治措施提供依据。

《建筑地基基础设计规范》规定,当设防烈度为 6 度时,一般可不进行饱和砂土和饱和粉土的液化判别和地基处理,但对液化沉陷敏感的乙类建筑可按 7 度的要求进行判别和处理;当设防烈度为 7～9 度时,乙类建筑可按本地区抗震设防烈度的要求进行判别和处理。

1. 初步判别

对饱和的砂土或粉土,当符合下列条件之一时,可初步判别为不液化或可以不考虑液化的影响:

(1)地质年代为第四纪晚更新世(Q3)及其以前时,设防烈度为 7、8 度时可判为不液化。

(2)粉土的黏粒含量,7 度、8 度和 9 度分别不小于 10%、13% 和 16% 时可判为不液化土。

(3)浅埋天然地基的建筑,当上覆非液化土层厚度和地下水位深度符合下列条件之一时,可以不考虑液化的影响

$$d_u > d_0 + d_b - 2 \tag{2.4.2}$$

$$d_w > d_0 + d_b - 3 \tag{2.4.3}$$

$$d_u + d_w > 1.5d_0 + 2d_b - 4.5 \tag{2.4.4}$$

式中:d_u 为上覆非液化土层厚度(m),计算时宜将淤泥和淤泥质土层扣除;d_w 为地下水位深度(m),按建筑的设计基准期内年平均最高水位采用,也可按近期内年最高水位采用;d_b 为基础埋置深度(m),不超过 2m 时应采用 2m;d_0 为液化土的特征深度(m),按表 2.4.1 采用。

表 2.4.1　液化土的特征深度　　　　　　　　　　（单位：m）

饱和土类别	7 度	8 度	9 度
粉土	6	7	8
砂土	7	8	9

2. 标准贯入试验判别

当饱和砂土、粉土的初步判别认为存在液化可能时,应采用标准贯入试验判别法判别地面下 20m 范围内土是否液化;对于可不进行天然地基及基础的抗震承载力验算的各类建筑,可以只对地面下 15m 范围内土进行液化判别。

标准贯入试验是动力触探的一种,是现场测定砂或黏性土地基承载力的一种方法。标准贯入试验设备主要由标准贯入器、触探杆和穿心锤(标准质量 63.5kg)等组成。如图 2.4.1 所示,试验过程中,先将钻机钻到试验土层标高以上 15cm,再将标准贯入器打入到待测土层标高处;然后,在锤的落距为 76cm 的条件下,连续打入土层 30cm,记录所得锤击数为 $N_{63.5}$。锤击次数越多,说明土层越密实,土层液化的可能性就越小。当满足式(2.4.5)时,可判定为液化土。

$$N_{63.5} \leqslant N_{cr} \qquad (2.4.5)$$

式中:$N_{63.5}$ 为饱和砂土或饱和粉土中标准贯入锤击数实测值(未经杆长修正);N_{cr} 为液化判别标准贯入锤击数的临界值。

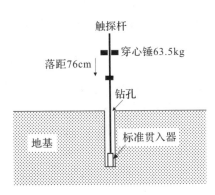

图 2.4.1　标准贯入试验

在地面下 20m 深度范围内,液化判别标准贯入锤击数临界值可按下式计算

$$N_{cr} = N_0 \beta \left[\ln(0.6d_s + 1.5) - 0.1d_w \right] \sqrt{\frac{3}{\rho_c}} \qquad (2.4.6)$$

式中:N_0 为液化判别标准贯入锤击数基准值,可按表 2.4.2 采用;d_s 为饱和土标准贯入点深度(m);d_w 为地下水位深度(m);ρ_c 为黏粒含量百分率,当小于 3 或为砂土时,应采用 3;β 为调整系数,设计地震第一组取 0.80,第二组取 0.95,第三组取 1.05。

表 2.4.2　液化判别标准贯入锤击数基准值 N_0

设计基本地震加速度	0.10g	0.15g	0.20g	0.30g	0.40g
N_0	7	10	12	16	19

注：g 为重力加速度。

3.液化指数与液化评价

对于确定具有液化趋势的地基土,应通过计算地基液化指数,定量评价液化土层的可能危害程度,从而采取相应的抗液化措施。地基土的液化指数按下式确定

$$I_{lE} = \sum_{i=1}^{n} \left(1 - \frac{N_i}{N_{cri}} \right) d_i W_i \tag{2.4.7}$$

式中：I_{lE} 为液化指数；n 为在判别深度范围内每一个钻孔标准贯入试验点的总数；N_i 和 N_{cri} 分别为 i 点标准贯入锤击数的实测值和临界值,当实测值大于临界值时应取临界值,只需要判别 15m 范围以内的液化时,15m 以下的实测值可按临界值采用；d_i 为 i 点所代表的土层厚度(m),可采用与该标准贯入试验点相邻的上、下两标准贯入试验点深度差的一半,但上界不高于地下水位深度,下界不深于液化深度；W_i 为 i 点土层考虑单位土层厚度的层位影响权函数值(m^{-1}),当该层中点深度不大于 5m 时应采用 10,等于 20m 时应采用 0,5～20m 时应按线性内插法取值。

液化指数定量地反映了土层液化可能性的大小和液化危害的轻重程度。液化指数越大,地面破坏就越严重,房屋的震害也就越大。根据液化指数的大小,液化等级可分为轻微、中等和严重三个等级,见表 2.4.3。

表 2.4.3　液化等级与液化指数的对应关系

液化等级	轻微	中等	严重
液化指数 I_{lE}	$0 < I_{lE} \leqslant 6$	$6 < I_{lE} \leqslant 18$	$I_{lE} > 18$

不同液化等级对应的可能灾害如下：

(1)轻微液化。地面无喷砂冒水,或仅在洼地、河边有零星的喷砂冒水点；对建筑危害小,一般不会造成明显的地震破坏。

(2)中等液化。地面喷砂冒水可能性大,从轻微到严重均有,多数属中等；对建筑危害较大,可造成不均匀沉陷和开裂,有时不均匀沉陷可能达到 200mm。

(3)严重液化。一般喷砂冒水都很严重,地面变形明显；对建筑危害大,不均匀沉陷可能大于 200mm,高重心结构可能产生不容许的倾斜。

4.其他评价方法

对于重要建筑物或构筑物的地基,除了上述判别地基液化的方法外,还可以通过精细化数值分析方法进行评价。首先,通过现场和室内试验确定土的动力特性和抗液化强度；然后,采用基于有限元理论的总应力法或有效应力法计算地基的地震反应；最后,通过分析地基的动力反应特性以及超静孔隙水压力的产生、扩散和消散规律,评价地基液

化的可能性、危害程度和范围。图 2.4.2 和图 2.4.3 分别为通过有效应力法计算得到的地震时某深厚砂质覆盖层土坝的最大超静孔压比分布以及出现最大值单元的超静孔压比时程，最大值为 0.7 左右，接近发生液化。

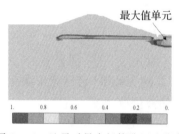

图 2.4.2　地震时最大超静孔压比分布

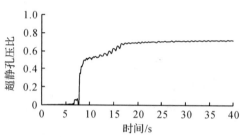

图 2.4.3　最大值单元的超静孔压比时程

2.4.3　液化地基抗震措施

地基抗液化措施应根据建筑物的抗震设防类别和地基的液化等级，结合现场的施工条件综合确定。当液化土层较平坦且均匀时，宜按表 2.4.4 选用地基抗液化措施，可计入上部结构重力荷载对液化危害的影响，根据液化震陷量的估计适当调整抗液化措施。不宜将未经处理的液化土层作为天然地基持力层。

表 2.4.4　地基抗液化措施

建筑抗震设防类别	地基的液化等级		
	轻微	中等	严重
乙类	部分消除液化沉陷，或对基础和上部结构处理。	全部消除液化沉陷，或部分消除液化沉陷且对基础和上部结构处理。	全部消除液化沉陷。
丙类	基础和上部结构处理，亦可不采取措施。	基础和上部结构处理，或更高要求的措施。	全部消除液化沉陷，或部分消除液化沉陷且对基础和上部结构处理。
丁类	可不采取措施。	可不采取措施。	基础和上部结构处理，或其他经济的措施。

全部消除地基液化沉陷的措施，一般包括采用桩基、深基础、土层加密法或用非液化土替换全部液化土层等措施，具体如下：

(1)采用桩基时，桩端伸入液化深度以下稳定土层中的长度(不包括桩尖部分)，应按计算确定，且对碎石土，砾、粗、中砂，坚硬黏性土和密实粉土不应小于 0.8m，对其他非岩石土不宜小于 1.5m。

(2)采用深基础时，基础底面应埋入液化深度以下的稳定土层中，其深度不应小于 0.5m。

(3)采用加密法(如振冲、振动加密、挤密碎石桩、强夯等)加固时，应处理至液化深度下界；振冲或挤密碎石桩加固后，桩间土的标准贯入锤击数不宜小于规定的液化判别标准贯入锤击数临界值。

(4)用非液化土替换全部液化土层，或增加上覆非液化土层的厚度。

(5)采用加密法或换土法处理时,在基础边缘以外的处理宽度,应超过基础底面下处理深度的 1/2,且不小于基础宽度的 1/5。

部分消除地基液化沉陷的措施,主要是对地基进行加固处理,具体如下:

(1)处理深度应降低处理后地基的液化指数,其值不宜大于 5;大面积筏基、箱基的中心区域,处理后的液化指数可比上述规定降低 1;对独立基础和条形基础,不应小于基础底面下液化土特征深度和基础宽度的较大值。

(2)采用振冲或挤密碎石桩加固后,桩间土的标准贯入锤击数大于相应的临界值。

(3)基础边缘以外的处理宽度,与全部消除地基液化沉陷时的要求相同。

(4)采取减小液化震陷的其他方法,如增加上覆非液化土层的厚度和改善周边排水条件等。

减轻液化影响的基础和上部结构处理,可综合考虑采用下列措施:

(1)选择合适的基础埋置深度。

(2)调整基础底面积,减少基础偏心。

(3)加强基础的整体性和刚度,如采用筏基、箱基或钢筋混凝土交叉条形基础,加设基础圈梁等。

(4)减轻荷载,增强上部结构的整体刚度和均匀对称性,合理设置沉降缝,避免采用对不均匀沉降敏感的结构形式等。

(5)管道穿过建筑处应预留足够尺寸或采用柔性接头等。

2.5　桩基抗震验算

2.5.1　可不进行桩基验算的条件

承受竖向荷载为主的低承台桩基,当地面下无液化土层,且桩承台周围无淤泥、淤泥质土和地基承载力特征值不大于 100kPa 的填土时,下列建筑可不进行桩基抗震承载力验算。

(1)设防烈度为 7 度和 8 度时的下列建筑:一般的单层厂房和单层空旷房屋;不超过 8 层且高度在 24m 以下的一般民用框架房屋和框架-抗震墙房屋;基础荷载与民用建筑相当的多层框架厂房和多层混凝土抗震墙房屋。

(2)可不进行上部结构抗震验算的建筑。

2.5.2　非液化土中桩基抗震验算

桩基如果不符合上述条件,应进行抗震承载力验算,对于非液化土中的低承台桩基,其抗震验算应符合下列规定:

(1)单桩的竖向和水平向抗震承载力特征值,均可比非抗震设计时提高 25%。

①桩基竖向承载力

轴心竖向力作用下应满足下式要求

$$N_{Ek} \leq 1.25R \qquad (2.5.1)$$

偏心竖向力作用下,除满足上式外,尚应满足下式要求

$$N_{Ekmax} \leq 1.5R \qquad (2.5.2)$$

式中:N_{Ek} 为地震作用效应和荷载效应标准组合下,桩基或复合桩基的平均竖向力;N_{Ekmax} 为地震作用效应和荷载效应标准组合下,桩基或复合桩基的最大竖向力;R 为桩基或复合桩基竖向承载力特征值。

②桩基水平承载力

受水平荷载的一般建筑物和水平荷载较小的高大建筑物单桩基础和群桩中的桩基应满足下式要求

$$H_{iEk} \leq 1.25R_h \qquad (2.5.3)$$

式中:H_{iEk} 为地震作用效应和荷载效应标准组合下,作用于桩基 i 桩顶处的水平力;R_h 为单桩基础或群桩中桩基的水平承载力特征值,对于单桩基础,可取单桩水平承载力特征值 R_{ha}。

(2)当承台周围的回填土夯实至干密度不小于《建筑地基基础设计规范》对填土的要求时,可由承台正面填土与桩共同承担水平地震作用,但不应计入承台底面与地基土间的摩擦力。

2.5.3 液化土中桩基抗震验算

存在液化土层的低承台桩基抗震验算,应符合下列规定:

(1)承台埋深较浅时,不宜计入承台周围土的抗力或刚性地坪对水平地震作用的分担作用。

(2)当桩承台底面上、下分别有厚度不小于 1.5m、1.0m 的非液化土层或非软弱土层时,可按下列两种情况进行桩的抗震验算,并按不利情况设计:

①桩承受全部地震作用,桩承载力按非液化土层中的桩基取用,液化土的桩周摩阻力及桩水平抗力均应乘以表 2.5.1 的折减系数。

②地震作用按水平地震影响系数最大值的 10% 采用,桩承载力仍按非抗震设计时提高 25% 取用,但应扣除液化土层的全部摩阻力及桩承台下 2m 深度范围内非液化土的桩周摩阻力。

表 2.5.1 土层液化影响折减系数

实际标贯锤击数/临界标贯锤击数	深度 d_s/m	折减系数
≤0.6	$d_s \leq 10$	0
	$10 < d_s \leq 20$	1/3
>0.6~0.8	$d_s \leq 10$	1/3
	$10 < d_s \leq 20$	2/3
>0.8~1.0	$d_s \leq 10$	2/3
	$10 < d_s \leq 20$	1

（3）打入式预制桩及其他挤土桩,当平均桩距为 2.5～4 倍桩径且桩数不少于 5×5 时,可计入打桩对土的加密作用及桩身对液化土变形限制的有利影响。当打桩后桩间土的标准贯入锤击数值达到不液化的要求时,单桩承载力可不折减,但对桩尖持力层做强度校核时,桩群外侧的应力扩散角应取为零。打桩后桩间土的标准贯入锤击数宜由试验确定,也可按下式计算

$$N_1 = N_p + 100\rho(1 - e^{-0.3N_p}) \tag{2.5.4}$$

式中:N_1 为打桩后的标准贯入锤击数;ρ 为打入式预制桩的面积置换率;N_p 为打桩前的标准贯入锤击数。

另外,处于液化土中的桩基承台周围,宜用密实干土填筑夯实,若用砂土或粉土则应使土层的标准贯入锤击数不小于液化判别标准贯入锤击数临界值。液化土和震陷软土中桩的配筋范围,应取自桩顶至液化深度以下符合全部消除液化沉陷所要求的深度,其纵向钢筋应与桩顶部相同,箍筋应加粗和加密。

在有液化侧向扩展的地段,桩基除应满足上述要求外,还应考虑土流动时的侧向作用力,且承受侧向推力的面积应按边桩外缘间的宽度计算。但是,现有规范并未给出液化地基中桩侧土推力的计算方法。

2.5.4　桩—土地震相互作用

桩—土地震相互作用是半无限复杂特性土层与复杂桩基础的耦合非线性动力学问题。在强地震动作用下土体呈现出强非线性特征,并伴随着土的液化或软化现象,且在这个过程中还伴随着桩土滑移、分离、继而闭合的非线性接触现象。近几十年来,关于桩—土地震相互作用的研究,已经提出了不少分析模型和方法。按桩周土的模拟方法,可分为以下三类。

方法 1:桩周土采用连续介质模型,土体简化为线弹性或黏弹性的均质或成层土,地基阻抗由连续介质中的波传播理论解析或半解析解确定。

方法 2:桩周土体采用集中参数模型,将半空间土层模型简化为一个无几何尺度的抽象力学单元组合体,来代替真实土体的作用。

方法 3:桩周土体作为桩的约束介质,土体被离散为通过节点联系的一系列有限单元的集合体。桩周土体连同桩基础和上部结构通常采用有限元离散。

方法 1 很难获得精确解,且不能考虑桩—土界面上的动力接触行为。方法 2 的优点是物理概念清晰、简单实用,缺点是桩周土体被过于简化,无法反映地震波在土体中的传播过程和土体液化或软化的发展过程。方法 3 的优点是对地基和桩基础进行详细的模拟,且可以考虑地基土体液化或软化特性,缺点是力学建模复杂、计算工作量大。方法 2 最早由 Penzien 于 1964 年提出,用于解决软土场地桩基础桥梁抗震计算问题,之后不断得到发展和完善,成为目前土木工程抗震计算中考虑桩—土地震相互作用的实用方法。

图 2.5.1 和图 2.5.2 分别为一致和非一致地震动输入下的桩—土地震相互作用集中参数模型示意图。模型由上部结构、承台、桩及等价土体构成的结构体系和不受结构物影响的多质点自由场体系两部分组成。自由场体系视作单位面积土柱,根据土层情况将自由场地分为若干水平土层,各土层质量集中于土层分界面处。上部结构和桩简化为

串联质点系,质点间以梁、杆连接,既可视为剪切型质点系也可视为弯剪型质点系。桩的质量常集中于地基各水平土层界面上,桩与土、自由场与等价土之间采用等效弹簧和阻尼器单元。桩与土之间的弹簧和阻尼器可以用来描述桩—土水平相互作用、桩—土竖向相互作用和桩尖—土竖向相互作用,分别称为桩侧土水平弹簧—阻尼器单元、桩周土竖向弹簧—阻尼器单元和桩尖土竖向弹簧—阻尼器单元。各种弹簧可以是线性或非线性的,它们的参数可以根据桩基类型、地基变形模量、地基强度和相关规范来确定。在进行非线性地震反应分析时,通常用 $p-y$ 曲线、$t-z$ 曲线和 $q-z$ 曲线分别模拟桩侧土水平弹簧、桩周土竖向弹簧和桩尖土竖向弹簧,如图 2.5.3 所示的双线性模型。

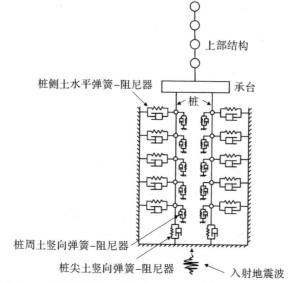

图 2.5.1 一致地震动输入下的桩—土地震相互作用集中参数模型

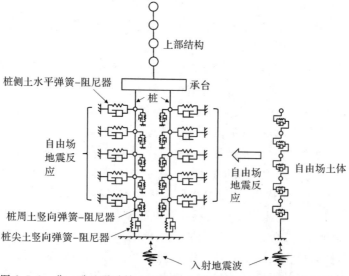

图 2.5.2 非一致地震动输入下的桩—土地震相互作用集中参数模型

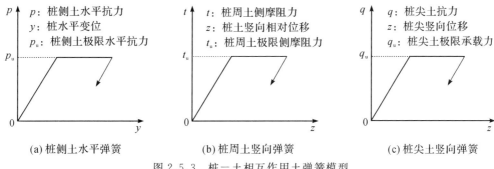

图 2.5.3　桩—土相互作用土弹簧模型

本章习题

一、思考题

2.1 什么是地震动的场地效应？

2.2 如何划分场地类别？

2.3 什么是场地覆盖层厚度？如何确定？

2.4 什么是土层等效剪切波速？如何计算？

2.5 如何确定地基的抗震承载力？

2.6 什么是砂土液化？液化会造成哪些危害？影响液化的主要因素有哪些？

2.7 怎样判别地基土的液化？如何确定地基土液化的危害程度？

2.8 简述可液化地基的抗液化措施。

二、计算题

2.1 某工程场地的地质钻探资料如习题表 2.1 所示，试计算该场地的覆盖层厚度和等效剪切波速，并判断场地类别。

习题表 2.1　场地的地质钻探资料

土层编号	层底深度/m	土层厚度/m	土层名称	土层剪切波速/(m/s)
1	2.60	2.60	杂填土	150
2	5.60	3.00	粉砂	160
3	6.80	1.20	中砂	170
4	12.80	6.00	细砂	180
5	18.20	5.40	黏土	280
6	31.50	13.30	砾砂	380
7	>31.50		砾岩	750

第3章 结构地震反应计算理论

由地震引起的结构位移、速度、加速度、变形和内力称之结构地震反应,引起结构地震反应的荷载称为地震作用。地震作用与结构自重、活荷载、风荷载等不同,大小与地震动和结构动力特性有关,并以惯性力、强制位移、土压力等形式作用于结构。

结构地震反应是动力学问题,需要采用动力学理论计算。为此,在进行结构地震反应计算分析之前,首先需要把复杂的结构进行简化,用理想化的力学模型模拟结构的动力特性,并建立地震运动方程,再通过数学方法求解,得到结构在地震作用下的反应。

本章主要是介绍单自由体系和多自由度体系的地震运动方程,以及结构线性和非线性反应计算方法。这些内容是结构抗震设计的重要基础。

3.1 单自由度体系的线性振动

单自由度体系是结构动力学的基础,也是简单结构地震反应计算的动力学模型。工程中常把单层房屋、单个桥墩、水塔等简单结构的质量等效集中到一个质点上(见图3.1.1),采用单自由度体系动力模型计算结构在水平方向地震作用下的反应。

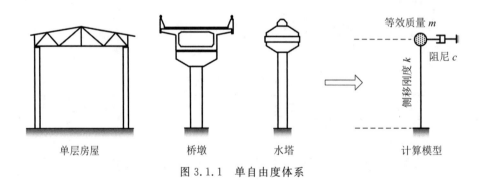

图 3.1.1 单自由度体系

3.1.1 自由振动

如图 3.1.2 所示,单自由度体系自由振动的质点 m 受到的力为:

(1)方向与质点位移方向相反,大小与质点位移 x 成正比的弹性恢复力,$f_s = kx$;

(2)方向与质点运动速度方向相反,大小与质点运动速度 $\dot{x}$ 成正比的黏滞阻尼力,$f_d = c\dot{x}$;

(3) 方向与加速度方向相反，大小与质点运动加速度 $\ddot{x}$ 成正比的惯性力，$f_a = m\ddot{x}$。

这里，上标"·"和"··"分别表示位移 x 对时间 t 的一阶和二阶导数，为质点的速度及加速度。

图 3.1.2　单自由度体系的自由振动

根据 d'Alembert 原理，质点自由振动满足方程

$$m\ddot{x} + c\dot{x} + kx = 0 \tag{3.1.1}$$

或写成

$$\ddot{x} + 2\xi\omega\dot{x} + \omega^2 x = 0 \tag{3.1.2}$$

式中：ξ 为阻尼比，$\xi = c/(2m\omega)$；ω 为自振频率（rad/s），$\omega = \sqrt{k/m}$。体系的自振周期 T 与自振频率 ω 之间的关系为 $T = 2\pi/\omega$。

解微分方程(3.1.2)，得

$$x = A\mathrm{e}^{\lambda_1 t} + B\mathrm{e}^{\lambda_2 t} \tag{3.1.3}$$

式中：A、B 是由初位移 x_0、初速度 $\dot{x}_0$ 确定的积分常数；λ_1、λ_2 为二阶常系数微分方程的两个特征根，为

$$\lambda_{1,2} = -\xi\omega \pm \sqrt{\xi^2 - 1}\,\omega = -\xi\omega \pm \mathrm{i}\sqrt{1 - \xi^2}\,\omega \tag{3.1.4}$$

式中：i 为虚数单位。

结构阻尼比 ξ 一般远小于 1.0。因此，式(3.1.3)可以用下式表示

$$x = \mathrm{e}^{-\xi\omega t}\left(x_0 \cos\sqrt{1 - \xi^2}\,\omega t + \frac{\dot{x}_0 + \xi\omega x_0}{\sqrt{1 - \xi^2}\,\omega} \sin\sqrt{1 - \xi^2}\,\omega t\right), \quad \xi < 1 \tag{3.1.5}$$

由此可知，考虑阻尼影响的自振频率 ω' 为

$$\omega' = \sqrt{1 - \xi^2}\,\omega \tag{3.1.6}$$

一般结构满足 $1 - \xi^2 \approx 1$ 条件，故常用无阻尼的频率近似作为自振频率，即 $\omega' \approx \omega$。

3.1.2　强迫振动

1. 简谐荷载

单自由度体系受到简谐荷载 $f(t) = F\cos\omega_p t$ 作用时，由图 3.1.3 可以得到质点的运动方程

$$m\ddot{x} + c\dot{x} + kx = F\cos\omega_p t \tag{3.1.7}$$

上式为二阶常系数非齐次微分方程，其解为齐次方程的通解与非齐次方程的特解之和表示。齐次方程通解为自由振动，在衰减振动中经过一定时间后消失，而特解是工程所关心的稳态振动。简谐荷载作用下的特解可表示为

$$x = A\cos(\omega_p t - \theta) \tag{3.1.8}$$

式中:θ 为质点振动反应滞后于外力荷载的相位差;A 为振幅。不难得到

$$A = \frac{x_s}{\sqrt{(1-\psi^2)^2 + 4\xi^2\psi^2}}, \qquad \theta = \arctan\frac{2\xi\psi}{1-\psi^2} \qquad (3.1.9a,b)$$

式中:$x_s = F/k$,为荷载幅值 F 作用下的静位移;$\mu = A/x_s$,为平稳振动的振幅与静位移的比值,称之动力放大系数;$\psi = \omega_p/\omega$,为荷载频率与自振频率的比值,称之频率比。

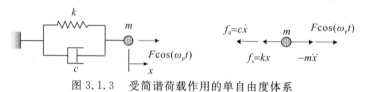

图 3.1.3 受简谐荷载作用的单自由度体系

图 3.1.4 为动力放大系数 μ 和相位差 θ 与频率比 ψ 的关系曲线。当结构的自振频率与简谐荷载的频率一致时(即 $\psi = 1.0$),质点发生共振,在无阻尼振动条件下共振的动力放大系数为无限大,在有阻尼振动中共振的动力放大系数为 $1/(2\xi)$,特别是当 $\xi \geqslant 1/\sqrt{2}$ 时共振点的峰值消失。当荷载频率相对较小时(即 $\psi \to 0$),相位差 θ 趋近于 0,振动与荷载基本同步;有阻尼体系共振时的相位差 θ 与阻尼比无关,均为 $\pi/2$;在荷载频率相对较大时(即 $\psi \to \infty$),相位差 θ 趋近于 π,振动方向与荷载作用方向相反。

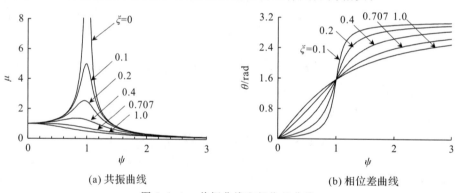

(a) 共振曲线 (b) 相位差曲线

图 3.1.4 共振曲线和相位差曲线

2. 冲击荷载

当质点在短时间 Δt 内受到动荷载 $F(t)$ 冲击作用时,可以认为质点在冲击后发生自由振动,自由振动的初速度和初位移为冲击完成时的质点振动,如图 3.1.5 所示。

根据动量守恒定律,静止质点受到冲击荷载作用后的速度 $\dot{x}_0$ 满足等式

$$m\dot{x}_0 = F\Delta t \qquad (3.1.10)$$

因此

$$\dot{x}_0 = \frac{F\Delta t}{m} \qquad (3.1.11)$$

对上式在 0 到 Δt 时间范围内积分,得到位移

$$x_0 = \frac{F\Delta t^2}{2m} \qquad (3.1.12)$$

由于时间增量 Δt 为小量，其平方为高阶小量。因此对于原先静止的质点可以认为位移为零。将初速度和初位移代入式(3.1.5)，得到质点受冲击后的振动反应

$$x(t) = \frac{F\Delta t}{m\omega'} e^{-\xi\omega t} \sin\omega' t \tag{3.1.13}$$

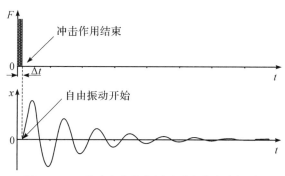

图 3.1.5　受冲击荷载作用后质点的自由振动

3.任意荷载

当质点在持续时间内受到任意荷载作用时，其振动可以认为是系列冲击荷载作用下的振动叠加。其中在 τ 时刻冲击荷载对应的冲量为 $F(\tau)\mathrm{d}\tau$，该冲量所引起的质点自由振动为(见图 2.1.6)

$$\mathrm{d}x(t) = \frac{F(\tau)\mathrm{d}\tau}{m\omega'} e^{-\xi\omega(t-\tau)} \sin\omega'(t-\tau) \tag{3.1.14}$$

质点在时刻 t 的振动为此刻前的一系列冲量累加所致，对上式积分计算可以得到

$$x(t) = \int_0^t \frac{F(\tau)}{m\omega'} e^{-\xi\omega(t-\tau)} \sin\omega'(t-\tau) \mathrm{d}\tau \tag{3.1.15}$$

称式(3.1.15)为杜哈梅积分(Duhamel 积分)。

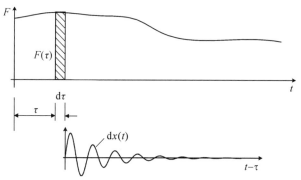

图 3.1.6　任意荷载作用下的质点振动

杜哈梅积分可以计算任意荷载作用下的质点振动，是一种常用的结构地震反应计算方法。但是，当外荷载 $F(t)$ 不能用函数表示时，上式需要用数值方法来计算。

因 $\sin\omega(t-\tau) = \sin\omega t\cos\omega\tau - \cos\omega t\sin\omega\tau$ 以及 $\omega' \approx \omega$，式(3.1.15)可改写为

$$x(t) = \overline{A}(t)\sin\omega t - \overline{B}(t)\cos\omega t \tag{3.1.16}$$

式中:$\overline{A}(t)$ 和 $\overline{B}(t)$ 为

$$\begin{cases} \overline{A}(t) = \dfrac{1}{m\omega}\displaystyle\int_0^t F(\tau)e^{-\xi\omega(t-\tau)}\cos\omega\tau\,d\tau \\[3mm] \overline{B}(t) = \dfrac{1}{m\omega}\displaystyle\int_0^t F(\tau)e^{-\xi\omega(t-\tau)}\sin\omega\tau\,d\tau \end{cases} \tag{3.1.17}$$

$\overline{A}(t)$、$\overline{B}(t)$ 可采用 Simpson 数值积分法计算。这种算法是把需要计算的时间段分成 $2n$ 个 Δt 段(见图 3.1.7),时间函数 $y(t)$ 在时间段 $t_i \sim t_i + 2\Delta t$ 内的积分用求和公式近似计算得到,即

$$\int_{t_i}^{t_i+2\Delta t} y(t)\,dt \approx \frac{\Delta t}{3}\left[y(t_i) + 4y(t_i + \Delta t) + y(t_i + 2\Delta t)\right] \tag{3.1.18}$$

因 $\overline{A}(t)$、$\overline{B}(t)$ 计算存在递推关系,即时间轴上 t 时刻的 $\overline{A}(t)$、$\overline{B}(t)$ 为此前计算的 $\overline{A}(t-2\Delta t)$、$\overline{B}(t-2\Delta t)$ 叠加式(3.1.18)的增量步,即

$$\begin{cases} \overline{A}(t) = \overline{A}(t-2\Delta t) + \dfrac{\Delta t}{3m\omega}\Big[F(t-2\Delta t)e^{-2\xi\omega\Delta t}\cos\omega(t-2\Delta t) + \\[3mm] \qquad\qquad 4F(t-\Delta t)e^{-\xi\omega\Delta t}\cos\omega(t-\Delta t) + F(t)\cos\omega t\Big] \\[3mm] \overline{B}(t) = \overline{B}(t-2\Delta t) + \dfrac{\Delta t}{3m\omega}\Big[F(t-2\Delta t)e^{-2\xi\omega\Delta t}\sin\omega(t-2\Delta t) + \\[3mm] \qquad\qquad 4F(t-\Delta t)e^{-\xi\omega\Delta t}\sin\omega(t-\Delta t) + F(t)\sin\omega t\Big] \end{cases} \tag{3.1.19}$$

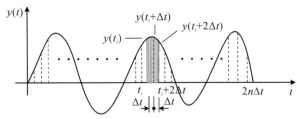

图 3.1.7　Simpson 积分计算

由此可大幅减少计算量。数值计算精度取决于时间增量 Δt 的大小。为了保证计算结果的精度,应取很小的 Δt。当满足 $\Delta t \leqslant T/10$ 时(T 为体系的自振周期),基本可满足工程设计的计算精度要求。

【例 3.1.1】　用杜哈梅积分法计算例图 3.1.1 所示的单质点体系强迫振动,并与理论解进行对比。假定结构的初始位移和初始速度为 0。

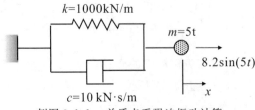

例图 3.1.1　单质点系强迫振动计算

解　（1）理论方法

由已知条件可得到圆频率和阻尼比为

$$\omega = \sqrt{\frac{k}{m}} = \sqrt{\frac{1000000\text{N/m}}{5000\text{kg}}} = 14.14 \text{(rad/s)}$$

$$\xi = \frac{c}{2\sqrt{km}} = \frac{10000}{2\sqrt{1000000 \times 5000}} = 0.071$$

荷载幅值对应的静变形为

$$x_s = \frac{F}{k} = \frac{8.2}{1000} = 0.0082\text{(m)}$$

频率比

$$\psi = \frac{\omega_p}{\omega} = \frac{5}{14.14} = 0.354$$

因此，动力放大系数为

$$\mu = \frac{1}{\sqrt{(1-\psi^2)^2 + 4\xi^2\psi^2}} = \frac{1}{\sqrt{(1-0.354^2)^2 + 4 \times 0.071^2 \times 0.354^2}} = 1.141$$

相位差为

$$\theta = \arctan\frac{2\xi\psi}{1-\psi^2} = \arctan\frac{2 \times 0.071 \times 0.354}{1-0.354^2} = \arctan 0.0575 = 0.05\text{(rad)}$$

因此可得到质点的稳态强迫振动为

$$x = \mu x_s \sin(\omega_p t - \theta) = 0.00936\sin(5t - 0.05)\text{(m)}$$

（2）杜哈梅积分法

杜哈梅积分采用 Simpson 数值积分法，取计算步长 $\Delta t = 0.01\text{s}$，得到的位移反应如例图 3.1.2 中的虚线所示。由于理论结果为稳态的强迫振动，在开始的时间段内与考虑初始条件影响的杜哈梅积分计算结果有一定差异，当振动进入稳态后两者非常吻合。

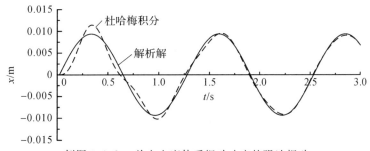

例图 3.1.2　单自由度体系振动响应的强迫振动

3.2 单自由度体系线性地震反应及地震反应谱

3.2.1 线性地震反应

在第 1 章已经介绍，场地的地震动可以通过地震实测或者人工模拟得到。如把场地地震动作为输入条件，质点地震反应可根据上节介绍的方法计算得到。

如图 3.2.1 所示，单自由度体系受到水平方向地面运动 x_g 激励，质点与地面之间发生相对位移 x，同时受到惯性力 f_a、阻尼力 f_d 和弹性恢复力 f_s 的作用。

根据 d'Alembert 原理，质点的地震运动方程为

$$m\ddot{x} + c\dot{x} + kx = -m\ddot{x}_g \tag{3.2.1}$$

或写成

$$\ddot{x} + 2\xi\omega\dot{x} + \omega^2 x = -\ddot{x}_g \tag{3.2.2}$$

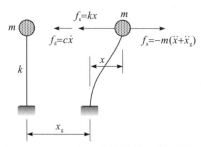

图 3.2.1　单自由度体系的地震反应计算

从式(3.2.1)可知，质点的地震运动相当于 $-m\ddot{x}_g$ 作用下的结构振动，地震动加速度时程 $\ddot{x}_g$ 是衡量地震大小的指标。

根据杜哈梅积分法算式(3.1.15)，质点相对位移 x 为

$$x(t) = -\int_0^t \frac{\ddot{x}_g(\tau)}{\omega'} e^{-\xi\omega(t-\tau)} \sin\omega'(t-\tau) \, d\tau \tag{3.2.3}$$

对上式求导数，得到质点的相对速度 $\dot{x}$

$$\dot{x}(t) = -\int_0^t \frac{\ddot{x}_g(\tau)}{\omega'} e^{-\xi\omega(t-\tau)} \left[-\xi\omega\sin\omega'(t-\tau) + \omega'\cos\omega'(t-\tau) \right] d\tau \tag{3.2.4}$$

将式(3.2.3)和(3.2.4)代入式(3.2.2)，可以得到质点的绝对加速度 $(\ddot{x} + \ddot{x}_g)$

$$\ddot{x}(t) + \ddot{x}_g(t) = -2\xi\omega\dot{x}(t) - \omega^2 x(t)$$

$$= \int_0^t \frac{\ddot{x}_g(\tau)}{\omega'} e^{-\xi\omega(t-\tau)} (1 - 2\xi^2) \omega^2 \sin\omega'(t-\tau) \, d\tau$$

$$+ \int_0^t \ddot{x}_g(\tau) e^{-\xi\omega(t-\tau)} 2\xi\omega\cos\omega'(t-\tau) \, d\tau \tag{3.2.5}$$

因阻尼比 ξ 一般比较小，上式可简化为

$$\ddot{x}(t)+\ddot{x}_{\mathrm{g}}(t) \approx \omega \int_{0}^{t} \ddot{x}_{\mathrm{g}}(\tau) e^{-\xi \omega(t-\tau)} \sin \omega(t-\tau) \mathrm{d}\tau \tag{3.2.6}$$

【例 3.2.1】 假定单自由度体系的周期为 0.5s，阻尼比为 0.05，输入地震动如例图 3.2.1(a)所示。采用杜哈梅积分法得到的加速度、速度和位移地震反应如例图 3.2.1(b) ~(d)所示。

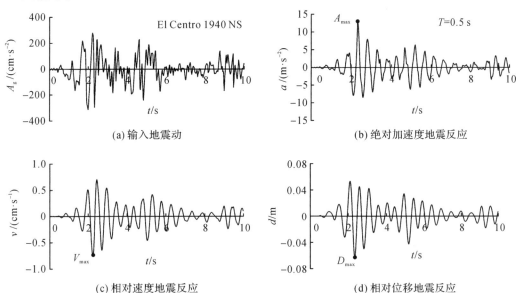

例图 3.2.1　输入地震动和单自由度体系的地震反应

3.2.2　地震反应谱

用杜哈梅积分法计算地震反应计算量比较大。实际上，结构抗震设计仅需要地震反应的最大值，即

$$A_{\max}=\mid \ddot{x}(t)+\ddot{x}_{\mathrm{g}}(t)\mid_{\max}=\omega\left|\int_{0}^{t}\ddot{x}_{\mathrm{g}}(\tau) e^{-\xi \omega(t-\tau)} \sin \omega(t-\tau) \mathrm{d}\tau\right|_{\max} \tag{3.2.7}$$

$$V_{\max}=\mid \dot{x}(t)\mid_{\max}=\left|\int_{0}^{t}\ddot{x}_{\mathrm{g}}(\tau) e^{-\xi \omega(t-\tau)} \cos \omega(t-\tau) \mathrm{d}\tau\right|_{\max} \tag{3.2.8}$$

$$D_{\max}=\mid x(t)\mid_{\max}=\frac{1}{\omega}\left|\int_{0}^{t}\ddot{x}_{\mathrm{g}}(\tau) e^{-\xi \omega(t-\tau)} \sin \omega(t-\tau) \mathrm{d}\tau\right|_{\max} \tag{3.2.9}$$

这里 $A_{\max}$、$V_{\max}$ 和 $D_{\max}$ 分别为最大加速度、最大速度和最大位移反应。由于质点的地震反应仅与输入地震动、阻尼比和周期有关，如按图 3.2.2 所示的方法计算，可以得到 $A_{\max}$、$V_{\max}$ 和 $D_{\max}$ 与 ξ 和 T 的关系。这些关系曲线分别称为加速度反应谱、速度反应谱和位移反应谱，用 $S_{\mathrm{a}}(\xi,T)$、$S_{\mathrm{v}}(\xi,T)$ 和 $S_{\mathrm{d}}(\xi,T)$ 表示。

加速度反应谱曲线为计算质点最大地震惯性力提供了便利。如图 3.2.3 所示，当阻尼比 ξ 和周期 T 已知时，从加速度反应谱曲线获得 S_{a}，结构受到的最大地震作用 F 可以不经时程计算得到，即 $F=mS_{\mathrm{a}}$，从而进一步可以算出结构的层间地震位移 Δ 和层间剪切($V=V_{1}+V_{2}+V_{3}$)。

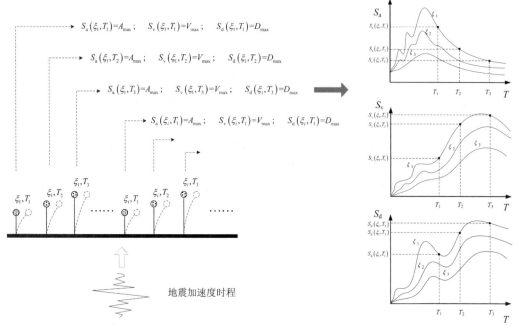

图 3.2.2 反应谱曲线计算

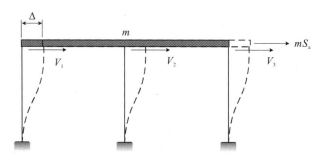

图 3.2.3 最大地震作用及结构地震反应

速度反应谱除了反映体系在地震作用下的最大速度反应以外,也是反映地震反应动能的指标。根据体系最大势能和最大动能相等条件,可得

$$U_{\max} = \frac{1}{2}ku_{\max}^2 = \frac{1}{2}mS_v^2 \tag{3.2.10}$$

上式可知,如果速度反应谱大,则结构应变能就大,在地震中容易发生破坏。根据这一关系,考虑到结构物周期一般在 $0.1 \sim 2.5\mathrm{s}$,Housner 提出用速度反应谱的积分来表示地震动破坏力的建议,即

$$I_h = \int_{0.1}^{2.5} S_v(\xi, T)\,\mathrm{d}T \tag{3.2.11}$$

I_h 值大,地震动的地震破坏力就强。计算时,阻尼比一般取 0.2。

另外,地震作用也可以表示成如下的形式

$$F = \frac{S_{\mathrm{a}}}{g} G = \alpha G \qquad (3.2.12)$$

式中：G 为重力荷载($=mg$)；α 为地震影响系数。

加速度反应谱与地震动峰值加速度的比为动力放大系数 β，即

$$\beta = \frac{S_{\mathrm{a}}}{|\ddot{x}_{\mathrm{g}}(t)|_{\max}} \qquad (3.2.13)$$

图 3.2.4 为一例加速度反应谱计算结果。由图可知：

(1) 加速度反应谱随着阻尼比 ξ 增大而减小；

(2) 当周期 T 比较小时，加速度反应谱随周期 T 增加而增大，然后达到卓越区域，当周期 T 进一步增加时（本例超过 1.0s），加速度反应谱总体上随 T 增大而逐渐减小。

这种加速度反应谱随阻尼比 ξ 和周期 T 的变化特性有一定的普遍性。

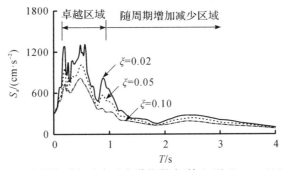

图 3.2.4　阻尼和周期对加速度反应谱的影响(输入 El Centro 1940 NS 记录)

3.2.3　设计反应谱

反应谱与输入的地震动有关。用于结构抗震设计的反应谱需要考虑地震设防要求、场地条件差异的影响。我国现行抗震设计规范综合考虑设防烈度、场地条件、潜在地震断层的震源距离、阻尼以及地震随机性等因素的影响，基于大量历史地震记录的计算分析，归纳出用于结构抗震设计的反应谱。《建筑抗震设计规范》采用地震影响系数 α 代替加速度反应谱 S_{a}，规定水平方向的设计反应谱（地震影响系数）用如下的四段曲线表示（见图 3.2.5）

$$\alpha = \begin{cases} 0.45\alpha_{\max} + 10T(\eta_2 - 0.45)\alpha_{\max}, & 0 \leqslant T \leqslant 0.1\mathrm{s} \\ \eta_2 \alpha_{\max}, & 0.1\mathrm{s} < T \leqslant T_{\mathrm{g}} \\ \eta_2 \left(\frac{T_{\mathrm{g}}}{T}\right)^{\gamma} \alpha_{\max}, & T_{\mathrm{g}} < T \leqslant 5T_{\mathrm{g}} \\ [\eta_2 0.2^{\gamma} - \eta_1(T - 5T_{\mathrm{g}})]\alpha_{\max}, & 5T_{\mathrm{g}} < T \leqslant 6\mathrm{s} \end{cases} \qquad (3.2.14)$$

式中：$\alpha_{\max}$ 为地震影响系数 α 的最大值，按《中国地震动参数区划图》取 $2.5A/g$(注：现行《建筑抗震设计规范》取 $2.25A/g$)，其中系数 2.5(或 2.25)表示动力放大系数 β；A 为地震动峰值加速度，根据地震设防烈度和地震水准取值，一般情况 Ⅱ 类场的地震峰值加速度按表 1.5.4 取值，其他场地按表 1.5.1 调整；T 为结构自振周期(s)；T_{g} 为场地的特征周

期(s),按表 1.5.2 取值;η_2 为阻尼调整系数,当结构的阻尼比为 0.05 时取 1.0,否则按式 (3.2.15)算出调整系数并进行调整,且调整系数不小于 0.55;γ 为 T_g 至 $5T_g$ 区段的反应 谱曲线衰减指数,$\xi=0.05$ 时取 0.9,$\xi \neq 0.05$ 按式(3.2.16)计算;η_1 为 $5T_g$ 至 6s 区段 的直线下降段下降斜率调整系数,$\xi=0.05$ 时取 0.02,$\xi \neq 0.05$ 时按式(3.2.17)计算,当 小于 0 时取 0。

$$\eta_2 = 1 + \frac{0.05 - \xi}{0.08 + 1.6\xi} \tag{3.2.15}$$

$$\gamma = 0.9 + \frac{0.05 - \xi}{0.3 + 6\xi} \tag{3.2.16}$$

$$\eta_1 = 0.02 + \frac{0.05 - \xi}{4 + 32\xi} \tag{3.2.17}$$

竖向地震动的反应谱曲线形状与水平地震动相似,除近断层地震动外,竖向地震动 的峰值为水平地震动的 $1/3 \sim 1/2$。《建筑抗震设计规范》规定竖向地震的地震影响系数 最大值取水平地震的 0.65 倍,即

$$\alpha_{v,max} = 0.65\alpha_{max} \tag{3.2.18}$$

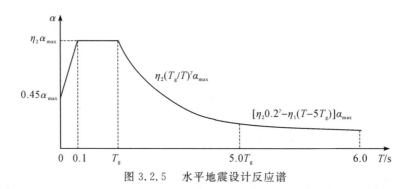

图 3.2.5 水平地震设计反应谱

【例 3.2.2】 某单层厂房可简化为单自由度体系,等效质量 $m=5000\mathrm{kg}$,侧移刚度 $k=100\mathrm{kN/m}$。该厂房位于 8 度区(对应 Ⅱ 类场的地震峰值加速度 0.2g,基本地震动加速 度反应谱特征周期分区值为 0.35s),Ⅲ 类场地,阻尼比 $\xi=0.05$。试计算结构在多遇地震 下的地震作用。

解 首先计算结构自振周期

$$T = 2\pi\sqrt{\frac{m}{k}} = 2\pi\sqrt{\frac{5000}{100000}} = 1.404(\mathrm{s})$$

8 度区(地震峰值加速度 0.2g)Ⅲ 类场地多遇地震作用下的地震影响系数最大值为: $\alpha_{max}=1.0 \times 2.5 \times 0.7/g=1.75/g$(注:这里动力放大系数取 2.5)。查表 1.5.2 得到场地 特征周期 $T_g=0.45\mathrm{s}$,T 处于 T_g 和 $5T_g$ 之间的曲线下降段。因阻尼比 $\xi=0.05$,故 $\gamma=0.9$,$\eta_2=1.0$。地震影响系数按下式计算

$$\alpha = \left(\frac{T_g}{T}\right)^\gamma \alpha_{max} = \left(\frac{0.45}{1.404}\right)^{0.9} \times (1.0 \times 1.75/g) = 0.63/g$$

结构在多遇地震下受到的地震作用为 $F = G\alpha = 5000 \times g \times 0.63/g = 3150(\mathrm{N})$。

3.3　多自由度体系地震运动方程

除简单结构外,大多数工程结构的地震反应计算需要考虑刚度和质量分布的影响,按多自由度体系进行分析。多自由度体系按照质量描述方式不同,分集中质量法和分布质量法(也称为一致质量)两类。结构地震反应计算多采用集中质量法,这种方法是把结构的质量等效集中到几个特定的质点位置,如楼面、构件的重心等(见图 3.3.1)。

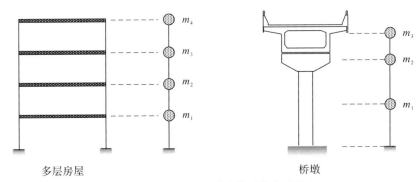

多层房屋　　　　　　　　　　　　　桥墩

图 3.3.1　多自由度质点体系集中质量法

3.3.1　自由振动

以下以 2 个质点的振动体系为例,讨论如何建立多自由度体系的运动方程,当质点的数量超过 2 个时,方法类似。

假定体系仅考虑水平单方向的振动。根据图 3.3.2(a)所示的 2 质点水平振动受力状态,利用 d'Alembert 原理可建立体系的自由振动方程组

$$\begin{cases} m_1\ddot{x}_1 + (c_{x2}+c_{x1})\dot{x}_1 - c_{x2}\dot{x}_2 + (k_{x2}+k_{x1})x_1 - k_{x2}x_2 = 0 \\ m_2\ddot{x}_2 + c_{x2}(\dot{x}_2 - \dot{x}_1) + k_{x2}(x_2 - x_1) = 0 \end{cases} \tag{3.3.1}$$

或表示为

$$\begin{bmatrix} m_1 & 0 \\ 0 & m_2 \end{bmatrix}\begin{Bmatrix} \ddot{x}_1 \\ \ddot{x}_2 \end{Bmatrix} + \begin{bmatrix} c_{x1}+c_{x2} & -c_{x2} \\ -c_{x2} & c_{x2} \end{bmatrix}\begin{Bmatrix} \dot{x}_1 \\ \dot{x}_2 \end{Bmatrix} + \begin{bmatrix} k_{x1}+k_{x2} & -k_{x2} \\ -k_{x2} & k_{x2} \end{bmatrix}\begin{Bmatrix} x_1 \\ x_2 \end{Bmatrix} = \begin{Bmatrix} 0 \\ 0 \end{Bmatrix} \tag{3.3.2}$$

式中:k_x 为侧移刚度系数;c_x 为侧向振动的阻尼系数;m 为质量;下标数字表示该参数所在的位置。

当质点同时需要考虑竖向振动时,每个质点有水平和竖向振动自由度。根据图 3.3.2 的质点水平和竖向受力状态,在各自由度方向应用 d'Alembert 原理,可建立如下自由运动方程

$$
\begin{bmatrix}
m_1 & 0 & 0 & 0 \\
0 & m_2 & 0 & 0 \\
0 & 0 & m_1 & 0 \\
0 & 0 & 0 & m_2
\end{bmatrix}
\begin{Bmatrix}
\ddot{x}_1 \\
\ddot{x}_2 \\
\ddot{z}_1 \\
\ddot{z}_2
\end{Bmatrix}
+
\begin{bmatrix}
c_{x1}+c_{x2} & -c_{x2} & 0 & 0 \\
-c_{x2} & c_{x2} & 0 & 0 \\
0 & 0 & c_{z1}+c_{z2} & -c_{z2} \\
0 & 0 & -c_{z2} & c_{z2}
\end{bmatrix}
\begin{Bmatrix}
\dot{x}_1 \\
\dot{x}_2 \\
\dot{z}_1 \\
\dot{z}_2
\end{Bmatrix}
$$

$$
+
\begin{bmatrix}
k_{x1}+k_{x2} & -k_{x2} & 0 & 0 \\
-k_{x2} & k_{x2} & 0 & 0 \\
0 & 0 & k_{z1}+k_{z2} & -k_{z2} \\
0 & 0 & -k_{z2} & k_{z2}
\end{bmatrix}
\begin{Bmatrix}
x_1 \\
x_2 \\
z_1 \\
z_2
\end{Bmatrix}
=
\begin{Bmatrix}
0 \\
0 \\
0 \\
0
\end{Bmatrix}
\tag{3.3.3}
$$

式中：k_z 为竖向变形的刚度系数；c_z 为竖向振动的阻尼系数；下标数字表示该参数所在的位置。

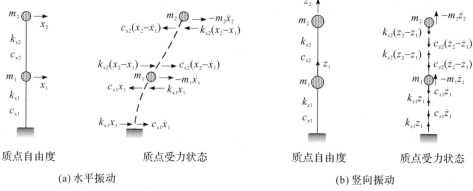

质点自由度 　　　　质点受力状态 　　　　　　质点自由度 　　　　质点受力状态

(a) 水平振动 　　　　　　　　　　　　(b) 竖向振动

图 3.3.2　多自由度体系的自由振动

对于 n 个自由度体系，自由振动的运动方程可表示为如下的一般形式

$$
\boldsymbol{M\ddot{x}} + \boldsymbol{C\dot{x}} + \boldsymbol{Kx} = 0 \tag{3.3.4}
$$

式中：$\boldsymbol{M}$、$\boldsymbol{K}$ 和 $\boldsymbol{C}$ 分别为质量矩阵、刚度矩阵和阻尼矩阵；刚度矩阵的各刚度系数应与自由度方向对应。如图 3.3.3 所示，当仅考虑水平振动时，需要将不考虑的变形自由度（如转动自由度）的约束释放。

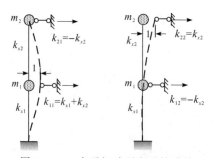

图 3.3.3　水平振动刚度系数计算

下面除有特别说明外，一般指水平方向的振动，省略符号中的下标 x。

3.3.2　地震运动方程

当体系受到水平方向的地震作用时,如图 3.3.4(a) 所示,质点水平方向的惯性力计算需要考虑地面水平加速度 $\ddot{x}_g$。因此,体系在地震作用下的运动方程为

$$\begin{bmatrix} m_1 & 0 \\ 0 & m_2 \end{bmatrix}\begin{Bmatrix} \ddot{x}_1 \\ \ddot{x}_2 \end{Bmatrix} + \begin{bmatrix} c_1+c_2 & -c_2 \\ -c_2 & c_2 \end{bmatrix}\begin{Bmatrix} \dot{x}_1 \\ \dot{x}_2 \end{Bmatrix} + \begin{bmatrix} k_1+k_2 & -k_2 \\ -k_2 & k_2 \end{bmatrix}\begin{Bmatrix} x_1 \\ x_2 \end{Bmatrix} = -\begin{Bmatrix} m_1 \\ m_2 \end{Bmatrix}\ddot{x}_g$$

(3.3.5)

类似地,体系竖向地震运动方程为

$$\begin{bmatrix} m_1 & 0 \\ 0 & m_2 \end{bmatrix}\begin{Bmatrix} \ddot{z}_1 \\ \ddot{z}_2 \end{Bmatrix} + \begin{bmatrix} c_{z1}+c_{z2} & -c_{z2} \\ -c_{z2} & c_{z2} \end{bmatrix}\begin{Bmatrix} \dot{z}_1 \\ \dot{z}_2 \end{Bmatrix} + \begin{bmatrix} k_{z1}+k_{z2} & -k_{z2} \\ -k_{z2} & k_{z2} \end{bmatrix}\begin{Bmatrix} z_1 \\ z_2 \end{Bmatrix} = -\begin{Bmatrix} m_1 \\ m_2 \end{Bmatrix}\ddot{z}_g$$

(3.3.6)

式(3.3.6)中,$\ddot{z}_g$ 为竖向地震动时程。

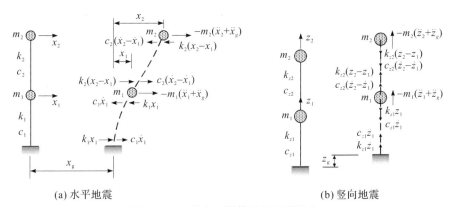

(a) 水平地震　　　　　　　　　　　　　　(b) 竖向地震

图 3.3.4　多自由度体系的地震运动

当体系同时受到水平及竖向地震作用时,因两方向互不耦合,只要将式(3.3.5)和式(3.3.6)合并在一起即可。因此,多自由度体系的地震运动方程可写成如下形式:

(1) 单独受到水平、竖向地震作用时

$$\begin{cases} \boldsymbol{M}_x\ddot{\boldsymbol{x}} + \boldsymbol{C}_x\dot{\boldsymbol{x}} + \boldsymbol{K}_x\boldsymbol{x} = -\boldsymbol{M}_x\boldsymbol{R}_x\ddot{x}_g \\ \boldsymbol{M}_z\ddot{\boldsymbol{z}} + \boldsymbol{C}_z\dot{\boldsymbol{z}} + \boldsymbol{K}_z\boldsymbol{z} = -\boldsymbol{M}_z\boldsymbol{R}_z\ddot{z}_g \end{cases}$$

(3.3.7)

(2) 同时受水平和竖向地震动作用时

$$\boldsymbol{M}\begin{Bmatrix} \ddot{\boldsymbol{x}} \\ \ddot{\boldsymbol{z}} \end{Bmatrix} + \boldsymbol{C}\begin{Bmatrix} \dot{\boldsymbol{x}} \\ \dot{\boldsymbol{z}} \end{Bmatrix} + \boldsymbol{K}\begin{Bmatrix} \mathbf{x} \\ \mathbf{z} \end{Bmatrix} = -\boldsymbol{M}\boldsymbol{R}_x\ddot{x}_g - \boldsymbol{M}\boldsymbol{R}_z\ddot{z}_g$$

(3.3.8)

式(3.3.7)和式(3.3.8)中:$\boldsymbol{R}_x$、$\boldsymbol{R}_z$ 分别为水平正方向和竖向正方向的方向指定向量,表示地震动在对应自由度方向上的方向余弦。式(3.3.7)中,$\boldsymbol{R}_x = \boldsymbol{R}_z = [1,1,1,\cdots]^T$;式(3.3.8)中,$\boldsymbol{R}_x = [1,1,1,\cdots,0,0,0\cdots]^T$,$\boldsymbol{R}_z = [0,0,0,\cdots,1,1,1,\cdots]^T$。质量矩阵、阻尼矩阵和刚度矩阵应与自由度顺序对应。

【例 3.3.1】　试建立由立柱支撑的刚体质量块[见图 3.3.1(a)]在水平地震作用下

的运动方程。不考虑阻尼,且质量块的高度为 $2a$,质量为 m,惯性质量为 J,立柱长度为 l,立柱的弯曲刚度为 EI。

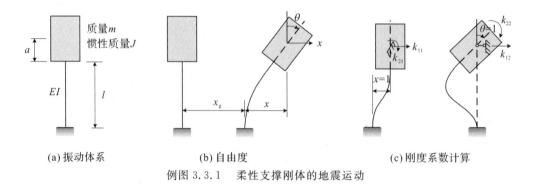

(a) 振动体系　　　　　　(b) 自由度　　　　　　(c) 刚度系数计算
例图 3.3.1　柔性支撑刚体的地震运动

解　(1) 质量矩阵计算

刚体共有 2 个自由度,分别为平动(x)和转动(θ),故质量矩阵为

$$\boldsymbol{M} = \begin{bmatrix} m & 0 \\ 0 & J \end{bmatrix}$$

(2) 刚度矩阵计算

如例图 3.3.1 所示,依次让质量块在自由度方向发生单位位移,约束另一自由度位移,可得到体系的刚度矩阵为

$$\boldsymbol{K} = \begin{bmatrix} \dfrac{12EI}{l^3} & -\dfrac{6EI(2a+l)}{l^3} \\ -\dfrac{6EI(2a+l)}{l^3} & \dfrac{(4al^2+12la+12a^2)EI}{l^3} \end{bmatrix}$$

(3) 建立地震运动方程

由于质量块受到水平方向的地震作用,地震动在转动自由度的方向余弦向量为零。当不考虑阻尼时,体系的地震运动方程为

$$\begin{bmatrix} m & 0 \\ 0 & J \end{bmatrix} \begin{Bmatrix} \ddot{x} \\ \ddot{\theta} \end{Bmatrix} + \begin{bmatrix} \dfrac{12EI}{l^3} & -\dfrac{6EI(2a+l)}{l^3} \\ -\dfrac{6EI(2a+l)}{l^3} & \dfrac{(4al^2+12la+12a^2)EI}{l^3} \end{bmatrix} \begin{Bmatrix} x \\ \theta \end{Bmatrix} = -\begin{bmatrix} m & 0 \\ 0 & J \end{bmatrix} \begin{Bmatrix} 1 \\ 0 \end{Bmatrix} \ddot{x}_g$$

3.3.3　考虑扭转耦联影响的地震运动方程

地震时惯性力的合力作用在结构物的质量中心(质心),而变形恢复力的合力作用在刚度中心(刚心),当质心与刚心重合时,结构物不会产生扭转变形,否则会发生扭转变形(见图 3.3.5)。由于建筑物抵抗扭转变形的能力低,在地震中许多建筑物因扭转变形而倒塌,结构抗震设计需要考虑扭转耦联的影响。

1. 楼面的质心和刚心

质心根据楼层的质量分布状况确定。刚心位置与结构的侧移刚度分布有关。这里

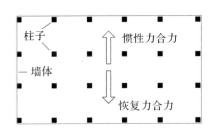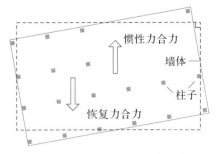

(a)惯性力合力与恢复力合力重合　　　(b)惯性力合力与恢复力合力不重合

图 3.3.5　楼面的惯性力和恢复力作用位置及扭转变形

以框架结构为例,说明刚心的计算方法。假定楼面在其自身平面内的刚度为无限大,x 轴线的各榀框架侧移刚度 k_{xj}、y 轴线的各榀框架侧移刚度 k_{yj}。如图 3.3.6 所示,当楼面分别沿 x 和 y 方向发生单位侧向位移时,框架恢复力的合力位置,即刚心位置由式(3.3.20)计算确定。

$$x_s = \frac{\sum_{j=1}^{m} k_{yj} x_j}{\sum_{j=1}^{m} k_{yj}}, \quad y_s = \frac{\sum_{j=1}^{n} k_{xj} y_j}{\sum_{j=1}^{n} k_{xj}} \tag{3.3.20a,b}$$

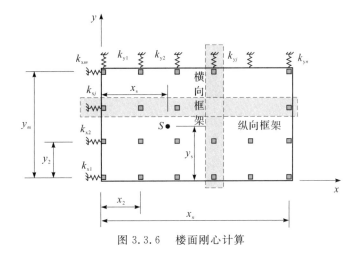

图 3.3.6　楼面刚心计算

2. 考虑扭转耦联影响的楼面地震运动方程

考虑扭转耦联影响的楼面在水平地震运动有 3 个自由度(见图 3.3.7),分别为平面内 x、y 方向的位移 u_x 和 u_y 以及扭转变形 θ。因此,楼面的自由度向量 $\boldsymbol{x}$ 和质量矩阵 $\boldsymbol{m}$ 为

$$\boldsymbol{x} = \begin{bmatrix} u_x & u_y & \theta \end{bmatrix}^{\mathrm{T}}, \quad \boldsymbol{m} = \begin{bmatrix} m & 0 & 0 \\ 0 & m & 0 \\ 0 & 0 & J \end{bmatrix} \tag{3.3.21a,b}$$

楼面内任一抗侧构件 r 的位置与楼面自由度位移之间的关系为

$$\begin{cases} u_{xr} = u_x - y_r\theta \\ u_{yr} = u_y + x_r\theta \end{cases} \tag{3.3.22}$$

式中:x_r、y_r 分别为构件 r 的坐标,如图 3.3.8 所示。

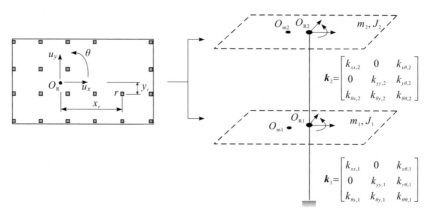

图 3.3.7 考虑扭转耦联影响的楼面自由度

根据式(3.3.22)的变形关系,可以算出楼层发生单位侧移和单位转角时各构件的变形,然后根据各构件的刚度计算出楼面的侧移刚度 k_{xx}、k_{yy} 和扭转刚度 $k_{\theta\theta}$,及其扭转与侧移刚度的耦合刚度 $k_{\theta x}$、$k_{\theta y}$,最后可以得到与三个自由度对应的楼面刚度为

$$\boldsymbol{k} = \begin{bmatrix} k_{xx} & 0 & k_{x\theta} \\ 0 & k_{yy} & k_{y\theta} \\ k_{\theta x} & k_{\theta y} & k_{\theta\theta} \end{bmatrix} \tag{3.3.23}$$

当结构物仅受到 x 方向的地震作用时,楼层的地震加速度输入向量为

$$\ddot{\boldsymbol{x}}_g(t) = \begin{Bmatrix} 1 \\ 0 \\ 0 \end{Bmatrix} \ddot{x}_g(t) = \boldsymbol{R}_x \ddot{x}_g(t) \tag{3.3.24}$$

当结构物同时受到 x 和 y 方向的地震作用时,楼层的地震加速度输入向量为

$$\ddot{\boldsymbol{x}}_g(t) = \begin{Bmatrix} 1 \\ 0 \\ 0 \end{Bmatrix} \ddot{x}_g(t) + \begin{Bmatrix} 0 \\ 1 \\ 0 \end{Bmatrix} \ddot{y}_g(t) = \boldsymbol{R}_x \ddot{x}_g(t) + \boldsymbol{R}_y \ddot{y}_g(t) \tag{3.3.25}$$

算出每层的刚度和质量矩阵后,按照自由度顺序把各层的刚度和质量组集到结构整体刚度和质量矩阵中,并引入边界条件,可以得到考虑扭转耦联影响的房屋地震运动方程。其中,单层结构物的地震运动方程为

$$\begin{bmatrix} m & 0 & 0 \\ 0 & m & 0 \\ 0 & 0 & J \end{bmatrix} \begin{Bmatrix} \ddot{u}_x \\ \ddot{u}_y \\ \ddot{\theta} \end{Bmatrix} + \begin{bmatrix} c_{xx} & 0 & c_{x\theta} \\ 0 & c_{yy} & c_{y\theta} \\ c_{\theta x} & c_{\theta y} & c_{\theta\theta} \end{bmatrix} \begin{Bmatrix} \dot{u}_x \\ \dot{u}_y \\ \dot{\theta} \end{Bmatrix} + \begin{bmatrix} k_{xx} & 0 & k_{x\theta} \\ 0 & k_{yy} & k_{y\theta} \\ k_{\theta x} & k_{\theta y} & k_{\theta\theta} \end{bmatrix} \begin{Bmatrix} u_x \\ u_y \\ \theta \end{Bmatrix}$$

$$= -\begin{bmatrix} m & 0 & 0 \\ 0 & m & 0 \\ 0 & 0 & J \end{bmatrix} \begin{bmatrix} \begin{Bmatrix} 1 \\ 0 \\ 0 \end{Bmatrix} \ddot{x}_g + \begin{Bmatrix} 0 \\ 1 \\ 0 \end{Bmatrix} \ddot{y}_g \end{bmatrix} \tag{3.3.26}$$

【例 3.3.2】　建立考虑扭转耦联影响的 2 层建筑物在 x 方向地震作用下的地震运动方程。假定每一层的刚度和质量为

$$\boldsymbol{k}_i = \begin{bmatrix} k_{xx,i} & 0 & k_{x\theta,i} \\ 0 & k_{yy,i} & k_{y\theta,i} \\ k_{\theta x,i} & k_{\theta y,i} & k_{\theta\theta,i} \end{bmatrix}, \quad \boldsymbol{m}_i = \begin{bmatrix} m_i & 0 & 0 \\ 0 & m_i & 0 \\ 0 & 0 & J_i \end{bmatrix}, \quad i=1,2$$

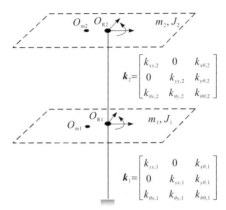

例图 3.3.2　考虑扭转耦联的 2 层结构

解　将各层的质量和刚度按照分块矩阵的形式组合,得到结构的地震运动方程

$$\begin{bmatrix} \boldsymbol{m}_1 & \boldsymbol{0} \\ \boldsymbol{0} & \boldsymbol{m}_2 \end{bmatrix} \begin{Bmatrix} \ddot{\boldsymbol{u}}_1 \\ \ddot{\boldsymbol{u}}_2 \end{Bmatrix} + \begin{bmatrix} \boldsymbol{c}_1+\boldsymbol{c}_2 & -\boldsymbol{c}_2 \\ -\boldsymbol{c}_2 & \boldsymbol{c}_2 \end{bmatrix} \begin{Bmatrix} \dot{\boldsymbol{u}}_1 \\ \dot{\boldsymbol{u}}_2 \end{Bmatrix} + \begin{bmatrix} \boldsymbol{k}_1+\boldsymbol{k}_2 & -\boldsymbol{k}_2 \\ -\boldsymbol{k}_2 & \boldsymbol{k}_2 \end{bmatrix} \begin{Bmatrix} \boldsymbol{u}_1 \\ \boldsymbol{u}_2 \end{Bmatrix}$$

$$= -\begin{bmatrix} \boldsymbol{m}_1 & \boldsymbol{0} \\ \boldsymbol{0} & \boldsymbol{m}_2 \end{bmatrix} \begin{bmatrix} 1 & 0 & 0 & 1 & 0 & 0 \end{bmatrix}^{\mathrm{T}} \ddot{x}_{\mathrm{g}}$$

3.4　多自由度体系线性地震反应计算

多自由度体系线性地震反应一般采用振型分解法、振型分解反应谱法或直接积分法计算。

3.4.1　振型分解法

采用振型分解法计算结构地震反应,需要用到结构的自振特性。n 个自由度的无阻尼多自由度体系自由振动方程为

$$\boldsymbol{M}\ddot{\boldsymbol{x}} + \boldsymbol{K}\boldsymbol{x} = 0 \tag{3.4.1}$$

将解 $\boldsymbol{x} = \boldsymbol{X}\sin(\omega t)$ 代入上式,齐次常系数微分方程组有非零解的条件为

$$\det(\boldsymbol{K} - \omega^2 \boldsymbol{M}) = 0 \tag{3.4.2}$$

式(3.4.2)是关于 ω^2 的 n 次实系数方程,在数学上是一个广义特征值问题。称 ω^2 为特征方程的特征值,对应的 ω 为结构自振频率(圆频率),相应的非零解 $\boldsymbol{X}$ 为特征向量,为

对应的振型。对于正定、对称的刚度矩阵 $\boldsymbol{K}$，从特征方程可以得到 n 个非负的自振频率。如把自振频率按大小排列，即 $0 \leqslant \omega_1 \leqslant \omega_2 \leqslant \cdots \leqslant \omega_n$，称第 i 个 ω_i 为第 i 阶自振频率。由于方程的系数矩阵行列式为零，因此与 ω_i 对应的振型 $\boldsymbol{X}_i$ 为无穷个解，但是任意两个解之间对应元素的比值相同，不独立。

根据结构动力学基础知识，振型具有对质量和刚度正交的性质，即振型之间满足

$$\boldsymbol{X}_i^{\mathrm{T}} \boldsymbol{M} \boldsymbol{X}_j = \delta_{\mathrm{m}}, \quad \boldsymbol{X}_i^{\mathrm{T}} \boldsymbol{K} \boldsymbol{X}_j = \delta_{\mathrm{k}} \tag{3.4.3a,b}$$

当 $i = j$ 时，$\delta_{\mathrm{m}} \neq 0$、$\delta_{\mathrm{k}} \neq 0$，否则 $\delta_{\mathrm{m}} = \delta_{\mathrm{k}} = 0$。

由于振型 $\boldsymbol{X}_i$ 有无穷多个解，为了统一起见，一般需要对振型进行规格化。振型规格化方法习惯上有两种，一是让振型向量中绝对值最大的元素为 1、其他元素按比例缩放；另一是对质量规格化，即振型满足下式条件

$$\boldsymbol{X}_i^{\mathrm{T}} \boldsymbol{M} \boldsymbol{X}_i = 1 \tag{3.4.4}$$

如振型对质量矩阵进行规格化，则振型矩阵 $\boldsymbol{X} = [\boldsymbol{X}_1, \boldsymbol{X}_2, \cdots, \boldsymbol{X}_m] \ (m \leqslant n)$ 满足

$$\boldsymbol{X}^{\mathrm{T}} \boldsymbol{M} \boldsymbol{X} = \boldsymbol{I}, \quad \boldsymbol{X}^{\mathrm{T}} \boldsymbol{K} \boldsymbol{X} = \boldsymbol{\Omega}^2 \tag{3.4.5a,b}$$

式中：$\boldsymbol{I}$ 为单位矩阵；$\boldsymbol{\Omega}^2$ 为对角矩阵，对角线上的元素依次为 $\omega_1^2, \omega_2^2, \cdots, \omega_m^2$。

由于振型之间互相正交，结构位移向量 $\boldsymbol{x}$ 可以用振型的线性组合表示，即

$$\boldsymbol{x} = \boldsymbol{X}_1 q_1 + \boldsymbol{X}_2 q_2 + \cdots + \boldsymbol{X}_i q_i + \cdots + \boldsymbol{X}_n q_n = \boldsymbol{X} \boldsymbol{q} \tag{3.4.6}$$

式中：$q_i \ (i = 1, 2, \cdots, n)$ 为各振型的广义坐标；$\boldsymbol{q}$ 为由广义坐标 q_i 组成的列向量。

高阶振型对结构地震反应的影响比较小，一般取前几阶振型可以获得比较满意的计算精度。因此，式(3.4.6)可表示为

$$\boldsymbol{x} \approx \boldsymbol{X}_1 q_1 + \boldsymbol{X}_2 q_2 + \cdots + \boldsymbol{X}_m q_m = \boldsymbol{X} \boldsymbol{q} \tag{3.4.7}$$

当 $m = n$ 时，上式为精确解。

当只考虑水平方向的地震输入时，将式(3.4.7)代入结构地震运动方程，并在等式两边同乘振型矩阵 $\boldsymbol{X}$ 的转置矩阵，得到

$$\boldsymbol{X}^{\mathrm{T}} \boldsymbol{M} \boldsymbol{X} \ddot{\boldsymbol{q}} + \boldsymbol{X}^{\mathrm{T}} \boldsymbol{C} \boldsymbol{X} \dot{\boldsymbol{q}} + \boldsymbol{X}^{\mathrm{T}} \boldsymbol{K} \boldsymbol{X} \boldsymbol{q} = -\boldsymbol{X}^{\mathrm{T}} \boldsymbol{M} \boldsymbol{R}_x \ddot{x}_{\mathrm{g}} \tag{3.4.8}$$

假定阻尼矩阵为刚度和质量矩阵的线性组合，即

$$\boldsymbol{C} = a\boldsymbol{M} + b\boldsymbol{K} \tag{3.4.9}$$

式中：a、b 为常系数。称式(3.4.9)为 Rayleigh 阻尼。

利用振型对质量矩阵和刚度矩阵正交的性质，得到各振型的地震运动方程

$$\ddot{q}_i + 2\omega_i \xi_i \dot{q}_i + \omega_i^2 q_i = -\gamma_i \ddot{x}_{\mathrm{g}}, \quad i = 1, 2, \cdots, m \tag{3.4.10}$$

式(3.4.10)中，ξ_i、γ_i 分别为第 i 阶振型的振型阻尼比和振型参与系数

$$\xi_i = \frac{1}{2}\left(\frac{a}{\omega_i} + b\omega_i\right) \tag{3.4.11}$$

$$\gamma_i = \frac{\boldsymbol{X}_i^{\mathrm{T}} \boldsymbol{M} \boldsymbol{R}_x}{\boldsymbol{X}_i^{\mathrm{T}} \boldsymbol{M} \boldsymbol{X}_i} \tag{3.4.12}$$

设定结构的两个振型 i、j 的阻尼比 ξ_i、ξ_j 为已知值，常数 a、b 由式(3.4.11)得到

$$\begin{cases} 2\omega_i \xi_i = a + b\omega_i^2 \\ 2\omega_j \xi_j = a + b\omega_j^2 \end{cases} \tag{3.4.13}$$

解上述方程组得到 Rayleigh 阻尼中的系数 a 和 b 为

$$\begin{cases} a = \dfrac{2\omega_i\omega_j(\xi_i\omega_j - \xi_j\omega_i)}{\omega_i^2 - \omega_j^2} \\[4mm] b = \dfrac{2(\xi_j\omega_j - \xi_i\omega_i)}{\omega_i^2 - \omega_j^2} \end{cases} \tag{3.4.14}$$

为了让 Rayleigh 阻尼尽量反映结构的实际衰减特性,通常选定参与系数比较大的两个振型来计算系数 a 和 b。如图 3.4.1 所示,Rayleigh 阻尼的阻尼比曲线通过确定系数 a 和 b 的两个振型的阻尼比。另外,在高频和低频的 Rayleigh 阻尼偏大,需要引起注意。

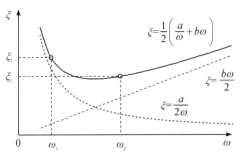

图 3.4.1　Rayleigh 阻尼 ξ 随频率 ω 的变化曲线

引入正交阻尼假定后,振型之间不耦合,地震反应计算如同分析多个单自由度振动问题,振型坐标可以按杜哈梅积分法计算得到,即

$$q_i(t) = -\gamma_i \int_0^t \frac{\ddot{x}_g(\tau)}{\omega'_i} e^{-\xi_i\omega_i(t-\tau)} \sin\omega'_i(t-\tau)\,\mathrm{d}\tau \tag{3.4.15}$$

记 $\Delta_i(t) = -\displaystyle\int_0^t \frac{\ddot{x}_g(\tau)}{\omega'_i} e^{-\xi_i\omega_i(t-\tau)} \sin\omega'_i(t-\tau)\,\mathrm{d}\tau$,则

$$q_i(t) = \gamma_i \Delta_i(t) \tag{3.4.16}$$

因此,由式(3.4.7)得到第 j 个自由度的相对位移和速度、绝对加速度地震反应为

$$\begin{cases} x_j(t) \approx \displaystyle\sum_{i=1}^m X_{ij}q_i(t) = \sum_{i=1}^m X_{ij}\gamma_i\Delta_i(t) \\[3mm] \dot{x}_j(t) \approx \displaystyle\sum_{i=1}^m X_{ij}\dot{q}_i(t) = \sum_{i=1}^m X_{ij}\gamma_i\dot{\Delta}_i(t) \\[3mm] \ddot{x}_j(t) \approx \displaystyle\sum_{i=1}^m X_{ij}\gamma_i\left[\ddot{x}_g(t) + \ddot{\Delta}_i(t)\right] \end{cases} \tag{3.4.17}$$

式中:X_{ij} 为 i 振型在 j 自由度的振型位移。

上述方法称之振型分解法,是把结构地震反应分解到各振型坐标下计算的方法。以 3 个自由度体系为例,振型分解法的计算过程如图 3.4.2 所示。

用振型分解法计算结构地震反应的精度与考虑的振型数目有关,如考虑的振型数目多,得到的计算精度高,反之则低。但对于形式比较简单的工程结构,一般只需要考虑低阶振型就可以获得较高精度的计算结果。

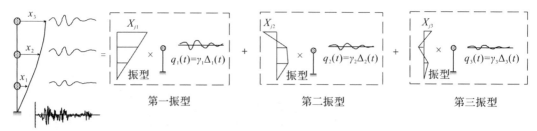

图 3.4.2　振型分解法计算过程

【**例 3.4.1**】　某双层剪切型结构如例图 3.4.1 所示,用振型分解法求结构的地震反应。地面运动的加速度时程为 2004 年的日本新潟地震加速度记录,结构阻尼比为0.05。

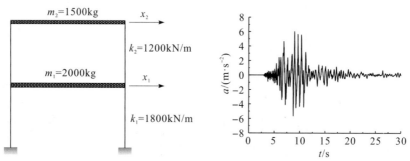

例图 3.4.1　双层剪切型结构与新潟地震记录

解　结构为 2 个自由度体系,刚度矩阵和质量矩阵为

$$\boldsymbol{K} = \begin{bmatrix} k_1 + k_2 & -k_2 \\ -k_2 & k_2 \end{bmatrix} = \begin{bmatrix} 3 & -1.2 \\ -1.2 & 1.2 \end{bmatrix} \times 10^6 (\text{N/m}),$$

$$\boldsymbol{M} = \begin{bmatrix} m_1 & 0 \\ 0 & m_2 \end{bmatrix} = \begin{bmatrix} 2 & 0 \\ 0 & 1.5 \end{bmatrix} \times 10^3 (\text{kg})$$

体系的特征值方程为

$$\det(\boldsymbol{K} - \omega^2 \boldsymbol{M}) = \left| \begin{bmatrix} 3 \times 10^6 - 2000\omega^2 & -1.2 \times 10^6 \\ -1.2 \times 10^6 & 1.2 \times 10^6 - 1500\omega^2 \end{bmatrix} \right| = 0$$

可得

$$\omega_1 = 19.3\text{rad/s}(T_1 = 0.325\text{s}); \boldsymbol{X}_1 = [0.53 \ \ 1.00]^T$$

$$\omega_2 = 43.8\text{rad/s}(T_2 = 0.143\text{s}); \boldsymbol{X}_2 = [-1.41 \ \ 1.00]^T$$

各振型的参与系数为

$$\gamma_1 = \frac{\sum_{i=1}^{n} m_i X_{1i}}{\sum_{i=1}^{n} m_i X_{1i}^2} = \frac{1 \times 1500 + 0.53 \times 2000}{1^2 \times 1500 + 0.53^2 \times 2000} = 1.242$$

$$\gamma_2 = \frac{\sum\limits_{i=1}^{n} m_i X_{2i}}{\sum\limits_{i=1}^{n} m_i X_{2i}^2} = \frac{1 \times 1500 - 1.41 \times 2000}{1^2 \times 1500 + 1.41^2 \times 2000} = -0.241$$

$\Delta_j(t) = \int_0^t \dfrac{\ddot{x}_g(t)}{\omega'_j} e^{-\xi_j \omega_j (t-\tau)} \sin \omega'_j (t-\tau) \mathrm{d}\tau$ 通 过 杜 哈 梅 积 分 求 出, $\Delta_1(t)$ 和

$\Delta_2(t)$ 结果如例图 3.4.2 所示。由图可知,第二阶振型的振动较小。

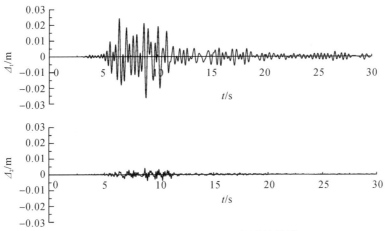

例图 3.4.2 $\Delta_1(t)$ 和 $\Delta_2(t)$ 的计算结果

根据 $\boldsymbol{x} = \boldsymbol{X}\boldsymbol{q} = -\sum\limits_{j=1}^{n} \gamma_j \Delta_j(t) \boldsymbol{X}_j$,可求出 x_1 和 x_2 的振动反应

$$x_1 = -1.242 \times 0.53 \times \Delta_1(t) + 0.241 \times (-1.41) \times \Delta_2(t)$$
$$x_2 = -1.242 \times 1.00 \times \Delta_1(t) + 0.241 \times 1.0 \times \Delta_2(t)$$

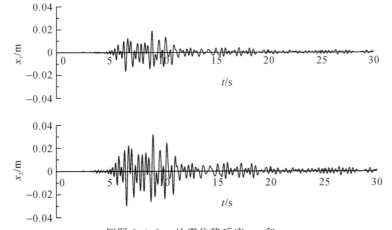

例图 3.4.3 地震位移反应 x_1 和 x_2

各楼层的地震位移反应 x_1 和 x_2 如例图 3.4.3 所示。根据式(3.4.17),每个自由度

受到的地震作用可按下式计算

$$F_j(t) = m_j \ddot{x}_j(t) = m_j \sum_{i=1}^{2} X_{ij} \gamma_i \left[\ddot{x}_g(t) + \ddot{\Delta}_i(t) \right]$$

进一步可根据层间剪力与地震作用的关系求出第一层和第二层的层间剪力时程 $V_1(t)$ 和 $V_2(t)$，结果如例图 3.4.4 所示。

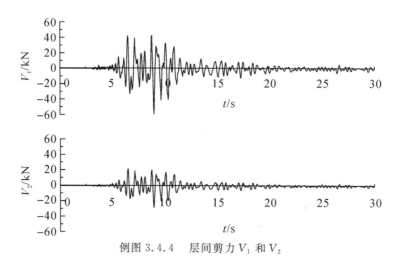

例图 3.4.4　层间剪力 V_1 和 V_2

需要指出的是，本算例仅介绍如何用振型分解法计算结构地震反应，结构抗震设计需要输入与设计条件一致的地震动时程，而非随意选择历史地震记录。

3.4.2　振型分解反应谱法

振型分解法需要计算每个时间增量步的地震反应，对于持时数十秒的地震动时程需要大量的计算工作，而影响结构抗震设计的参数是最大地震作用效应。加速度反应谱是反映结构最大加速度反应的曲线，利用设计反应谱可以简化结构地震反应计算。

在振型分解法计算中，自由度 j 的加速度反应为 $\ddot{x}_j(t) = \sum_{i=1}^{m} X_{ij} \gamma_i \left[\ddot{x}_g(t) + \ddot{\Delta}_i(t) \right]$，括号[]内的项相当于单自由度体系的加速度反应。由反应谱理论可知，单自由度体系的最大加速度反应可根据振型阻尼比 ξ_i 和固有周期 T_i 得到

$$\left[\ddot{x}_g(t) + \ddot{\Delta}_i(t) \right] \big|_{\max} = S_a(\xi_i, T_i) \tag{3.4.18}$$

因此，结构第 j 个质点由第 i 阶振型产生的最大地震作用（即惯性力）为

$$F_{ij} = m_j X_{ij} \gamma_i S_a(\xi_i, T_i) \text{ 或 } F_{ij} = G_j X_{ij} \gamma_i \alpha(\xi_i, T_i) \tag{3.4.19}$$

图 3.4.3 表示 3 个自由度体系的各振型地震惯性力分布形式，形状与振型 $\boldsymbol{X}_i$ 一致。

各振型按上述地震作用计算结构地震反应 S_i（如内力、位移），为该振型的地震反应的最大值。由于不同振型的地震反应一般不会同时达到最大，直接将各振型的地震反应相加不合理。抗震设计一般采用平方和开方的方法（SRSS 法）近似计算结构的最大地震反应

$$S = \sqrt{\sum_{i=1}^{m} S_i^2} \tag{3.4.20}$$

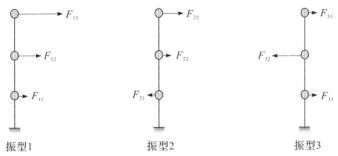

图 3.4.3　振型地震作用形式

SRSS 法在工程结构抗震设计中得到广泛应用。但是，当结构相邻的自振频率非常接近时，达到最大值的时间接近，SRSS 法计算误差大，这时应改用完全平方组合法，即 CQC 法。与 SRSS 相比，CQC 法增加了不同振型之间相互影响的相关系数，即

$$S = \sqrt{\sum_{k=1}^{m} \sum_{i=1}^{m} \rho_{ki} S_i S_k} \tag{3.4.21}$$

式中：ρ_{ki} 为振型相关系数，根据随机振动理论得到

$$\rho_{ki} = \frac{8\xi_k \xi_i (1+\lambda_T) \lambda_T^{1.5}}{(1-\lambda_T^2)^2 + 4\xi_k \xi_i (1+\lambda_T)^2 \lambda_T} \tag{3.4.22}$$

这里 λ_T 为 i 振型与 k 振型的自振周期比。

如果两个自振频率相差大，振型相关系数就小，特别是当

$$\frac{\omega_i}{\omega_k} < \frac{0.2}{\xi + 0.2} \tag{3.4.23}$$

时，可以认为振型相关系数近似为零，CQC 法与 SRSS 法相同。

【例 3.4.2】　以算例 3.4.1 的结构为对象，用反应谱法计算结构在多遇地震作用下的底部剪力。结构处于 7 度区（对应 Ⅱ 类场的地震峰值加速度 0.1g，基本地震动加速度反应谱特征周期分区值为 0.35s），Ⅲ 类场地，结构阻尼比为 0.05。

解　由计算条件可知，地震影响系数最大值 $\alpha_{\max} = 1.0 \times 2.5 \times 0.35/g = 0.875/g$（注：这里动力放大系数取 2.5），场地特征周期 $T_g = 0.45s$。根据算例 3.4.1 计算结果，自振周期为 0.325s 和 0.143s，故地震影响系数均为 0.875/g。

根据反应谱法，可以算出每个振型的地震作用（见例图 3.4.5）

$F_{11} = G_1 X_{11} \gamma_1 \alpha_1 = 2000 \times g \times 0.53 \times 1.242 \times 0.875/g = 1151.96(\text{N})$

$F_{12} = G_2 X_{12} \gamma_1 \alpha_1 = 1500 \times g \times 1.00 \times 1.242 \times 0.875/g = 1630.13(\text{N})$

$F_{21} = G_1 X_{21} \gamma_2 \alpha_2 = 2000 \times g \times (-1.41) \times (-0.241) \times 0.875/g = 594.67(\text{N})$

$F_{22} = G_2 X_{22} \gamma_2 \alpha_2 = 1500 \times g \times 1.00 \times (-0.241) \times 0.875/g = -316.31(\text{N})$

各阶振型产生的底部剪力为

$$V_{11} = F_{11} + F_{12} = 2.782(\text{kN})$$

$$V_{21} = F_{21} + F_{22} = 0.278(\text{kN})$$

例图 3.4.5 地震作用计算结果

根据 SRSS 法得到的底部剪力为

$$V_1 = \sqrt{V_{11}^2 + V_{21}^2} = 2.796(\text{kN})$$

3.4.3 直接积分法

振型分解法或者反应谱法采用了叠加原理,这些方法仅适用于线性地震反应计算。在结构地震反应分析中还有一种常用的算法——直接积分法,这种算法没有引入叠加原理,可用于线性和非线性振动计算。

直接积分法是根据前一时刻的位移、速度、加速度计算下一时刻振动反应的方法。如图 3.4.4 所示,这种算法将需要计算的时间区域划分成许多微小的时间增量段 Δt,在每个 Δt 内用前一时刻结束时的振动为初始条件,计算下一时刻的位移、速度、加速度。这样,从 $t=0$ 时刻开始不断重复这一过程,直至完成需要计算的全部时间长度。这一算法也称为逐步积分法。

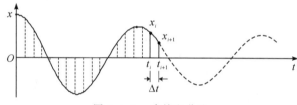

图 3.4.4 直接积分法

直接积分法有显式和隐式之分。显式积分是在第 i 步的计算中只满足起始状态 t_i 时刻运动方程的计算方法,不考虑 t_{i+1} 时刻的振动是否满足运动方程,因此计算过程中不涉及动力学平衡方程的求解,也不需要迭代和收敛计算。为了提高计算精度,显式积分法的时间间隔 Δt 必须十分小,否则随着计算步数的增加,误差会不断积累,出现发散的现象,不能得到所需要的精度。中心差分法是一种有代表性的显式积分法。

与显式积分不同,隐式积分是满足 $t_i + \Delta t$ 时刻运动方程式的计算方法。这种算法可以控制误差累积,稳定性比较好,是结构地震反应分析的常用算法。比较常用的有 Newmark-β 法和 Wilson-θ 法两种。这两种方法都是加速度法,假定时间增量内的加速度按某种规律变化的方法。

这里以 Newmark-β 法为例,通过单自由度体系的算法推导来阐述这种算法。当体系为多自由度时,只要用矩阵、向量表示,其表达形式是相同的。

1. 线性加速度法

当时间增量 Δt 很小时,可假定在时刻 $t_i \sim t_{i+1}$ 之间的加速度反应为线性函数(见图 3.4.5),即

$$\ddot{x}(t) = \ddot{x}_i + \frac{\ddot{x}_{i+1} - \ddot{x}_i}{\Delta t}(t - t_i) \tag{3.4.24}$$

对上式积分计算,得到 t_{i+1} 时刻的速度和位移反应

$$\begin{cases} \dot{x}_{i+1} = \dot{x}_i + \ddot{x}_i \Delta t + \dfrac{1}{2}(\ddot{x}_{i+1} - \ddot{x}_i)\Delta t \\[2mm] x_{i+1} = x_i + \dot{x}_i \Delta t + \dfrac{1}{2}\ddot{x}_i \Delta t^2 + \dfrac{1}{6}(\ddot{x}_{i+1} - \ddot{x}_i)\Delta t^2 \end{cases} \tag{3.4.25}$$

因质点在时刻 t_{i+1} 的反应需要满足地震运动方程,根据式(3.2.1)得到

$$m\ddot{x}_{i+1} + c\dot{x}_{i+1} + k x_{i+1} = -m\ddot{x}_{g,i+1} \tag{3.4.26}$$

将式(3.4.25)代入上式,得到 t_{i+1} 时刻的加速度 $\ddot{x}_{i+1}$

$$\ddot{x}_{i+1} = -\frac{\ddot{x}_{g,i+1} + \dfrac{c}{m}\left(\dot{x}_i + \dfrac{1}{2}\ddot{x}_i \Delta t\right) + \dfrac{k}{m}\left(x_i + \dot{x}_i \Delta t + \dfrac{1}{3}\ddot{x}_i \Delta t^2\right)}{1 + \dfrac{1}{2}\dfrac{c}{m}\Delta t + \dfrac{1}{6}\dfrac{k}{m}\Delta t^2} \tag{3.4.27}$$

把算出的 $\ddot{x}_{i+1}$ 再回代到式(3.4.25),可以得到 t_{i+1} 时刻的速度和位移反应。反复上述计算过程,最终可以算出时间轴上每一个时刻的结构地震反应。

在地震反应分析中,初位移和初速度一般假定为 0,但初加速度根据结构满足 $t=0$ 的时地震运动方程条件得到。

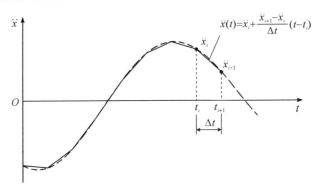

图 3.4.5　线性加速度法

2. 平均加速度法

平均加速度法是假定在 $t_i \sim t_{i+1}$ 区间内的加速度反应为 $\ddot{x}_i$ 与 $\ddot{x}_{i+1}$ 的平均值(见图 3.4.6),即

$$\ddot{x}(t) = \frac{1}{2}(\ddot{x}_i + \ddot{x}_{i+1}) \tag{3.4.28}$$

对上式积分计算,得到 t_{i+1} 时刻的速度和位移

$$\begin{cases} \dot{x}_{i+1} = \dot{x}_i + \dfrac{1}{2}(\ddot{x}_{i+1} + \ddot{x}_i)\Delta t \\[2mm] x_{i+1} = x_i + \dot{x}_i \Delta t + \dfrac{1}{4}(\ddot{x}_i + \ddot{x}_{i+1})\Delta t^2 \end{cases} \qquad (3.4.29)$$

根据 t_{i+1} 时刻体系的加速度、速度和位移满足地震运动方程的条件,得到 t_{i+1} 时刻加速度为

$$\ddot{x}_{i+1} = -\frac{\ddot{x}_{g,i+1} + \dfrac{c}{m}\left(\dot{x}_i + \dfrac{1}{2}\ddot{x}_i \Delta t\right) + \dfrac{k}{m}\left(x_i + \dot{x}_i \Delta t + \dfrac{1}{4}\ddot{x}_i \Delta t^2\right)}{1 + \dfrac{1}{2}\dfrac{c}{m}\Delta t + \dfrac{1}{4}\dfrac{k}{m}\Delta t^2} \qquad (3.4.30)$$

再将 $\ddot{x}_{i+1}$ 回代到式(3.4.29),可以得到 t_{i+1} 时刻的速度和位移地震响应。

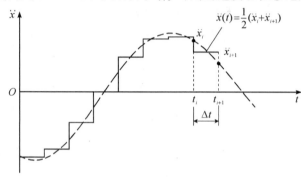

图 3.4.6　平均加速度法

3. Newmark-β 法的一般形式

引入参数 β,式(3.4.25)和式(3.4.29)统一表示为

$$\begin{cases} \dot{x}_{i+1} = \dot{x}_i + \dfrac{1}{2}(\ddot{x}_{i+1} + \ddot{x}_i)\Delta t \\[2mm] x_{i+1} = x_i + \dot{x}_i \Delta t + \left(\dfrac{1}{2} - \beta\right)\ddot{x}_i \Delta t^2 + \beta \ddot{x}_{i+1}\Delta t^2 \end{cases} \qquad (3.4.31)$$

式中 β 可取不同的正值,当 $\beta = 1/6$ 时,对应于线性加速度法;当 $\beta = 1/4$ 时,对应于平均加速度法。

实际应用时,Newmark-β 法一般用增量的形式表示,且先计算位移增量,然后再计算速度以及加速度增量。为此,要把速度和加速度增量用位移增量来表示,即

$$\begin{cases} \Delta\dot{x} = \dfrac{1}{2\beta\Delta t}\Delta x - \dfrac{1}{2\beta}\dot{x}_i - \left(\dfrac{1}{4\beta} - 1\right)\ddot{x}_i \Delta t \\[3mm] \Delta\ddot{x} = \dfrac{1}{\beta\Delta t^2}\Delta x - \dfrac{1}{\beta\Delta t}\dot{x}_i - \dfrac{1}{2\beta}\ddot{x}_i \end{cases} \qquad (3.4.32)$$

式中:

$$\begin{cases} \Delta x = x_{i+1} - x_i \\ \Delta\dot{x} = \dot{x}_{i+1} - \dot{x}_i \\ \Delta\ddot{x} = \ddot{x}_{i+1} - \ddot{x}_i \end{cases} \qquad (3.4.33)$$

将式(3.4.32)代入用增量形式表示的地震运动方程

$$m\Delta\ddot{x} + c\Delta\dot{x} + k\Delta x = -m\Delta\ddot{x}_g \tag{3.4.34}$$

得到计算位移增量的方程

$$\bar{k}\Delta x = \Delta\bar{f} \tag{3.4.35}$$

式中：

$$\begin{cases} \bar{k} = k + \dfrac{1}{\beta\Delta t^2}m + \dfrac{1}{2\beta\Delta t}c \\ \Delta\bar{f} = \left(-\Delta\ddot{x}_g + \dfrac{1}{\beta\Delta t}\dot{x}_i + \dfrac{1}{2\beta}\ddot{x}_i\right)m + \left[\dfrac{1}{2\beta}\dot{x}_i + \left(\dfrac{1}{4\beta} - 1\right)\ddot{x}_i\Delta t\right]c \end{cases} \tag{3.4.36}$$

计算时,时间增量 Δt 应根据结构的最小周期 T 选择合适的数值,以避免计算发散。可以证明,当满足下列条件时,计算不会发散

$$1 + \left(\beta - \dfrac{1}{4}\right)\left(\dfrac{2\pi\Delta t}{T}\right)^2 \geqslant 1 \tag{3.4.37}$$

因此,当 $\beta \geqslant \dfrac{1}{4}$ 时,Newmark-β 法为无条件稳定;当 $0 \leqslant \beta < \dfrac{1}{4}$ 时,如 $\dfrac{\Delta t}{T} \leqslant \dfrac{1}{\pi\sqrt{1-4\beta}}$ 则满足稳定条件。

稳定与精度往往具有相反的倾向,稳定性好的计算方法精度相对差一些。无条件稳定并不是意味计算精度得到保证,计算不应采用过大的 Δt 值。在线弹性地震反应分析中,Δt 值一般选择与地震动的时间间隔相同(如0.01s),在非线性地震反应分析中常常采用更小的时间间隔。

【例 3.4.3】　用直接积分法求解算例3.4.1中的双层剪切型结构水平地震反应。取 Rayleigh 阻尼的两个参数 $a = 1.339, b = 0.00158$(这时 2 个振型的阻尼比均为 0.05)。

解　采用 Newmark-β 法,β 取为 1/4,分析步长为 0.02s。计算得到的各层位移时程与算例 3.4.1 中振型分解法结果对比如下图所示,两种算法得到的地震位移反应基本一致。

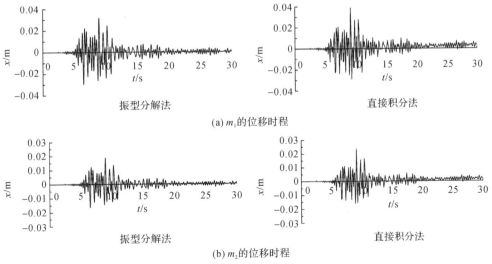

(a) m_1 的位移时程

(b) m_2 的位移时程

例图 3.4.6　位移时程对比

3.5 地震反应近似算法

3.5.1 水平地震作用下的底部剪力法

底部剪力法是振型分解反应谱的一种近似算法,主要适用于高度低且平立面比较规则的建筑物在水平地震作用下的结构地震反应计算。

如图 3.5.1 所示,多自由度体系当结构在高度方向质量和刚度分布比较均匀、且以剪切变形为主时,可近似用斜直线的倒三角形振型作为体系的基本振型。因此,振型可表示为

$$X_{1i} = \frac{H_i}{H} \tag{3.5.1}$$

式中:H_i 为质点 i 的高度,H 为结构物高度。

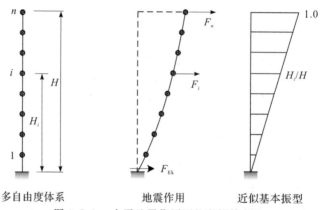

图 3.5.1　水平地震作用下的底部剪力法

根据等效质量法[参见 §3.6 式(3.6.10)],多自由度体系的等效重力荷载为

$$G_{eq} = \frac{\sum_{i=1}^{n} G_i \left(\frac{H_i}{H} \right)^2}{H^2} \tag{3.5.2}$$

式中:G_i 为质点 i 的重力荷载代表值。

对于质量分布比较均匀的多质点体系,由式(3.5.2)计算得到的等效重力荷载为结构物总重量的 $0.75 \sim 0.90$ 倍,《建筑抗震设计规范》近似取 $G_{eq} = 0.85 \sum_{i=1}^{n} G_i$,结构底部总地震剪力由下式计算得到

$$F_{Ek} = \alpha_1 G_{eq} = 0.85 \alpha_1 \sum_{i=1}^{n} G_i \tag{3.5.3}$$

式中:α_1 为与基本周期对应的地震影响系数。

由式(3.4.19)可知,质点 j 受到的水平地震作用为(振型参与系数为1.0)

$$F_j = G_j \frac{H_j}{H} \alpha_1 \qquad (3.5.4)$$

结构物底部的总剪力为上式的合力

$$F_{Ek} = \frac{\alpha_1}{H} \sum_{i=1}^{n} G_i H_i \qquad (3.5.5)$$

把式(3.5.5)得到的 α_1 / H 代到式(3.5.4),可得到用底部剪力 F_{Ek} 表示的各质点地震作用

$$F_j = \frac{G_j H_j}{\sum\limits_{i=1}^{n} G_i H_i} F_{Ek} \qquad (3.5.6)$$

底部剪力法是在确定结构底部总剪力后再计算各质点地震作用的方法,是一种近似算法,适用于同时满足下列条件的结构物:

(1)结构高度不超过 40m;

(2)结构水平侧移以剪切型变形为主;

(3)结构沿高度的质量、刚度分布较均匀。

计算表明,当结构基本周期 T_1 大于场地特征周期 T_g 的 1.4 倍时(即 $T_1 > 1.4T_g$),或屋顶有小型结构时,底部剪力法的计算误差偏大,需要进行修正。

1. 结构基本周期 T_1 大于场地特征周期 T_g 的 1.4 倍时

当 $T_1 > 1.4T_g$ 时,一方面因斜直线振型代替原本曲线形状的振型,过小考虑顶部的振型位移;另一方面,高阶振型的地震反应对计算结果有一定影响,这时用底部剪力法计算得到的结构上部楼层剪力偏小,需要修正。

《建筑抗震设计规范》规定,当 $T_1 > 1.4T_g$ 时,按底部剪力法计算需要在顶部的地震作用附加一个修正量

$$F_n^r = F_n + \Delta F_n \qquad (3.5.7)$$

其中,

$$\Delta F_n = \delta_n F_{Ek} \qquad (3.5.8)$$

顶部节点附加的地震作用 ΔF_n 在计算各质点的地震作用时扣除,即

$$F_j = \frac{G_j H_j}{\sum\limits_{i=1}^{n} G_i H_i} F_{Ek}(1 - \delta_n), \quad j = 1, 2, \cdots, n \qquad (3.5.9)$$

式中: δ_n 为顶部附加水平地震作用系数,多高层钢筋混凝土或者钢结构房屋按照表 3.5.1 采用,其他房屋取 0.0。

表 3.5.1　顶部附加水平地震作用系数 δ_n

T_g / s	$T_1 > 1.4T_g$	$T_1 \leqslant 1.4T_g$
$\leqslant 0.35$	$0.08T_1 + 0.07$	不考虑
$0.35 \sim 0.55$	$0.08T_1 + 0.01$	
> 0.55	$0.08T_1 - 0.02$	

2.屋顶有小型结构时

屋顶水箱、电梯机房、附属结构等小型结构,由于刚度和质量的突变,在地震中破坏程度往往比下面的主体结构严重,这种现象称为鞭梢效应,设计时需要加强屋顶小型结构的抗震性能。

《建筑抗震设计规范》规定,在主体结构顶部设有小型结构时,结构地震效应计算仍可以采用底部剪力法,把小型结构时作为一个质点考虑,按照底部剪力法算出的地震作用乘以增大系数 3.0 后进行小型结构设计,但放大部分的地震作用不往下传。即顶层的层间剪力 $V_n = 3.0 F_n$,其他层的层间剪力为:

$$V_j = \sum_{i=j}^{n} F_i, \quad j = 1, 2, \cdots, n-1 \tag{3.5.10}$$

式中: F_i 为按底部剪力法计算的各质点地震作用。

当结构物同时也满足 $T_1 > 1.4 T_g$ 时,顶部附加的地震作用 ΔF_n 作用在主体结构的顶部,而不是小型结构上。

【算例3.5.1】 某 4 层框架结构,各层重力荷载代表值均为 G,第一层的层高为 5.2m,其余各层为 4.5m。抗震设防烈度为 8 度(对应 II 类场的地震峰值加速度 0.3g,基本地震动加速度反应谱特征周期分区值为 0.35s);场地类别为 II 类;结构基本自振周期为 $T_1 = 0.4$s;结构阻尼比 $\xi = 0.05$。按照底部剪力法计算该结构在多遇地震作用下,(1)结构底部受到的地震剪力;(2)屋盖受到的水平地震作用;(3)第三层受到的水平地震作用。

解 由已知条件可得,场地特征周期 T_g 为 0.35s。故结构基本自振周期 T_1 在 T_g 和 $5T_g$ 之间,地震影响系数取值应按曲线下降段公式计算。水平地震影响系数最大值 α_{max} 为 0.24,γ 为 0.9,结构地震周期对应的地震影响系数 α_1 为

$$\alpha_1 = \left(\frac{T_g}{T_1}\right)^{\gamma} \alpha_{max} = \left(\frac{0.35}{0.4}\right)^{0.9} \times 0.24 = 0.886 \times 0.24 = 0.213$$

根据底部剪力法,结构底部的总剪力为

$$F_{Ek} = \alpha_1 G_{eq} = 0.85 \alpha_1 \sum_{i=1}^{n} G_i = 0.85 \times 0.213 \times 4G = 0.7242G$$

而

$$\sum_{i=1}^{4} G_i H_i = [4.5 \times (1 + 2 + 3) + 5.2 \times 4] \times G = 47.8G$$

由于结构基本周期 T_1 小于场地特征周期 T_g 的 1.4 倍,不需要考虑顶部附加水平地震作用。故屋盖受到的水平地震作用为

$$F_4 = F_{EK} \frac{G_4 H_4}{\sum\limits_{i=1}^{4} G_i H_i} = 0.7242G \times \frac{(4.5 \times 3 + 5.2)G}{47.8G} = 0.283G$$

第三层受到的水平地震作用为

$$F_3 = F_{EK} \frac{G_3 H_3}{\sum\limits_{i=1}^{4} G_i H_i} = 0.7242G \times \frac{(4.5 \times 2 + 5.2)G}{47.8G} = 0.215G$$

3.5.2　高层及高耸结构物竖向地震作用下的简化反应谱法

高层及高耸结构物对竖向地震作用比较敏感,结构抗震设计需要考虑竖向地震作用的影响。同底部剪力法类似,竖向地震作用下的结构反应也可以采用仅考虑基本振型影响的近似反应谱法,计算方法与水平地震作用下的底部剪力法相似。

如图 3.5.2 所示的多自由度体系,当结构在高度方向质量和轴向刚度分布比较均匀时,可以用斜直线的倒三角形振型作为体系的近似竖向振动基本振型,振型 Z 表示为

$$Z_{1i} = \frac{H_i}{H} \tag{3.5.11}$$

式中:H_i 为质点 i 的高度,H 为结构物高度。

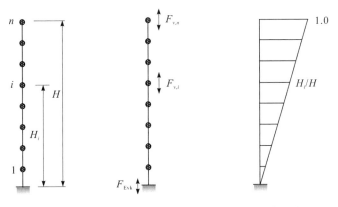

图 3.5.2　竖向地震作用下的简化反应谱法

对于质量分布比较均匀的高层或者高耸结构物,《建筑抗震设计规范》近似取等效重力荷载质量为 $G_{eq,v} = 0.75 \sum\limits_{i=1}^{n} G_i$。因此,结构底部总竖向地震力为

$$F_{Evk} = \alpha_v G_{eq,v} = 0.75 \alpha_v \sum_{i=1}^{n} G_i \tag{3.5.12}$$

式中:α_v 为与基本周期对应的竖向地震影响系数,为水平地震影响系数的 0.65 倍。因竖向振动的周期相对比较小,结构底部总竖向地震力按下式计算得到

$$F_{Evk} = 0.75 \times 0.65 \alpha_{max} \sum_{i=1}^{n} G_i \tag{3.5.13}$$

3.6　多自由度体系自振特性计算

用振型分解法以及振型分解反应谱法计算结构地震反应,用到了体系的自振特性。对于 2 个自由度的体系,式(3.4.2)的特征方程为

$$\begin{cases} (k_{11} - m_1\omega^2)X_1 + k_{12}X_2 = 0 \\ k_{21}X_1 + (k_{22} - m_2\omega^2)X_2 = 0 \end{cases} \tag{3.6.1}$$

从上式可以得到两个特征根

$$\omega_{1,2}^2 = \frac{1}{2m_1m_2}\left[(m_1k_{22} + m_2k_{11}) \mp \sqrt{(m_1k_{22} + m_2k_{11})^2 - 4m_1m_2(k_{11}k_{22} - k_{12}k_{21})}\right] \tag{3.6.2}$$

据此可以算出 2 个正的自振频率 ω_1、ω_2($0 < \omega_1 < \omega_2$)。称 ω_1 为第一振型的自振频率，ω_2 为第二振型的自振频率。把 ω_1、ω_2 分别代入方式(3.6.1)，得到二个振型为

$$\begin{cases} \dfrac{X_{12}}{X_{11}} = \dfrac{m_1\omega_1^2 - k_{11}}{k_{12}} \\[3mm] \dfrac{X_{22}}{X_{21}} = \dfrac{m_1\omega_2^2 - k_{11}}{k_{12}} \end{cases} \tag{3.6.3}$$

式中：X_{ij} 表示振型，下标第一、第二个数字分别对应振型和自由度。

当自由度数目超过 2 时，从特征方程中求特征根的解析解较困难，为此多采用渐近法，其中子空间迭代法为常用的算法之一，但是这种方法需要借助电子计算机运算。

由于结构地震反应主要由低阶振型决定，其中第一阶振型尤为重要，因此多自由度体系的结构地震反应计算常简化为单振型问题，节省计算工作量。

以下介绍几种计算第一阶自振特性的近似方法。

3.6.1 能量法

能量法是根据能量守恒条件得到结构基本频率的一种近似方法。如图 3.6.1 所示，多自由度体系振型自由振动的位移和速度可表示为

$$\begin{cases} x_i(t) = X_i\sin(\omega t) \\ \dot{x}_i(t) = X_i\omega\cos(\omega t) \end{cases} \qquad i = 1, 2, \cdots, n \tag{3.6.4}$$

式中：X_i 为质点 i 与自振频率 ω 对应的振型位移。

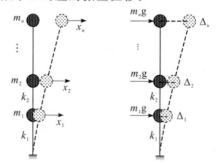

图 3.6.1　能量法求多质点体系的结构基本频率

当体系的变形达到最大时，动能为零、应变能最大；反之，当体系回到平衡位置时，动能最大，应变能为零。最大动能 $T_{\max}$ 和最大应变能 $U_{\max}$ 为

$$\begin{cases} T_{\max} = \dfrac{1}{2}\omega^2 \displaystyle\sum_{i=1}^{n} m_i X_i^2 \\[2mm] U_{\max} = \dfrac{1}{2}\displaystyle\sum_{i=1}^{n} m_i g X_i \end{cases} \tag{3.6.5}$$

根据能量守恒，即 $T_{\max} = U_{\max}$，得到

$$\omega^2 = \frac{\displaystyle\sum_{i=1}^{n} m_i g X_i}{\displaystyle\sum_{i=1}^{n} m_i X_i^2} \tag{3.6.6}$$

对于刚度和质量分布较均匀的多质点体系，基本振型的振型位移近似地取自重作为水平荷载时的各质点水平变形 Δ_i，因此

$$\omega_1 = \sqrt{\frac{\displaystyle\sum_{i=1}^{n} m_i g \Delta_i}{\displaystyle\sum_{i=1}^{n} m_i \Delta_i^2}} \tag{3.6.7}$$

对应的基本周期为

$$T_1 = \frac{2\pi}{\omega_1} = 2\pi \sqrt{\frac{\displaystyle\sum_{i=1}^{n} m_i \Delta_i^2}{\displaystyle\sum_{i=1}^{n} m_i g \Delta_i}} \approx 2\sqrt{\frac{\displaystyle\sum_{i=1}^{n} m_i \Delta_i^2}{\displaystyle\sum_{i=1}^{n} m_i \Delta_i}} \tag{3.6.8}$$

【例 3.6.1】　用能量法计算例图 3.6.1 所示的三层剪切型结构基本自振频率。

解　采用能量法计算结构基本频率时，将重力作为水平荷载作用于结构求出的变形近似作为振型。首先需要求出水平向重力荷载作用下的各层水平位移。

水平向重力荷载作用下各层的层间剪力为

$$V_3 = \frac{1000 \times 9.8}{1000} = 9.8 (\text{kN})$$

$$V_2 = \frac{(1000 + 1500) \times 9.8}{1000} = 24.5 (\text{kN})$$

$$V_1 = \frac{(1000 + 1500 + 2000) \times 9.8}{1000} = 44.1 (\text{kN})$$

第一层的位移 $\Delta_1 = \dfrac{V_1}{k_1} = \dfrac{44.1}{1800} = 0.0245 (\text{m})$

第二层的位移 $\Delta_2 = \Delta_1 + \dfrac{V_2}{k_2} = 0.0245 + \dfrac{24.5}{1200} = 0.0449 (\text{m})$

第三层的位移 $\Delta_3 = \Delta_2 + \dfrac{V_3}{k_3} = 0.0449 + \dfrac{9.8}{600} = 0.0612 (\text{m})$

由此可得第一阶自振圆频率为

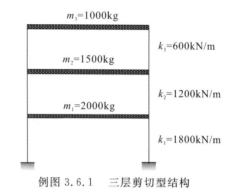

例图 3.6.1　三层剪切型结构

$$\omega_1 = \sqrt{\frac{\sum_{i=1}^{n} m_i g\Delta_i}{\sum_{i=1}^{n} m_i \Delta_i^2}} = \sqrt{\frac{9.8 \times (2000 \times 0.0245 + 1500 \times 0.0449 + 1000 \times 0.0612)}{2000 \times 0.0245^2 + 1500 \times 0.0449^2 + 1000 \times 0.0612^2}}$$

$$= \sqrt{\frac{9.8 \times 177.55}{7.969}} = 14.776(\text{rad/s})$$

对应的自振频率 $f_1 = \dfrac{\omega_1}{2\pi} = 2.351(\text{Hz})$。

采用子空间迭代法计算,结构前三阶的自振频率和振型为

(1) 第一阶自振频率为 2.327Hz,振型 $\boldsymbol{X}_1 = \begin{bmatrix} 0.301 & 0.648 & 1.0 \end{bmatrix}^\mathrm{T}$;

(2) 第二阶自振频率为 4.976Hz,振型 $\boldsymbol{X}_2 = \begin{bmatrix} -0.678 & -0.606 & 1.0 \end{bmatrix}^\mathrm{T}$;

(3) 第三阶自振频率为 7.388Hz,振型 $\boldsymbol{X}_3 = \begin{bmatrix} 2.440 & -2.544 & 1.0 \end{bmatrix}^\mathrm{T}$。

因此,能量法可以获得比较好的第一阶自振频率计算精度。

3.6.2　等效质量法

等效质量法是根据等效单自由体系与原结构基本振型的能量相等条件计算结构基本频率的方法。如图 3.6.2 所示,多自由度体系如用等效质量 M_eq 的单自由度体系近似,根据两个体系基本振型的最大动能相等条件,得到

$$\frac{1}{2}\omega^2 \sum_{i=1}^{n} m_i X_i^2 = \frac{1}{2}\omega^2 M_\text{eq} X_n^2 \tag{3.6.9}$$

即

$$M_\text{eq} = \frac{\sum_{i=1}^{n} m_i X_i^2}{X_n^2} \tag{3.6.10}$$

然后按照单自由度体系计算结构的基本频率。

按式(3.6.10)计算等效质量时,振型 X_i 可以采用能量法相同的方法,把自重作为水平荷载作用于质点,算出的各质点水平变形 Δ_i 作为近似基本振型。对于连续分布质量 $\overline{m}(y)$ 的体系,用分布荷载计算结构水平变形近似作为基本振型,并按下式计算体系的等效质量

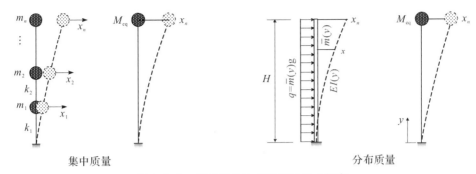

集中质量　　　　　　　　　　　　　　分布质量

图 3.6.2　等效质量法求结构的基本频率

$$M_{eq} = \frac{\int_0^H \overline{m}(y) x^2(y) \, \mathrm{d}y}{x_n^2} \qquad (3.6.11)$$

【算例 3.6.2】　用等效质量法计算例图 3.6.1 的基本自振频率。

解　设等效单自由度体系的质点位于第三层。这里近似用单位力作用于多自由度体系在该点处产生的水平位移作为基本振型。因此

第一层的位移为：$\Delta_1 = \dfrac{1}{k_1} = 5.556 \times 10^{-7}$（m）

第二层的位移为：$\Delta_2 = \dfrac{1}{k_1} + \dfrac{1}{k_2} = 1.389 \times 10^{-6}$（m）

第三层的位移为：$\Delta_3 = \dfrac{1}{k_1} + \dfrac{1}{k_2} + \dfrac{1}{k_3} = 3.056 \times 10^{-6}$（m）

等效质量为

$$M_{eq} = \frac{\sum\limits_{i=1}^n m_i X_i^2}{X_n^2} = \frac{\sum\limits_{i=1}^n m_i \Delta_i^2}{\Delta_n^2} = \frac{2000 \times 0.5556^2 + 1500 \times 1.389^2 + 1000 \times 3.056^2}{3.056^2}$$

$$= 1375.98 \text{（kg）}$$

等效单自由度体系的基本周期和自振频率为

$$T_1 = \frac{2\pi}{\omega} = 2\pi \sqrt{M_{eq} \Delta_3} = 2\pi \sqrt{1375.98 \times 3.056 \times 10^{-6}} = 0.407 \text{（s）}$$

$$f_1 = 2.457 \text{（Hz）}$$

因此，等效质量法也能获得较好的计算精度。

3.6.3　顶点位移法

顶点位移法是多高层建筑物抗震设计中常用的一种基本周期近似计算方法。该方法是把自重作为水平荷载作用于结构并算出顶点水平位移 Δ，根据该位移近似计算结构基本周期的方法。

多高层建筑物的第一阶振型有弯剪型（框架－抗震墙结构体系）、弯曲型（抗震墙结构体系）和剪切型（框架结构体系）三种形式。这三种类型的变形，结构基本周期经验公式为

弯曲型 $T_1 = 1.6\sqrt{\Delta_b}$，　剪切型 $T_1 = 1.8\sqrt{\Delta_s}$，　弯剪型 $T_1 = 1.7\sqrt{\Delta_{bs}}$

$$(3.6.12a \sim c)$$

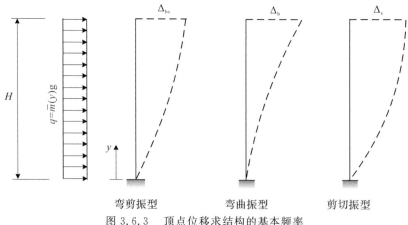

弯剪振型　　　　　弯曲振型　　　　　剪切振型

图 3.6.3　顶点位移求结构的基本频率

【算例 3.6.3】　用顶点位移法计算例图 3.6.1 的基本周期。

解　结构的振型为剪切型,在算例 3.6.1 中已经得到水平向自重作用下顶点的位移为 0.0612m。因此根据式(3.6.12)可得到结构的基本周期和频率为

$$T_1 = 1.8\sqrt{\Delta_s} = 1.8\sqrt{0.0612} = 0.445(\text{s}) , \quad f_1 = 2.247(\text{Hz})$$

因此,顶点位移法也能获得较好的计算精度。

3.6.4　向量迭代法

向量迭代法是通过向量迭代计算获得特征值和特征向量的方法。最常用的迭代算法是幂法,它是通过迭代计算逐渐收敛到最小特征值及其特征向量的算法。迭代计算的收敛速度取决于次最小特征值与最小特征值的比值大于 1 的程度,比值越大收敛速度越快。

首先,将特征方程 $(\boldsymbol{K} - \omega^2 \boldsymbol{M})\boldsymbol{X} = 0$ 改写为

$$\boldsymbol{X} = \omega^2 \boldsymbol{A} \boldsymbol{X} \tag{3.6.13}$$

这里,$\boldsymbol{A} = \boldsymbol{K}^{-1}\boldsymbol{M}$。取一个非零的初始向量 $\boldsymbol{X}_0$ 进行下列计算

$$\boldsymbol{X}_1 = \boldsymbol{A}\boldsymbol{X}_0 \tag{3.6.14}$$

得到第一次迭代计算的近似振型后,用这个近似振型作为新的初始向量 $\boldsymbol{X}_0$,再按式(3.6.14)算出第二次迭代的近似振型。通过这种反复迭代,直到振型收敛为止(即迭代前后的振型差异小于设定的容许误差),取收敛后的振型 $\boldsymbol{X}$ 代入式(3.6.13),得到体系的基本频率

$$\omega^2 = \frac{\boldsymbol{X}}{\boldsymbol{A}\boldsymbol{X}} \tag{3.6.15}$$

【算例 3.6.4】　用向量迭代法计算例图 3.6.1 的基本周期。

解　三层结构的质量和刚度矩阵为

$$\boldsymbol{M} = \begin{bmatrix} m_1 & 0 & 0 \\ 0 & m_2 & 0 \\ 0 & 0 & m_3 \end{bmatrix} = \begin{bmatrix} 2000 & 0 & 0 \\ 0 & 1500 & 0 \\ 0 & 0 & 1000 \end{bmatrix}$$

$$\boldsymbol{K} = \begin{bmatrix} k_1 + k_2 & -k_2 & 0 \\ -k_2 & k_2 + k_3 & -k_3 \\ 0 & -k_3 & k_3 \end{bmatrix} = \begin{bmatrix} 3000 & -1200 & 0 \\ -1200 & 1800 & -600 \\ 0 & -600 & 600 \end{bmatrix} \times 10^3$$

因此

$$\boldsymbol{A} = \boldsymbol{K}^{-1}\boldsymbol{M} = \begin{bmatrix} 0.333 & 0.333 & 0.333 \\ 0.333 & 0.833 & 0.833 \\ 0.333 & 0.833 & 1.833 \end{bmatrix} \times \frac{1}{6 \times 10^5} \times \begin{bmatrix} 2000 & 0 & 0 \\ 0 & 1500 & 0 \\ 0 & 0 & 1000 \end{bmatrix}$$

$$= \begin{bmatrix} 1.111 & 0.833 & 0.556 \\ 1.111 & 2.083 & 1.388 \\ 1.111 & 2.083 & 3.058 \end{bmatrix} \times 10^{-3}$$

假定初始振型

$$\boldsymbol{X}_0 = \begin{Bmatrix} 1 \\ 2 \\ 3 \end{Bmatrix}$$

则

$$\boldsymbol{X}_1 = \boldsymbol{A}\boldsymbol{X}_0 = \begin{Bmatrix} 4.445 \\ 9.441 \\ 14.451 \end{Bmatrix} \times 10^{-3},$$

$$\boldsymbol{X}_2 = \boldsymbol{A}\boldsymbol{X}_1 = \begin{Bmatrix} 20.837 \\ 44.662 \\ 68.795 \end{Bmatrix} \times 10^{-6},$$

$$\boldsymbol{X}_3 = \boldsymbol{A}\boldsymbol{X}_2 = \begin{Bmatrix} 98.604 \\ 211.669 \\ 326.557 \end{Bmatrix} \times 10^{-9}$$

由于振型规格化后 $\boldsymbol{X}_2$ 和 $\boldsymbol{X}_3$ 非常一致(振型进行规格化后再对比),可以认为计算已经收敛,自振频率及振型为:

$$\omega = \sqrt{\frac{\boldsymbol{X}_3}{\boldsymbol{A}\boldsymbol{X}_3}} = 14.542(\text{s}), \quad f = \frac{\omega}{2\pi} = 2.314(\text{Hz})$$

$$\boldsymbol{X} = \begin{bmatrix} 0.302 & 0.648 & 1.0 \end{bmatrix}^{\text{T}}$$

结果表明,向量迭代法能得到精度较高的计算结果。

3.7　结构弹塑性地震反应分析

多水准设防的抗震设计标准允许延性构件在强地震作用下进入塑性,这时按弹性理论计算结构地震反应会得不到合理的结果,设计计算要采用考虑非线性的影响。

结构弹塑性地震反应计算需要定义结构在循环荷载作用下的滞回模型和非线性动

力问题的计算方法。本节对这两个问题做简要介绍。

3.7.1 滞回模型

单自由度体系的弹塑性地震运动方程可表示为

$$m\ddot{x} + c\dot{x} + f_s(x) = -m\ddot{x}_g \qquad (3.7.1)$$

式中：$f_s(x)$ 为结构的恢复力，为地震位移 x 的非线性函数。

当结构进入弹塑性状态以后，如图 3.7.1 所示，恢复力与变形不再是线性关系，且在循环加载过程中结构的刚度会不断改变。

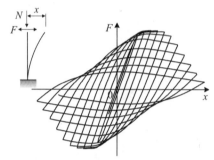

图 3.7.1　钢柱在水平方向反复荷载作用下变形履历

在计算式(3.7.1) 时，需要规定反复荷载作用下的结构弹塑性恢复力特性，与单调荷载下的非线性关系不同，这里的恢复力特性需要考虑荷载循环作用的影响，称之滞回本构模型，简称滞回模型。滞回模型可以是材料的应力 — 应变关系，也可以是截面的内力 — 截面变形关系(如截面弯矩 M 与截面曲率 φ 关系)，或者构件的荷载 — 变形关系(如图 3.7.1 的柱子的水平荷载 F 与水平位移 x 的关系)。

滞回模型一般由边界的骨架曲线以及内部的荷载 — 位移路径来定义。双线性模型是一种常用的简化滞回模型，这种模型的骨架曲线为两条直线，而荷载 — 位移路径有不考虑刚度退化和考虑刚度退化的两种形式。

图 3.7.2 为不考虑刚度退化的双线性滞回模型。两条直线的刚度为 k_1 和 k_2，当 $k_2 = 0$ 时变为理想弹塑性。在反复荷载作用下，当恢复力在边界线($A-A'$ 和 $B-B'$)之间时，切线刚度为 k_1；当恢复力在上下边界线(屈服边界)上时，切线刚度为 k_2。屈服边界可以表示为

$$F(x) = \begin{cases} k_1 x_y + k_2 (x - x_y), & A - A' \\ -k_1 x_y + k_2 (x + x_y), & B - B' \end{cases} \qquad (3.7.2)$$

这种双线性滞回模型相当于随动强化模型，屈服后的屈服点会上下平移，弹性范围保持不变，不会膨胀和收缩。不考虑刚度退化的双线性滞回模型常用于钢结构弹塑性地震反应计算。

图 3.7.3 为考虑刚度退化的双线性滞回模型。这种模型当材料变形超过屈服点后反方向变形的刚度低于初始刚度 k_1，且刚度折减程度与变形历史有关。Takeda 模型(武田模型)是一种计算钢筋混凝土弯曲变形的常用滞回模型，屈服后反向变形和正向变形的

刚度 k_{r1}、k_{a1} 按下式计算

$$k_{r1} = k_1 \left| \frac{x_{max}}{x_y^+} \right|^\alpha, \quad k_{a1} = k_1 \left| \frac{x_{min}}{x_y^-} \right|^\alpha \tag{3.7.3a,b}$$

式中：x_{max} 和 x_{min}、x_y^+ 和 x_y^- 分别为正负两个方向经历的最大位移以及对应的屈服位移，当最大（小）位移小于屈服位移时，取屈服位移计算；α 为刚度退化经验系数，受弯钢筋混凝土结构一般为 -0.4。

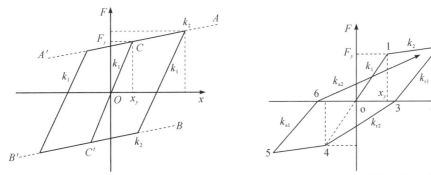

图 3.7.2　不考虑刚度退化的双线性滞回模型　　图 3.7.3　考虑刚度退化的双线性滞回模型

3.7.2　结构非线性地震反应计算

以图 3.7.4 所示的单自由度体系水平地震反应为例进行说明。弹塑性地震反应的地震运动方程一般用增量形式表示，即

$$m\Delta\ddot{x} + c\Delta\dot{x} + k_t(x)\Delta x = -m\Delta\ddot{x}_g \tag{3.7.4}$$

式中：$k_t(x)$ 为当前状态的切线刚度。柱子侧移切线刚度根据各截面的弯曲刚度计算得到，截面的切线弯曲刚度 $EI(y)$ 为

$$EI(y) = \frac{M(y)}{\varphi(y)} \tag{3.7.5}$$

而柱的侧向变形 x 为

$$x = \int_0^H \varphi(y)\,\mathrm{d}y \tag{3.7.6}$$

因此，可以利用各截面的弯矩（M）－曲率（φ）关系建立柱子侧移恢复力关系。而截面的 $M-\varphi$ 关系根据截面几何参数、配筋等条件计算得到。详细在 §3.8 中介绍。

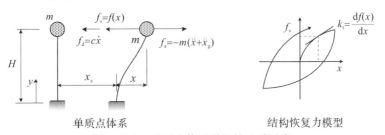

单质点体系　　　　　　　　结构恢复力模型
图 3.7.4　单质点体系弹塑性地震反应

由于切线刚度与结构变形状态和变形履历有关，且不断改变。因此，式（3.7.4）一般

采用直接积分法计算。在计算过程中,每一时间增量步首先当作线性问题求解,算出变形、速度和加速度增量后,更新的状态如果不满足平衡条件,把不平衡力作为新的荷载增量进一步计算变形、速度和加速度的修正量。通过迭代计算消除不平衡力后的状态作为该时间增量步的计算结果。对每个时间增量步进行同样的计算,直至完成需要计算的时间段为止。

【**算例 3.7.1**】 单自由度体系的质点质量 m 为 2000kg,恢复力—位移模型如例图 3.7.1 所示,滞回模型采用随动强化模型,不考虑刚度退化。初始刚度 k_1 为 1800kN/m,屈服荷载 F_y 为 $0.2W$(W 为质点的重力荷载),二次刚度 k_2 为 $0.1k_1$。阻尼比取为 0.05。试用直接积分法计算结构地震反应。输入地震动采用 2004 年日本新潟地震动记录(地震动时程见算例 3.4.1)。

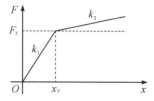

例图 3.7.1 单自由度弹塑性体系恢复力模型

解 由已知条件可得,屈服荷载 F_y 为 3920N,屈服位移 x_y 为 0.00218m。采用 Newmark-β 法计算,β 取 1/4,计算时间步长为 0.02s。

例图 3.7.2(a) 为地震位移时程计算结果与弹性体系的结果对比,例图 3.7.2(b) 为弹塑性体系与弹性体系的恢复力—位移滞回曲线计算结果。图中,荷载与位移进行了无量纲化处理,分别除以屈服荷载与屈服位移。从计算结果可知,弹塑性体系的正方向和负方向最大位移反应均明显大于弹性体系的结果,弹塑性地震反应的荷载—位移曲线为非线性关系,而弹性地震反应的两者为线性关系。

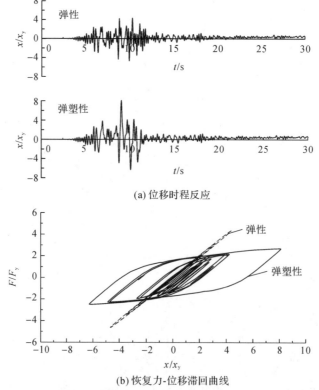

(a) 位移时程反应

(b) 恢复力-位移滞回曲线

例图 3.7.2 单自由度体系弹塑性与弹性结构体系地震反应对比

3.8　钢筋混凝土构件弹塑性弯曲变形力学模型

钢筋混凝土是工程中应用最广泛的结构之一,其中弯曲变形的滞回模型是钢筋混凝土结构延性设计的基础。本节通过最简单的悬臂柱分析,简要介绍这类结构弯曲变形的弹塑性地震反应计算的力学模型。

3.8.1　材料单轴应力－应变滞回本构模型

1. 混凝土

混凝土的抗压强度和延性随着横向约束程度的增加而增大,即套箍混凝土的抗压强度和延性高于无套箍的素混凝土。在钢筋混凝土结构中,主要依靠箍筋和纵筋来约束内部的混凝土(见图 3.8.1)。

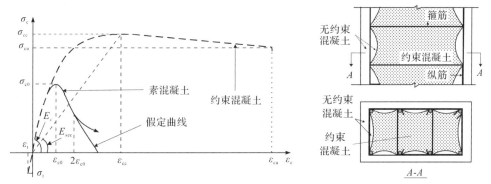

图 3.8.1　混凝土单轴应力－应变曲线以及钢筋的约束作用

不少学者基于试验研究结果提出混凝土的单轴应力－应变滞回模型,如 Marder 模型、Ristic 模型等。图 3.8.2 为混凝土受压变形的滞回模型一例。应力－应变在边界上沿着骨架曲线移动(即单轴应力－应变曲线),内部循环卸载时服从规则 ①、③(抛物线或者多段折线)、加载时服从规则 ②、④(线性)。滞回模型在再加载、卸载时需要考虑损伤历史引起的刚度退化。

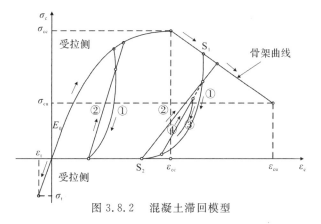

图 3.8.2　混凝土滞回模型

2.钢筋

钢筋单轴应力 — 应变关系常用双线性模型,当考虑钢材应变强化影响时,二次刚度 E_2 不为零[见图3.8.3(a)]。钢筋滞回模型一般不考虑刚度退化[见图3.8.3(b)]。

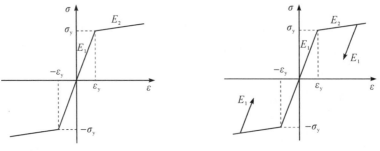

(a) 钢筋应力–应变关系

(b) 不考虑刚度退化的双线性滞回模型

图 3.8.3　混凝土滞回模型

由 Giuffre、Menegotto 和 Pinto 提出并经过多位学者修正的 G-M-P 模型是一种常用的钢筋滞回模型。图 3.8.4 为该模型的履历曲线。与双线性滞回模型相比,这种模型可以反映钢筋变形的 Bauschinger 效应。

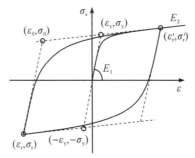

图 3.8.4　钢筋滞回模型(G-M-P 模型)

3.8.2　结构弯矩 — 曲率模型

钢筋混凝土构件破坏主要有弯曲破坏、剪切破坏和弯剪破坏三种形式。其中,剪切破坏和弯剪破坏延性差,按延性设计的构件不应发生这类破坏,强剪弱弯(即剪切强度高于弯曲强度)是钢筋混凝土结构延性设计的基本原则。

以图 3.8.5 所示的悬臂柱为例来说明结构破坏过程的荷载 — 位移曲线。随着水平推力增加,结构经历混凝土受拉开裂、钢筋屈服和混凝土压碎后进入极限状态。在混凝土开裂(C)之前,结构水平变形 u 与水平推力 P 之间总体上呈线性关系(注:为了与坐标轴 x 发生冲突,这里用 u 表示位移);在外层纵筋屈服(Y)之前,随着混凝土裂缝发展,结构刚度减小、变形增大;当外层纵筋屈服后,结构刚度显著下降,经过荷载最高点(M)以后,因受压侧混凝土达到极限应变 ε_{cu},墩柱进入极限状态(U)。在破坏过程中,近似认为平截面假定成立,但应力由于材料进入塑性呈曲线分布。如悬臂柱为等截面结构,开裂点、

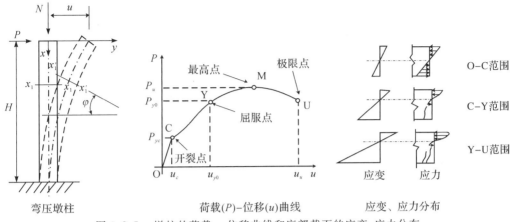

图 3.8.5　墩柱的荷载－位移曲线和底部截面的应变、应力分布

屈服点和极限点均由弯矩最大的墩底截面控制,开裂荷载 P_c、初始屈服荷载 P_{y0} 和极限荷载 P_u 根据墩底截面的开裂弯矩 M_c、初始屈服弯矩 M_{y0} 和极限弯矩 M_u 计算得到,即

$$P_c = \frac{M_c}{H}, \quad P_{y0} = \frac{M_{y0}}{H}, \quad P_u = \frac{M_u}{H} \quad\quad (3.8.1a \sim c)$$

开裂点、初始屈服点和极限点的水平位移 u_c、u_{y0} 和 u_u 根据对应的荷载状态下曲率分布计算得到,即 $u = \int_0^H \varphi(x) x \, dx$。结构延性 μ 一般用极限变形和屈服变形的比值来定义,即

$$\mu = \frac{u_u}{u_{y0}} \quad\quad (3.8.2)$$

对于配多排主筋的钢筋混凝土结构,外侧钢筋首先达到屈服,靠近中和轴的钢筋屈服滞后。因此,式(3.8.2)的延性定义也不是唯一的形式,有时也采用后述图 3.8.8 的等效屈服点作为结构屈服的标志。

为了计算混凝土开裂后的截面应力分布和变形,平行于弯曲转动轴将截面分割成多个薄层。当层厚较薄时,可用薄层的平均应变和平均应力表示各层的应变、应力。因此

$$\begin{cases} N = \displaystyle\int_A \sigma \, dA = \sum_{i=1}^{n} \sigma_{ci} \Delta A_{ci} + \sum_{i=1}^{n'} \sigma_{si} \Delta A_{si} \\[3mm] M = \displaystyle\int_A \sigma y \, dA = \sum_{i=1}^{n} \sigma_{ci} y_i \Delta A_{ci} + \sum_{i=1}^{n'} \sigma_{si} y_i \Delta A_{si} \end{cases} \quad (3.8.3)$$

式中:n 和 n' 为混凝土和钢筋层数;y_i 为 i 层对于形心轴的平均坐标;ΔA_{ci}、ΔA_{si} 为第 i 层混凝土和钢筋的面积;σ_{ci}、σ_{si} 为对应的应力,根据定义的材料应力－应变滞回模型算出。

根据平截面假定,各薄层的应变由轴向应变 ε_0 和曲率 φ 计算得到,即 $\varepsilon_i = \varepsilon_0 - \varphi y_i$(见图 3.8.6)。

式(3.8.3)的计算精度与截面划分层数有关,分层越多计算精度越高。为了确保计算精度,划分层数不宜少于 50 层。

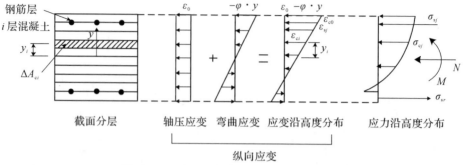

图 3.8.6　弯压破坏截面的应变、应力分布

假定轴力 N 不变，仅改变水平推力 P，即改变截面的弯矩 M，解联立方程（3.8.3）可以得到对应的 φ，由此可以算出各截面的弯矩 $M-\varphi$ 曲线，如图 3.8.7（a）所示。如改变轴力 N，$M-\varphi$ 曲线也随之改变。图 3.8.7（b）为极限弯矩与轴力的关系，当轴力比较小时，破坏首先是钢筋屈服、然后混凝土压碎，反之混凝土压碎时钢筋尚未屈服。

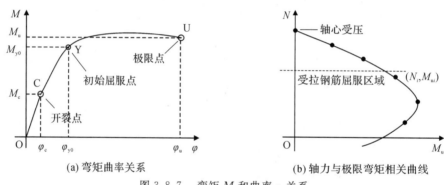

(a) 弯矩曲率关系　　　　　(b) 轴力与极限弯矩相关曲线

图 3.8.7　弯矩 M 和曲率 φ 关系

在 $M-\varphi$ 曲线中，初屈服点的割线刚度称为等效屈服刚度（EI_y）。我国现行桥梁抗震设计规范采用的双直线关系（见图 3.8.8 中实线）表示截面的弯矩与曲率关系，等效屈服点（M_y，φ_y）的位置根据图中等效屈服点上下的阴影面积相等条件确定。由此，混凝土弯曲变形可以用双线性模型表示，其滞回模型一般采用前面介绍的双线性 Takeda 模型。

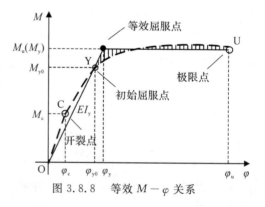

图 3.8.8　等效 $M-\varphi$ 关系

3.8.3　塑性铰模型以及纤维模型

钢筋混凝土结构进入塑性以后，损伤在破坏截面附近集中并形成塑性铰。塑性铰有一定的长度，称为塑性铰长度。在塑性铰区域的曲率与非塑性铰区域相比有明显增加。图 3.8.9 表示弯矩反对称分布的梁及其对应的曲率，在开裂弯矩 M_c、屈服弯矩 M_y 处曲率

的分布斜率发生改变,在达到极限弯矩的两端部曲率急剧增加。

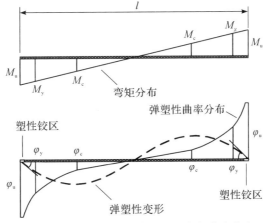

图 3.8.9　反对称分布的弯矩和对应的曲率分布

在结构弹塑性地震反应分析中,弹塑性梁单元有多种计算模型,其中塑性铰模型和纤维模拟是两种较常用的模型。塑性铰模型是在塑性铰位置用弹塑性铰模拟,塑性铰的弯矩—转角变形关系根据截面参数、结构条件另行算出。

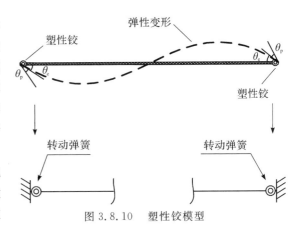

图 3.8.10　塑性铰模型

用塑性铰模型计算结构弹塑性地震反应,一般只考虑一个方向的非线性弯曲变形,其他内力视为线性,因此这种模型有比较大的局限性。

纤维模型是同时在截面高度和宽度方向分层,把梁分成许多细长条(即纤维),计算各长条的应力、切线模量来反映截面内力和刚度的计算模型(见图3.8.11)。各纤维之间的变形通过平截面假定相互约束,根据梁单元理论计算纤维应变,对应的应力和切线模量根据材料的应力—应变滞回本构模型计算得到。

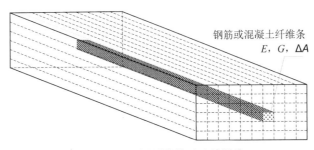

图 3.8.11　梁纤维模型及其纤维

3.9 傅里叶变换

地震动时程是时间轴上的振动信息，从中很难看出其周期特性。傅里叶变换是把时域信息变换到频域信息，以获得振动波所隐含的周期特性的数学方法。而傅里叶逆变换则是把频域信息再现到时域的计算。

3.9.1 连续函数傅里叶级数和傅里叶变换

1.周期函数傅里叶变换

周期为 T 的函数 $y(t)$ 通过傅里叶级数展开可表示为无限个简谐振动之和的形式，即

$$y(t) = \frac{a_0}{2} + \sum_{n=1}^{\infty} (a_n \cos\omega_n t + b_n \sin\omega_n t) \qquad (3.9.1)$$

式中：系数 a_n、b_n 和频率 ω_n 为

$$\begin{cases} a_n = \dfrac{2}{T} \displaystyle\int_{-T/2}^{T/2} y(t) \cos\omega_n t \, \mathrm{d}t, & n=0,1,2,\cdots \\[2mm] b_n = \dfrac{2}{T} \displaystyle\int_{-T/2}^{T/2} y(t) \sin\omega_n t \, \mathrm{d}t, & n=1,2,\cdots \\[2mm] \omega_n = n\left(\dfrac{2\pi}{T}\right), & n=1,2,\cdots \end{cases} \qquad (3.9.2)$$

式(3.9.1)也可以写成如下的形式

$$y(t) = \frac{a_0}{2} + \sum_{n=1}^{\infty} A_n \cos(\omega_n t - \theta_n) \qquad (3.9.3)$$

或复数的形式

$$y(t) = \sum_{n=-\infty}^{\infty} c_n \mathrm{e}^{\mathrm{i}\omega_n t} \qquad (3.9.4)$$

在式(3.9.3)和式(3.9.4)中，振幅 A_n、相位 θ_n 和复数系数 c_n 为

$$\begin{cases} A_n = \sqrt{a_n^2 + b_n^2} \\[2mm] \theta_n = \arctan^{-1}\left(\dfrac{b_n}{a_n}\right) \\[2mm] c_n = \dfrac{1}{T} \displaystyle\int_{-T/2}^{T/2} y(t) \, \mathrm{e}^{-\mathrm{i}\omega_n t} \, \mathrm{d}t \end{cases} \qquad (3.9.5)$$

且

$$\begin{cases} c_n = \dfrac{a_n - \mathrm{i}b_n}{2}, & n=1,2,\cdots \\[2mm] c_0 = \dfrac{a_0}{2}, & \\[2mm] c_{-n} = \dfrac{a_n + \mathrm{i}b_n}{2}, & n=1,2,\cdots \end{cases} \qquad (3.9.6)$$

另外,周期函数 $y(t)$ 平方和的平均值与傅里叶系数间有如下的关系

$$\frac{1}{T}\int_0^T y^2(t)\,\mathrm{d}t = \frac{a_0^2}{4} + \frac{1}{2}\sum_{n=1}^{\infty}(a_n^2 + b_n^2) = \sum_{n=-\infty}^{\infty}|c_n|^2 \tag{3.9.7}$$

用 ω_n 为横轴,以 $a_0/2$ 和 A_n 为纵轴表示的图线称之振幅谱[见图 3.9.1(a)];以 θ_n 为纵轴表示的图线称之相位谱[见图 3.9.1(b)];以 $a_0^2/4$ 和 $1/2(a_n^2 + b_n^2)$ 或 $|c_n|^2$ $(n=-\infty \sim \infty)$ 为纵轴表示的图线称为功率谱[见图 3.9.1(c)]。

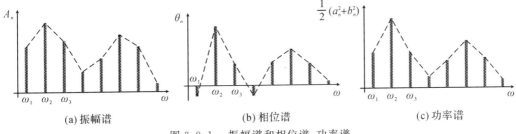

(a) 振幅谱　　　　　　　　(b) 相位谱　　　　　　　　(c) 功率谱

图 3.9.1　振幅谱和相位谱、功率谱

2. 非周期函数傅里叶变换

持续时间为 T 的非周期函数 $y(t)$ 如满足 $\int_{-\infty}^{\infty}|y(t)|\,\mathrm{d}t < \infty$,可以分解成为无限个简谐振动的和,即

$$y(t) = \frac{1}{T}\sum_{n=-\infty}^{\infty}\left[\int_{-T/2}^{T/2}y(\tau)\,\mathrm{e}^{-\mathrm{i}\omega_n\tau}\,\mathrm{d}\tau\right]\mathrm{e}^{\mathrm{i}\omega_n t} \tag{3.9.8}$$

把 $\Delta\omega_n = \omega_{n+1} - \omega_n = 2\pi/T$ 代入上式,得到

$$y(t) = \frac{1}{2\pi}\sum_{n=-\infty}^{\infty}\left[\int_{-T/2}^{T/2}y(\tau)\,\mathrm{e}^{-\mathrm{i}\omega_n\tau}\,\mathrm{d}\tau\right]\mathrm{e}^{\mathrm{i}\omega_n t}\,\Delta\omega_n \tag{3.9.9}$$

视时间区间 T 以外的波形零,波形延伸到 $(-\infty \sim \infty)$,式(3.9.9)可改写为

$$y(t) = \frac{1}{2\pi}\int_{-\infty}^{\infty}\left[\int_{-\infty}^{\infty}y(\tau)\,\mathrm{e}^{-\mathrm{i}\omega t}\,\mathrm{d}\tau\right]\mathrm{e}^{\mathrm{i}\omega t}\,\mathrm{d}\omega \tag{3.9.10}$$

将式(3.9.10)分成两部分表示,得到

$$\begin{cases} y(t) = \dfrac{1}{2\pi}\displaystyle\int_{-\infty}^{\infty}F(\mathrm{i}\omega)\,e^{\mathrm{i}\omega t}\,\mathrm{d}\omega \\[3mm] F(\mathrm{i}\omega) = \displaystyle\int_{-\infty}^{\infty}y(t)\,\mathrm{e}^{-\mathrm{i}\omega t}\,\mathrm{d}t \end{cases} \tag{3.9.11}$$

称 $y(t)$ 为 $F(\mathrm{i}\omega)$ 的傅里叶逆变换,$F(\mathrm{i}\omega)$ 为 $y(t)$ 的傅里叶变换。实数函数 $y(t)$ 的 $F(\mathrm{i}\omega)$ 为共轭复数。

如把实数和虚数分开来表示,则 $F(\mathrm{i}\omega)$ 可以写成

$$F(\mathrm{i}\omega) = A(\omega) - \mathrm{i}B(\omega) \tag{3.9.12}$$

根据傅里叶谱 $F(\mathrm{i}\omega)$ 的共轭特性,得到

$$y(t) = \frac{1}{\pi}\int_0^{\infty}[A(\omega)\cos\omega t + B(\omega)\sin\omega t]\,\mathrm{d}\omega \tag{3.9.13}$$

$F(\mathrm{i}\omega)$ 可以用振幅和相位角的形式表示,即

$$F(i\omega) = C(\omega)e^{-i\theta(\omega)} \tag{3.9.14}$$

式中：

$$\begin{cases} C(\omega) = \sqrt{A^2(\omega) + B^2(\omega)} \\ \theta(\omega) = \arctan^{-1}\left[\dfrac{B(\omega)}{A(\omega)}\right] \end{cases} \tag{3.9.15}$$

称 $C(\omega)$ 为傅里叶振幅谱，$\theta(\omega)$ 为傅里叶相位谱。对于实数函数 $y(t)$，$C(\omega)$ 为偶函数、$\theta(\omega)$ 为奇函数，它们分别对称和反对称于纵轴。

在波形持续时间 T_L 内的功率谱密度定义为

$$S(\omega) = \frac{|F(i\omega)|^2}{T_L} \tag{3.9.16}$$

3.9.2 离散数据的傅里叶变换

实际地震记录是有限个离散数据，对这些离散数据进行傅里叶变换称之离散傅里叶变换。

假定一组 N 个等时间间隔的离散点 $y_k(k=0,1,2,\cdots,N-1)$，时间间隔为 Δt，设 N 为偶数。根据有限傅里叶级数计算原理，通过各点的连线波形函数可用有限个简谐振动的和来拟合，即

$$y(t) = \frac{a_0}{2} + \sum_{n=1}^{N/2-1}(a_n\cos\omega_n t + b_n\sin\omega_n t) + \frac{a_{N/2}}{2}\cos\omega_{N/2}t \tag{3.9.17a}$$

或

$$y(t) = \frac{a_0}{2} + \sum_{n=1}^{N/2-1}(a_n\cos2\pi f_n t + b_n\sin2\pi f_n t) + \frac{a_{N/2}}{2}\cos2\pi f_{N/2}t \tag{3.9.17b}$$

式中

$$\omega_n = 2\pi f_n = 2\pi\left(\frac{n}{N\Delta t}\right) \tag{3.9.18}$$

$$\begin{cases} a_n = \dfrac{2}{N}\sum_{k=0}^{N-1}y_k\cos\dfrac{2\pi nk}{N}, & n = 0 \sim \dfrac{N}{2} \\ b_n = \dfrac{2}{N}\sum_{k=0}^{N-1}y_k\sin\dfrac{2\pi nk}{N}, & n = 1 \sim \left(\dfrac{N}{2}-1\right) \end{cases} \tag{3.9.19}$$

在离散点 $k(k=0,1,2,\cdots,N-1)$ 的函数值为

$$y_k = y(k\Delta t) = \frac{a_0}{2} + \sum_{n=1}^{N/2-1}\left(a_n\cos\frac{2\pi nk}{N} + b_n\sin\frac{2\pi nk}{N}\right) + \frac{a_{N/2}}{2}\cos\pi k \tag{3.9.20}$$

按式(3.9.19)计算时间轴上离散点数列 y_k 傅里叶级数系数的过程称之有限傅里叶变换；相反，已知系数 a_n、b_n 再现数列 y_k 的过程为有限傅里叶逆变换。上述计算简称为傅里叶变换和傅里叶逆变换。

式(3.9.20)表示离散点分解为有限个简谐振动的和，而简谐振动的最高频率 f_m 和频率间隔 Δf 分别为

$$f_m = \frac{1}{2\Delta t} \tag{3.9.21}$$

$$\Delta f = \frac{1}{N\Delta t} \tag{3.9.22}$$

因此,数列 y_k 的时间间隔 Δt 越小,分解出的频率越高,离散数据的时间持续信息越长,频率的分辨率就越高。为了获得较高频率的振动信息,需要提高数据的采样频率。地震动时程的时间间隔通常为 $0.01\mathrm{s}$,通过傅里叶变换可以获得的最高频率为 $50\mathrm{Hz}$。

如把式(3.9.20)改写成

$$y_k = \frac{a_0}{2} + \sum_{n=1}^{N/2-1} A_n \cos\left(\frac{2\pi nk}{N} + \theta_n\right) + \frac{a_{N/2}}{2}\cos\pi k \tag{3.9.23}$$

的形式,振幅 A_n、相位 θ_n 分别为

$$\begin{cases} A_n = \sqrt{a_n^2 + b_n^2} \\ \theta_n = \arctan\left(\dfrac{-b_n}{a_n}\right) \end{cases} \tag{3.9.24}$$

称振幅与频率($A_n \sim f_n$)、相位与频率($\theta_n \sim f_n$)的关系分别为傅里叶振幅谱和傅里叶相位谱,傅里叶振幅谱通常简称为傅里叶谱。

式(3.9.20)还可以用复数形式表示

$$y_n = \sum_{k=0}^{N-1} c_k \mathrm{e}^{\mathrm{i}2\pi n/Nk}, \quad n = 0,1,\cdots,N-1 \tag{3.9.25}$$

系数为

$$c_k = \frac{1}{N} \sum_{n=0}^{N-1} y_n \mathrm{e}^{-\mathrm{i}2\pi k/Nn}, \quad k = 0,1,\cdots,N-1 \tag{3.9.26}$$

用复数表示的傅里叶变换和逆变换为

$$\begin{cases} F(\mathrm{i}f_n) = \displaystyle\sum_{k=0}^{N-1} y(t_k) \mathrm{e}^{-\mathrm{i}2\pi f_n t_k} \Delta t \\ y(t_k) = \displaystyle\sum_{n=0}^{N-1} F(\mathrm{i}f_n) \mathrm{e}^{\mathrm{i}2\pi f_n t_k} \Delta f \end{cases} \tag{3.9.27}$$

这里,$t_k = k\Delta t$,$f_n = n/(N\Delta t)$。

傅里叶振幅谱反映出在时域的振动波中各个频率的振动大小,从中可以获得波形的卓越振动频率,以便了解地震波对结构地震响应的影响。由于傅里叶振幅谱仅给出了波形在频率内的一部分信息,即使傅里叶振幅谱相同,若相位谱不同,逆变换到时域的波也是不同的。

3.9.3 快速傅里叶变换

对振动时程进行傅里叶变换分析,计算量与数列个数 N 的平方成比例,对于由数千甚至上万个数据组成的地震动时程,计算量十分庞大。1965 年 J. W. Cooley 和 J. W. Tukey 提出的快速傅里叶变换(简称 FFT)算法使得傅里叶变换发生了根本性的变化,计算量得到惊人的减少。

快速傅里叶变换的条件是离散数据的个数 N 为 2^n(n 为正整数)。我们从式(3.9.27)不难发现,若不考虑指数中的正负号,傅里叶变换和逆变换可以写成如下统一的形式

$$b_n = \sum_{k=0}^{N-1} a_k W^{kn}, \quad n = 0,1,\cdots,N-1 \tag{3.9.28}$$

式中：

$$W = e^{i2\pi/N} \tag{3.9.29}$$

如将式(3.9.28)中的 a_k 根据下标 k 的奇偶排列成如下的两个序列 $\{a_0, a_2, a_4, \cdots, a_{N-2}\}$ 和 $\{a_1, a_3, a_5, \cdots, a_{N-1}\}$，则式(3.9.28)的计算可以写成

$$b_n = \sum_{k=0}^{N/2-1} a_{2k} e^{i2\pi(2k)n/N} + \sum_{k=0}^{N/2-1} a_{2k+1} e^{i2\pi(2k+1)n/N} = \sum_{k=0}^{N/2-1} a_{2k} e^{i2\pi(2k)n/N} + e^{i2\pi n/N} \sum_{k=0}^{N/2-1} a_{2k+1} e^{i2\pi(2k)n/N}$$

$$= \sum_{k=0}^{N/2-1} a_{2k} e^{i2\pi kn/(N/2)} + W^n \sum_{k=0}^{N/2-1} a_{2k+1} e^{i2\pi kn/(N/2)} \tag{3.9.30}$$

式中：第一项为离散点数 $N/2$ 的偶数序列傅里叶变换，第二项为离散点数 $N/2$ 的奇数序列傅里叶变换，因此

$$b_n = b_n^{(e)} + W^n b_n^{(o)} \tag{3.9.31}$$

上式表明，N 个离散点的傅里叶变换为两个 $N/2$ 离散点的傅里叶变换之和，当离散点较多时，其计算量与 N^2 成比例的原始傅里叶变换相比，式(3.9.31)的计算量远小于式(3.9.28)。由于快速傅里叶变换的离散点共有 2^n 个，$b_n^{(e)}$ 和 $b_n^{(o)}$ 的计算可以进一步分解成两个 $N/4$ 离散点的傅里叶变换之和。这样经过 n 次分解后最终成为单个数列的傅里叶变换，$N = 2^n$ 个数列的傅里叶变换所需的计算量约为 $n \times N$，与 N^2 相比显著减少。实际振动波数列的离散数据一般不满足 2^n 的条件，这时可通过数列后面补零增加离散点数的方法来满足上述条件。

图 3.9.2 为某观测点记录到的 2013 年四川芦山地震东西(EW)、南北(NS)和上下(UP)三个方向地面振动加速度时程以及经快速傅里叶变换得到的振幅谱(FAS)计算结果。

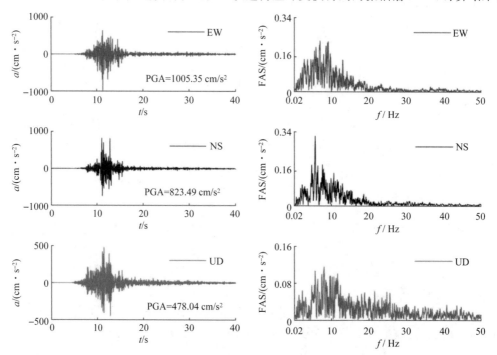

图 3.9.2　四川芦山地震地面加速度时程及其傅里叶振幅谱

本章习题

一、思考题

3.1 地震作用与结构自重和移动荷载有什么区别？

3.2 解释地震加速度反应谱所表述的意义以及设计反应谱与地震反应谱之间的异同。

3.3 设计反应谱(地震影响系数)如何考虑阻尼比和烈度差异的影响。

3.4 简述振型分解法、振型分解反应谱法和直接积分法的计算过程。

3.5 结构的弹塑性地震反应计算中如何反映材料强度和刚度的退化过程？

二、计算题

3.1 某二层框架结构,楼盖和屋盖处的质量分别为 1500kg 和 1000kg,层高均为 4m,层间侧移刚度均为 1200kN/m。求该结构的自振圆频率和振型。结构处于 7 度区Ⅲ类场地,对应Ⅱ类场地的设计基本加速度为 0.1g,地震动加速度反应谱特征周期分区值为 0.35s,阻尼比 ξ 为 0.05。试用振型分解反应谱法求结构在多遇地震作用下的层间剪力与最大顶点位移。

3.2 某五层框架结构,各层重力荷载均为 $G=20000$kN,第一层层高为 5.0m,其余每层层高为 4.5m。结构处于 8 度区Ⅱ类场地,对应Ⅱ类场地的设计基本地震加速度为 0.20g,基本地震动加速度反应谱特征周期分区值为 0.40s;结构基本自振周期为 $T=0.6$s;结构阻尼比 $\xi=0.05$。按照底部剪力法计算该结构在多遇地震作用下:(1)结构底部的总水平地震作用;(2)屋盖受到的水平地震作用;(3)第四层楼盖受到的水平地震作用。

3.3 试选择 2 种简化方法计算六层框架的基本周期。已知各楼层的重力荷载分别为 $G_1=15000$ kN,G_2 至 G_6 均为 10000kN,各层的侧移刚度 k_1 至 k_6 均为 500000kN/m。

第4章 建筑物抗震设计的基本规定

在历史地震中,建筑物及设备的倒塌是人员地震伤亡的最主要原因,建筑物抗震在工程结构抗震设计中占十分重要的地位。

本章以《建筑抗震设计规范》的相关规定为依据,介绍建筑物抗震设计的设防目标、设防标准、地震作用以及结构抗震性能等规定,这些内容是后续三章有关建筑物抗震设计的基本要求。

4.1 抗震设防目标

4.1.1 抗震设防分类及设防目标

1. 抗震设防分类

在第1章已经提到,我国建筑工程抗震设计根据地震损伤的影响程度分为甲类(特殊设防类)、乙类(重点设防类)、丙类(标准设防类)、丁类(适度设防类)四类。一般民用和工业建筑为丙类,急救设施、重要的医疗设施和储存放射物品与剧毒物品等危险物品的场所为甲类,影响救灾工作开展和地震破坏会带来人员重大伤亡、巨额经济损失的设施为乙类。对于特别重要的乙类建筑根据实际情况可提高至按甲类标准设计。

为了提高甲、乙类建筑的抗震性能,要求这两类建筑的抗震措施高于本地区抗震设防烈度的要求,仅当建筑场地为Ⅰ类时,可按本地区抗震设防烈度的要求。丙类建筑的抗震措施要求按照本地区的抗震设防烈度,当建筑场地为Ⅰ类时,可降低一度,但不能低于6度地区的要求。丁类建筑的抗震措施允许比本地区抗震设防烈度的要求适当降低。

建筑场地为Ⅲ、Ⅳ类时,对设计基本地震加速度为0.15g和0.30g的地区,分别按抗震设防烈度8度(0.20g)和9度(0.40g)时各抗震设防类别建筑的要求采取抗震构造措施。

2. 抗震设防目标及二阶段设计

建筑物抗震设计的基本目标为"小震不坏,中震可修,大震不倒"三水准设防。一般建筑物的三个水准地震设防目标是通过两阶段设计结合概念设计、构造措施来实现的,对于基本烈度比较低的地区(6 度区),乙、丙、丁类建筑物如满足概念设计条件和构造措施要求,即可以满足结构的上述抗震设防目标。

所谓两阶段设计,是采用两个水准的地震作用进行结构抗震性能验算的方法。

第一阶段设计取第一水准地震动参数(多遇地震)作为输入条件,计算结构的弹性地震作用标准值和相应的地震作用效应,按《建筑结构可靠度设计统一标准》规定的分项系数与其他荷载进行组合,对结构构件进行承载力验算和建筑物变形验算,在满足结构承载能力要求的同时,控制建筑物的侧向变形,让建筑物的地震变形在容许范围内。通过第一阶段的设计,既可满足第一水准下的承载力可靠度,同时又满足第二水准的损坏在可修程度的目标。大多数结构物进行第一阶段的设计,结合概念设计、抗震构造措施,可以满足建筑抗震的第三水准性能要求。

第一阶段设计要求建筑物总体上处于弹性状态,抗震设计可以采用弹性理论计算结构的内力和变形,进行截面强度和变形验算。对易发生地震倒塌的结构、有明显薄弱层的不规则结构以及有专门要求的建筑,除进行第一阶段设计外,还要进行薄弱部位的弹塑性层间变形验算并采取相应的抗震构造措施,即第二阶段设计。第二阶段设计以罕遇地震作为输入条件,允许进入弹塑性变形状态,通过弹塑性地震反应计算,得到结构的地震反应。

4.1.2 结构性能化设计

通过两阶段的设计和抗震措施,一般建筑物的抗震性能可以满足设防目标。但是,对抗震性能有特殊目标的建筑物,两阶段设计方法有时不能满足特殊的设防目标,这时可采用确定的性能目标和对应的设计方法进行结构及非结构的抗震性能验算,以满足有特殊设防要求的抗震设计需要。这种设计方法称为抗震性能化设计。

性能化设计法立足于特定的设防目标。根据建筑物的地震设防水准、场地条件、结构形式、功能要求、投资规模、震后损失和修复难易程度等相关参数,结合科技水平和经济条件,合理确定建筑物在不同水准的地震作用下结构整体、重要构件、次要构件、局部或关键部位以及建筑构件和机电设备支座等抗震性能目标,然后选择可以验证性能目标的计算方法进行结构抗震性能的验证。因此,这种设计方法具有很大的灵活性,可以满足有特殊要求的抗震设计需要,不受规范规定的限制。

为了确保性能设计的结果可靠有效,《建筑抗震设计规范》对性能化设计的地震动水准、性能目标和技术指标规定了以下基本要求:

(1)选定地震动水准。对设计使用年限 50 年的建筑,选用多遇地震、设防地震和罕遇地震的地震作用进行设计。对设计使用年限超过 50 年的建筑,根据实际需要和可能对地震做用作适当调整。对处于发震断裂两侧 10 km 以内的建筑,地震动参数需计入近场影响,5 km 及以内宜乘以增大系数 1.5,5 km 以外宜乘以不小于 1.25 的增大系数。

(2)选定性能目标。对应于不同地震动水准的预期损坏状态或使用功能,设定结构内力、变形的允许值,这些允许值不低于两阶段设计方法对基本设防目标的规定。

(3)选定性能设计指标。根据选定的性能目标确定结构或关键部位抗震承载能力、抗震变形能力的具体指标。确定在不同地震动水准下结构不同部位、不同构件的水平和竖向构件承载力的要求,包括不发生脆性剪切破坏、形成塑性铰、达到屈服值或保持弹性等;确定不同地震动水准下结构不同部位的预期弹性或弹塑性变形状态,以及相应的构件延性构造要求。当构件的承载能力与实际需求相比明显提高时,相应的延性构造可适当降低要求。

性能化设计在确定结构计算分析时,需要满足如下条件:

(1)计算模型能正确、合理反映地震作用的传递途径和结构在不同地震动水准下的工作状态。结构分析方法应根据预期性能目标下结构的工作状态确定,当结构处于弹性状态时可采用线性方法;当结构处于弹塑性状态时,可采用等效线性方法、静力非线性方法或动力非线性方法。

(2)结构非线性分析模型相对于线性分析模型可适当简化,二者在多遇地震下的线性分析结果应基本一致。结构分析时应计入重力二阶效应的影响,并合理确定结构构件的弹塑性参数。其中,构件的承载能力应依据实际截面和实际配筋等信息确定。

4.2 抗震概念设计

抗震概念设计是在历史地震灾害教训、工程经验基础上形成的基本设计思想和原则,是确保结构抗震性能的重要条件,其主要内容是确定建筑物在场地选择、平面和立面形式、结构布置等总体要求。

4.2.1 场地及基础

如第 1 和第 2 章所述,场地条件对建筑物的地震反应有较大的影响,场地失效(如滑坡、震陷、液化、地表开裂、不均匀变形、共振效应等)导致建筑物破坏是比较常见的震灾形式,工程建设需要选择合适的场地。

场地选择以及基础设计应遵循以下几个基本原则:

(1)建筑物应根据工程需要和地震危险性合理选择建筑场地,避开不利地段,在危险地段严禁建造甲、乙类的建筑,不应建造丙类的建筑。当无法避开时,应采取有效的措施。

(2)山区建筑场地应因地制宜设置符合抗震设防要求的边坡工程。边坡附近的建筑基础需要进行抗震稳定性设计。建筑基础与土质、强风化岩质边坡的边缘应留有足够的距离,其值应根据设防烈度的高低确定,并采取措施避免地震时地基基础破坏。

(3)同一结构单元的基础不宜设置在性质截然不同的地基上,如图 4.2.1 所示;同一结构单元不宜部分采用天然地基部分采用桩基;当采用不同基础类型或基础埋深显著不同时,根据地震时两部分地基基础的沉降差异,在基础、上部结构的相关部位采取相应措施;当地基为软弱黏性土、液化土、新近填土或严重不均匀土时,需要根据地震时地基不均匀沉降和其他不利影响,采取相应的措施。

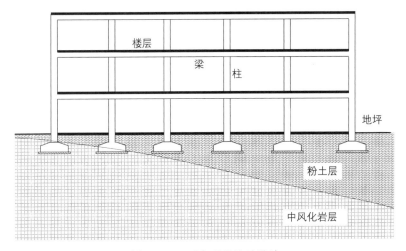

图 4.2.1　不合理的基础设计

4.2.2　建筑体型及构件布置

建筑物的平面、立面和剖面的规则性对抗震性能及经济性有比较大的影响,规则、对称、刚度沿竖向均匀变化的建筑物抗震性相对较好,反之则差。

平面不规则的建筑物在地震中会发生扭转变形而造成严重破坏。在 1972 年尼加拉瓜地震(M6.2)中,楼梯、电梯间和砌体填充墙集中布置在平面一端的 15 层马那瓜中央银行在地震中发生严重破坏无法修复使用;而相邻的 18 层马那瓜美洲银行由于采用对称芯筒布置,地震中仅在连梁局部出现细裂缝,稍加修复便恢复了使用(见图 4.2.2)。

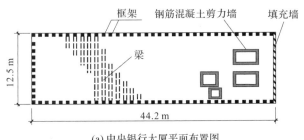

(a) 中央银行大厦平面布置图

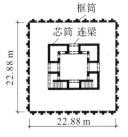

(b) 美洲银行大厦平面布置图

(c) 地震前并列的建筑物

(d) 地震后中央银行大厦已不存在

图 4.2.2　中央银行大厦与美洲银行大厦平面布置及马那瓜地震前后的照片

当结构刚度沿房屋竖向有局部削弱或突变时,结构在刚度突然变小的楼层会产生较大的变形,甚至发生倒塌。在1995年日本阪神地震(M7.3)和2008年汶川地震(M8.0)中,许多底层空旷或体型有变化的建筑发生了严重破坏。图4.2.3为阪神地震中某钢筋混凝土结构由于竖向刚度突变,在突变楼层产生应力集中导致局部严重破坏的建筑。另外,突出屋面的小型结构因与主体结构间存在刚度突变,且受高阶振型影响较大,产生"鞭梢效应",也容易倒塌。

平面不规则主要有以下两种情况:一是结构平面形状不对称,如L形、Z形等不规则平面;二是由于楼梯间或者剪力墙的布置不对称导致结构刚度分布不对称。图4.2.4给出了规则和不规则的平面和立面例子。平面复杂的建筑物在凹角处由于相邻房子的变形不一致、建筑物扭转变形等原因,易导致严重的地震破坏;立面

图4.2.3 竖向不规则结构的震害

刚度有突变的建筑物在突变部位是结构抗震的薄弱处,很容易发生地震破坏。

对于不规则的建筑,可以通过设置伸缩缝将其划成多个体型简单的规则建筑,不能设置伸缩缝的不规则建筑物需要加强抗震措施。对于特别不规则的建筑物,其抗震性能应做专门的研究和论证,并采取特别的加强措施。

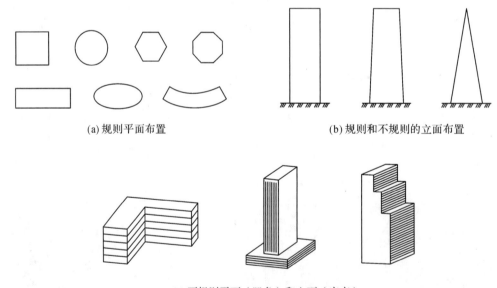

(a) 规则平面布置   (b) 规则和不规则的立面布置

(c) 不规则平面(凹角)和立面(突变)

图4.2.4 建筑物的平面和立面布置

建筑物不规则的指标与其类型有关。混凝土房屋、钢结构房屋和钢－混凝土混合结构房屋,当存在表4.2.1所列举的某项平面不规则或表4.2.2所列举的某项竖向不规则

以及类似的不规则时,属于不规则的建筑。当存在多项不规则或某项不规则超过规定的参考指标较多时,属于特别不规则的建筑,设计时应尽量避免。

表 4.2.1　平面不规则的主要类型

不规则类型	形状	定义和参考指标
扭转不规则	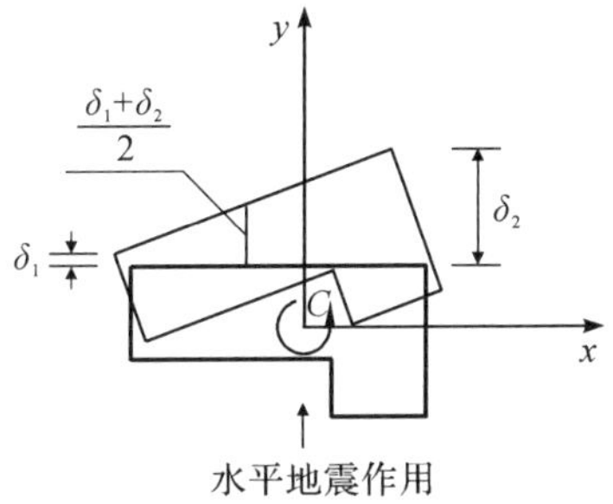	在具有偶然偏心的规定水平力作用下,楼层两端抗侧力构件弹性水平位移(或层间位移)的最大值与平均值的比值大于 1.2。
凹凸不规则	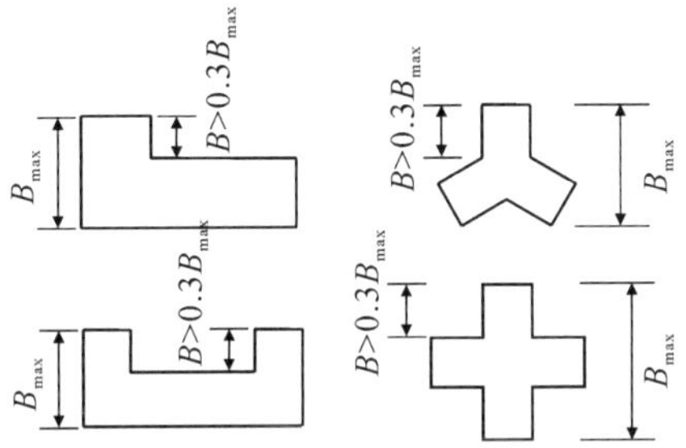	平面凹进的尺寸,大于相应投影方向总尺寸的 30%。
楼板局部不连续	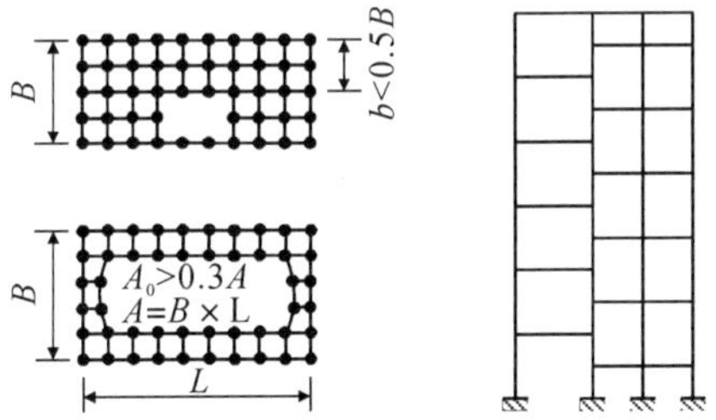	楼板的尺寸和平面刚度急剧变化,例如,有效楼板宽度小于该层楼板典型宽度的 50%,或开洞面积大于该层楼面面积的 30%,或较大的楼层错层。

表 4.2.2　竖向不规则的主要类型

不规则类型	形状	定义和参考指标
侧向刚度不规则	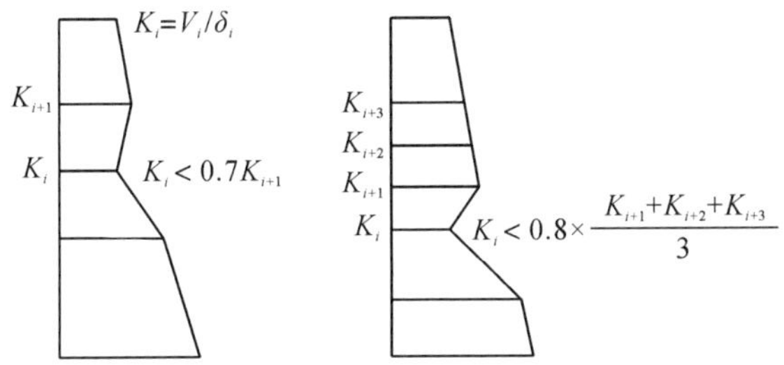	该层的侧向刚度小于相邻上一层的 70%,或小于其上相邻三个楼层侧向刚度平均值的 80%;除顶层或出屋面小建筑外,局部收进的水平向尺寸大于相邻下一层的 25%。

续表

不规则类型	形状	定义和参考指标
竖向抗侧力构件不连续		竖向抗侧力构件（柱、抗震墙、抗震支撑）的内力由水平转换构件（梁、桁架等）向下传递。
楼层承载力突变	$Q_{y,j+1}$　$Q_{y,j}<0.8Q_{y,j+1}$　$Q_{y,j}$	抗侧力结构的层间受剪承载力小于相邻上一楼层的80％。

对于不规则的结构，应采用空间结构计算模型计算地震作用及其反应，通过地震作用和内力调整提高薄弱部位的承载能力，并加强抗震构造措施。

4.2.3　防震缝设置

合理设置防震缝，可以将平面、立面不规则的建筑物划分成几个规则的建筑物，改善建筑物的抗震性能。但不当设置防震缝反而会加剧地震破坏程度。当防震缝两侧的结构动力特性差异大，地震时两侧结构有可能发生碰撞而导致结构损伤或破坏。在历史地震中，有不少因防震缝宽度不足而导致建筑物发生碰撞破坏的实例。在1976年唐山大地震中，京津唐地区设缝的高层建筑

图4.2.5　防震缝位置撞击震害

大部分发生了不同程度的碰撞，轻者外装修、女儿墙、檐口损坏，重者主体结构损坏。在2008年汶川地震中，也发生了因防震缝两侧结构撞击而破坏的震害（见图4.2.5）。

4.2.4　结构体系

结构体系应根据建筑的抗震设防类别、抗震设防烈度、建筑高度、场地条件、地基、结构材料和施工等因素，经技术、经济和使用条件综合比较后确定，且符合下列基本要求：

（1）具有明确的计算简图和合理的地震作用传递途径；

（2）避免因部分结构或构件破坏而导致整个结构丧失抗震能力或对重力荷载的承载能力；

（3）具备必要的抗震承载力和良好的变形能力以及耗能能力；

（4）提高薄弱部位的抗震能力；

（5）具有多道抗震防线，防止因某个部件失效而发生整体倒塌；

（6）结构在两个主轴方向的动力特性宜相近；

（7）加强结构各构件之间的相互连接和锚固，提高结构的整体性；

（8）提高结构的延性，防止发生脆性的地震破坏；

（9）提高重要构件和部位的承载能力。

对于非结构构件和建筑附属机电设备，应具有相应的抗震能力，加强与主体结构的连接或锚固，不影响结构的抗震能力，同时避免地震时倒塌伤人或砸坏重要设备。

4.3　地震作用及地震反应计算

4.3.1　地震动输入方法

建筑物抗震设计采用的地震作用一般为设计加速度反应谱，或者与设计加速度反应谱有同等弹性反应谱的多组地震动加速度时程。设计加速度反应谱的峰值加速度、场地特征周期根据抗震设计的设防要求、场地类型及所属的地震分组确定，基本烈度一般按照《中国地震动参数区划图》取值，也可以采用经批准的特殊设防标准。

地震作用应按如下要求输入：

（1）一般情况下，在建筑结构的两个主轴方向分别计算水平地震作用，各方向的水平地震作用应由该方向抗侧力构件承担；

（2）有斜交抗侧力构件的结构，当相交角度大于 15°时，需分别计算各抗侧力构件方向的水平地震作用，验算斜交构件的承载能力（见图 4.3.1）；

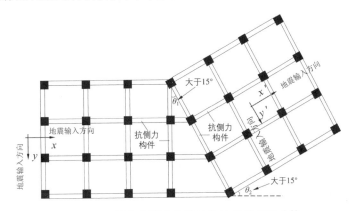

图 4.3.1　斜交抗侧力构件结构的地震作用计算

(3)质量和刚度分布有明显不对称的结构,需要同时输入两个方向的水平地震动,考虑扭转的影响。其他结构可以通过调整地震作用效应的方法计入扭转的影响;

(4)8、9度时的大跨度和长悬臂结构及 9 度时的高层建筑,需考虑竖向地震作用;

(5)平面投影尺度很大的空间结构,应根据结构形式和支承条件,分别按单点一致、多点、多向单点或多向多点输入进行抗震计算。按多点输入计算时,应考虑地震行波效应和局部场地效应。

4.3.2　计算模型及计算方法

结构抗震分析时,应按照楼(屋)盖的平面形状和平面内变形情况确定为刚性、分块刚性、半刚性、局部弹性和柔性等的横隔板,再按抗侧力系统的布置确定抗侧力构件间的共同工作,并进行各构件间的地震内力分析。

质量和侧向刚度分布接近对称且楼(屋)盖可视为刚性横隔板的结构,可采用平面结构模型进行抗震分析。其他情况应采用空间结构模型进行抗震分析。楼(屋)盖可视为刚性横隔板的结构,质量集中到楼层,按楼层的变形自由度建立动力计算模型。

在计算地震作用时,建筑的重力荷载代表值 G_E 取结构和构件自重标准值和各可变荷载组合值之和

$$G_E = G_k + \sum \psi_{Ei} Q_{ki} \tag{4.3.1}$$

式中:G_k 为结构或构件的永久荷载标准值;Q_{ki} 为结构或构件第 i 个可变荷载标准值,ψ_{Ei} 为第 i 个可变荷载的组合系数,按表 4.3.1 采用。

表 4.3.1　重力荷载组合系数

可变荷载种类		组合值系数
雪荷载		0.5
屋面积灰荷载		0.5
屋面活荷载		不计入
按实际情况计算的楼面活荷载		1.0
按等效均布荷载计算的楼面活荷载	藏书库、档案库	0.8
	其他民用建筑	0.5
起重机悬吊物重力	硬钩吊车	0.3
	软钩吊车	不计入

对于高度不超过 40m、以剪切变形为主且质量和刚度沿高度分布比较均匀的结构,以及近似于单质点体系的结构,可采用底部剪力法计算。除此之外的建筑结构、一般采用振型分解反应谱法。对于特别不规则的建筑、甲类建筑和表 4.3.2 所列高度范围的高层建筑,需要采用时程分析法进行多遇地震下的补充计算。当计算采用三组加速度时程输入时,宜取时程法的包络值和振型分解反应谱法的较大值进行验算;当采用七组及七组以上的时程输入时,可取时程法的平均值和振型分解反应谱法的较大值进行验算。

表 4.3.2　采用时程分析的房屋高度范围

烈度、场地类别	房屋高度范围/m
8 度 Ⅰ、Ⅱ 类场地和 7 度	>100
8 度 Ⅲ、Ⅳ 类场地	>80
9 度	>60

采用时程分析法时,应按建筑场地类别和设计地震分组选用实际强震记录和人工模拟的加速度时程,其中历史强震记录的数量不应少于总数的 2/3,多组时程的平均地震影响系数曲线应与振型分解反应谱法所采用的地震影响系数曲线在统计意义上相符,其加速度时程的最大值按表 4.3.3 采用。弹性时程分析时,每条时程曲线计算所得结构底部剪力不应小于振型分解反应谱法计算结果的 65%,多条时程曲线计算所得结构底部剪力的平均值不应小于振型分解反应谱法计算结果的 80%。

表 4.3.3　时程分析所用的地震加速度最大值　　　　　（单位:cm/s²）

地震影响	6 度	7 度	8 度	9 度
多遇地震	18	35(55)	70(110)	140
罕遇地震	125	220(310)	400(510)	620

注:括号内数值分别用于设计基本地震加速度为 0.15g 和 0.30g 的地区。

按较小内力设计的结构存在安全风险,为了防止设计地震力偏小,任一楼层的水平地震剪力符合下式要求

$$V_{EKi} > \lambda \sum_{j=i}^{n} G_j \qquad (4.3.2)$$

式中:V_{EKi} 为第 i 层对应于水平地震作用标准值的楼层剪力;λ 为剪力系数,不应小于表 4.3.4 规定的楼层最小地震剪力系数值,对竖向不规则结构的薄弱层,尚应乘以 1.15 的增大系数;G_j 为第 j 层的重力荷载代表值。

表 4.3.4　楼层最小地震剪力系数值

类别	6 度	7 度	8 度	9 度
扭转效应明显或基本周期小于 3.5s 的结构	0.008	0.016(0.024)	0.032(0.048)	0.064
周期小于 5.0s 的结构	0.006	0.012(0.018)	0.024(0.036)	0.048

注:① 基本周期介于 3.5~5.0s 之间的结构,按插入法取值;② 括号内数值分别用于设计基本地震加速度为 0.15g 和 0.30g 的地区。

结构抗震计算,一般情况下可不计地基与结构相互作用的影响,但在 8 度和 9 度区的 Ⅲ、Ⅳ 类场地采用箱基、刚性较好的深基和桩箱联合基础的钢筋混凝土高层建筑,当结构基本自振周期处于特征周期的 1.2 倍至 5 倍范围时,可计入地基与结构动力相互作用的影响,对刚性地基假定计算的水平地震剪力按下列折减,其层间变形可按折减后的楼层剪力计算。

(1)当建筑的高宽比小于 3 时,各楼层水平地震剪力的折减系数,按下式计算

$$\varphi = \left(\frac{T_1}{T_1 + \Delta T} \right)^{0.9} \tag{4.3.3}$$

式中:φ 为计入地基与结构动力相互作用后的地震剪力折减系数;T_1 按刚性地基假定确定的结构基本自振周期(s);ΔT 为计入地基与结构动力相互作用的附加周期(s),按表 4.3.5 采用。

表 4.3.5　附加周期　　　　　　　　　　　　　　　　(单位:s)

烈度	场地类别	
	Ⅲ类	Ⅳ类
8	0.08	0.20
9	0.10	0.25

(2)当建筑的高宽比不小于 3 时,底部的地震剪力按上述要求折减,顶部不折减,中间各层按线性插入值折减。

另外,折减后各楼层的水平地震剪力,应不小于最小楼层剪力。

4.3.3　考虑扭转耦联的地震效应计算

考虑扭转影响的建筑物地震运动方程已在第 3 章做了介绍,各楼层取两个正交的水平位移和一个转角自由度,采用时程法或者反应谱法计算结构地震反应。

在水平地震作用下,《建筑抗震设计规范》对考虑扭转耦联的地震效应计算有如下要求:

(1)规则结构当不进行扭转耦联计算时,平行于地震作用方向的两个边榀各构件,其地震作用效应应乘以增大系数。一般情况下,短边可按 1.15 采用,长边可按 1.05 采用;当扭转刚度较小时,周边各构件宜按不小于 1.3 采用。角部构件宜同时乘以两个方向各自的增大系数。

(2)当进行扭转耦联计算时,各楼层可取两个正交的水平位移和一个转角共三个自由度,并应按相关方法计算结构地震作用和作用效应。

4.3.4　竖向地震作用计算

通常,竖向地震作用相对于结构物的自重比较小,抗震设计时可以忽略其影响。但是,历史地震灾害经验以及研究表明,竖向地震对高耸结构、近断层场地和大跨度、大悬臂结构的抗震设计有不可忽视影响,设计时需要考虑竖向地震作用。

《建筑抗震设计规范》规定,大跨度空间结构的竖向地震作用按照振型分解反应谱方法计算,其竖向地震影响系数为水平地震影响系数的 65%,特征周期按第一组采用。其他结构的竖向地震作用可按以下方法计算,可以不作结构动力分析:

(1)9 度地区的高层建筑,竖向地震作用的标准值按式(3.6.13)确定(参见第 3 章),楼层的竖向地震作用效应可按各构件承受的重力荷载代表值的比例分配,并宜乘以增大系数 1.50;

(2)跨度、长度小于相关规定,且规则的平板型网架屋盖和跨度大于 24m 的屋架、屋盖横梁及托架的竖向地震作用标准值,竖向地震作用标准值取其重力荷载代表值和竖向地震作用系数的乘积;竖向地震作用系数按表 4.3.6 采用。

表 4.3.6 竖向地震作用系数

结构类型	烈度	场地类别		
		Ⅰ	Ⅱ	Ⅲ、Ⅳ
平板型网架、钢屋架	8	可不计算(0.10)	0.08(0.12)	0.10(0.15)
	9	0.15	0.15	0.20
钢筋混凝土钢屋架	8	0.10(0.15)	0.13(0.19)	0.13(0.19)
	9	0.20	0.25	0.25

注:括号中数值用于设计基本地震加速度为 0.30g 的地区。

(3)长悬臂构件和不属于上述(2)中规定范围的大跨结构的竖向地震作用标准值,8 度和 9 度可分别取该结构、构件重力荷载代表值的 10% 和 20%,设计基本地震加速度为 0.30g 时,可取该结构、构件重力荷载代表值的 15%。

4.3.5 弹塑性层间位移计算

罕遇地震下结构进入塑性,基于弹性理论的反应谱方法不适用,结构地震反应需要通过静力弹塑性分析法或弹塑性时程分析法计算。

当建筑物为不超过 12 层且层刚度无突变的钢筋混凝土框架和排架结构、单层钢筋混凝土柱厂房时,弹塑性层间位移也可按下式近似计算得到

$$\Delta u_p = \eta_p \Delta u_e \tag{4.3.4}$$

$$\Delta u_p = \mu \Delta u_y = \frac{\eta_p}{\xi_y} \Delta u_y \tag{4.3.5}$$

式中:Δu_p 为弹塑性层间位移;Δu_y 为屈服层间位移;μ 为楼层延性系数;Δu_e 为罕遇地震作用下按弹性分析的层间位移;η_p 为弹塑性层间位移增大系数,当薄弱层(部位)的屈服强度系数小于相邻层(部位)该系数平均值的 0.8 倍时,按表 4.3.7 采用。当不大于该平均值的 0.5 倍时,按表内相应数值的 1.5 倍采用;其他情况可采用内插法取值;ξ_y 为楼层屈服强度系数,计算方法将在 §4.4.3 中介绍。

表 4.3.7 弹塑性层间位移增大系数

结构类型	总层数 n 或部位	ξ_y		
		0.5	0.4	0.3
多层均匀框架结构	2~4	1.30	1.40	1.60
	5~7	1.50	1.65	1.80
	8~12	1.80	2.00	2.20
单层厂房	上柱	1.30	1.60	2.00

4.4 结构抗震性能验算

4.4.1 截面承载能力

结构在多遇地震作用下的效应与其他荷载效应的基本组合为

$$S = \gamma_G S_{GE} + \gamma_{Eh} S_{Ehk} + \gamma_{Ev} S_{Evk} + \psi_w \gamma_w S_{wk} \quad (4.4.1)$$

式中：S 为结构构件内力组合的设计值，包括弯矩、轴向力和剪力设计值等；γ_G 为重力荷载分项系数，一般情况取 1.3，当重力荷载效应对构件承载能力有利时，取不大于 1.0 的值；γ_{Eh}、γ_{Ev} 分别为水平、竖向地震作用分项系数，按表 4.4.1 采用；γ_w 为风荷载分项系数，取 1.5；S_{GE} 为重力荷载代表值的效应，包括悬吊物重力标准值的效应；S_{Ehk}、S_{Evk} 为水平和竖向地震作用标准值的效应，均应乘以相应的增大系数或调整系数；S_{wk} 为风荷载标准值的效应；φ_w 为风荷载组合值系数，一般结构取 0.0，风荷载起控制作用的建筑取 0.2。

表 4.4.1 地震作用分项系数

地震作用	γ_{Eh}	γ_{Ev}
仅计算水平地震作用	1.4	0.0
仅计算竖向地震作用	0.0	1.4
同时计算水平与竖向地震作用（水平地震为主）	1.4	0.5
同时计算水平与竖向地震作用（竖向地震为主）	0.5	1.4

考虑地震作用效应的结构构件截面抗震验算，采用下式计算

$$S \leqslant \frac{R}{\gamma_{RE}} \quad (4.4.2)$$

式中：γ_{ER} 为承载力抗震调整系数，按表 4.4.2 采用；R 为结构构件承载力设计值。当仅计算竖向地震作用时，各类结构构件承载力抗震调整系数均应采用 1.0。

采用承载力抗震调整系数 γ_{ER} 是对结构承载能力进行调整，其值介于 0.75 ~ 1.0。进行承载力调整的主要原因是：① 地震作用的时间短暂，在瞬时的动力作用下，材料强度及承载能力比持久作用下的高；② 抗震设计的可靠度指标要求低于正常使用荷载；③ 考虑不同破坏模式的影响，对于脆性破坏、失稳破坏等危险性较大的破坏模式，适当降低承载能力，采用相对较大的 γ_{ER}。

表 4.4.2 承载力抗震调整系数

材料	结构构件	受力状态	γ_{RE}
钢	柱，梁，支撑，节点板件， 螺栓，焊缝柱，支撑	强度	0.75
		稳定	0.80
砌体	两端均有构造柱、芯柱的抗震墙	受剪	0.9
	其他抗震墙	受剪	1.0
	自承重墙体	受剪	0.75

续表

材料	结构构件	受力状态	γ_{RE}
混凝土	梁	受弯	0.75
	轴压比小于 0.15 的柱	偏压	0.75
	轴压比不小于 0.15 的柱	偏压	0.80
	抗震墙	偏压	0.85
	各类构件	受剪、偏拉	0.85

4.4.2　结构变形

在多遇地震作用下结构除了满足承载能力要求外,还需满足楼层的最大弹性层间位移要求。

$$\Delta u_e \leqslant [\theta_e] h \qquad (4.4.3)$$

式中:Δu_e 为多遇地震作用标准值产生的楼层内最大的弹性层间位移,计算时除弯曲变形为主的高层建筑外,可不扣除结构整体弯曲变形;应计入扭转变形,各作用分项系数均采用 1.0;钢筋混凝土结构构件的截面刚度可采用弹性刚度$[\theta_e]$为弹性层间位移角限值,按表 4.4.3 采用。h 为计算楼层层高。

表 4.4.3　弹性层间位移角限值

结构类型	$[\theta_e]$
钢筋混凝土框架	1/550
钢筋混凝土框架—抗震墙、板柱抗震墙、框架—核心筒	1/800
钢筋混凝土抗震墙、筒中筒	1/1000
钢筋混凝土框支层	1/1000
多、高层钢结构	1/250

下列结构需要进行罕遇地震作用下薄弱层的弹塑性变形验算:

(1)8 度Ⅲ、Ⅳ类场地和 9 度时,高大单层钢筋混凝土柱厂房的横向排架;

(2)7~9 度时楼层屈服强度系数小于 0.5 的钢筋混凝土框架结构和框排架结构;

(3)高度大于 150m 的结构;

(4)甲类建筑和 9 度时乙类建筑中的钢筋混凝土结构和钢结构;

(5)采用隔震和消能减震设计的结构。

结构薄弱层(部位)弹塑性层间位移应符合下式要求

$$\Delta u_p \leqslant [\theta_p] h \qquad (4.4.4)$$

式中:$[\theta_p]$ 弹塑性层间位移角限值,按表 4.4.4 采用;对钢筋混凝土框架结构,当轴压比小于 0.40 时,可提高 10%;当柱子全高的箍筋超过规范规定的体积配箍率 30% 时,可提高 20%,但累计不超过 25%;h 薄弱层楼层高度或单层厂房上柱高度。

表 4.4.4　弹塑性层间位移角限值

结构类型	$[\theta_p]$
单层钢筋混凝土柱排架	1/30
钢筋混凝土框架	1/50
底部框架砌体房屋中的框架抗震墙	1/100
钢筋混凝土框架－抗震墙、板柱抗震墙、框架－核心筒	1/100
钢筋混凝土抗震墙、筒中筒	1/120
多、高层钢结构	1/50

4.4.3　薄弱层(部件)

结构地震反应进入在弹塑性阶段后,变形主要集中在薄弱层或者薄弱部位,结构在该处形成局部破坏,破坏程度严重时可能引起结构的倒塌。罕遇地震作用下的结构抗震性能验算是为了使薄弱层的弹塑性变形在限定范围内。

根据钢筋混凝土结构的地震反应研究结果发现,结构弹塑性层间位移主要取决于楼层屈服强度系数的大小和楼层屈服强度系数沿房屋高度的分布情况,而楼层屈服强度系数为按钢筋混凝土构件实际配筋和材料强度标准值计算的楼层受剪承载力和按罕遇地震作用标准值计算的楼层弹性地震剪力的比值;对排架柱,指按实际配筋面积、材料强度标准值和轴向力计算的正截面受弯承载力与按罕遇地震作用标准值计算的弹性地震弯矩的比值。

结构第 i 层的楼层屈服强度系数 $\xi_y(i)$ 按下式计算

$$\xi_y(i) = \frac{V_{yk}(i)}{V_{Ek}(i)} \tag{4.4.5}$$

式中:$V_{yk}(i)$ 为按结构实际配筋和材料强度标准值计算的第 i 层层间剪力承载能力标准值;$V_{El}(i)$ 为罕遇地震作用下第 i 层的弹性剪力,计算时取水平地震作用影响系数为 $\alpha_{\max}$。

层间剪力承载能力与结构的破坏模式有关。以图 4.4.1 所示的三层框架结构为例,当第 2 层破坏是以该层柱的上下端出现弯矩塑性铰为极限状态时,则层间剪力承载能力为

$$V_{yk}(2) = \sum_{j=1}^{3} \frac{M_{uj}^{上} + M_{uj}^{下}}{h_2} \tag{4.4.6}$$

式中:下标 j 表示杆件号(本例共有 3 根立柱);下标 u 为极限状态的弯矩标准值;h_2 为该楼层(第 2 层)的层高。

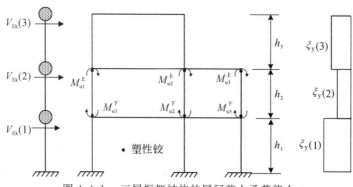

图 4.4.1　三层框架结构的层间剪力承载能力

用类似的方法可以算出每一层的层间剪力承载能力和每一层的楼层屈服强度系数，然后判断薄弱层位置。

很显然，如果破坏模式发生改变，极限状态时的柱端弯矩也会改变。框架节点破坏有图 4.4.2 所示的几种形式，除了前述的柱端外，按强柱弱梁设计的框架结构，在梁端出现塑性铰的可能性大。这时可根据节点的弯矩平衡条件和上下柱线刚度 i 的比例，算出极限状态时的柱端弯矩(见图 4.4.2)，用该柱端弯矩替代极限状态弯矩标准值，再按式(4.4.6)计算层间剪力承载能力。

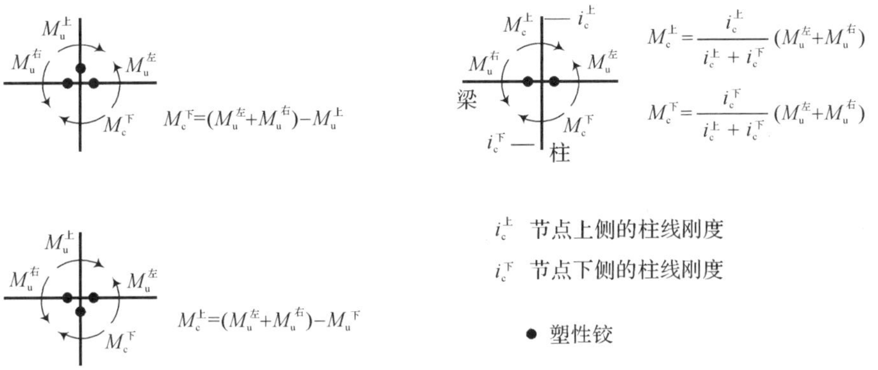

$$M_c^{F}=(M_u^{左}+M_u^{右})-M_u^{上}$$

$$M_c^{上}=\frac{i_c^{上}}{i_c^{上}+i_c^{F}}(M_u^{左}+M_u^{右})$$

$$M_c^{F}=\frac{i_c^{F}}{i_c^{上}+i_c^{F}}(M_u^{左}+M_u^{右})$$

$$M_c^{上}=(M_u^{左}+M_u^{右})-M_u^{F}$$

$i_c^{上}$　节点上侧的柱线刚度

i_c^{F}　节点下侧的柱线刚度

● 塑性铰

图 4.4.2　不同破坏模式的极限状态柱端弯矩

由式(4.4.5)可知，楼层屈服强度系数 ξ_y 反映了结构中楼层的承载力与该楼层所受弹性地震剪力的关系。计算结果表明，地震时 ξ_y 值相对较小的楼层往往率先屈服并发生较大的弹塑性层间位移，是建筑物的薄弱层(部位)。规范规定，楼层屈服强度系数沿高度分布均匀的结构，可取底层；楼层屈服强度系数沿高度分布不均匀的结构，可取该系数最小的楼层(部位)和相对较小的楼层，一般不超过 2～3 处；单层厂房可取上柱。

本章习题

4.1　简述我国现行的建筑抗震设计规范采用哪几个阶段设计，以及分别需要满足哪些抗震性能要求？

4.2　简述建筑物抗震设计对地震动输入有什么要求。

4.3　为什么有些建筑物抗震设计时可以忽略竖向地震动输入？哪些建筑物抗震设计时需要考虑竖向地震作用的影响？

4.4　什么是楼层屈服强度系数？该系数对结构抗震设计有什么作用？简述其计算方法。

第5章 砌体结构建筑抗震设计

砌体结构建筑是指由砖、石、砌块等块状材料用砂浆砌筑成承重墙体,并采用装配或现浇钢筋混凝土楼盖的混合结构房屋。这类建筑具有造价低廉、取材容易、构造简单、施工便捷等优点,在住宅、旅馆、办公、学校、医院等建筑中得到广泛应用。

本章主要介绍砌体结构建筑的震害形式及其原因;叙述多层砌体结构房屋,底部框架、上部砌体房屋的结构布置基本要求;结合《建筑抗震设计规范》的相关要求,介绍多层砌体结构房屋和底部框架—抗震墙的砌体房屋抗震计算、设计要点和抗震构造措施,最后给出一多层砌体结构房屋抗震验算计算实例。

5.1 震害现象及其分析

砌体结构建筑自重较大、整体性差,抗震性能相对较差,在历史强烈地震中破坏率较高。如 1923 年日本关东地震造成东京约 7000 幢砖石砌体房屋均遭到了严重破坏,其中仅 1000 余幢经修复后可以使用;1976 年唐山地震导致大量多层砌体房屋破坏,烈度为 10 度及 11 度区 123 幢 2~8 层砖混房屋的 63.2% 发生倒塌,22.6% 发生严重破坏,仅 4.2% 的房屋经修复后可以使用,破坏率达 91.0%;在 2008 年汶川地震中,9 度、10 度区 20 世纪 80 年代以前建造的砌体房屋约 80% 以上倒塌,1980 年至 1990 年期间建造的砌体房屋约有 40%~50% 倒塌,1990 年至 2000 年期间建造的砌体房屋有一部分遭到严重破坏,2000 年以后建造的砌体房屋即使地震作用超过设防烈度,倒塌的房屋也较少。这表明,只要经过合理的抗震设计和施工,构造措施得当,在中、高烈度区砌体结构仍可以满足抗震要求,具有良好的抗震性能。

以下介绍多层砌体结构建筑和底部框架—抗震墙砌体结构的主要震害形式。

5.1.1 多层砌体结构建筑

多层砌体结构建筑除了地基失效、伸缩缝两侧的建筑碰撞、不规则建筑扭转变形和附属设施"鞭梢效应"等常见的地震破坏形式外,还有以下几种特殊的破坏形式。

1.墙体平面内剪切破坏

当水平地震作用与承重墙方向一致时,高宽比接近的墙体在地震反复作用下发生剪切破坏,形成"X"形交叉裂缝[见图 5.1.1(a)];高宽比较小的墙体则在墙体中间出现水平裂缝[见图 5.1.1(b)]。

(a) 交叉斜裂缝　　　　　　　　　　　(b) 水平裂缝

图 5.1.1　墙体平面内剪切破坏

2. 墙体平面外破坏

当墙体受到与之垂直的水平地震作用时,面外受弯产生水平裂缝。当纵横墙交接处连接不好时,则易产生竖向裂缝[见图 5.1.2(a)]。当内外墙或墙角处墙体无可靠连接时,墙体会发生外甩形式的破坏[见图 5.1.2(b)]。

(a) 内墙竖向裂缝　　　　　　　　　　(b) 墙角外甩

图 5.1.2　墙体平面外破坏

3. 连接破坏

纵横墙连接处是砌体建筑的薄弱部位,地震时该处易发生竖向裂缝,严重时可发生纵横墙拉脱,造成整片纵墙外甩或倒塌[见图 5.1.3(a)]。这种破坏在没有圈梁的房屋中尤为突出。

对于装配式楼(屋)盖,由于整体性差、板缝偏小、混凝土灌缝不够密实,缺乏足够的拉结或施工中楼板搁置长度过小,会造成楼(屋)盖坠落[见图 5.1.3(b)]。

(a) 纵横墙连接破坏 (b) 楼盖塌落

图 5.1.3　连接破坏

5.1.2　底部框架—抗震墙砌体建筑

底部框架—抗震墙砌体建筑因底层纵横墙较少,上面纵横墙较多,底层和上面的侧向刚度相差大,形成上刚下柔的结构体系,底层成为薄弱层[见图 5.1.4(a)]。在小震作用下,上部砖房对底层产生的倾覆力矩较小,其抗震性能优于多层砌体结构建筑;在中强震作用下,上部砖房对底层产生的倾覆力矩较大,边柱在较大的压力或拉力作用下容易失效垮塌。如果在底层设置较强的抗震墙,震害表现为"墙比柱重,柱比梁重"。房屋上部的破坏状况与多层砌体结构建筑类似[见图 5.1.4(b)]。

(a) 底部框架坐垮 (b) 上部砌体结构的破坏

图 5.1.4　底部框架—抗震墙建筑的破坏

5.2　抗震设计基本要求

5.2.1　结构体系和结构布置

多层砌体建筑优先采用横墙承重或纵横墙共同承重的结构体系。纵墙承重结构体系由于横向支承少，墙体易发生面外弯曲破坏，应避免采用。不应采用砌体墙和钢筋混凝土墙混合承重的结构体系，防止不同材料的墙体被逐个破坏。

多层砌体结构的布置应符合下列要求：

(1)横墙较少、跨度较大的房屋，宜采用现浇钢筋混凝土楼盖、屋盖。

(2)结构体型应保持平面、立面规则；平面轮廓凹凸尺寸，不应超过典型尺寸的 50%，当超过典型尺寸 25% 时，房屋转角处应采取加强措施。

(3)楼板局部大洞口的尺寸不宜超过楼板宽度的 30%，且不应在墙体两侧同时开洞。

(4)错层的楼板高差超过 500mm 时，应按两层计算，错层部位的墙体应采取加强措施。

(5)纵横向砌体抗震墙的布置宜均匀对称，沿平面宜对齐，沿竖向应上下连续，且纵横墙的数量不宜相差过大；在房屋宽度方向的中部应设置内纵墙，其累计长度不宜小于房屋总长度的 60%（高宽比大于 4 的墙段不计入）。

(6)同一轴线上的窗间墙宽度宜均匀，墙面洞口的立面面积，6 度、7 度时不宜大于墙面总面积的 55%，8 度、9 度时不宜大于 50%。

(7)楼梯间不宜设置在房屋的尽端或转角处；若必须这样设置，应在楼梯间四周设置现浇混凝土构造柱等加强措施。

(8)不应在房屋转角处设置转角窗。

房屋有下列情况之一时宜设置防震缝：①立面高差在 6m 以上；②有错层，且楼板高差大于层高的 1/4；③各部分结构刚度、质量截然不同。在防震缝两侧均应设置墙体，缝宽根据设防烈度和房屋高度确定，可采用 70~100mm。

5.2.2　总高度和层数

震害调查结果表明，震害随着多层砌体结构建筑的高度和层数的增加而严重，破坏和倒塌率也越高。同时，由于砌体材料强度较低，随着房屋层数增多，墙体截面加厚，结构自重和地震作用都将增大，对抗震不利。因此，《建筑抗震设计规范》要求砌体结构建筑的总高度和层数不应超过表 5.2.1 的规定，且：

(1)一般情况下，多层砌体承重房屋的层高不应超过 3.6m；底部框架—抗震墙砌体房屋的底部，层高不应超过 4.5m；当底层采用约束砌体抗震墙时，底层的层高不应超过 4.2m；当使用功能有需要时，采用约束砌体或其他加强措施的普通砖房屋，层高不应超过 3.9m。

（2）对医院、教学楼及横墙较少（同一楼层内开间大于 4.2m 的房间占该层总面积的 40%以上）的多层砌体房屋，总高度应比表 5.2.1 的规定降低 3m，层数相应减少一层；各层横墙很少（开间不大于 4.2m 的房间占该层总面积不到 20%且开间大于 4.8m 的房屋占该层总面积的 50%以上）的多层砌体房屋，还应再减少一层。

（3）设防烈度为 6 度、7 度时，横墙较少的丙类多层砌体房屋，当按规定采取加强措施并满足抗震承载力要求时，其高度和层数应允许仍按表 5.2.1 的规定采用。

（4）采用蒸压灰砂砖和蒸压粉煤灰砖的砌体的房屋，当砌体的抗剪强度仅达到普通黏土砖砌体的 70% 时，房屋的层数应比普通砖房减少一层，总高度应减少 3m；当砌体的抗剪强度达到普通黏土砖的取值时，房屋层数和总高度的要求同普通砖房屋。

表 5.2.1　多层砌体房屋的层数和总高度限值

房屋类型		最小抗震墙厚度 /mm	设防烈度和设计基本地震加速度											
			6 度		7 度				8 度				9 度	
			0.05g		0.10g		0.15g		0.20g		0.30g		0.40g	
			高度 /m	层数	高度 /m	层数	高度 /m	层数	高度 /m	层数	高度 /m	层数	高度 /m	层数
多层砌体房屋	普通砖	240	21	7	21	7	21	7	18	6	15	5	12	4
	多孔砖	240	21	7	21	7	18	6	18	6	15	5	9	3
		190	21	7	18	6	15	5	15	5	12	4	不应采用	
	小砌块	190	21	7	21	7	18	6	18	6	15	5	9	3
底部框架—抗震墙房屋	普通砖 多孔砖	240	22	7	22	7	19	6	16	5	不应采用			
	多孔砖	190	22	7	19	6	16	5	13	4				
	小砌块	190	22	7	22	7	19	6	16	5				

注：① 房屋的总高度指室外地面到主要屋面板板顶或檐口的高度，半地下室从地下室室内地面算起，全地下室和嵌固条件好的半地下室应允许从室外地面算起；对带阁楼的坡屋面应算到山尖墙的 1/2 高度处。②室内外高差大于 0.6m 时，房屋总高度应允许比表中的数据适当增加，但增加量应少于 1m。③乙类多层砌体房屋仍按该地区设防烈度查表，其层数应减少一层且总高度应降低 3m；不应采用底部框架—抗震墙砌体房屋。④表中小砌块砌体房屋不包括钢筋混凝土小型空心砌块砌体房屋。

5.2.3　高宽比

房屋高宽比是指房屋总高度与建筑平面最小总宽度之比。多层砌体房屋的高宽比较小时，地震作用引起的变形以剪切变形为主，随着高宽比增大，变形中弯曲效应增加，房屋易发生整体弯曲破坏。因此，为了限制多层砌体房屋的弯曲效应，并保证房屋的整体稳定性，《建筑抗震设计规范》规定多层砌体房屋的高宽比满足表 5.2.2 的条件时，可以不进行整体弯曲验算。其中，单面走廊房屋的总宽度不包括走廊宽度；建筑平面接近正方形时，其高宽比宜适当减少。

表 5.2.2　房屋最大高宽比

设防烈度	6 度	7 度	8 度	9 度
最大高宽比	2.5	2.5	2.0	1.5

5.2.4　抗震横墙间距

抗震横墙间距直接影响房屋的空间刚度。如果横墙间距过大,楼盖的水平刚度较差,结构的空间刚度减小,不能满足楼盖传递水平地震作用到相邻墙体所需的水平刚度要求。为此,《建筑抗震设计规范》规定多层砌体房屋抗震横墙的间距不应超过表 5.2.3 的要求。多层砌体房屋的顶层,除木屋盖外的最大横墙间距允许适当放宽,但需采取相应加强措施;多孔砖抗震横墙厚度为 190mm 时,最大横墙间距应比表中数值减少 3m。

表 5.2.3　房屋抗震横墙的间距　　　　　　　　　　（单位:m）

房屋类型		设防烈度			
		6 度	7 度	8 度	9 度
多层砌体房屋	现浇或装配整体式钢筋混凝土楼盖、屋盖	15	15	11	7
	装配式钢筋混凝土楼盖、屋盖	11	11	9	4
	木屋盖	9	9	4	—
底部框架—抗震墙房屋	上部各层	同多层砌体房屋			—
	底层或底部两层	18	15	11	—

5.2.5　局部尺寸

为了避免砌体房屋出现抗震薄弱部位,防止因局部破坏引起房屋倒塌,《建筑抗震设计规范》根据震害资料,规定多层砌体房屋中砌体墙段的局部尺寸限值宜符合表 5.2.4 的要求。局部尺寸不足时,应采取局部加强措施弥补,且最小宽度不宜小于 1/4 层高和表中所列数据的 80%;出入口的女儿墙应有锚固措施。

表 5.2.4　房屋的局部尺寸限值　　　　　　　　　　（单位:m）

部位	6 度	7 度	8 度	9 度
承重窗间墙最小宽度	1.0	1.0	1.2	1.5
承重外墙尽端至门窗洞边的最小距离	1.0	1.0	1.2	1.5
非承重外墙尽端至门窗洞边的最小距离	1.0	1.0	1.0	1.0
内墙阳角至门窗洞边的最小距离	1.0	1.0	1.5	2.0
无锚固女儿墙(非出入口处)的最大高度	0.5	0.5	0.5	0.0

5.2.6 楼(屋)盖

横墙较少、跨度较大的多层砌体结构楼(屋)盖预制板的连接构造要求难以保证,地震时预制板容易滑落、倒塌。2008 年汶川地震以后,《建筑抗震设计规范》要求横墙较少、跨度较大的多层砌体房屋宜采用现浇钢筋混凝土楼(屋)盖。

5.3　多层砌体结构建筑抗震计算及构造措施

地震时,多层砌体结构建筑受到水平、竖向和扭转地震作用。其中,竖向地震作用对多层砌体结构建筑的影响相对较小,而扭转地震作用通过建筑和结构平面、立面对称均匀布置得以控制。因此,砌体结构建筑抗震计算一般只需考虑水平地震作用,并沿两个主轴方向分别验算房屋在横向和纵向水平地震作用下,横墙和纵墙在其自身平面内的抗剪强度。

5.3.1 抗震计算

多层砌体结构建筑抗震计算,主要是针对从属面积较大或竖向应力较小的薄弱墙段进行截面抗震承载力验算。计算内容主要包括:①计算简图的确定,②地震作用计算,③地震剪力分配及薄弱墙段验算等。以下阐述上述计算过程的相关内容。

1. 水平地震作用计算简图

在计算多层砌体房屋地震作用时,应以防震缝所划分的结构作为计算单元,将各楼层的质量集中在楼(屋)盖标高处,下端为固定端(见图 5.3.1)。计算时只考虑第一振型,并假定振型为斜直线。集中于 i 楼层处的重力荷载代表值 G_i,包括 i 层楼(屋)盖自重、作用在该层楼面上的可变荷载和以该层为中心上、下各半层墙体的自重之和。重力荷载代表值参照 §4.3 的相关要求计算。

结构计算简图的底部固定端标高取法如下:

(1)当基础埋置较浅时,取基础顶面;当基础埋置较深时,取室外地坪下 0.5m 处。

(2)当设有整体刚度很大的全地下室时,取地下室顶板顶部。

(3)当地下室整体刚度较小或为半地下室时,取地下室室内地坪处。

2. 水平地震作用与层间剪力计算

因为多层砌体结构房屋的质量和刚度沿高度分布比较均匀,且高宽比受到限制,在水平地震作用下结构以剪切变形为主,故水平地震作用可采用底部剪力法计算。考虑到多层砌体房屋中纵向和横向承重墙体的数量较多,房屋的侧向刚度很大,故其纵向和横向基本周期较短,一般均不超过 0.25s。因此,《建筑抗震设计规范》规定多层砌体结构房屋的水平地震作用可偏于安全地取水平地震影响系数 $\alpha_1 = \alpha_{\max}$,底部总水平地震作用的标准值 F_{Ek} 为

$$F_{Ek} = \alpha_{\max} G_{eq} \tag{5.3.1}$$

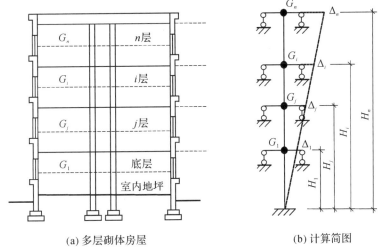

(a) 多层砌体房屋　　　　　(b) 计算简图

图 5.3.1　多层砌体房屋的计算简图

式中：G_{eq} 是结构等效总重力荷载，$G_{eq} = 0.85 \sum\limits_{i=1}^{n} G_i$。

考虑到多层砌体房屋的自振周期较短，顶部附加地震作用系数 $\delta_n = 0$，地震作用按倒三角形分布（见图 5.3.2），质点 i 的水平地震作用标准值 F_i 为

$$F_i = \frac{G_i H_i}{\sum\limits_{j=1}^{n} G_j H_j} F_{Ek} \qquad (5.3.2)$$

式中：F_i 为第 i 层的水平地震作用标准值；H_i、H_j 为第 i、j 层的计算高度；G_i、G_j 为集中于第 i、j 层的重力荷载代表值。

作用在第 i 层的楼层地震剪力标准值 V_i 为 i 层以上各层地震作用标准值之和，即

$$V_i = \sum_{i=i}^{n} F_i \qquad (5.3.3)$$

采用底部剪力法时，对于突出屋面的屋顶间、女儿墙、烟囱等小建筑的地震作用效应宜乘以增大系数 3，以考虑鞭梢效应。此增大部分的地震作用效应不往下层传递，但在其相连构件设计时应计入。

3. 墙体侧移刚度

楼层地震剪力 V_i 由与其作用方向平行的同层墙体共同承担，且地震剪力分配受楼、屋盖的水平刚度和各墙体的侧移刚度等因素影响。因此，首先需要计算墙体侧移刚度。

（1）墙体的侧移刚度

当各层楼盖仅发生平移而不发生转动时，墙体的层间抗侧力等效刚度可按上、下端固定的构件计算，在单位水平力作用下弯曲和剪切变形如图 5.3.3 所示，即

$$\delta = \delta_s + \delta_b \qquad (5.3.4)$$

式中：弯曲变形 δ_b 和剪切变形 δ_s 分别为

$$\delta_b = \frac{h^3}{12EI} = \frac{1}{Et} \left(\frac{h}{b} \right)^3 \qquad (5.3.5)$$

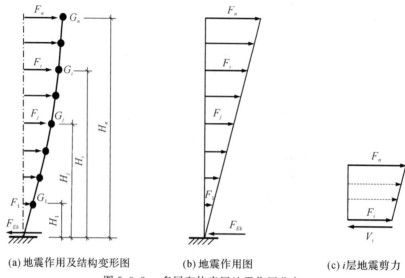

(a) 地震作用及结构变形图 (b) 地震作用图 (c) i 层地震剪力

图 5.3.2 多层砌体房屋地震作用分布

$$\delta_s = \frac{\zeta h}{AG} = 3\,\frac{1}{Et} \cdot \frac{h}{b} \tag{5.3.6}$$

式中:h 为墙体高度;A 为墙体水平截面面积;I 为墙体截面的截面惯性矩;b、t 分别为墙截面的宽度和厚度;ζ 为截面剪应力分布不均匀系数,对矩形截面取 1.2;E 为砌体弹性模量;G 为砌体剪切模量,一般取 $0.4E$。

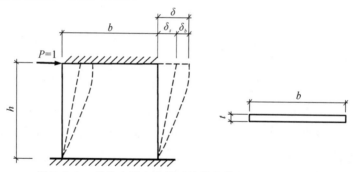

图 5.3.3 单位水平力作用下墙体弯曲变形和剪切变形

将式(5.3.5)、式(5.3.6)代入式(5.3.4),得到构件在单位水平力作用下的总变形为

$$\delta = \frac{1}{Et} \cdot \frac{h}{b}\left(\frac{h}{b}\right)^2 + 3\,\frac{1}{Et} \cdot \frac{h}{b} \tag{5.3.7}$$

图 5.3.4 给出了一例不同高宽比墙段的剪切变形与弯曲变形在总变形中的比例。由图可知:当 $h/b < 1$ 时,弯曲变形占总变形的比例较小;当 $h/b > 4$ 时,剪切变形在总变形中所占的比例较小;当 $1 \leqslant h/b \leqslant 4$ 时,剪切变形和弯曲变形在总变形中占的比例相当。因此,《建筑抗震设计规范》规定:

(1)$h/b < 1$ 时,可只计算剪切变形,即

$$K_s = \frac{1}{\delta_s} = \frac{Etb}{3h} \qquad (5.3.8)$$

（2）$1 \leqslant h/b \leqslant 4$ 时，应同时考虑弯曲和剪切变形，即

$$K_{bs} = \frac{1}{\delta} = \frac{1}{\delta_b + \delta_s} \qquad (5.3.9)$$

（3）$h/b > 4$ 时，由于侧移柔度值很大，可不考虑其刚度，即等效侧向刚度 $K = 0$。

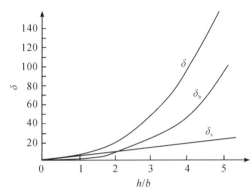

图 5.3.4 剪切变形与弯曲变形在总变形中的比例关系

（2）开洞墙体的侧移刚度

洞口会影响墙体的侧移刚度。当开洞率小于 0.3 时，可根据开洞率对应的洞口影响系数 α 对毛截面的侧移刚度进行折减，即

$$K_0 = \alpha \frac{1}{\delta} \qquad (5.3.10)$$

式中：K_0 为考虑洞口影响的侧移刚度；α 为墙段洞口影响系数，其值见表 5.3.1。表中的开洞率为洞口水平截面面积与墙段水平毛截面面积之比，相邻洞口之间净宽度小于 500 mm 的墙段视为洞口；洞口中线偏离墙段中线大于墙段长度的 1/4 时，表中影响系数值折减 90%；门洞的洞顶高度大于 80% 层高时，表中数据不适用；窗洞高度大于 50% 层高时，按门洞对待。

表 5.3.1 墙段洞口影响系数

开洞率	0.10	0.20	0.30
洞口影响系数	0.98	0.94	0.88

当开洞率超过 0.3 时，应根据洞口位置和大小将墙体划分为若干个墙段，分别计算后再叠加求出该墙体的侧移刚度。叠加方法为：同一水平面上的墙段"刚度叠加"；同一竖直面上的墙段"柔度叠加"。

规则洞口墙体（见图 5.3.5）的侧移刚度可表示为

$$K = \frac{1}{\delta} = \frac{1}{\sum \delta_i} \qquad (5.3.11)$$

不规则洞口墙体(见图 5.3.6)的侧移刚度可表示为

$$K = \cfrac{1}{\cfrac{1}{K_{q1} + K_{q2} + K_{q3}} + \cfrac{1}{K_3}} \tag{5.3.12}$$

其中

$$\begin{cases} K_{q1} = \cfrac{1}{\cfrac{1}{K_{21} + K_{22} + K_{23}} + \cfrac{1}{K_{11}}}, \\[6pt] K_{q2} = \cfrac{1}{\cfrac{1}{K_{24} + K_{25} + K_{26}} + \cfrac{1}{K_{12}}}, \\[6pt] K_{q3} = \cfrac{1}{\cfrac{1}{K_{27} + K_{28} + K_{29}} + \cfrac{1}{K_{13}}}. \end{cases} \tag{5.3.13}$$

式中:K_{qm}、K_{1m} 和 K_3 分别为第 m 个单元实心墙段以下的墙段侧移刚度、洞口以下的墙段侧移刚度、洞口上方实心墙段的侧移刚度;K_{2r} 为洞口之间第 r 个墙段的侧移刚度。

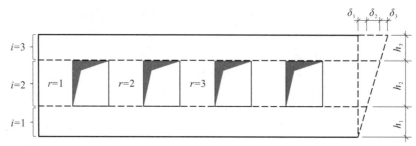

图 5.3.5　规则洞口的墙体

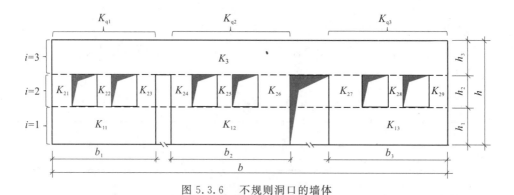

图 5.3.6　不规则洞口的墙体

4. 楼层水平地震剪力在各墙体间的分配

楼层水平地震剪力由同一楼层地震作用方向的墙体承担,横向的地震作用由横向承重墙承担,纵向的地震作用由纵向承重墙承担。楼层地震剪力在各抗道侧力墙体之间分配,而每道墙上的地震剪力由同一道墙的各墙段分担。得到每一墙段的地震剪力后,可按砌体结构对墙体的承载力进行验算。

横向楼层地震剪力 V_i 的分配不仅取决于每片墙体的层间抗侧力等效刚度,而且与楼盖的整体水平刚度有关。当抗震横墙间距符合《建筑抗震设计规范》规定的现浇及装配整体式钢筋混凝土楼盖时,楼盖可以近似认为在其水平面内为刚性体,横墙为其弹性支座(见图 5.3.7)。当结构和横向水平地震作用都对称时,楼盖仅发生整体平移,各横墙分担的地震作用与其侧移刚度成正比,即各墙所承受的地震剪力按各墙的侧移刚度比例进行分配。

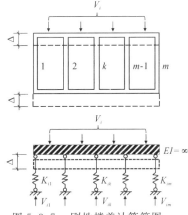

因此,第 i 层第 m 道墙所分担的地震剪力标准值 V_{im} 为

$$V_{im} = \frac{K_{im}}{\sum\limits_{m=1}^{s} K_{im}} \qquad (5.3.14)$$

图 5.3.7　刚性楼盖计算简图

采用木结构等柔性材料为楼盖的房屋,楼盖刚度小,在横向水平地震作用下,楼盖变形除平移外还有弯曲变形,横墙的变形不相同,可近似地视楼盖为分段简支于各片横墙(见图 5.3.8),横墙所承担的地震作用为该墙两侧横墙之间各一半楼盖面积的重力荷载所产生的地震作用。因此,各横墙所承担的地震剪力 V_{im} 可按各墙所承担的上述重力荷载代表值的比例进行分配

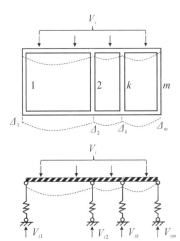

$$V_{im} = \frac{G'_{im}}{G_i} V_i \qquad (5.3.15)$$

式中:G_i 为 i 层楼(屋)盖的总重力荷载代表值;G'_{im} 为 i 层楼(屋)盖第 m 道墙与左右两侧相邻横墙之间各一半楼(屋)盖面积上所承担的总重力荷载代表值之和。

图 5.3.8　柔性楼盖计算简图

当楼(屋)盖面积上重力荷载均匀分布时,各横墙所承担的地震剪力可换算为按该墙与两侧相邻横墙之间各一半楼盖面积比例进行分配。

装配式钢筋混凝土楼盖的刚度介于刚性与柔性楼盖之间,既不能假定为刚性,也不能假定为柔性。这时横墙所承担的地震作用可取刚性楼盖和柔性楼盖两种结果的平均值

$$V_{im} = \frac{1}{2} \left(\frac{K_{im}}{\sum\limits_{m=1}^{s} K_{im}} + \frac{G_{im}}{G_i} \right) V_i \qquad (5.3.16)$$

房屋纵向的长度一般较横向大很多,无论何种类型楼盖,其纵向水平刚度都很大,在纵向地震作用下,楼盖可认为在其自身平面内无变形。因此,在纵向地震作用下纵墙所承受的地震剪力可按刚性楼盖计算。

同一道墙上,门窗洞口之间墙段所承受的地震剪力可按墙段的侧移刚度进行分配。第 r 个墙段所分配的地震剪力为

$$V_{imr} = \frac{K_{imr}}{\sum_{r=1}^{n} K_{imr}} V_{im} \tag{5.3.17}$$

式中：K_{imr}、V_{imr} 分别为 i 层第 m 道墙第 r 墙段的侧移刚度和分担的地震剪力。

5. 墙体抗震承载力验算

多层砌体房屋墙体抗震承载力验算对象是承载面积较大，或竖向应力较小，或者局部截面较小的墙段。砌体沿阶梯形截面破坏的抗震抗剪强度设计值，按下式计算

$$f_{vE} = \zeta_N f_v \tag{5.3.18}$$

式中：f_{vE}、f_v 分别为砌体沿阶梯形截面破坏的抗震抗剪强度设计值和非抗震设计的砌体抗剪强度设计值；ζ_N 为砌体抗剪强度的正应力影响系数，按表 5.3.2 采用，表中 σ_0 为对应于重力荷载代表值的砌体截面平均压应力。

表 5.3.2　砌体抗剪强度的正应力影响系数 ζ_N

砌体类别	σ_0/f_v							
	0.0	1.0	3.0	5.0	7.0	10.0	12.0	≥16.0
普通砖、多孔砖	0.80	0.99	1.25	1.47	1.65	1.90	2.05	—
小砌块	—	1.23	1.69	2.15	2.57	3.02	3.32	3.92

普通砖、多孔砖墙体的截面抗剪承载力，应按下列规定验算：

(1) 一般情况下，按式(5.3.19)验算。

$$V \leqslant \frac{f_{vE} A}{\gamma_{RE}} \tag{5.3.19}$$

式中：V 为考虑地震作用组合的墙体剪力设计值；A 为墙体横截面面积，多孔砖取毛截面面积；γ_{RE} 为承载力抗震调整系数，按表 4.4.2 取值。

(2) 采用网状配筋或水平配筋的墙体，按式(5.3.20)验算。

$$V \leqslant \frac{1}{\gamma_{RE}} (f_{vE} A + \zeta_s f_{yh} A_{sh}) \tag{5.3.20}$$

式中：f_{yh} 为水平钢筋抗拉强度设计值；A_{sh} 为层间墙体竖向截面的总水平钢筋截面面积，其配筋率应不小于 0.07% 且不大于 0.17%；ζ_s 为钢筋参与工作系数，可按表 5.3.3 采用。

表 5.3.3　钢筋参与工作系数 ζ_s

墙体高宽比	0.4	0.6	0.8	1.0	1.2
ζ_s	0.10	0.12	0.14	0.15	0.12

(3) 当不满足式(5.3.19)、式(5.3.20)时，可计入均匀设置于墙段中部、截面面积不小于 240mm×240mm(墙厚 190mm 时为 240mm×190mm)且间距不大于 4m 的构造柱的作用，按式(5.3.21)进行验算。

$$V \leqslant \frac{1}{\gamma_{RE}} [\eta_c f_{vE}(A - A_c) + \zeta_c f_t A_c + 0.08 f_{yc} A_{sc} + \zeta_s f_{yh} A_{sh}] \tag{5.3.21}$$

式中：A_c 为中部构造柱的横截面总面积(对横墙和内纵墙，$A_c > 0.15A$ 时，取 0.15A；对外纵墙，$A_c > 0.25A$ 时，取 0.25A)；f_t 为中部构造柱的混凝土轴心抗拉强度设计值；A_{sc} 为中部构

造柱的纵向钢筋截面总面积(配筋率应不小于 0.6%,大于 1.4% 时取 1.4%);f_{yc} 为构造柱钢筋抗拉强度设计值;ζ_c 为中部构造柱参与工作系数,居中设一根时取 0.5,多于一根时取 0.4;η_c 为墙体约束修正系数,一般情况下取 1.0,构造柱间距不大于 3.0m 时取 1.1。

(4) 混凝土小砌块墙体的截面抗震受剪承载力,应按式(5.3.22)验算。

$$V \leqslant \frac{1}{\gamma_{RE}}[f_{vE}A + (0.3f_tA_c + 0.05f_yA_s)\zeta_c] \tag{5.3.22}$$

式中:A_c、f_t 为芯柱截面积和混凝土轴心抗拉强度设计值;A_s、f_y 为芯柱钢筋截面总面积和抗拉强度设计值;ζ_c 为芯柱参与工作系数,可按表 5.3.4 采用。表中,填孔率指芯柱根数(含构造柱和填实孔洞数量)与孔洞总数之比;当同时设置芯柱和构造柱时,构造柱截面可作为芯柱截面,构造柱钢筋可作为芯柱钢筋。

表 5.3.4　芯柱参与工作系数 ζ_c

填孔率	$\rho < 0.15$	$0.15 \leqslant \rho < 0.25$	$0.25 \leqslant \rho < 0.5$	$\rho \geqslant 0.5$
ζ_c	0	1.0	1.10	1.15

5.3.2　构造措施

抗震构造措施可以加强砌体结构的整体性,提高变形能力,对保证设防目标的实现、防止结构倒塌具有重要示范意义。

1. 构造柱

设置钢筋混凝土构造柱可以改善多层砌体结构房屋的抗震性能,使砌体的抗剪强度提高 10%~30%,提高幅度与墙体高宽比、竖向压力和开洞情况有关。由于构造柱对砌体具有约束作用,因而可提高其变形能力,减轻震害。

表 5.3.4 为规范规定的多层砖砌体房屋构造柱的设置要求。外廊式和单面走廊式的多层砖房,根据房屋增加一层后的层数,按此表要求设置构造柱,且单面走廊两侧的纵墙均按外墙处理。教学楼、医院等横墙较少的房屋,根据房屋增加一层后的层数,按此表要求设置构造柱;当教学楼、医院等横墙较少的房屋为外廊式或单面走廊式时,根据房屋增加一层后的层数,按此表要求设置构造柱,且单面走廊两侧的纵墙均按外墙处理。但设防烈度为 6 度不超过 4 层、7 度不超过 3 层和 8 度不超过 2 层时,按增加 2 层后的层数考虑。

表 5.3.4　多层砖砌体房屋构造柱的设置要求

房屋层数				设置部位	
6 度	7 度	8 度	9 度		
4、5	3、4	2、3	—	楼、电梯间四角,楼梯斜梯段上下端对应的墙体处;外墙四角和对应转角;错层部位横墙与外纵墙交接处;大房间内外墙交接处;较大洞口两侧	隔12m 或单元横墙与外纵墙交接处;楼梯间对应的另一侧内横墙与外纵墙交接处
6	5	4	2		隔开间横墙(轴线)与外墙交接处;山墙与内纵墙交接处
7	≥6	≥5	≥3		内墙(轴线)与外墙交接处;内墙的局部较小墙垛处;内纵墙与横墙(轴线)交接处

构造柱的最小截面可采用 240mm×180mm(墙厚 190mm 时为 180mm×190mm),纵向钢筋宜采用 4φ12,箍筋间距不宜大于 250mm,且在柱上下端宜适当加密;设防烈度为 6、7 度时超过 6 层、8 度时超过 5 层和 9 度时,构造柱纵向钢筋宜采用 4φ14,箍筋间距不应大于 200mm;房屋四角的构造柱应适当加大截面及配筋。

钢筋混凝土构造柱必须先砌墙、后浇柱,构造柱与墙连接处应砌成马牙槎,并沿墙高每隔 500mm 设 2φ6 水平钢筋和φ4 分布短筋平面内点焊组成的拉结网片或φ4 点焊钢筋网片,每边伸入墙内不宜小于 1m(见图 5.3.9)。

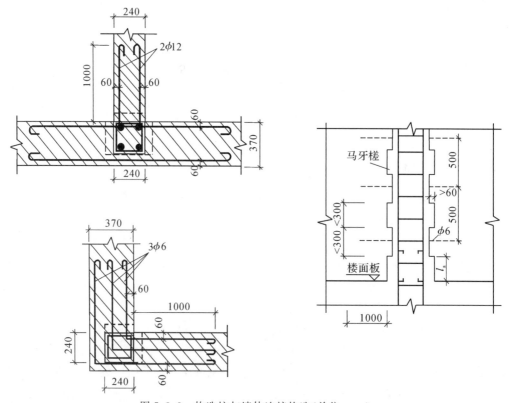

图 5.3.9　构造柱与墙体连接构造(单位:mm)

构造柱应与圈梁连接,以增加构造柱的中间支点。构造柱与圈梁连接处,构造柱的纵筋应在圈梁纵筋内侧穿过,以保证构造柱纵筋上下贯通。

构造柱可不单独设置基础,但应伸入室外地面下 500mm,或与埋深小于 500mm 的基础圈梁相连。

房屋高度和层数接近表 5.2.1 的限值时,纵、横墙内构造柱的间距尚应符合下列要求:

(1)横墙内的构造柱间距不宜大于层高的 2 倍;下部 1/3 楼层的构造柱间距适当减小。

(2)外纵墙开间大于 3.9m 时,应另设加强措施。内纵墙的构造柱间距不宜大于 4.2m。

2. 圈梁

圈梁对房屋抗震有重要作用,是多层砖房一种经济有效的抗震措施。圈梁的主要功能为:

(1)加强房屋的整体性。由于圈梁的约束作用,圈梁减小了预制板散开以及墙体处平面倒塌的危险性,使纵、横墙能保持为一个整体的箱形结构,充分发挥各片墙体的平面内抗剪强度,有效抵御来自任何方向的水平地震作用。

(2)圈梁作为楼盖的边缘构件,提高了楼盖的水平刚度,同时箍住楼(屋)盖,增强楼盖的整体性;可以限制墙体斜裂缝的开展和延伸,使墙体裂缝仅在两道圈梁之间的墙段内发生,墙体抗剪强度得以充分发挥,同时提高了墙体的稳定性;还可以减轻地震时地基不均匀沉陷对房屋的影响,以及减轻和防止地震时的地表裂隙将房屋撕裂。

装配式钢筋混凝土楼、屋盖或木屋盖的砖房,横墙承重时应按表 5.3.5 的要求设置圈梁;纵墙承重时,抗震横墙上的圈梁间距应比表 5.3.5 内的要求适当减少。

现浇或装配整体式钢筋混凝土楼、屋盖与墙体有可靠连接的房屋,应允许不另设圈梁,但楼板沿抗震墙体周边均应加强配筋,并应与相应的构造柱钢筋可靠连接。

现浇钢筋混凝土圈梁应闭合,遇有洞口圈梁应上下搭接。圈梁宜与预制板设在同一标高处或紧靠板底;在表 5.3.5 要求的间距内无横墙时,应利用梁或板缝中配筋替代圈梁。

表 5.3.5　多层砖房现浇钢筋混凝土圈梁设置要求

墙类	设防烈度		
	6 度、7 度	8 度	9 度
外墙和内纵墙	屋盖处及每层楼盖处。	屋盖处及每层楼盖处	屋盖处及每层楼盖处
内横墙	屋盖处及每层楼盖处;屋盖处间距不应大于 4.5m;楼盖处间距不应大于 7.2m;构造柱对应部位。	屋盖处及每层楼盖处;各层所有横墙,且间距不应大于 4.5m;构造柱对应部位	屋盖处及每层楼盖处;各层所有横墙

圈梁的截面高度不应小于 120mm,配筋应符合表 5.3.6 的要求;为加强基础整体性和刚性而增设基础圈梁,截面高度不应小于 180mm,配筋不应少于 4φ12。

表 5.3.6　多层砖房圈梁配筋要求

配筋	设防烈度		
	6 度、7 度	8 度	9 度
最小纵筋	4φ10	4φ12	4φ14
箍筋最大间距/mm	250	200	150

3. 楼(屋)盖结构及其连接

现浇钢筋混凝土楼板或屋面板伸进纵、横墙内的长度,均不应小于120mm。装配式钢筋混凝土楼、屋面板,当圈梁未设在板的同一标高时,板端伸进外墙的长度不应小于120mm,伸进内墙的长度不应小于100mm或采用硬架支模连接,在梁上不应小于80mm或采用硬架支模连接。当板的跨度大于4.8m并与外墙平行时,靠外墙的预制板侧板应与墙或圈梁拉结。房屋端部大房间的楼盖,设防烈度为6度时房屋的屋盖和7~9度时房屋的楼盖、屋盖,当圈梁设在板底时,钢筋混凝土预制板应相互拉结,并应与梁、墙或圈梁拉结。楼盖、屋盖的钢筋混凝土梁或屋架应与墙、柱(包括构造柱)或圈梁可靠连接;不得采用独立砖柱。跨度不小于6m大梁的支承构件应采取组合砌体等加强措施,并满足承载力要求。

丙类的多层砖房,当横墙较少且总高度和层数接近或达到表5.2.1规定的限值时,应采取加强措施:房屋的最大开间尺寸不宜大于6.6m;同一结构单元内横墙错位数量不宜超过横墙总数的1/3,且连续错位不宜多于两道;错位的墙体交接处均应增设构造柱,且楼、屋面板应采用现浇钢筋混凝土板。横墙和内纵墙上洞口的宽度不宜大于1.5m;外纵墙上洞口的宽度不宜大于2.1m或开间尺寸的一半;内外墙上洞口位置不应影响内外纵墙与横墙的整体连接。所有纵横墙均应在楼盖、屋盖标高处设置加强的现浇钢筋混凝土圈梁;圈梁的截面高度不宜小于150mm,上下纵筋各不应少于3φ10,箍筋不小于φ6,间距不大于300mm。所有纵横墙交接处及横墙的中部,均应增设满足下列要求的构造柱:在纵横墙内的柱距不宜大于3.0m,最小截面尺寸不宜小于240mm×240mm(墙厚190mm时为240mm×190mm),配筋宜符合表5.3.7的要求。

表 5.3.7　增设构造柱的纵筋和箍筋设置要求　　　　　(单位:mm)

位置	纵向钢筋			箍筋		
	最大配筋率/%	最小配筋率/%	最小直径	加密区范围	加密区间距	最小直径
角柱	1.8	0.8	14	全高	100	6
边柱			14	上端700		
中柱	14	0.6	12	下端500		

同一结构单元的楼面、屋面板应设置在同一标高处。屋面底层和顶层的窗台标高处,宜设置沿纵横墙通长的水平现浇钢筋混凝土带;其截面高度不小于60mm,宽度不小于墙厚,纵向配筋不少于2φ10,横向分布筋的直径不小于6mm且其间距不大于200mm。设防烈度为6、7度时长度大于7.2m的房间,以及8、9度时外墙转角及内外墙交接处,应沿墙高每隔500mm配置2φ6的通长钢筋和φ4分布短筋平面内点焊组成的拉结网片或φ4点焊钢筋网片。坡屋顶房屋的屋架应与顶层圈梁可靠连接,柳条或屋面板应与墙、屋架可靠连接,房屋出入口处的檐口瓦应与屋面构件锚固。采用硬山搁檩时,顶层内纵墙顶宜增砌支承山墙的踏步式墙垛,并设置构造柱。门窗洞处不应采用砖过梁,过梁支承长度,设防烈度为6~8度时不应小于240mm,9度时不应小于360mm。预制阳台,设防烈度为6、7度时应与圈梁和楼板的现浇板带可靠连接,8、9度时不应采用预

制阳台。

4. 楼梯间

楼梯间是发生地震时的疏散通道。地震震害表明,由于楼梯间比较空旷,常常破坏严重,当楼梯间设置在房屋尽端时破坏尤为严重。因此,要求顶层楼梯间墙体应沿墙高每隔 500mm 配置 $2\phi6$ 的通长钢筋和 $\phi4$ 分布短筋平面内点焊组成的拉结网片或 $\phi4$ 点焊钢筋网片;设防烈度为 $7\sim9$ 度时其他各层楼梯间墙体应在休息平台或楼层半高处设置 60mm 厚、纵向钢筋不少于 $2\phi10$ 的钢筋混凝土带或配筋砖带,配筋砖带不少于 3 皮,每皮的配筋不少于 $2\phi6$,砂浆强度等级不应低于 M7.5 且不低于同层墙体的砂浆强度等级。楼梯间及门厅内墙阳角处的大梁支承长度不应小于 500mm,并应与圈梁连接。装配式楼梯段应与平台板的梁可靠连接,设防烈度为 8、9 度时不应采用装配式楼梯段;不应采用墙中悬挑式踏步或踏步竖肋插入墙体的楼梯,不应采用无筋砖砌栏板。突出屋顶的楼、电梯间,构造柱应伸到顶部,并与顶部圈梁连接,所有墙体应沿墙高每隔 500mm 配置 $2\phi6$ 的通长钢筋和 $\phi4$ 分布短筋平面内点焊组成的拉结网片或 $\phi4$ 点焊钢筋网片。

5. 多层砌块结构房屋

混凝土小型空心砌块房屋,应按表 5.3.8 的要求设置钢筋混凝土芯柱。对医院、教学楼等横墙较少的房屋,应根据房屋增加一层后的层数,按表 5.3.8 的要求设置芯柱。

小砌块房屋的芯柱应符合:混凝土小型空心砌块房屋芯柱截面不宜小于 120mm× 120mm;芯柱混凝土强度等级不应低于 C20;芯柱的竖向插筋应贯通墙身且与圈梁连接;插筋不应小于 $1\phi12$,设防烈度为 6、7 度时超过 5 层、8 度时超过 4 层和 9 度时,插筋不应小于 $1\phi14$;芯柱应伸入室外地面下 500mm 或与埋深小于 500mm 的基础梁相连。

小砌块房屋中替代芯柱的钢筋混凝土构造柱应符合:构造柱截面不宜小于 190mm× 190mm,设防烈度为 6、7 度时超过 5 层、8 度时超过 4 层和 9 度时,构造柱纵向钢筋宜采用 $4\phi14$,箍筋间距不宜大于 200mm;外墙转角的构造柱可适当加大截面及配筋;构造柱与砌块墙连接处应砌成马牙槎,与构造柱相邻的砌块孔洞,设防烈度为 6 度时宜填实,7 度时应填实,8、9 度时应填实并插筋;构造柱与砌块墙之间沿墙高每隔 600mm 设置 $\phi4$ 点焊拉结钢筋网片,并应沿墙体水平通长设置;设防烈度为 6、7 度时底部 1/3 楼层,8 度时底部 1/2 楼层,9 度时全部楼层,上述拉结钢筋网片沿墙高间距不大于 400mm;构造柱与圈梁连接处及在基础处的构造处理与一般多层砖房钢筋混凝土构造柱相同。

多层混凝土小型空心砌块房屋的现浇钢筋混凝土圈梁的设置位置应符合表 5.3.8 的要求,圈梁宽度不应小于 190mm,配筋不应少于 $4\phi12$,箍筋间距不应大于 200mm。外墙转角,内外墙交接处,楼、电梯间四角等部位,钢筋混凝土构造柱替代部分芯柱。

小砌块房屋的层数,设防烈度为 6 度时超过 5 层、7 度时超过 4 层、8 度时超过 3 层和 9 度时,在底层和顶层的窗台标高处沿纵横墙应设置通长的水平现浇钢筋混凝土带;其截面高度不小于 60mm,纵筋不少于 $2\phi10$,并应有分布拉结钢筋;其混凝土强度等级不应低于 C20。

表 5.3.8　多层小砌块房屋芯柱设置要求

房屋层数				设置部位	设置数量
6 度	7 度	8 度	9 度		
4、5	3、4	2、3	—	外墙转角,楼、电梯间四角,楼梯斜梯段上下端对应的墙体处;大房间内外墙交接处;错层部位横墙与外纵墙交接处;隔12m 或单元横墙与外纵墙交接处。	外墙转角,灌实 3 个孔;内外墙交接处,灌实 4 个孔;楼梯斜段上下端对应的墙体处,灌实 2 个孔
6	5	4	—	外墙转角,楼、电梯间四角,楼梯斜梯段上下端对应的墙体处;大房间内外墙交接处;错层部位横墙与外纵墙交接处;隔12m 或单元横墙与外纵墙交接处;隔开横墙(轴线)与外纵墙交接处。	
7	6	5	2	外墙转角,楼、电梯间四角,楼梯斜梯段上下端对应的墙体处;大房间内外墙交接处;错层部位横墙与外纵墙交接处;隔12m 或单元横墙与外纵墙交接处;各内墙(轴线)与外纵墙交接处;内纵墙与横墙(轴线)交接处和洞口两侧	外墙转角,灌实 5 个孔;内外墙交接处,灌实 4 个孔;内墙交接处,灌实 4~5 个孔;洞口两侧各灌实 1 个孔
	7	≥6	≥3	外墙转角,楼、电梯间四角,楼梯斜梯段上下端对应的墙体处;大房间内外墙交接处;错层部位横墙与外纵墙交接处;隔12m 或单元横墙与外纵墙交接处;横墙内芯柱间距不大于 2m	外墙转角,灌实 7 个孔;内外墙交接处,灌实 5 个孔;内墙交接处,灌实 4~5 个孔;洞口两侧各灌实 1 个孔

5.4　底部框架—抗震墙砌体建筑的抗震设计要点

5.4.1　水平地震作用及层间地震剪力

对于质量和刚度沿高度分布比较均匀的底部框架—抗震墙砌体建筑,水平地震作用可采用底部剪力法(见图 5.4.1),底部的总水平地震作用标准值为

$$F_{Ek} = \alpha_1 G_{eq} \tag{5.4.1}$$

式中:α_1 为水平地震影响系数,对于底层框架—抗震墙建筑可取 $\alpha_1 = \alpha_{max}$;G_{eq} 为结构等效总重力荷载,$G_{eq} = 0.85 \sum_{i=1}^{n} G_i$。

因此,式(5.4.1)可写成

$$F_{Ek} = \alpha_{max} G_{eq} \tag{5.4.2}$$

楼层 i 的水平地震作用标准值 F_i 沿高度方向仍按倒三角形分布,不考虑顶部地震作用修正,取 $\delta_n = 0$,则

$$F_i = \frac{G_i H_i}{\sum\limits_{j=1}^{n} G_j H_j} F_{Ek} \qquad (5.4.3)$$

作用在第 i 层的地震剪力 V_i 为 i 层以上各层地震作用之和，即

$$V_i = \sum_{i=1}^{n} F_i \qquad (5.4.4)$$

各层层间地震剪力见图 5.4.1(c) 所示。对于质量和刚度沿高度分布不均匀、竖向布置不规则的底部框架抗震墙砌体结构还应考虑水平地震作用下的扭转影响，采用振型分解反应谱法时，可取前三阶振型。

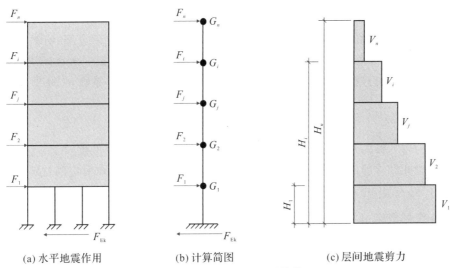

(a) 水平地震作用　　　　(b) 计算简图　　　　(c) 层间地震剪力

图 5.4.1　水平地震作用计算简图

由于底部剪力法仅适用于刚度沿房屋高度分布比较均匀、弹塑性位移反应大体一致的多层结构，对于有薄弱底层的底部框架－抗震墙砌体房屋，横向和纵向地震作用均应考虑弹塑性变形集中的影响。因此，底部框架抗震墙砌体房屋的地震作用效应需要按下列规定调整。

1. 底层框架－抗震墙砌体房屋

底层地震剪力设计值为

$$V_1' = (1.2 \sim 1.5) V_1 = (1.2 \sim 1.5) \alpha_{max} G_{eq} \qquad (5.4.5)$$

式中：V_1' 为考虑增大系数后的底层地震剪力设计值；$(1.2 \sim 1.5)$ 为增大系数，其值可根据第二层与底层的侧移刚度比的大小在此范围内选用。在 6、7 度区，若 $K_2/K_1 = 2.5$，取增大系数为 1.5；$K_2/K_1 = 1.0$，则取增大系数为 1.2；若 $1 < K_2/K_1 < 2.5$，则按插入法算出增大系数。

2. 底部两层框架－抗震墙砌体房屋

底层和第二层的地震剪力设计值为

$$\begin{cases} V'_1 = (1.2 \sim 1.5) V_1 \\ V'_2 = (1.2 \sim 1.5) V_2 \end{cases} \tag{5.4.6}$$

式中:V'_2 为考虑增大系数后的第二层地震剪力设计值,增大系数的值仍按侧移刚度比在 $(1.2 \sim 1.5)$ 范围内选用。

底部框架-抗震墙砌体房屋的钢筋混凝土托墙梁计算地震组合内力时,应采用合适的计算简图。若考虑上部墙体与托墙梁的组合作用,应计入地震时墙体开裂对组合作用的不利影响,可调整有关的弯矩系数、轴力系数等计算参数。

5.4.2 地震剪力及倾覆力矩分配

1. 底部框架地震剪力

框架柱承担的地震剪力,可按各抗侧力构件有效侧向刚度比例分配;有效侧向刚度的取值,框架不折减,考虑到地震时墙体会开裂,混凝土墙或配筋混凝土小砌块砌体墙乘以系数 0.30 进行折减,约束普通砖砌体或小砌块砌体抗震墙乘以系数 0.20 折减,即

$$V_{fj} = \frac{K_{fj}}{0.3 \sum K_{cw} + 0.2 \sum K_{bw} + \sum K_f} V_1 \tag{5.4.7}$$

式中:V_{fj} 为第 j 榀框架承担的地震剪力;K_{fj} 为第 j 榀框架的侧移刚度;K_{cw}、K_{bw} 分别钢筋混凝土墙和砌体墙的弹性侧移刚度,按式(5.3.4)计算变形时,取对应的材料参数。

2. 上部砖砌体房屋形成的地震倾覆力矩及其分配

验算底层框架-抗震墙砌体房屋的底层框架抗震性能时,需考虑上部各层由于水平地震作用 F_i 引起的倾覆力矩在底层框架柱中产生的附加轴力。

(1)倾覆力矩

作用于底层框架柱顶面的地震倾覆力矩 M_1 可按下式计算(见图5.4.2)

$$M_1 = \sum_{i=2}^{n} F_i (H_i - H_1) \tag{5.4.8}$$

在底部两层框架抗震墙房屋中,作用于第二层的地震倾覆力矩 M_2 为

$$M_2 = \sum_{i=3}^{n} F_i (H_i - H_2) \tag{5.4.9}$$

(2)倾覆力矩的分配

地震倾覆力矩引起框架柱的附加轴力。地震倾覆力矩 M_1 可按底部抗震墙和框架的转动刚度的比例分配确定。

一片抗震墙承担的倾覆力矩 M_w

$$M_w = \frac{K_{w\varphi}}{\sum K_{w\varphi} + \sum K_{f\varphi}} M_1 \tag{5.4.10}$$

一榀框架承担的倾覆力矩 M_f

$$M_f = \frac{K_{f\varphi}}{\sum K_{w\varphi} + \sum K_{f\varphi}} M_1 \tag{5.4.11}$$

式中:$K_{w\varphi}$、$K_{f\varphi}$ 为底层一片抗震墙和一榀框架在自身平面内转动刚度。

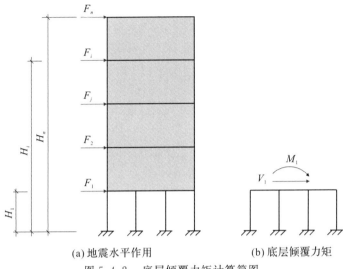

(a) 地震水平作用　　　　　(b) 底层倾覆力矩

图 5.4.2　底层倾覆力矩计算简图

$$K_{w\varphi} = \cfrac{1}{\cfrac{h}{EI} + \cfrac{1}{C_\varphi I_\varphi}}, K_{w\varphi} = \cfrac{1}{\cfrac{h}{E \sum A_i X_i^2} + \cfrac{1}{C_z \sum A_{fi} X_i^2}}. \qquad (5.4.12a,b)$$

式中：I、I_φ 分别为抗震墙水平截面和基础底面的转动惯量；C_z、C_φ 分别为地基抗压和抗弯刚度系数(kN/m³)，它们与地基土的性质及基础形状、埋深、刚度等基础特性及扰力特性有关，宜由现场试验确定，也可 $C_\varphi = 2.15 C_z$ 近似关系求得；A_i、A_{fi} 分别为一榀框架中第 i 根柱子水平截面面积和基础底面积；X_i 为第 i 根柱子到所在框架中和轴的距离。

假定框架的倾覆力矩由全部柱子承担，附加轴力为

$$N = \pm \cfrac{A_i X_i}{\sum\limits_{i=1}^{l} A_i X_i^2} M_f \qquad (5.4.13)$$

式中：l 为一榀框架中柱子的总数。

3. 底层框架与抗震墙抗震验算

嵌砌于框架之间的普通砖抗震墙对框架柱产生附加的轴力和剪力(见图 5.4.3)，其值可按式(5.4.14)、式(5.4.15) 确定

$$\Delta N_f = \cfrac{V_w H_f}{l} \qquad (5.4.14)$$

$$\Delta V_f = V_w \qquad (5.4.15)$$

式中：V_w 为墙体承担的剪力设计值，柱两侧有墙时可取二者的较大值；ΔN_f 为框架柱的附加轴力设计值；ΔV_f 为框架柱的附加剪力设计值；H_f、l 分别为框架的层高和跨度。

底部框架砌体房屋的底部框架及抗震墙按上述方法求得地震作用效应后，可按钢筋混凝土构件及砌体墙的要求进行抗震强度验算。

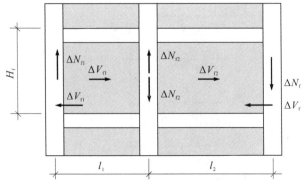

图 5.4.3　填充墙框架柱的附加轴力和剪力

嵌砌于框架之间的普通砖墙或小砌块墙及两端框架柱,其抗震受剪承载力应按式(5.4.16)验算。

$$V \leqslant \frac{1}{\gamma_{REc}} \sum \frac{M_{yc}^{u} + M_{yc}^{l}}{H_0} + \frac{1}{\gamma_{REw}} \sum f_{vE} A_{w0} \qquad (5.4.16)$$

式中:V 为嵌砌普通砖或小砌块墙及两端框架柱剪力设计值;A_{w0} 为砖墙或小砌块墙水平截面的计算面积,无洞口时取实际截面的 1.25 倍,有洞口时取截面净面积,但不计入宽度小于洞口高度 1/4 墙肢截面面积;M_{yc}^{u}、M_{yc}^{l} 分别为底部框架柱上下端的正截面受剪承载力设计值,可按现行《混凝土结构设计规范》非抗震设计的公式计算;H_0 为底部框架柱的计算高度,两侧均有砖墙时取柱净高的 2/3,其余情况取柱净高;γ_{REw} 为底部框架柱承载力抗震调整系数,可采用 0.8;γ_{REc} 为嵌砌普通砖墙或小砌块墙承载力抗震调整系数,可采用 0.9。

底部框架砖房的底层部分属于框架—抗震墙结构,应进行多遇地震作用下结构的抗震变形验算,按表 4.4.3 取层间弹性位移角限值。

底部框架砖房的底层有明显的薄弱部位,当楼层屈服强度系数小于 0.5 时,应进行罕遇地震作用下的抗震变形验算,其层间弹塑性位移角限值为 1/100。

5.4.3　构造措施

1. 上部多层砖砌体房屋部分的抗震构造措施

(1)钢筋混凝土构造柱设置

过渡楼层的构造柱应设置在横墙与内、外纵墙的交接处和楼梯间四角,其截面不宜小 240mm×240mm;构造柱纵筋 6 度、7 度时不宜小于 4φ16。8 度时不宜小于 4φ18;纵向钢筋应锚入框架柱内,当纵筋锚入框架梁内时,框架梁相应部位应加强措施。

其他楼层的钢筋混凝土构造柱的布置与配筋,应根据房屋的总层数和房屋所在地区的设防烈度,符合相应多层砖房的设置要求。构造柱应与每层圈梁连接,或与现浇板可靠连接。

(2)钢筋混凝土圈梁

过渡楼层的圈梁应沿横向和纵向每个轴线设置。圈梁应闭合,遇有洞口应上下搭接。圈梁宜与板在同一标高处。过渡楼层圈梁高度宜采用 240mm。纵筋不宜小于 6ϕ 10，箍筋可采用 $\phi 6$，最大箍筋间距不宜大于 200mm。宜在圈梁端 500mm 范围内加密箍筋，顶层梁的截面高度宜采用 240mm，且不应小于 180mm。纵筋宜采用 $4\phi 10$，箍筋可采用 $\phi 6$，最大箍筋间距不宜大于 200mm。其他楼层配筋应符合相应设防烈度下多层砖房的要求。

2. 底部框架—抗震墙的抗震构造措施

（1）底部的钢筋混凝土托墙梁

托墙梁承担上部砖墙的竖向荷载，其截面宽度不宜小于 300mm，截面高度不宜小于跨度的 1/10，且不宜大于梁跨度的 1/6；托墙梁的箍筋直径不应小于 8mm，间距不应大于 200mm。在两端 1.5 倍梁高且不小于 1/5 梁净跨范围内，以及上部砖墙的洞口和洞口两 500mm 范围内，箍筋间距应适当加密，间距不应大于 100mm。

沿托墙梁高应设置腰筋，数量不应小于 $2\phi 14$，间距不应大于 200mm；托墙梁的主筋和腰筋应按受拉钢筋的要求锚入柱内，且支座上部的主筋至少应有两根伸入柱内，长度应在托墙梁底面以下不小于 35 倍的钢筋直径。

（2）底部的钢筋混凝土抗震墙的构造要求

底部的钢筋混凝土墙应设置为带边框架的钢筋混凝土墙，边框梁的截面宽度不宜小于墙板厚度 1.5 倍，截面高度不宜小于墙板厚度的 2.5 倍；边框柱的截面高度不宜小于墙板厚度的 2 倍。因使用要求无法设置边框柱的墙，应设置暗柱，其截面高度不宜小于 2 倍的墙板厚度，并应单独设置箍筋。

墙板的厚度不应小于 160mm，且不应小于墙板净高的 1/20；抗震墙的竖向和横向分布筋均不应小于 0.25%，并应采用双排布置；双排分布钢筋间拉筋的间距不应大于 600mm。

（3）底部砖砌体抗震墙的构造要求

砖砌体抗震墙厚度不应小于 240mm，砌筑砂浆强度等级不应小于 M10，应先砌墙后烧筑混凝土框架柱；沿框架柱每隔 300mm 配置 $2\phi 8$ 拉结钢筋，并沿砖墙全长布置。在墙体的半高处应设置与框架柱相连的钢筋混凝土水平系梁；当墙长大于 5m 时，应在墙中设钢筋混凝土构造柱。

3. 过渡楼层的楼盖构造要求

底部框架—抗震墙房屋的第一层和底部两层框架—抗震墙房屋的第二层顶板成为过渡楼层的楼盖，该楼盖担负着传递上下不同间距墙体的水平地震作用和倾覆力矩等，受力较为复杂。因此，抗震设计规范要求采用现浇钢筋混凝土板，板厚不应小于 120mm，当底部框架间距大于 3.6m 时，其板厚可采用 140mm，并应少开洞、开小洞当洞口尺寸大于 800mm 时，洞口四周应设边梁。

4. 底部框架—抗震墙房屋的材料要求

底部框架房屋的材料强度等级，应符合下列要求：框架柱、混凝土抗震墙和托梁混凝土等级，不应低于 C30；过渡层墙体的砌筑砂浆强度等级，不应低于 M7.5。

5.5　多层砌体结构建筑抗震设计实例

　　某4层砌体结构办公楼,其平面、剖面尺寸如图5.5.1所示。楼盖和屋盖采用预制钢筋混凝土空心板。横墙承重,楼梯间突出屋顶。砖的强度等级为:底层、2层为 M5,其余层为 M2.5。窗口尺寸除个别注明外,一般为 1500mm × 2100mm,内门尺寸为 1000mm×2500mm,设防烈度为7度,设计基本加速度为0.10g,建筑场地为Ⅰ类,设计地震分组为第一组。试验算该楼墙体的抗震承载力。

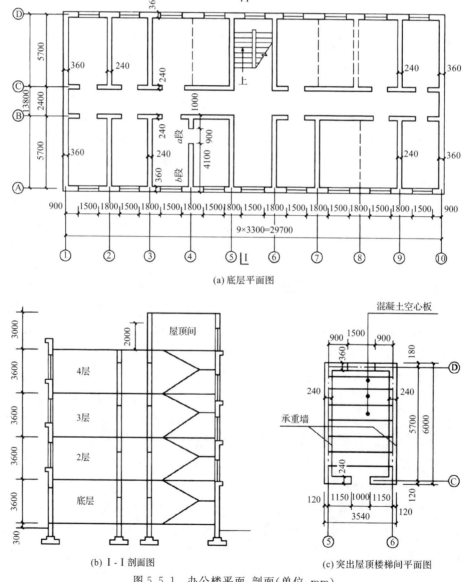

(a) 底层平面图

(b) Ⅰ-Ⅰ剖面图

(c) 突出屋顶楼梯间平面图

图 5.5.1　办公楼平面、剖面(单位:mm)

5.5.1　重力荷载代表值计算

集中在各楼层标高处的各质点重力荷载代表值包括楼面(或屋面)自重的标准值、50%楼(屋)面承受的活荷载,上下各半墙重的标准值之和。

屋顶间顶盖处质点　　　　　　　　　$G_5 = 205.94\text{kN}$

4 层楼盖处质点　　　　　　　　　　$G_4 = 4140.84\text{kN}$

3 层楼盖处质点　　　　　　　　　　$G_3 = 4856.67\text{kN}$

2 层楼盖处质点　　　　　　　　　　$G_2 = 4856.67\text{kN}$

底层楼盖处质点　　　　　　　　　　$G_1 = 5985.85\text{kN}$

建筑总重力荷载代表值　　　　　　　$G_E = \sum\limits_{i=1}^{5} G_i = 20045.97(\text{kN})$

5.5.2　水平地震作用计算

房屋底部总水平地震作用标准值为 $F_{Ek} = \alpha_1 G_{eq} = 0.08 \times 0.085 \times 20045.97 = 1363.13$ (kN)。各楼层的水平地震作用标准值及地震剪力标准值如表 5.5.1 所示。

表 5.5.1　各楼层的水平地震作用标准值及地震剪力标准值　　　　（单位:kN）

楼层	G_i	H_i/m	$G_i H_i$	$\dfrac{G_i H_i}{\sum\limits_{j=1}^{5} G_j H_j}$	$F_i = \dfrac{G_i H_i}{\sum\limits_{j=1}^{5} G_j H_j} F_{Ek}$	$V_i = \sum\limits_{i=1}^{5} F_i$
屋顶间	205.94	18.2	3748.11	0.020	27.263	27.263
4	4140.84	15.2	62940.77	0.335	456.648	483.911
3	4856.67	11.6	56337.37	0.299	407.576	891.487
2	4856.67	8.0	38853.36	0.206	280.805	1172.292
1	5985.85	4.4	26337.74	0.140	190.838	1363.13
合计	20045.97	—	188217.35	—	1363.13	—

5.5.3　抗震承载力验算

1. 屋顶间墙体强度计算

考虑鞭梢效应的影响,屋顶间的地震作用取计算值的 3 倍,$V_5 = 3 \times 27.263 = 81.789(\text{kN})$。屋面采用预制钢筋混凝土空心板且沿房屋纵向布置,⑤、⑥ 轴墙体为承重墙,选取 Ⓒ、Ⓓ 轴墙体(非承重墙)进行验算。

屋顶间 Ⓒ 轴墙净横截面面积为 $A_{Ⓒ顶} = (3.54 - 1.0) \times 0.24 = 0.61(\text{m}^2)$;屋顶间 Ⓓ 轴墙净横截面面积为 $A_{Ⓓ顶} = (3.54 - 1.5) \times 0.36 = 0.73(\text{m}^2)$。因屋顶间沿房屋纵向尺寸很小,故其水平地震作用产生的剪力分配为

$$V_{Ⓒ顶} = 1/2 \times [0.61/(0.61 + 0.73) + 1/2] \times 81.789 = 39.054 \text{ (kN)}$$

$$V_{Ⓓ顶} = 1/2 \times [0.73/(0.61 + 0.73) + 1/2] \times 81.789 = 42.735 \text{ (kN)}$$

在层高半高处对应于重力荷载代表值的砌体平均压应力为(砖砌体重度按 $19\mathrm{kN/m^3}$ 计)

Ⓒ 轴墙　$\sigma_0 = \dfrac{(1.5 \times 3.54 - 0.5 \times 1.0) \times 0.24 \times 19}{0.24 \times (3.54 - 1.0)} = 3.598 \times 10^{-2}(\mathrm{N/mm^2})$

Ⓓ 轴墙　$\sigma_0 = \dfrac{(1.5 \times 3.54 - 0.5 \times 1.0) \times 0.36 \times 19}{0.36 \times (3.54 - 1.5)} = 4.666 \times 10^{-2}(\mathrm{N/mm^2})$

由《砌体结构设计规范》查得砂浆强度等级为 M2.5 时的砖砌体 $f_\mathrm{v} = 0.08\mathrm{N/mm^2}$，$\sigma_0/f_\mathrm{v}$ 为

Ⓒ 轴墙　$\dfrac{\sigma_0}{f_\mathrm{v}} = \dfrac{3.598 \times 10^{-2}}{0.08} = 0.45$

Ⓓ 轴墙　$\dfrac{\sigma_0}{f_\mathrm{v}} = \dfrac{4.666 \times 10^{-2}}{0.08} = 0.58$

砌体强度的正应力影响系数 ζ_N 为

Ⓒ 轴墙　$\zeta_\mathrm{N} = 0.89$

Ⓓ 轴墙　$\zeta_\mathrm{N} = 0.916$

所以,沿阶梯形截面破坏的抗震抗剪强度设计值为

Ⓒ 轴墙　$f_\mathrm{vE} = \zeta_\mathrm{N} f_\mathrm{v} = 0.89 \times 0.08 = 0.071(\mathrm{N/mm^2})$

Ⓓ 轴墙　$f_\mathrm{vE} = \zeta_\mathrm{N} f_\mathrm{v} = 0.916 \times 0.08 = 0.073(\mathrm{N/mm^2})$

因墙体不承重,其承载力抗震调整系数采用 0.75,则

Ⓒ 轴墙　$\dfrac{f_\mathrm{vE}}{\gamma_\mathrm{RE}} = \dfrac{0.071 \times 610000}{0.75} = 57747(\mathrm{N}) = 57.747(\mathrm{kN})$

Ⓒ 轴墙承受的设计地震剪力 $\gamma_\mathrm{Eh} V_{\mathrm{C}顶} = 1.3 \times 39.054 = 50.77 < 57.75(\mathrm{kN})$,抗剪承载力满足要求。

Ⓓ 轴墙的抗剪承载力也满足要求

$$\frac{f_\mathrm{vE} A}{\gamma_\mathrm{RE}} = \frac{0.073 \times 730000}{0.75} = 71053(\mathrm{N}) > \gamma_\mathrm{Eh} V_{\mathrm{D}顶} = 1.3 \times 42.735 = 55.56(\mathrm{kN})$$

2. 横向地震作用下横墙的抗剪承载力验算

取底层 ④ 轴和 ⑨ 轴墙体进行验算。

(1)底层 ④ 轴墙体的地震作用下剪力

底层建筑面积 $F_1 = 14.16 \times 30.06 = 425.65(\mathrm{m^2})$，横墙总截面面积 $A_1 = 27.26(\mathrm{m^2})$。④ 轴墙承担地震作用的面积 $F_{14} = 3.3 \times (5.70 + 0.18 + 1.20) = 23.36(\mathrm{m^2})$,墙体横截面面积 $A_{14} = (6 - 0.9) \times 0.24 = 1.224(\mathrm{m^2})$。

因此,④ 轴墙体在地震作用下产生的剪力为

$$V_{14} = \frac{1}{2} \times \left(\frac{A_{14}}{A_1} + \frac{F_{14}}{F_1}\right) V_1 = \frac{1}{2} \times \left(\frac{1.224}{27.26} + \frac{23.36}{425.65}\right) \times 1363.13 = 68.16(\mathrm{kN})$$

(2)底层 ④ 轴墙体墙段的地震剪力

④ 轴墙有门洞 $0.9\mathrm{m} \times 2.1\mathrm{m}$,墙分 a、b 两段,h 为 2.1m。a 墙段 $h/b = 2.1/1.0 = 2.1$,需要考虑剪切变形和弯曲变形的影响,即

$$K_a = \frac{Et}{\left(\frac{h}{b}\right)\left[\left(\frac{h}{b}\right)^2 + 3\right]} = \frac{Et}{2.1 \times (2.1^2 + 3)} = 0.064Et$$

b 墙段 $h/b = 2.1/4.1 = 0.51$，仅考虑剪切变形的影响，即

$$K_b = \frac{Et}{3 \times \frac{h}{b}} = \frac{Et}{3 \times 0.51} = 0.654Et$$

所以，

$$\sum K = K_a + K_b = (0.064 + 0.654)Et = 0.718Et$$

各墙段分配的地震剪力为

$$a \text{ 墙段 } V_a = \frac{K_a}{\sum K} V_{14} = \frac{0.064Et}{0.718Et} \times 68.16 = 6.076 \text{(kN)}$$

$$b \text{ 墙段 } V_b = \frac{K_a}{\sum K} V_{14} = \frac{0.654Et}{0.718Et} \times 68.16 = 62.084 \text{(kN)}$$

（3）底层 ④ 轴墙体墙段的抗震性能验算

各墙段在半层高处重力荷载代表值的平均压应力为（计算过程略）

$$a \text{ 墙段 } \quad \sigma_0 = 60.33 \times 10^{-2} \text{(N/mm}^2)$$

$$b \text{ 墙段 } \quad \sigma_0 = 46.21 \times 10^{-2} \text{(N/mm}^2)$$

各墙段抗剪承载力验算结果列于表 5.5.2，砂浆强度等级为 M5 时，$f_v = 0.11\text{N/mm}^2$。由以上计算可看出，各墙段抗剪承载力均满足要求。

表 5.5.2　各墙段抗剪承载力验算

墙段	A /mm^2	σ_0 /(N/mm^2)	σ_0/f_v	ζ_N	$f_{vE} = \zeta_N f_v$ /(N/mm^2)	V /kN	$\gamma_{Eh}V$ /kN	$f_{vE}A/\gamma_{Eh}$ /kN
a	240 000	60.33×10^{-2}	5.48	1.55	0.17	6.076	7.899	40.8
b	984 000	46.21×10^{-2}	4.20	1.41	0.16	62.084	80.709	157.4

（4）计算底层⑨轴墙体的地震作用下剪力

底层建筑面积 F_1 和横墙总截面面积 A_1 同 ④ 轴。⑨ 轴墙承担地震作用的面积 F_{19} 和墙体横截面面积 A_{19} 为

$$F_{19} = (3.3 + 1.65) \times 7.08 + (4.95 + 1.65) \times 7.08 = 81.77 \text{(m}^2)$$

$$A_{19} = 6.0 \times 0.24 = 2.88 \text{(m}^2)$$

⑨ 轴墙体由地震作用所产生的剪力计算得

$$V_{19} = \frac{1}{2} \times \left(\frac{A_{19}}{A_1} + \frac{F_{19}}{F_1}\right) V_1 = \frac{1}{2} \times \left(\frac{2.88}{27.26} + \frac{81.77}{425.65}\right) \times 1363.13 = 203.11 \text{(kN)}$$

因此，设计地震剪力为 $\gamma_{Eh}V_c = 1.3 \times 203.11 = 264 \text{(kN)}$

（5）底层 ⑨ 轴墙体墙段的抗震性能验算

墙段在半层高处的平均压应力为

$$\sigma_0 = 41.60 \times 10^{-2} (\text{N/mm}^2)$$

砂浆强度等级为 M5,抗剪强度 $f_v = 0.11 \text{ N/mm}^2$。则

$$\sigma_0 / f_v = 41.60 \times 10^{-2} / 0.11 = 3.78$$

$$\zeta_N = 1.366$$

$$f_{vE} = \zeta_N f_v = 1.366 \times 0.11 = 0.15 (\text{N/mm}^2)$$

承载能力为 $f_{vE} = A/\gamma_{RE} = 0.15 \times 2880000/1.0 = 432000(\text{N})$

因此,抗剪承载力满足要求。

3. 纵向地震作用下外纵墙的抗剪承载力验算

取底层 Ⓐ 轴墙体进行验算。

(1) 计算 Ⓐ 轴纵墙地震作用下的剪力

由于 Ⓐ 轴各窗间墙的宽度相等,故作用在窗间墙上的地震剪力 V_c 可按横截面面积的比例进行分配,即

$$V_c = \frac{1}{2} \times \frac{A_{1A}}{A_1} V_1 \times \frac{a_c}{A_{1A}} = \frac{a_c}{A_1} V_1$$

式中:A_1 为底层纵墙总横截面面积,$A_1 = 22\text{m}^2$;A_{1A} 为底层 Ⓐ 轴纵墙横截面净面积;a_c 为窗间墙横截面面积,$a_c = 1.8 \times 0.36 = 0.648\text{m}^2$。

$$V_c = \left(\frac{0.648}{22} \right) \times 1363.13 = 40.15(\text{kN})$$

因此,设计地震剪力为 $\gamma_{Eh} V_c = 1.3 \times 40.15 = 52.20(\text{kN})$。

(2) 计算窗间墙抗剪承载力

Ⓐ 轴墙体在半层高处的平均压应力为

$$\sigma_0 = 35.06 \times 10^{-2} (\text{N/mm}^2)$$

$$\sigma_0 / f_v = 36.06 \times 10^{-2} / 0.11 = 3.19$$

$$\zeta_N = 1.27$$

$$f_{vE} = \zeta_N f_v = 1.27 \times 0.11 = 0.14 (\text{N/mm}^2)$$

承载能力为 $f_{vE} A/\gamma_{RE} = 0.140 \times 1800 \times 360/1.0 = 90720(\text{N})$

因此,抗剪承载力满足要求。

以上验算虽是非承重窗间墙,但有大梁作用于纵墙上,故仍属承重砖墙,其承载力抗震调整系数仍采用 1.0。

其他各层墙体验算方法同上,从略。

本章习题

一、思考题

5.1 多层砌体结构房屋的震害现象有哪些规律?

5.2 多层砌体结构抗震设计中,除进行抗震能力的验算外,为何更要注意概念设计及抗震构造措施的处理?

5.3 多层砌体结构房屋的概念设计主要包括哪些方面?

5.4 多层砌体结构房屋的计算简图如何选取?地震作用如何确定?层间地震剪力在墙体间如何分配?

5.5 墙体间抗震承载力如何验算?怎样选择和判断最不利墙段?

5.6 多层砌体结构房屋的抗震构造措施主要包括哪些方面?

5.7 底部框架—抗震墙房屋与传统的多层砌体结构相比抗震构造措施有哪些不同?

二、计算题

5.1 某五层底层框架—砌体结构房屋,底层平面布置如图所示。框架柱截面尺寸为 $400\text{mm} \times 400\text{mm}$,底层砖抗震墙厚度为 240mm。混凝土强度等级为 C25,砖强度等级为 MU10,砂浆强度为 M7.5,二层以上的横墙除与一层抗震墙对齐外,还在首层设有纵向抗震墙的开间两侧设有抗震横墙。结构总的重力荷载为 28422 kN,底层层高 4.8m,其余各层层高 2.8m。该地区设防烈度 8 度(设计基本地震加速度 0.3 g),设计地震分组为第 1 组,Ⅲ类场地。试用底部剪力法计算在多遇横向水平地震作用下底层横向设计地震剪力及框架柱所承受的及剪力标准值。

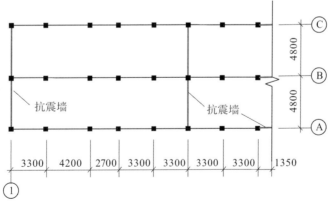

习题 5.1 图

第6章 钢筋混凝土结构建筑抗震设计

钢筋混凝土结构建筑是一种最常见的房屋建筑,在工业和民用建筑中均得到了广泛应用。钢筋混凝土结构建筑抗震设计是工程结构抗震设计中的重要内容。

本章根据《建筑抗震设计规范》和《混凝土结构设计规范》的相关要求,阐述钢筋混凝土多高层建筑以及钢筋混凝土排架柱厂房的抗震设计方法。

6.1 震害现象及其分析

钢筋混凝土结构具有良好的抗震性能,经合理设计和精心施工的多层及高层钢筋混凝土建筑基本能防止结构遭受致命的地震破坏。但是,在历史地震中也有不少这类建筑因设计、施工存在缺陷或其他特殊原因产生严重的震害。

6.1.1 框架结构整体破坏

钢筋混凝土框架结构整体破坏可分为延性破坏和脆性破坏两类。当塑性铰出现在梁端,形成"强柱弱梁"机制时,结构有较好的变形能力,发生延性破坏[见图 6.1.1(a)];当塑性铰出现在柱端,形成"强梁弱柱"机制时,结构变形集中在某一薄弱层,变形能力较差,易发生脆性破坏[见图 6.1.1(b)]。另外,当框架结构的层间侧移或顶部侧移过大时,还会引起结构整体失稳。

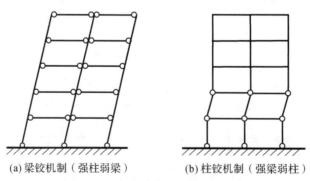

(a) 梁铰机制(强柱弱梁)　　　　(b) 柱铰机制(强梁弱柱)

图 6.1.1　框架结构的整体破坏形式

6.1.2 框架梁震害

框架梁的震害多发生在梁端。梁端在弯矩和剪力作用下发生弯曲破坏或剪切破坏,

出现上下贯通的垂直裂缝或交叉斜裂缝。在
梁端负弯矩钢筋切断处,由于抗弯能力削弱也
容易产生裂缝而造成地震破坏(见图 6.1.2)。
此外,当梁的纵筋在节点内锚固不足时,会发
生锚固失效、纵筋拔出的震害。在地震中,按
强柱弱梁设计的框架,梁的震害往往比柱轻
微,主要原因可能设计时未充分考虑现浇板对
框架梁抗弯承载力提升的影响。

图 6.1.2　框架梁的震害

6.1.3　框架柱震害

　　框架柱的震害比框架梁普遍,主要发生在柱上、下端 1.0～1.5 倍柱截面高度的范围
内。柱端在弯矩、剪力、轴力作用下,轻者出现水平裂缝或交叉斜裂缝,重者出现混凝土
压碎、箍筋拉断或崩脱、纵筋受屈现象,并形成塑性铰。角柱处于双向偏压状态,受结构
整体扭转影响大,受力复杂,且横梁对柱的约束作用相对减弱,震害比内柱严重
(见图 6.1.3)。

(a) 柱下端破坏　　　　　　　(b) 柱上端破坏　　　　　　　(c) 柱身破坏

图 6.1.3　框架柱的震害

　　框架短柱(柱剪跨比不大于 2 或柱净高与柱截面宽度之比值小于 4)由于侧移刚度
大,承受较大的地震剪力,容易发生脆性的剪切破坏,如图 6.1.4 所示。

图 6.1.4　短柱的震害

6.1.4 框架梁柱节点剪切破坏

框架梁柱节点在梁和柱端的弯矩和剪力作用下承受较大的剪力作用,当节点区箍筋过少或钢筋过密影响混凝土浇筑质量时,会发生交叉斜裂缝的剪切破坏,甚至发生混凝土酥碎剥落、柱纵向钢筋压曲外鼓的震害(见图6.1.5)。

(a) 框架边柱节点破坏　　　　　　　　(b) 框架角柱节点破坏

图6.1.5　框架梁柱节点的震害

6.1.5 框架填充墙震害

框架中嵌砌的砌体填充墙由于结构侧移刚度大,分担较大的地震作用。但填充墙本身的抗剪强度低,变形能力小,在地震作用下容易出现交叉斜裂缝而破坏(见图6.1.6)。布置不合理的填充墙还会引起下列震害:①"短柱"形式的剪切破坏;②平面不均匀布置造成楼层刚度偏心,引起结构扭转变形;③沿高度方向结构突变造成楼层刚度不均匀,形成薄弱层而发生破坏或倒塌。

图6.1.6　填充墙的震害

6.1.6　剪力墙及其连梁震害

剪力墙侧移刚度大,在水平地震作用下侧移变形小,因此剪力墙结构的抗震性能较好,震害较框架结构轻。在 2008 年的汶川地震中,框架－剪力墙结构震害较轻,无一例倒塌。

剪力墙结构的主要震害有:连梁剪切破坏、墙肢剪切裂缝和水平裂缝(见图6.1.7)。连梁破坏使墙肢之间的联系减弱或丧失,导致剪力墙结构承载力下降。窄高墙肢的工作性能与悬臂梁相似,震害常出现在底部。在汶川地震中,框架－剪力墙结构还出现了边缘构件混凝土压碎及纵筋压屈、墙体沿施工缝滑移错动、墙体竖向钢筋剪断等震害。

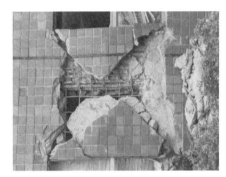 

(a) 连梁破坏　　　　　　　　　　　　　(b) 剪力墙破坏

图 6.1.7　剪力墙及连梁震害

6.2　抗震设计基本要求

6.2.1　结构选型

抗侧力结构体系对多高层钢筋混凝土结构抗震性能有很大的影响,是结构选型的主要依据。常用的抗侧力结构体系有框架结构、剪力墙(或称之抗震墙)结构、框架－剪力墙结构、筒体结构等几种,分别适应于不同需求的建筑物。

框架结构(见图 6.2.1)由梁、柱组成,同时抵抗竖向荷载及水平荷载。框架结构平面布置灵活,易于满足建筑物平面布置的要求,且构件类型少,设计、计算、施工较简单,在工

图 6.2.1　框架结构

业与民用建筑中应用广泛。但这类结构侧向刚度较小,水平荷载作用下结构变形大,故一般适用于 15 层及以下的多层建筑。

用钢筋混凝土剪力墙(或称抗震墙)抵抗竖向荷载和水平荷载的结构称为剪力墙结构(见图 6.2.2)。这种结构体系整体性好、抗侧刚度大、水平力作用下侧移小。但因受限于楼板跨度,剪力墙间距较小,一般为 3～8m,平面布置不灵活,且结构基本周期较短,受到的地震作用也较大,适用于 10～30 层的多高层住宅、酒店等建筑。

图 6.2.2 剪力墙结构

框架—剪力墙结构由框架和剪力墙两种抗侧力结构体系组成,通过楼板或连梁共同承受竖向荷载及水平荷载(见图 6.2.3)。这类结构兼有框架结构和剪力墙结构的特点,既方便建筑空间布置,又具有良好的抗侧移性能。剪力墙可以单独设置,也可以利用电梯井、楼梯间、管道井等墙体。框架—剪力墙结构适用于办公楼、酒店、住宅、教学楼、医院等各类建筑,是多、高层建筑中应用最广泛的结构体系之一。

图 6.2.3 框架—剪力墙结构

筒体结构是由四周封闭的剪力墙构成的筒状结构,或以楼、电梯为内筒,密排柱、深梁框架为外框筒组成的筒中筒结构(见图 6.2.4),可以是两个或两个以上的框筒紧靠在一起成"束"状排列,形成的束筒。这类结构的空间刚度大,抗侧和抗扭刚度都很强,建筑布局灵活,常用于超高层公寓、办公楼和商业大厦建筑等。

图 6.2.4　筒体结构

除此之外,还有巨型框架结构、悬吊结构、脊骨结构体系等其他结构体系。

选择结构体系时,要综合考虑建筑使用功能和结构抗震设计的要求。《建筑抗震设计规范》根据设防烈度、抗震性能、使用要求及经济指标等因素,规定了各种结构体系的最大适用高度,超过表 6.2.1 中规定高度的房屋应进行专门研究和论证,并采取有效的加强措施。当建筑的平面和竖向不规则时,适用的最大高度宜降低。

表 6.2.1　现浇钢筋混凝土房屋适用的最大高度　　　　　　（单位:m）

结构体系		非抗震设计	抗震设防烈度				
			6 度	7 度	8 度		9 度
					0.2g	0.3g	
框架		70	60	50	40	35	24
框架—抗震墙		150	130	120	100	80	50
抗震墙		150	140	120	100	80	60
部分框支抗震墙		130	120	100	80	50	不应采用
筒体	框架—核心筒	160	150	130	100	90	70
	筒中筒	200	180	150	120	100	80
板柱—抗震墙		110	80	70	55	40	不应采用

此外,选择结构体系时还应注意以下几点:①结构的自振周期要避开场地的特征周期,以免发生共振效应;②选择合理的基础形式,保证基础有足够的埋置深度,有条件时宜设置地下室;③在软弱地基土的建筑物宜选用桩基、片筏基础、箱型基础或桩—箱、桩—筏联合基础。

6.2.2　结构布置

多高层建筑的抗震设计除了选择合理的抗侧力结构体系外,体形和结构总体布置应符合§4.2 的基本原则,建筑物的平、立面布置要对称、规则,质量与刚度的变化要均匀。多高层钢筋混凝土建筑的结构布置还应考虑如下几点要求。

1. 平面布置

楼电梯间不宜设在结构单元的两端及拐角处;剪力墙(包括框支剪力墙结构中的落

地墙)的两端(不包括洞口两侧)宜设置端柱或与另一方向的剪力墙相连。

为抵抗不同方向的地震作用,框架结构和框架—剪力墙结构均应双向设置框架和剪力墙,当柱中线与剪力墙中线、梁中线与柱中线之间的偏心距大于柱宽的 1/4 时,计算应计入偏心的影响。甲、乙类建筑以及高度大于 24m 的丙类建筑不应采用单跨框架结构;高度不大于 24m 的丙类建筑不宜采用单跨框架结构。

框架—剪力墙结构和板柱—剪力墙结构中较长剪力墙宜设置跨高比大于 6 的连梁形成洞口,将一道剪力墙分为长度较均匀的若干墙段,各墙段的高宽比不宜小于 3;矩形平面的部分框支剪力墙结构,框支层落地剪力墙间距不宜大于 24m,框支层的平面布置宜对称,且宜设抗震筒体。

楼、屋盖平面内若发生变形,会影响楼层地震剪力在各抗侧力构件之间的分配,宜优先选用现浇混凝土楼盖。当采用预制装配式混凝土楼盖时,应从楼盖体系和构造上采取措施确保楼盖的整体性及其与剪力墙的可靠连接。采用配筋现浇面层加强时,其厚度不应小于 50mm。同时,框架—剪力墙、板柱—剪力墙结构以及框支层中,剪力墙之间无大洞口的楼盖长宽比不宜超过表 6.2.2 的规定;否则设计中应计入楼盖平面内变形的影响。

表 6.2.2　剪力墙之间楼、屋盖的长宽比

楼、屋盖类型		设防烈度			
		6	7	8	9
框架—剪力墙结构	现浇或叠合楼、屋盖	4	4	3	2
	装配整体式楼、屋盖	3	3	2	不宜采用
板柱—剪力墙结构的现浇楼、屋盖		3	3	2	—
框支层的现浇楼、屋盖		2.5	2.5	2	—

高层建筑宜选用风荷载作用较小的平面形状。平面长度 L 不宜过长,突出部分 l 不宜过大,图 6.2.5 中,L、l 等值宜满足表 6.2.3 的要求。

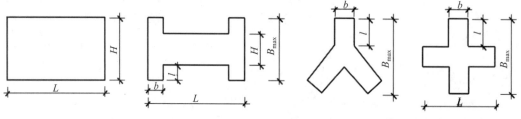

图 6.2.5　高层建筑平面

表 6.2.3　L，l 的限值

设防烈度	L/B	l/B_{max}	l/b
6、7	≤6.0	≤0.35	≤2.0
8、9	≤5.0	≤0.30	≤1.5

对不规则建筑，应按下列要求进行地震作用计算和内力调整，并应对薄弱部位采取有效的抗震构造措施：

(1)平面不规则而竖向规则的建筑结构，采用空间结构计算模型。当存在发生扭转变形可能时，应计入扭转影响，且楼层竖向构件最大的弹性水平位移和层间位移分别不宜大于楼层两端弹性水平位移和层间位移平均值的 1.5 倍，当最大层间位移远小于规范限值时，可适当放宽；凹凸不规则或楼板局部不连续建筑，应采用符合楼板平面内实际刚度变化的计算模型，在高烈度地区或不规则程度较大的结构，宜计入楼板局部变形的影响；当平面不对称且凹凸不规则或局部不连续时，可根据实际情况分块计算扭转位移比，对扭转较大的部位采用局部内力增大系数。

(2)平面规则而竖向不规则的建筑，采用空间结构计算模型，刚度小的楼层地震剪力应乘以不小于 1.15 的增大系数，对薄弱层进行弹塑性变形验算。当竖向抗侧力构件不连续时，该构件传递给水平转换构件的地震内力根据烈度高低和水平转换构件类型、受力情况、几何尺寸等，乘以 1.25～2.0 的增大系数；当侧向刚度不规则时，相邻层的侧向刚度比应依据其结构类型符合相关规定；当楼层承载力突变时，薄弱层抗侧力结构的受剪承载力不应小于相邻上一楼层的 65%。

(3)平面不规则且竖向不规则的建筑，应根据不规则类型的数量和程度，有针对性地采用不低于上述两项要求的各项抗震措施。

当存在多项不规则或某项不规则超过表 4.2.1 和表 4.2.2 中规定的参考指标较多时，属特别不规则的建筑。建筑形体复杂，多项指标超过前述限值或某一指标大大超过表 6.2.2 和表 6.2.4 中的规定值，具有现有技术和经济条件不能克服的严重抗震薄弱环节，可能导致地震破坏的严重后果，属严重不规则建筑。特别不规则的建筑，应经专门研究和论证，采取更有效的加强措施或对薄弱部位采用相应的抗震性能化设计方法。不应采用严重不规则的建筑。

2. 竖向布置

结构的竖向体型宜规则、均匀，避免过大的外挑和内收。如图 6.2.6 所示，当结构上层收进位置到室外地面高度 H_1 与房屋总高度 H 之比大于 0.2 时，上部楼层收进后的水平尺寸 B_1 不宜小于下部楼层水平尺寸 B 的 0.75 倍。当上部结构楼层相对于下部楼层外挑时，下部楼层的水平尺寸 B 不宜小于上部楼层水平尺寸 B_1 的 0.9 倍，且水平外挑尺寸 a 不宜大于 4m。

结构抗侧力构件宜上、下连续贯通，截面尺寸和材料强度宜自下而上逐渐减小，避免侧向刚度和承载力突变形成薄弱层。构件上下层传力应直接、连续。同一结构单元中同一楼层应在同一标高处，尽可能不采用复式框架，避免局部错层和夹层。尽量降低建筑物的重心，以利于结构的整体稳定性。高层建筑宜设置地下室。

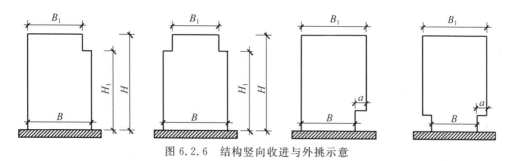

图 6.2.6 结构竖向收进与外挑示意

为增加结构的整体刚度和抗倾覆能力,使结构具有较好的整体稳定性和承载能力,钢筋混凝土高层建筑结构的高宽比不宜超过表 6.2.4 中的要求。

表 6.2.4 钢筋混凝土高层建筑结构适用的高宽比

结构类型	非抗震设计	抗震设防烈度		
		6 度、7 度	8 度	9 度
框架	5	4	3	—
板柱—剪力墙	6	5	4	—
框架—剪力墙、剪力墙	7	6	5	4
框架—核心筒	8	7	6	4
筒中筒	8	8	7	5

地下室顶板作为上部结构的嵌固部位时,应符合下列要求:

(1)地下室顶板应避免开设大洞口。地下室在地上结构一定范围内的顶板应采用现浇梁板结构,该范围外也宜采用现浇梁板结构,厚度不宜小于 180mm,混凝土强度等级不宜小于 C30,采用双层双向配筋,且每层每个方向的配筋率不宜小于 0.25%。

(2)结构地上一层的侧向刚度,不宜大于相关范围地下一层侧向刚度的 0.5 倍;地下室周边宜有与其顶板相连的剪力墙。

(3)地下室顶板对应于地上框架柱的梁柱节点除满足抗震计算要求外,还应符合下列要求之一:①地下一层柱截面每侧纵向钢筋不应小于地上一层柱对应纵向钢筋的 1.1 倍;且地下一层柱上端和节点左右梁端实配的抗震受弯承载力之和应大于地上一层柱下端实配的抗震受弯承载力的 1.3 倍。②地下一层梁刚度较大时,柱截面每侧的纵向钢筋面积应大于地上一层对应柱每侧纵向钢筋面积的 1.1 倍;同时梁端顶面和底面的纵向钢筋面积均应比计算增大 10% 以上。

(4)地下一层抗震墙墙肢端部边缘构件纵向钢筋的截面面积,不应少于地上一层对应墙肢端部边缘构件纵向钢筋的截面面积。

框架—剪力墙结构和板柱—剪力墙结构中的剪力墙宜贯通房屋全高,剪力墙洞口宜上下对齐,洞口距端柱不宜小于 300mm。

剪力墙结构和部分框支剪力墙结构的剪力墙墙肢长度沿结构全高不宜有突变;剪力墙有较大的洞口时,以及一、二级剪力墙的底部加强部位,洞口宜上下对齐。

矩形平面的部分框支剪力墙结构应限制框支层刚度和承载力过小,框支层的楼层侧向刚度不应小于相邻非框支层楼层侧向刚度的 50%；为避免使框支层成为少墙框架体系，底层框架部分承担的地震倾覆力矩不应大于结构总地震倾覆力矩的 50%。

3. 防震缝的设置

当建筑结构平面形状不规则，如平面形状为 L 形、凸形或凹形时，可以通过设置防震缝，将平面不规则的建筑结构划分成若干较为简单、规则的一字形结构，使其对抗震有利。但防震缝会给建筑立面处理、屋面防水、地下室防水处理等带来难度，而且在强震时防震缝两侧的相邻结构单元可能发生碰撞，造成震害。因此，应提倡尽量不设防震缝，当必须设置防震缝时，其缝最小宽度应符合下列要求：

(1)框架结构（包括设置少量剪力墙的框架结构）房屋的防震缝宽度，当高度不超过 15m 时不应小于 100mm；高度超过 15m 时，设防烈度 6 度、7 度、8 度和 9 度分别每增加高度 5m、4m、3m 和 2m 时，宜加宽 20mm。

(2)框架—剪力墙结构房屋的防震缝宽度不应小于上述框架规定数值的 70%，剪力墙结构房屋的防震缝宽度不应小于上述对框架规定数值的 50%，且均不宜小于 100mm。

(3)防震缝两侧结构类型不同时，宜按需要对较宽防震缝的结构类型和较低房屋高度确定缝宽。

防震缝应沿房屋上部结构的全高设置。当利用伸缩缝或沉降缝兼作防震缝时，其缝宽必须满足防震缝的要求，且还应满足伸缩缝或沉降缝设置的要求。

当设防烈度为 8 度、9 度的框架结构房屋防震缝两侧结构高度、刚度或层高相差较大时，可在缝两侧房屋的尽端沿全高设置垂直于防震缝的抗撞墙，每侧抗撞墙的数量不应少于两道，宜分别对称布置，墙肢长度可不大于层高的 1/2，如图 6.2.7 所示。框架和抗撞墙的内力应按考虑和不考虑抗撞墙两种情况分别进行分析，并按不利情况取值。

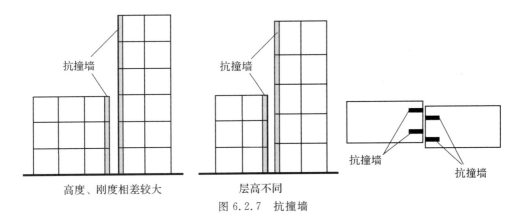

图 6.2.7　抗撞墙

6.2.3　抗震等级划分

抗震等级体现了抗震设防类别、结构类型、设防烈度、结构延性要求差异对计算和构造措施等的要求。丙类建筑的抗震等级按表 6.2.5 确定。当建筑场地为 I 类时，除 6 度外应允许按表内降低 1 度所对应的抗震等级采取抗震构造措施，但相应的计算要求不应降低;接近或等于高度分界时,应结合房屋不规则程度及场地、地基条件确定抗震等级;低于 60m 的核心筒—外框结构,满足框架—抗震墙的有关要求时,应允许按框架—抗震墙确定抗震等级。

表 6.2.5　现浇钢筋混凝土房屋的抗震等级

结构类型			抗震设防烈度								
			6 度		7 度			8 度			9 度	
框架结构	高度/m		≤24	>24	≤24	>24		≤24	>24		≤24	
	框架		四	三	三	二		二	一		一	
	大跨度框架		三		二			一			一	
框架—抗震墙结构	高度/m		≤60	>60	≤24	25~60	>60	≤24	25~60	>60	≤24	25~50
	框架		四	三	四	三	二	二	二	一	二	一
	抗震墙		三		三	二		二	一		一	
抗震墙结构	高度/m		≤80	>80	24	25~80	>80	≤24	25-80	>80	≤24	25-50
	抗震墙		四	三	四	三	二	二	二	一	二	一
部分框支抗震墙结构	高度/m		≤80	>80	≤24	25~80	>80	≤24	25-80			
	抗震墙	一般部位	四	三	四	三	二	二	二			
		加强部位	三	二	三	二	一	一	一			
	框支框架		二		二			一	一			
框架—核心筒结构	框架		三		二			一			一	
	核心筒		二		二			一			一	
筒中筒结构	外筒		三		二			一			一	
	内筒		三		二			一			一	
板柱—抗震墙结构	高度/m		≤35	>35	≤35	>35		≤35	>35			
	框架、板柱的柱		三	二	二	二		一	一			
	抗震墙		二	二	二	一		二	一			

钢筋混凝土房屋抗震等级的确定还应符合下列要求:

(1)设置少量剪力墙的框架,在规定的水平力作用下,计算嵌固端所在的底层框架部分所承担的地震倾覆力矩大于结构总地震倾覆力矩的 50% 时,其框架的抗震级别应按框架结构确定,剪力墙的抗震等级可与其框架的抗震等级相同。

(2)设置个别或少量框架的剪力墙结构,其结构属于剪力墙体系的范畴,剪力墙的抗震等级仍按抗震墙结构确定;框架的抗震等级可参照框架—抗震墙结构的框架确定。

(3)框架—剪力墙结构设有足够的剪力墙,其剪力墙底部承受的地震倾覆力矩不小于结构底部总地震倾覆力矩的 50% 时,框架部分是次要抗侧力构件,按表 6.2.5 中的框架—抗震墙结构确定其抗震等级。

（4）裙房与主楼相连，相关范围（一般可从主楼周边外延 3 跨且不大于 20m）不应低于主楼的抗震等级，相关范围以外的区域可按裙房自身的结构类型确定其抗震等级。主楼结构在裙房顶板对应的上下各一层受刚度与承载力突变影响较大，抗震结构措施应适当加强。裙楼与主楼分离时，应按裙房本身确定抗震等级。大震作用下裙房与主楼可能发生碰撞，需要采取加强措施；当裙房偏置时，其端部有较大的扭转效应，也需要加强。

（5）带地下室的多层和高层建筑，当地下室结构的刚度和受剪承载力比上部楼层相对较大时，地下室顶板可是做嵌固部位，在地震作用下屈服位置发生在地上楼层，同时影响地下一层。地面以下地震响应虽然逐渐减小，但地下一层的抗震等级不能降低，应与上部结构相同；地下二层及以下抗震构造措施的抗震等级可逐层降低一级，但不应低于四级；中无上部结构的地下室部分，抗震等级可根据具体情况采用三级或四级。

（6）当甲、乙类建筑按规定提高 1 度确定其抗震等级，房屋高度超过表 6.2.5 中相应规定的上界时，应采取比一级更有效的抗震构造措施。

6.2.4　结构材料与连接

为保证整体结构及构件的承载力和延性，抗震设计时钢筋混凝土结构的材料性能应符合下列规定：

（1）混凝土的强度等级，在框支梁、框支柱及抗震等级为一级的框架梁、柱、节点核心区，应不低于 C30；构造柱、芯柱、圈梁及其他各类构件应不低于 C20；现浇非预应力混凝土楼盖不宜超过 C40；抗震墙不宜超过 C60；其他构件，在抗震设防烈度为 8 度时不宜超过 C70，9 度时不宜超过 C60。

（2）普通钢筋宜优先采用延性、韧性和焊接性较好的钢筋；普通钢筋的强度等级，纵向受力钢筋宜选用符合抗震性能指标且不低于 HRB400 级的热轧钢筋，也可采用符合抗震性能指标的 HRB335 级热轧钢筋；箍筋宜选用符合抗震性能指标的不低于 HRB335 级的热轧钢筋，也可选用 HPB300 级热轧钢筋。抗震等级为一、二、三级的框架和斜撑构件（含梯段），其纵向受力钢筋采用普通钢筋时，钢筋的抗拉强度实测值与屈服强度实测值的比值应不小于 1.25，钢筋的屈服强度实测值与屈服强度标准值的比值应不大于 1.3；且钢筋在最大拉力下的总伸长率实测值应不小于 9%。

（3）在施工中，当需要以强度等级较高的钢筋替代原设计中的纵向受力钢筋时，应按照钢筋受拉承载力设计值相等的原则换算并应满足最小配筋率要求。

（4）混凝土结构构件的纵向钢筋锚固和连接，除应符合《混凝土结构设计规范》有关规定外，还应符合下列要求：

① 受力钢筋的连接接头宜设置在受力较小部位。

② 位于同一连接区段内的纵向受力钢筋接头面积百分率不宜超过 50%；纵向受力钢筋连接接头的位置宜避开梁端、柱端箍筋加密区；当无法避开时，应采用机械连接或焊接；受力钢筋直径大于 28mm、受压钢筋直径大于 32mm，不宜采用绑扎搭接接头。

③ 纵向受拉钢筋的最小锚固长度 l_{aE} 及绑扎搭接长度 l_{lE}，应符合下列要求，即

$$l_{aE} = \zeta_{aE} l_a \tag{6.2.1}$$

$$l_{lE} = \zeta_l l_{aE} \tag{6.2.2}$$

式中：l_a 为纵向受拉钢筋的非抗震锚固长度；ζ_{aE} 为纵向受拉抗震锚固长度的修正系数，对一、二级等级取 1.15，对三级抗震等级取 1.05，对四级抗震等级取 1.0；ζ_l 为纵向受拉钢筋搭接长度的修正系数，当同一连接区段内搭接钢筋的面积百分率为 $\leqslant 25\%$、50%、100% 时，其值分别取 1.2、1.4、1.6。

6.2.5　楼梯间

多、高层钢筋混凝土结构宜采用现浇钢筋混凝土楼梯；对于框架结构，楼梯间的布置不应导致结构平面特别不规则；楼梯构件与主体结构整浇时，计算应计入楼梯构件对地震作用及其效应的影响，应进行楼梯构件的抗震承载力验算；宜采取构造措施，减少楼梯构件对主体结构刚度的影响；楼梯间两侧填充墙与柱之间应加强拉结。

6.2.6　基础结构

基础结构的抗震设计要求是在保证上部结构实现抗震耗能机制的前提下，将上部结构最大内力传给地基，这样可以保证建筑物在地震时不致由于地基失效而破坏。因此，基础结构应采用整体性好、能满足地基承载力和建筑物容许变形要求，并能调节不均匀沉降的基础形式。

根据上部结构类型、层数、荷载以及地基承载力，基础形式可采用单独柱基、交叉梁式基础、筏板基础以及箱型基础；当地基承载力或变形不满足设计要求时，可采用桩基或复合地基。基础设计宜考虑与上部结构相互作用的影响。

6.3　框架结构抗震设计

6.3.1　设计流程

结构设计是一个反复试算、逐步优化的过程。框架结构设计流程如图 6.3.1 所示，包括根据结构参数计算动力特性以及地震作用计算、结构弹性（多遇地震）以及弹塑性（罕遇地震）地震反应计算、结构抗震性能验算以及构造措施等几个部分。

6.3.2　结构水平地震反应计算

1. 计算模型

框架结构是由纵、横向框架组成的空间结构（见图 6.3.2），取变形缝之间的区段为计算单元进行抗震验算。当框架布置较规则时，可选取具有代表性的两个主轴方向纵、横向框架作为计算单元，按平面框架分别进行抗震计算。各方向的水平地震作用主要由该方向抗侧力框架结构承担。地震作用的计算可采用底部剪力法、振型分解反应谱法和时程分析法。

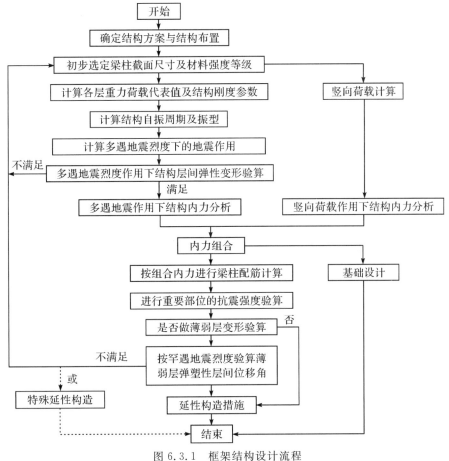

图 6.3.1　框架结构设计流程

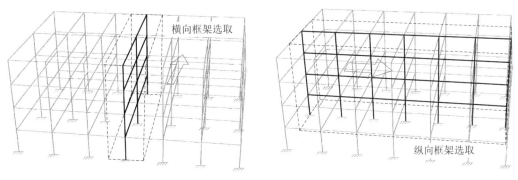

图 6.3.2　框架结构计算单元及简化模型

2. 水平地震作用计算

多高层框架是高次超静定结构，随着计算机应用普及，工程设计一般采用结构分析程序计算（如有限元法）。对于高度不超过 40m，以剪切变形为主，且质量和刚度沿高度分布比较均匀的框架结构、框架—剪力墙结构、剪力墙结构及近似于单质点体系的结构，多遇地震的水平地震作用可采用底部剪力法。

结构基本周期一般采用顶点位移法近似,按式(6.3.1)计算。

$$T_1 = 1.7\psi_T \sqrt{u_T} \tag{6.3.1}$$

式中:T_1 为结构基本周期(s);u_T 为假想的结构顶点水平位移,即把集中在各楼层的重力荷载代表值 G_i 作为水平荷载,按弹性方法所求得的结构顶点水平位移(m),对于有突出屋面的屋间(楼梯间、电梯间、水箱间)等房屋,u_T 是指主体结构顶点的位移;ψ_T 为考虑非承重墙刚度对结构自振周期影响的折减系数(当非承重墙为砌体墙时,框架结构可取 $0.6 \sim 0.7$,框架—剪力墙结构可取 $0.7 \sim 0.8$,框架—核心筒结构可取 $0.8 \sim 0.9$,剪力墙结构可取 $0.8 \sim 1.0$;对于其他结构体系或采用其他非承重墙体时,可根据工程情况确定周期折减系数)。

计算得到的楼层层间剪力,要满足 §4.3 规定的楼层最小地震剪力要求。

3. 水平地震作用下框架结构内力计算

采用底部剪力法得到的层间剪力由各框架柱分担。层间剪力根据柱的侧移刚度分配,具有代表性的手算方法有反弯点法和 D 值法两种。

(1)反弯点法

假定水平地震作用集中于楼层,框架在水平力作用下的弯矩图及变形如图 6.3.3 及图 6.3.4 所示,杆件的弯矩均为直线分布,剪力为常数。弯矩为零的点为反弯点,若能确定杆件的剪力和反弯点位置,就可以求得各柱端弯矩,然后由节点平衡条件求得梁端弯矩及框架结构的其他内力。

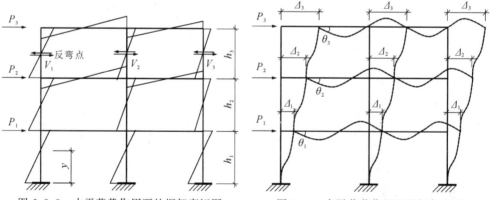

图 6.3.3 水平荷载作用下的框架弯矩图　　　　图 6.3.4 水平荷载作用下的框架变形

反弯点法假定:① 求框架柱抗侧刚度时,假定梁柱线刚度之比为无穷大,即柱上下端不发生角位移。② 求柱的反弯点位置时,假定除底层柱脚处线位移和角位移为零外,其余各柱层的上、下端节点转角均相同。③ 求各柱剪力时,假定楼板平面内刚度无限大,且忽略结构的扭弯变形。根据柱上下端转角为零的假定,可求得第 i 层第 k 框架柱的抗侧刚度 k_{ik} 为

$$k_{ik} = \frac{12i_c}{h_i^2} \tag{6.3.2}$$

式中:i_c、h_i 为柱的线刚度和高度(层高)。

柱抗侧刚度的物理意义是柱上下两端发生单位相对侧移时,在柱中产生的剪力。由

假定 ② 可知,对一般层柱,反弯点在其 1/2 高度处;对于底层柱,则反弯点近似位于距固定端的 2/3 柱高处。

　　假定楼板平面内刚度无限大,当不考虑结构扭转变形时,第 i 层的各框架柱在楼、屋盖处有相同的水平位移,该层各柱所承担的地震剪力与其抗侧刚度成正比,即第 i 层第 k 根柱所分配的剪力为

$$V_{ik} = \frac{k_{ik}}{\sum_{k=1}^{m} K_{ik}} V_i \qquad (k=1,2,\cdots,m) \qquad (6.3.3)$$

式中:V_i 为采用底部剪力法或振型分解反应谱法求得的第 i 层楼层的地震剪力;k_{ik} 为第 i 层第 k 根柱的抗侧刚度,由式(6.3.2)求得。

　　求得各柱的剪力和反弯点高度后,便可求出各柱的柱端弯矩;考虑各节点的力矩平衡条件,梁端弯矩之和等于柱端弯矩之和,可求出梁端弯矩之和;按与该节点相连接的梁的线刚度相对值进行分配,从而可求出该节点的梁端弯矩;然后,根据梁的弯矩平衡条件,可求出梁的剪力;最后,由梁端剪力,根据柱的竖向平衡条件,可求出柱的轴力(见图 6.3.5)。

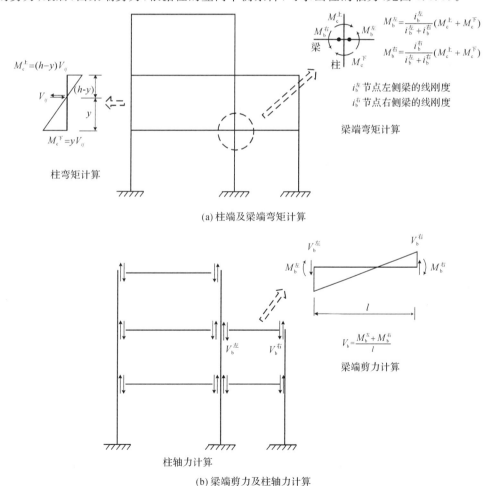

图 6.3.5　梁端弯矩、剪力和柱轴力计算

对于层数较少、楼面荷载较大的多层框架结构,因其柱截面尺寸较小,梁截面尺寸较大,梁、柱线刚度之比较大,实际情况与假定①较为符合。一般来说,当梁线刚度和柱线刚度之比大于 3 时,节点转角很小,由上述假定引起的误差能满足工程设计的精度要求。对于高层框架,由于柱截面加大,梁、柱线刚度比值相应减小,反弯点法的误差较大,此时就需采用改进反弯点法—D 值法。

(2)改进反弯点法—D 值法

日本武藤清教授在分析节点转角影响的基础上,提出了通过修正柱的抗侧刚度和调整反弯点高度计算框架内力的方法。修正后的柱抗侧刚度用 D 表示,故称 D 值法。该方法近似考虑了框架节点转动对柱的抗侧刚度和反弯点高度的影响,计算步骤与反弯点法相同。这种方法具有计算简便的优点,是目前分析框架内力比较常用的一种近似方法。

用 D 值法计算框架内力的步骤如下:

① 计算各层柱的抗侧刚度 D_{ik}。D_{ik} 为第 i 层第 k 框架柱的抗侧刚度,按式(6.3.4)计算。

$$D_{ik} = \alpha_c k_{ik} = \alpha_c \frac{12i_c}{h_i^2} \tag{6.3.4}$$

式中:i_c、h_i 为柱的线刚度和高度;α_c 为节点转动影响系数,是考虑柱上下端节点弹性约束的修正系数,由梁、柱线刚度确定,按表 6.3.1 取用。

表 6.3.1 节点转动影响系数 α_c 的计算公式

楼层	计算简图		$\overline{K}$	α_c
	边柱	中柱		
一般层	i_2 / i_c / i_4	i_1 i_2 / i_c / i_3 i_4	$\overline{K} = \dfrac{i_1+i_2+i_3+i_4}{2i_c}$	$\alpha_c = \dfrac{\overline{K}}{2+\overline{K}}$
首层	i_2 / i_c	i_1 i_2 / i_c	$\overline{K} = \dfrac{i_1+i_2}{i_c}$	$\alpha_c = \dfrac{\overline{K}+0.5}{2+\overline{K}}$

注:边柱情况下,式中 i_1 和 i_3 取 0。

② 计算各柱所分配的剪力 V_{ik}。求得框架柱抗侧刚度 D_{ik} 后,与反弯点法相似,同层各柱所承担的剪力按其刚度进行分配,即

$$V_{ik} = \frac{D_{ik}}{\sum\limits_{j=1}^{m} D_{ij}} V_i \qquad (k = 1, 2, \cdots, m) \tag{6.3.5}$$

式中:V_{ik} 为第 i 层第 k 根柱所分配的剪力;D_{ik} 为第 i 层第 k 根柱的抗侧刚度。

③ 确定反弯点高度 h'。当柱上下两端的约束条件完全相同时,反弯点在柱中点处。否则,柱的反弯点会向约束刚度较小的一端移动。影响柱两端约束刚度的主要因素有结构总层数及该层所在的位置、梁、柱的线刚度比、上下层梁的刚度比、上下层的层高变化。因此,框架柱的反弯点高度按式(6.3.6)计算,即

$$h' = yh = (y_0 + y_1 + y_2 + y_3)h \tag{6.3.6}$$

式中:y_0 为标准反弯点高度比,根据水平荷载的形式(均布荷载、倒三角分布荷载)、框架总层数 m、该层位置 n 及梁、柱线刚度比 $\overline{K}$,查表求得;y_1 为上下层梁线刚度不同时,该层柱反弯点高度比的修正值;y_2 为上层层高 $h_上$ 与本层高度 h 不同时,反弯点高度比的修正值,其值根据 $h_上/h$ 和 $\overline{K}$ 查表求得;y_3 为下层高 $h_下$ 与本层高度 h 不同时,反弯点高度比的修正值,其值根据 $h_下/h$ 和 $\overline{K}$ 查表求得(注:相关表格可参考其他书籍,本书没有具体给出)。

④ 在求得柱剪力 V_{ik} 和反弯点高度 h' 后,根据平衡条件,可顺序求得柱端弯矩、梁端弯矩、梁端剪力和柱轴力。边柱轴力为各层梁端剪力按层叠加,中柱轴力为柱两侧梁端剪力之差,即按层叠加。计算过程同图 6.3.5。

与反弯点法相同,D 值法只适用于计算平面框架结构,是一种近似方法,使用时应注意适用条件。

反弯点法和 D 值法在计算梁截面惯性矩 I_b 时,可通过增大系数的方法简化计算:现浇整体梁板结构边框架梁取 1.5,中框架梁取 2.0;装配整体式楼盖梁边框架梁取 1.2,中框架梁取 1.5。无现浇面层的装配式楼面、开大洞口的楼板则不考虑板的作用。

4. 多遇地震作用下水平位移计算

框架结构的层间最大弹性位移可按下式计算

$$\Delta u_e = \frac{V_i}{\sum_{k=1}^{m} D_{ik}} \tag{6.3.7}$$

式中:D_{ik} 为第 i 层第 k 柱的侧移刚度;$\sum_{k=1}^{m} D_{ik}$ 为第 i 层所有柱的侧移刚度之和;V_i 为多遇地震作用标准值产生的 i 层层间地震剪力标准值。

5. 罕遇地震作用下层间弹塑性位移计算

在罕遇地震作用下,结构进入弹塑性状态,此时的弹塑性位移计算需要采用弹塑性地震反应计算分析。为此,需要建立框架结构的弹塑性地震反应计算模型以及材料或构件的滞回模型,输入与设计地震强度相对应的地震动时程,根据时程分析计算结果得到结构的位移反应。上述计算需要专用程序才能实现。

研究表明,结构进入弹塑性阶段后,变形主要集中在薄弱层,抗震验算只要针对薄弱层、薄弱构件进行。对于不超过 12 层且楼层刚度无突变的框架结构和填充墙框架结构,可采用简化计算方法,即薄弱层弹塑性层间位移 Δu_p 可按式(4.3.4)从罕遇地震作用下的弹性层间位移 Δu_e 和增大系数 η_p 近似得到,可不进行详细的弹塑性地震反应计算分析。

6.3.3 竖向荷载作用下的内力计算

竖向荷载包括恒荷载和活荷载两种,在计算层数较少且较规则框架的内力时,可采用分层法和弯矩二次分配法近似计算竖向荷载作用下的结构内力。

1. 分层法

多层多跨框架在竖向荷载作用下侧向位移很小,当梁的线刚度大于柱的线刚度时,在某层梁上施加的竖向荷载对其他各层杆件内力的影响不大。为简化计算,假设:

(1)竖向荷载作用下,多层多跨框架的位移影响忽略不计;

(2)每层梁上的荷载对其他层梁、柱的弯矩、剪力的影响忽略不计。

这样,可将 n 层框架分解成 n 个单层敞口框架,用力矩分配法分别计算,如图 6.3.6 所示。

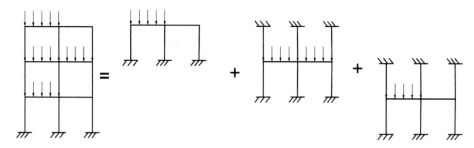

图 6.3.6 分层法的计算简图

分层法计算得到的梁弯矩为其最后的弯矩。除底层柱外,每一柱均属于上下两层,所以柱的最终弯矩为上下两层计算弯矩之和。上下层柱弯矩叠加后,在节点处弯矩可能不平衡,为提高精度,可对节点不平衡弯矩再进行一次分配(只分配,不传递)。

分层法计算框架时,还需注意以下问题:

(1)分层后,均假设上下柱的远端为固定端,而实际上除底层为固定外,其他节点都会发生转角,为弹性嵌固。为减小由此引起的计算误差,除底层外,其他层各柱的线刚度均乘以折减系数 0.9,所有上层柱的传递系数取 1/3,底层柱的传递系数仍取 1/2。

(2)分层法一般适用于节点梁、柱线刚度比 $\sum i_b / \sum i_c \geqslant 3$,且结构与竖向荷载沿高度分布较均匀的多、高层框架,若不满足此条件,则会产生较大的计算误差。

2. 弯矩二次分配法

此法是对弯矩分配法的进一步简化,在忽略竖向荷载作用下框架节点侧移时采用。其计算步骤如下:

(1)计算各节点的弯矩分配系数;

(2)计算各跨梁在竖向荷载作用下的固端弯矩;

(3)计算框架节点的不平衡弯矩;

(4)将各节点的不平衡弯矩同时进行分配,并向远端传递(传递系数均为 1/2),再将各节点不平衡弯矩分配一次后,即可结束。

弯矩二次分配法的计算精度一般可满足工程设计要求。

3. 内力调整

竖向荷载作用下梁端负弯矩往往较大,导致梁端上缘配筋量大,不利混凝土浇筑的密实性。钢筋混凝土框架结构属超静定结构,容许罕遇地震时梁端的弯矩进入塑性。因此,对梁端负弯矩乘以小于 1.0 的调幅系数 β 后设计,可减少梁端上缘的配筋量,同时在地震时让梁端首先出现塑性铰,满足"强柱弱梁"的设计原则。对于现浇框架,β 可取 0.8 ～ 0.9;对于装配式整体式框架,β 可取 0.7 ～ 0.8。

梁端负弯矩调幅降低后,跨中的弯矩相应增加。如图 6.3.7 所示,调幅后的跨中弯矩为

$$M_4 = M_3 + [0.5(M_1 + M_2) - 0.5(\beta M_1 + \beta M_2)] \tag{6.3.8}$$

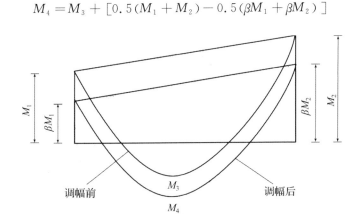

图 6.3.7　框架梁在竖向荷载作用下的调幅

在截面设计时,框架梁跨中截面正弯矩设计值不应小于竖向荷载作用下按简支梁计算的跨中弯矩设计值的 50%;应先对竖向载荷作用下框架梁的弯矩进行调幅,再与水平作用产生的框架梁弯矩进行组合。

6.3.4　内力组合以及抗震性能验算

根据建筑抗震二阶段设计方法,结构抗震性能验算包括第一阶段的控制截面强度验算和弹性变形验算、第二阶段的弹塑性变形验算。在截面强度验算之前,需要进行内力组合。

框架结构上作用的竖向荷载有永久荷载、楼屋面活荷载、积灰荷载和雪荷载等;水平荷载有风荷载和地震作用。结构设计时,应根据可能出现的最不利情况确定构件控制截面的内力设计值,进行截面设计。多、高层钢筋混凝土框架结构抗震设计时,一般应考虑以下两种基本组合:

(1) 有地震作用时的内力组合除考虑地震作用外,还应考虑重力荷载代表值和其他活荷载的作用(§ 4.4)。对于普通框架结构,可只考虑水平地震作用和重力荷载代表值参与组合,而不考虑风荷载及竖向地震作用,其内力组合设计值 S 按式(4.4.1)计算。

(2) 无地震作用时,框架结构受到全部恒荷载和活荷载的作用,其值一般要比重力荷载代表值大,且计算承载力时不引入承载力抗震调整系数,因此某些控制截面在无地震

作用时的组合内力有可能大于有地震作用时的内力组合。此时,内力组合设计值 S 可按式(6.3.9)计算,即

$$S = \gamma_G S_{GE} + \gamma_Q \varphi_Q S_{Qk} + \gamma_w \varphi_w S_{wk} \tag{6.3.9}$$

式中:γ_G 为永久荷载的分项系数(当其效应对结构不利时,对由永久荷载效应控制的组合取 1.35,由可变荷载效应控制的组合取 1.2;当其效应对结构有利时取 1.0);γ_Q 为楼面活荷载的分项系数(一般情况下应取 1.4;对标准值大于 $4kN/m^2$ 的工业房屋楼面结构的活荷载取 1.3);γ_w 为风荷载的分项系数,取 1.4;φ_Q、φ_w 为楼面活荷载组合值系数和风荷载组合值系数(当永久荷载效应起控制作用时应分别取 0.7 和 0.6;当可变荷载效应起控制作用时应分别取 1.0 和 0.6 或 0.7 和 1.0;对书库、档案库、储藏室、通风机房和电梯机房等楼面活荷载较大且相对固定的情况,楼面活荷载组合值系数取 0.7 的场合应改为 0.9);S_{GE}、S_{Qk}、S_{wk} 为重力荷载代表值效应标准值、楼面活荷载效应标准值和风荷载效应标准值。

对于框架梁,梁端截面和跨中截面作为控制截面。梁端截面要组合最大负弯矩 $-M_{max}$;跨中截面要组合最大的正弯矩 M_{max} 或可能出现的负弯矩。因此,框架梁的最不利内力按表 6.3.2 计算公式确定。表中,考虑地震作用组合时的承载力抗震调整系数 γ_{RE}、结构重要性系数 γ_0、剪力增大系数 η_{vb} 反映在对组合内力计算式中,承载能力计算可直接采用设计值。

表 6.3.2　框架梁控制截面设计内力组合

组合内力	计算式
梁端负弯矩	$M_{min} = \min\{-\gamma_{RE}(1.2M_{GE} + 1.3M_{Ek}), -\gamma_0(1.2M_{GE} + 1.4M_{Qk})\}$
梁端正弯矩	$M = \gamma_{RE}(1.3M_{Ek} - 1.0M_{GE})$
跨中正弯矩	$M_{max} = \max\{\gamma_{RE}(1.2M_{GE} + 1.3M_{Ek}), \gamma_0(1.2M_{GE} + 1.4M_{Qk})\}$
梁端剪力	$V_{max} = \max\{\gamma_{RE}(1.2V_{GE} + 1.3V_{Ek})\eta_{vb}, \gamma_0(1.2V_{GE} + 1.4V_{Qk})\}$

对于框架柱,剪力和轴力值在同一楼层内变化很小,而弯矩最大值在柱的两端,因此可取各层柱的上、下端截面作为设计控制截面进行配筋设计。框架柱一般为对称配筋的偏心构件,大、小偏压情况都可能出现,控制截面的最不利内力应同时考虑以下四种情况,分别配筋后选用最大者:

(1)M_{max} 及相应的 N、V(最大弯矩对应的轴力和剪力);

(2)N_{max} 及相应的 M、V(最大轴压力对应的弯矩和剪力);

(3)N_{min} 及相应的 M、V(最小轴压力对应的弯矩和剪力);

(4)V_{max} 及相应的 M、N(最大剪力对应的弯矩和轴力)。

最大弯矩取正负两个方向的大者。

6.3.5　承载能力验算

求出构件控制截面的组合内力值后,可按一般钢筋混凝土结构构件的计算方法进行配筋计算。但由于地震动具有很强的不确定性,结构地震破坏机理极其复杂,目前还很

难对结构地震作用以及地震反应做到精确分析。为了使结构具有良好的抗震性能,除了细致的计算分析外,还必须重视基于概念设计的各种抗震措施,包括对地震作用效应的调整和合理地采取抗震构造措施。对于钢筋混凝土框架结构,关键在于做好梁、柱及其节点的延性设计。

1. **实现梁铰机制,避免柱铰机制**

(1) 增大柱端弯矩设计值

柱端弯矩设计值应根据"强柱弱梁"原则进行调整。抗震设计时,一、二、三、四级框架的梁、柱节点处,除框架顶层和柱轴压比小于 0.15 者及框支柱的节点外,柱端组合的弯矩设计值均应符合式(6.3.10)要求。

$$\sum M_c = \eta_c \sum M_b \tag{6.3.10}$$

式中:$\sum M_c$ 为节点上、下柱端截面顺时针或逆时针方向组合的弯矩设计值之和,上、下柱端的弯矩设计值可按弹性分析分配;ΣM_b 为节点左、右梁端截面逆时针或顺时针方向组合的弯矩设计值之和(一级框架节点左、右梁端均为负弯矩时,绝对值较小的弯矩应取零);η_c 为框架柱端弯矩增大系数(对框架结构,一、二、三、四级可分别取 1.7、1.5、1.3、1.2;其他结构类型的框架,一级可取 1.4,二级可取 1.2,三、四级可取 1.1)。

一级框架结构或 9 度时,尚应符合

$$\sum M_c = 1.2 \sum M_{bua} \tag{6.3.11}$$

式中:$\sum M_{bua}$ 为节点左、右梁端截面逆时针或顺时针方向实配的正截面抗震受弯承载力所对应的弯矩值之和,根据实配钢筋面积(计入梁受压筋和相关楼板钢筋)和材料强度标准值确定。当反弯点不在柱的层高范围内时,柱端弯矩设计值可直接乘以柱端弯矩增大系数 η_c。

(2) 增大柱脚嵌固端弯矩设计值

框架结构计算嵌固端所在层(即底层)的柱下端若过早出现塑性屈服,将会影响整个结构的抗震抗倒塌能力。为推迟框架结构柱下端塑性铰的出现,一、二、三、四级框架结构的底层,其柱下端截面组合的弯矩设计值应分别乘以增大系数 1.7、1.5、1.3、1.2。底层柱纵向钢筋宜按上、下端的不利情况配置。

(3) 增大角柱的弯矩设计值

地震时,角柱受两个方向地震影响,受力状态复杂,需特别加强。框架角柱应按双向偏心受力构件进行正截面设计。一、二、三、四级框架的角柱,经"强柱弱梁","强剪弱弯"及"柱底层弯矩"调整后的弯矩、剪力设计值还应乘以不小于 1.1 的增大系数。

2. **实现弯曲破坏,避免剪切破坏**

框架梁、柱抗震设计时,应遵循"强剪弱弯"的设计原则。在大震作用下,构件的塑性铰应具有足够的变形能力,保证构件先发生延性弯曲破坏,避免发生脆性剪切破坏。

(1) 按"强剪弱弯"的原则调整框架梁的截面剪力

一、二、三级框架和剪力墙的梁,其梁端截面组合的剪力设计值应按下式调整,即

$$V_b = \frac{\eta_{vb}(M_b^{左} + M_b^{右})}{l_n} + V_{Gb} \tag{6.3.12}$$

一级框架结构或 9 度时,尚应符合式(6.3.13)的要求,即

$$V_{\mathrm{b}} = \frac{1.1(M_{\mathrm{bua}}^{左} + M_{\mathrm{bua}}^{右})}{l_{\mathrm{n}}} + V_{\mathrm{Gb}} \qquad (6.3.13)$$

式中:l_{n} 为梁的净跨;V_{Gb} 为梁在重力荷载代表值(9 度区高层建筑还应包括竖向地震作用标准值)作用下,按简支梁分析的梁端截面剪力设计值;$M_{\mathrm{b}}^{左}$、$M_{\mathrm{b}}^{右}$ 为梁左、右端逆时针或顺时针方向组合的弯矩设计值,当框架两端弯矩均为负弯矩时,绝对值较小的弯矩应取零;$M_{\mathrm{bua}}^{左}$、$M_{\mathrm{bua}}^{右}$ 为梁左、右端逆时针弯矩或顺时针方向实配的正截面抗震受弯承载力所对应的弯矩值,根据实配钢筋面积(计入受压钢筋和相关楼板钢筋)和材料强度标准值确定;η_{vb} 为梁端剪力增大系数(一级可取 1.3,二级可取 1.2,三级可取 1.1)。

(2) 按"强剪弱弯"的原则调整框架柱的截面剪力

一、二、三、四级框架柱和框支柱组合的剪力设计值应按下式调整,即

$$V_{\mathrm{c}} = \frac{\eta_{\mathrm{ve}}(M_{\mathrm{c}}^{\mathrm{t}} + M_{\mathrm{c}}^{\mathrm{b}})}{H_{\mathrm{n}}} \qquad (6.3.14)$$

一级框架结构或 9 度时,尚应符合下式要求

$$V_{\mathrm{c}} = \frac{1.2(M_{\mathrm{cua}}^{\mathrm{t}} + M_{\mathrm{cua}}^{\mathrm{b}})}{H_{\mathrm{n}}} \qquad (6.3.15)$$

式中:$M_{\mathrm{c}}^{\mathrm{t}}$、$M_{\mathrm{c}}^{\mathrm{b}}$ 为柱的上、下端顺时针或逆时针方向截面组合的弯矩设计值,应符合前述对柱端弯矩设计值的要求;H_{n} 为柱的净高;$M_{\mathrm{cua}}^{\mathrm{t}}$、$M_{\mathrm{cua}}^{\mathrm{b}}$ 为偏心受压柱的上、下端顺时针或逆时针方向实配的正截面抗震受弯承载力所对应的弯矩值,根据实配钢筋面积、材料强度标准值和轴压力等确定;η_{ve} 为柱剪力增大系数(对框架结构,一、二、三、四级可分别取 1.5、1.3、1.2、1.1;对其他结构类型的框架,一级可取 1.4,二级可取 1.2,三、四级可取 1.1)。

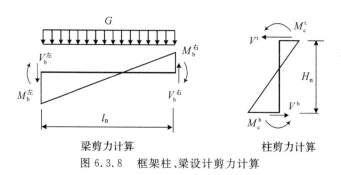

图 6.3.8　框架柱、梁设计剪力计算

(3) 按抗剪要求的截面限制条件

截面上平均剪应力与混凝土抗压强度设计值之比,称为剪压比,以 $V/f_{\mathrm{c}}bh_0$ 表示。截面出现斜裂缝之前,构件剪力基本由混凝土抗剪强度来承受,箍筋因抗剪引起的拉应力很小,如果构件截面的剪压比过大,混凝土就会过早发生斜压破坏,因此必须对剪压比加以限制。对剪压比的限制,也就是对构件最小截面的限制。钢筋混凝土结构的梁、柱、剪力墙和连梁,其截面组合的剪力设计值应符合下列要求。

对于跨高比不大于 2.5 的梁和连梁及剪跨比大于 2 的柱和剪力墙为

$$V_h = \frac{1}{\gamma_{RE}}(0.20\beta_c f_c bh_0) \tag{6.3.16}$$

对于跨高比不大于 2.5 的梁和连梁及剪跨比大于 2.5 的柱和剪力墙、部分框支剪力墙结构的框支柱和框支梁以及落地剪力墙的底部加强部位为

$$V_b = \frac{1}{\gamma_{RE}}(0.15\beta_c f_c bh_0) \tag{6.3.17}$$

其中,剪跨比 λ 为

$$\lambda = \frac{M^c}{V^c h_0} \tag{6.3.18}$$

式中:M^c、V^c 为柱端截面组合的弯矩计算值及对应的截面组合剪力计算值,均取上、下端计算结果的较大值;V_b 为调整后的梁端、柱端或墙端截面组合的剪力设计值;f_c 为混凝土轴心抗压强度设计值;β_c 为混凝土强度影响系数(当混凝土强度等级不大于 C50 时取 1.0;当混凝土强度等级为 C80 时取 0.8;当混凝土强度等级为 C50～C80 时可按线性内插取用);b 为梁、柱截面宽度或剪力墙墙肢截面宽度,圆形截面柱可按面积相等的方形截面柱计算;h_0 为截面有效高度,剪力墙可取墙肢长度。反弯点位于柱高中部的框架柱,剪跨比可按柱净高与 2 倍柱截面高度之比计算。

(4) 框架梁斜截面受剪承载力的验算

矩形、T 形和工字形截面一般框架梁,其斜截面抗震承载力仍采用非地震时梁的斜截面受剪承载力公式进行验算,但除应除以承载力抗震调整系数外,还应考虑在反复荷载作用下,钢筋混凝土斜截面强度有所降低的影响。因此,框架梁斜截面受剪承载力抗震验算公式为

$$V_b = \frac{1}{\gamma_{RE}}\left(0.6\alpha_{cv} f_1 bh_0 + f_{yv}\frac{A_{sv}}{s}h_0\right) \tag{6.3.19}$$

式中:f_{yv} 为箍筋抗拉强度设计值;A_{sv} 为配置在同一截面内箍筋各肢的全部截面面积;s 为沿构件长度方向上的箍筋间距;α_{cv} 为截面混凝土受剪承载力系数,对于一般受弯构件取 0.7;对集中荷载作用(包括作用有多种荷载,其中集中荷载对支座截面或节点边缘产生的剪力值占总剪力 75% 以上的情况)下的框架梁,取为

$$\alpha_{cv} = \frac{1.75}{\dfrac{a}{h_0}+1} \tag{6.3.20}$$

式中:a 为集中荷载作用点至支座截面或节点边缘的距离,剪跨比 $a/h_0 < 1.5$ 时,取为 1.5,$a/h_0 > 3$ 时取为 3。

(5) 框架柱斜截面受剪承载力的验算

在进行框架柱斜截面承载力抗震验算时,仍采用非地震时承载力验算的公式,但应除以承载力抗震调整系数,同时考虑地震作用对钢筋混凝土框架柱承载力降低的不利影响,即可得出矩形截面框架柱和框支柱斜截面抗震承载力验算公式为

$$V_c = \frac{1}{\gamma_{RE}}\left(\frac{1.05}{\lambda+1}f_1 bh_0 + f_{yv}\frac{A_{sv}}{s}h_0 + 0.056N\right) \tag{6.3.21}$$

式中:λ 为框架柱、框支柱的剪跨比,按式(6.3.18)计算,当 $\lambda < 1$ 时,取 1,当 $\lambda > 3$ 时,取

3;N 为考虑地震作用组合的框架柱、框支柱轴向压力设计值,当其值大于 $0.3f_cA$ 时,取为 $0.3f_cA$。

当矩形截面框架柱和框支柱出现拉力时,其斜截面受剪承载力应按下式计算,即

$$V_c \leqslant \frac{1}{\gamma_{RE}}\left(\frac{1.05}{\lambda+1}f_tbh_0 + f_{yv}\frac{A_{sv}}{s}h_0 - 0.2N\right) \tag{6.3.22}$$

式中:N 为与剪力设计值 V 对应的轴向拉力设计值,取正值;λ 为框架柱的剪跨比。当右端括号内的计算值小于 $f_{yv}\dfrac{A_{sv}}{s}h_0$ 时,应取等于 $f_{yv}\dfrac{A_{sv}}{s}h_0$,且 $f_{yv}\dfrac{A_{sv}}{s}h_0$ 的值不应小于 $0.36f_tbh$。

3. 实现强节点核心区、强锚固

在竖向荷载和地震作用下,梁柱节点核心区承受压力和水平剪力的组合作用,受力复杂。节点核心区破坏的主要形式是剪压破坏和黏结锚固破坏,节点核心区箍筋配置不足、混凝土强度等级较低是其破坏的主要原因。在地震往复荷载作用下,因受剪承载力不足,节点核心区形成交叉裂缝,混凝土挤压破碎,箍筋屈服,甚至被拉断,纵向钢筋压屈失效,伸入核心区的框架梁纵筋与混凝土之间也随之发生黏结破坏。

框架梁柱节点在梁和柱端的弯矩作用,受到的组合剪力如图 6.3.9 所示。

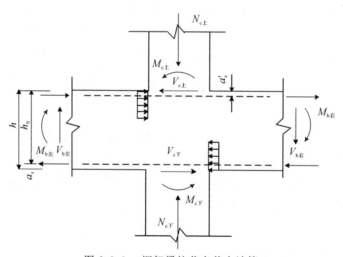

图 6.3.9　框架梁柱节点剪力计算

剪切破坏和黏结破坏属于脆性破坏,且破坏后修复困难,还会导致梁端转角和层间位移增大,容易引起房屋倒塌。故核心区不能作为框架的耗能部位,其抗震设计应满足以下设计原则:

(1)节点的承载力不应低于其连接构件(梁、柱)的承载力;

(2)多遇地震时,节点应在弹性范围内工作;

(3)罕遇地震时,节点承载力的降低不得危及竖向荷载的传递;

(4)梁柱纵筋在节点区应有可靠的锚固。

为实现"强节点核心区、强锚固"的设计要求,一、二、三级框架的节点核心区应进行

抗震验算;四级框架节点核心区可不进行抗震验算,但应符合抗震构造措施的要求。

(1) 节点核心区组合剪力设计值

节点核心区应能抵抗其两边梁端出现塑性铰时的剪力。作用于节点的剪力来自梁、柱纵向钢筋的屈服。对于强柱型节点,水平剪力主要来自框架梁,也包括一部分现浇板的作用。一、二、三级框架梁柱节点核心区组合的剪力设计值应按下式确定,即

$$V_j = \frac{\eta_{jb} \sum M_b}{h_b - a'_s} \left(1 - \frac{h_b - a'_s}{H_e - h_b}\right) \tag{6.3.23}$$

式中:V_j 为梁柱节点核心区组合的剪力设计值;h_{b0} 为梁截面的有效高度,节点两侧梁截面高度不等时可采用平均值;a'_s 为梁受压钢筋合力点至受压边缘的距离;H_e 为柱的计算高度,可采用节点上下柱反弯点之间的距离;h_b 为梁的截面高度,节点两侧梁截面高度不等时可采用平均值;η_{jb} 为强节点系数(对于框架结构,一级宜取 1.5,二级宜取 1.35,三级宜取 1.2;对于其他结构中的框架,一级宜取 1.35,二级宜取 1.2,三级宜取 1.1);$\sum M_b$ 为节点左右梁端逆时针或顺时针方向组合弯矩设计值之和,一级时节点左右梁端均为负弯矩,绝对值较小的弯矩应取零。

一级框架结构或 9 度时,尚应符合

$$V_j = \frac{1.15 \sum M_{bua}}{h_b - a'_s} \left(1 - \frac{h_b - a'_s}{H_c - h_b}\right) \tag{6.3.24}$$

式中:M_{bua} 为节点左右梁端逆时针或顺时针方向实配的正截面抗震受弯承载力所对应的弯矩值之和。

(2) 节点剪压比的控制

为防止节点核心区混凝土斜压破坏,要控制剪压比,使节点区的尺寸不致太小。考虑到节点核心周围一般都受到梁的约束,抗剪面积实际比较大,故剪压比限值可适当放宽。节点核心区组合的剪力设计值应符合:

$$V_j \leqslant \frac{1}{\gamma_{RE}} (0.30 \eta_j \beta_a f_c b_j h_j) \tag{6.3.25}$$

式中:η_j 为正交梁的约束影响系数(楼板为现浇、梁柱中线不重合、四侧各梁界面宽度不小于该侧柱截面宽度的 1/2,且正交方向梁高度不小于框架梁高度的 3/4 时,可采用 1.5,9 度、一级时宜采用 1.25,其他情况均采用 1.0);h_j 为节点核心区的截面高度,可采用验算方向的柱截面高度;b_j 为节点核心区截面有效验算宽度[当验算方向的梁截面宽度不小于该侧柱宽度的 1/2 时,可按 $b_j = b_c$ 计算;当小于柱截面宽度的 1/2 时,可按 $b_j = b_c$ 和 $b_j = b_h + 0.5h_c$ 计算取较小值;当梁、柱的中线不重合且偏心距不大于柱宽的 1/4 时,按 $b_j = 0.5(b_b + b_c) + 0.25h_c - e$, $b_j = b_h + 0.5h_c$, $b_j = b_c$ 分别计算,取较小值;b_c 为验算方向的柱截面宽度;h_c 为验算方向的柱截面高度;b_b 为梁截面宽度;e 为梁与柱的中线偏心距]。

如不满足式(6.3.25),则需加大柱截面或提高混凝土强度等级。节点区的混凝土强度等级应与柱的相同。当节点区混凝土与梁板混凝土一起浇筑时,须注意节点区混凝土的强度等级不能降低太多,其与柱混凝土等级相差不应超过 5MPa。

对于圆柱框架的梁柱节点,当梁中线与柱中线重合时,圆柱框架梁柱节点核心区组合的剪力设计值应符合式(6.3.26)要求。

$$V_j \leqslant \frac{1}{\gamma_{RE}}(0.30\eta_j f_c A_j) \tag{6.3.26}$$

式中:η_j 为正交梁的约束影响系数,同式(6.3.25),其中柱截面宽度按柱直径采用;A_j 为节点核心区有效截面积[梁宽 b_b 不小于柱直径 D 的 1/2 时,取为 $0.8D^2$;梁宽 b_b 小于柱直径 D 的 1/2 时且不小于 $0.4D$ 时,取为 $0.8D(b_b+D/2)$]。

(3) 框架节点核心区截面抗震受剪承载力的验算

试验表明,节点核心区混凝土初裂前,剪力主要由混凝土承担,箍筋应力很小,节点受力状态类似于一个混凝土斜压杆;节点核心区出现交叉斜裂缝后,剪力由箍筋与混凝土共同承担,节点受力类似于桁架;与柱类似,在一定范围内,随着柱轴压力的增加,不仅能提高节点的抗裂度,而且能提高节点的极限承载力。另外,垂直于框架平面的正交梁如具有一定的截面尺寸,对核心混凝土将具有明显的约束作用,实质上是扩大了受剪面积,因而也提高了节点的受剪承载力。

框架节点的受剪承载力可以由混凝土和节点箍筋共同组成。影响受剪承载力的主要因素有柱轴力、正交梁约束、混凝土强度和节点配筋情况等。节点核心区截面抗震受剪承载力应采用下式验算,即

$$V_j \leqslant \frac{1}{\gamma_{RE}}\left(1.1\eta_j f_t b_j h_j + 0.05\eta_j N \frac{b_j}{b_e} + f_{yv} A_{svj} \frac{h_{b0}-a'_s}{s}\right) \tag{6.3.27}$$

$$V_j \leqslant \frac{1}{\gamma_{RE}}\left(0.9\eta_j f_t b_j h_j + f_{yv} A_{svj} \frac{h_{b0}-a'_s}{s}\right)\text{(9 度、一级)} \tag{6.3.28}$$

式中:N 为对应组合剪力设计值的上柱组合轴压力较小值,其取值不应大于柱的截面面积和混凝土轴心抗压强度设计值乘积的 50%,当为拉力时取 0;f_{yv} 为箍筋抗拉强度设计值;f_t 为混凝土轴心抗拉强度设计值;A_{svj} 为核心区有效验算宽度范围内同一截面验算方向箍筋的总截面面积;s 为箍筋间距。

对于圆柱框架的梁柱节点,当梁中线与柱中线重合时,圆柱框架梁柱节点核心区截面抗震受剪承载力应采用式(6.3.29)、式(6.3.30)验算。

$$V_j \leqslant \frac{1}{\gamma_{RE}}\left(1.5\eta_j f_t A_j + 0.05\eta_j \frac{N}{D^2}A_j + 1.57 f_{yv} A_{sh} \frac{h_{b0}-a'_s}{s} + f_{yv} A_{svj} \frac{h_{b0}-a'_s}{s}\right)$$
$$\tag{6.3.29}$$

$$V_j \leqslant \frac{1}{\gamma_{RE}}\left(1.2\eta_j f_t A_j + 1.57 f_y A_{sh} \frac{h_{b0}-a'_s}{s} + f_{yv} A_{svj} \frac{h_{b0}-a'_s}{s}\right)\text{(9 度、一级)}$$
$$\tag{6.3.30}$$

式中:A_{sh} 为单根圆形箍筋的截面面积;A_{svj} 为同一截面验算方向的拉筋和非圆形箍筋的总截面面积;D 为圆柱截面直径;N 为轴力设计值,按一般梁柱节点的规定取值。

4. 截面抗震验算

6 度时,不规则结构和建造于 Ⅳ 类场地上,且高于 40m 的钢筋混凝土框架结构,以及 7 度和 7 度以上的结构需要进行多遇地震下的截面抗震验算。当承载力抗震调整系数、结构

重要性系数已分别反映在地震和非地震组合内力的计算结果中时,验算可公式统一表示为

$$S \leqslant R \tag{6.3.31}$$

式中:S 为按结构构件内力组合设计值;R 为结构构件非抗震设计时的承载力设计值,按《混凝土结构设计规范》计算。

6.3.6　位移验算

框架结构抗侧刚度小,水平地震作用下位移较大。在多遇地震下,过大的层间位移会使主体结构受损以及非结构开裂损坏,影响建筑的正常使用;在罕遇地震下,过大层间位移会使主体结构遭受严重破坏甚至倒塌。因此,位移计算是框架结构抗震计算的一个重要内容,框架结构的构件尺寸往往取决于结构的侧移变形要求。按照"三水准、二阶段"的设计理念,框架结构应根据需要进行多遇地震作用下的层间弹性位移验算和罕遇地震作用下的层间弹塑性位移验算。

在多遇地震作用下,主体结构和非结构构件处于弹性阶段,所有框架结构均应进行多遇地震作用下弹性层间位移的验算,框架结构的弹性层间位移应符合式(4.4.3)要求;在罕遇地震作用下薄弱层的层间弹塑性位移应符合式(4.4.4)要求。

6.3.7　构造措施

1. 框架梁

(1)截面尺寸

梁的截面宽度不宜小于 200mm,截面的高宽比不宜大于 4,梁净跨与截面高度之比不宜小于 4。当采用梁宽大于柱宽的扁梁时,楼盖、屋盖应现浇,梁中线宜与柱中线重合,扁梁应双向设置。扁梁的截面尺寸应符合下列要求,并应满足现行有关规范对挠度和裂缝宽度的规定,即

$$b_b \leqslant \min\{2b_c, b_c + h_b\} \tag{6.3.32}$$

$$h_b \leqslant 16d \tag{6.3.33}$$

式中:b_c 为柱截面宽度,圆形截面取柱直径的 0.8 倍;b_b、h_b 为梁截面宽度和高度;d 为柱纵向直径。

(2)纵向钢筋

梁的纵向钢筋配置应符合下列各项要求:①梁端计入受压钢筋的混凝土受压区高度与有效高度之比,一级不应大于 0.25,二、三级不应大于 0.35;②梁端截面的底面和顶面纵向钢筋配筋量的比值,除按计算确定外,一级不应小于 0.5,二、三级不应小于 0.3;③梁端纵向受拉钢筋的配筋率不应大于 2.5%,沿梁全长顶面、底面的配筋,一、二级不应少于 $2\phi14$,且分别不应少于梁顶面、底面两端纵向配筋中较大截面面积的 1/4,三、四级不应少于 $2\phi12$;④一、二、三级框架梁内贯通中柱的每根纵向钢筋直径,对框架结构不应大于矩形截面柱在该方向截面尺寸的 1/20,或纵向钢筋所在位置圆形截面柱弦长的 1/20;对其他结构类型的框架不宜大于矩形截面柱在该方向截面尺寸的 1/20,或纵向钢筋所在位置圆形截面柱弦长的 1/20;⑤框架梁纵向受拉钢筋配筋率不应小于表 6.3.3 规定数值的较大值。此外,框架梁的纵向钢筋不应与箍筋、拉筋及预埋件等焊接。

表 6.3.3　框架梁纵向受拉钢筋最小配筋率 $\rho_{\min}$

抗震等级	梁中位置	
	支座	跨中
一	0.40 和 80 f_t/f_y	0.30 和 65 f_t/f_y
二	0.30 和 65 f_t/f_y	0.25 和 55 f_t/f_y
三、四	0.25 和 55 f_t/f_y	0.20 和 45 f_t/f_y

（3）箍筋

震害调查和理论分析表明,在地震作用下,梁端部剪力最大,该处极易产生剪切破坏。因此,在梁端部一定长度范围内,箍筋间距应适当加密。一般称这一范围为箍筋加密区。

梁端加密区的箍筋设置应符合下列要求:①加密区的长度、箍筋最大间距和最小直径应按表 6.3.4 采用;当梁端纵向受拉钢筋配筋率大于 2% 时,表中箍筋最小直径数值应增加 2mm;②梁端加密区的箍筋肢距,一级不宜大于 200mm 和 20 倍箍筋直径两者中的较大值,二、三级不宜大于 250mm 和 20 倍箍筋直径两者中的较大值,四级不宜大于 300mm。在表 6.3.4 中,箍筋直径大于 12mm、数量不少于 4 肢且肢距不大于 150mm 时,一、二级的最大间距应允许适当放宽,但不得大于 150mm。表中,d 为纵向钢筋直径,h_b 为梁的截面高度。

表 6.3.4　梁端箍筋加密区的长度、箍筋最大间距和最小直径　　　（单位:mm）

抗震等级	加密区长度（采用较大值）	箍筋最大间距（采用最小值）	箍筋最小直径
一	2 h_b,500	6d,$h_b/4$,100	10
二	1.5 h_b,500	8d,$h_b/4$,100	8
三	1.5 h_b,500	8d,$h_b/4$,150	8
四	1.5 h_b,500	8d,$h_b/4$,150	6

框架梁的箍筋还应符合下列构造要求:①梁端设置的第一个箍筋应距框架节点边缘不大于 50mm。②箍筋应有 135° 弯钩,弯钩端头直段长度不应小于 10 倍的箍筋直径和 75mm 两者中的较大值。③在纵向钢筋搭接长度范围内的箍筋间距,钢筋受拉时不应大于搭接钢筋较小直径的 5 倍,且不应大于 100mm;钢筋受压时不应大于搭接钢筋较小直径的 10 倍,且不应大于 200mm。④框架梁非加密区箍筋最大间距不宜大于加密区箍筋间距的 2 倍。⑤框架梁沿梁全长箍筋的面积配筋率 ρ_{sv} 不应小于表 6.3.5 的规定。

表 6.3.5　框架梁沿梁全长箍筋的面积配筋率 ρ_{sv} 限值

抗震等级	一级	二级	三级	四级
ρ_{sv}	0.30 f_t/f_{yv}	0.28 f_t/f_{yv}	0.26 f_t/f_{yv}	0.26 f_t/f_{yv}

2. 框架柱

（1）截面尺寸

柱的截面尺寸宜符合下列要求:①截面的宽度和高度,四级或不超过 2 层时不宜小于 300mm，一、二、三级且超过 2 层时不宜小于 400mm；圆柱的直径，四级或不超过 2 层时不宜小于 350mm，一、二、三级且不超过 2 层时不宜小于 450mm。②剪跨比宜大于 2，圆形截面柱可按面积相等的方形截面柱计算。③截面长边与短边的边长比不宜大于 3。

(2)轴压比的限制

轴压比是指考虑地震作用组合的轴压力设计值 N 与柱全截面面积 bh 和混凝土轴心抗压强度设计值 f_c 乘积的比值，即 $N/f_c bh$。轴压比是影响柱延性的重要因素之一。试验研究表明，柱的延性随轴压比的增大而急剧下降，尤其在高轴压比的条件下，箍筋对柱的变形能力影响很小。因此，在框架抗震设计中，必须限制轴压比，以保证柱有足够的延性。框架柱轴压比不宜超过表 6.3.6 的规定。建造于 IV 类场地上较高的高层建筑，其柱轴压比限值应适当减小。另外，①对规范规定不进行地震作用计算的结构.可取无地震作用组合的轴力设计值计算。②表内限值适用于剪跨比大于 2、混凝土强度等级不高于 C60 的柱；剪跨比不大于 2 的柱.轴压比限值应降低 0.05；剪跨比小于 1.5 的柱，轴压比限值应专门研究.并采取特殊构造措施。③沿柱全高采用井字复合箍，且箍筋肢距不大于 200mm、间距不大于 100mm、直径不小于 12mm；或沿柱全高采用复合螺旋箍，且螺旋净距不大于 100mm、箍筋肢距不大于 200mm、直径不小于 12mm；或沿柱全高采用连续复合矩形螺旋箍，且螺旋净距不大于 80mm、箍筋肢距不大于 200mm、直径不小于 10mm；轴压比限值均可增加 0.10。以上三种箍筋的最小配箍特征值均应按表 6.3.6 的轴压比限值增大确定。④在柱的截面中部附加芯柱(见图 6.3.10)，其中另加的纵向钢筋总面积不少于柱截面面积的 0.8%，轴压比限值可增加 0.05；此项措施与注 3)的措施共同采用时，轴压比限值可增加 0.15，但钢筋的体积配筋率仍可按轴压比增加 0.10 的要求确定。⑤柱轴压比不应大于 1.05。

表 6.3.6 轴压比限值

结构类型	抗震等级			
	一	二	三	四
框架结构	0.65	0.75	0.85	0.90
框架-剪力墙、板柱-剪力墙、框架核心筒、筒中筒	0.75	0.85	0.85	0.85
部分框支剪力墙	0.60	0.70	—	

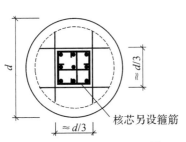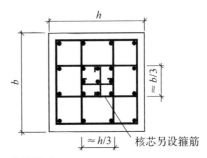

图 6.3.10 芯柱尺寸

（3）纵向钢筋

柱的纵向钢筋配置应符合下列各项要求：①纵向钢筋的最小总配筋率应按表 6.3.7 采用，同时每一侧纵筋配筋率不应小于 0.2%；对建造于 Ⅳ 类场地且较高的高层建筑，最小总配筋率应增加 0.1%。②柱的纵向配筋宜采用对称配置。③截面边长大于 400mm 的柱，纵向钢筋间距不宜大于 200mm。④柱总配筋率不应大于 5%；剪跨比不大于 2 的一级框架的柱，每侧纵向钢筋配筋率不宜大于 1.2%。⑤边柱、角柱及剪力墙端柱在小偏心受拉时，柱内纵筋总截面面积应比计算值增加 25%。⑥柱纵向钢筋的绑扎接头应避开柱端的箍筋加密区。

表 6.3.7　柱截面纵向钢筋的最小总配筋率

类别	抗震等级			
	一	二	三	四
中柱和边柱	0.9(1.0)	0.7(0.8)	0.6(0.7)	0.5(0.6)
角柱、框支柱	1.1	0.9	0.8	0.7

注：①表中括号内数值用于框架结构的柱；②钢筋强度标准值小于 400MPa 时，表中数值应增加 0.1，钢筋强度标准值为 400MPa 时，表中数值应增加 0.05；③混凝土强度等级高于 C60 时，上述数值应相应增加 0.1。

（4）箍筋

柱箍筋的形式应根据截面情况合理选取，图 6.3.11 所示为目前常用的箍筋形式。抗震框架柱一般不用普通矩形箍，圆形箍或螺旋箍由于加工困难，也较少采用，工程上大量采用的是矩形复合箍或拉筋复合箍。箍筋应为封闭式，其末端应做成 135° 弯钩，且弯钩末端的平直段长度不应小于 10 倍箍筋直径，且不应小于 75mm。

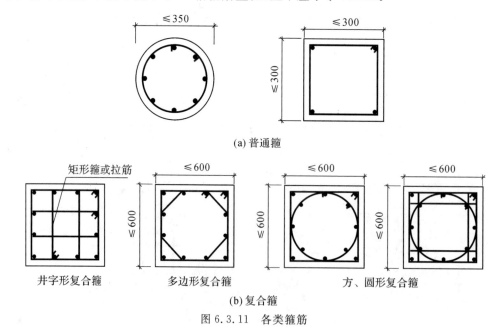

(a) 普通箍

(b) 复合箍

图 6.3.11　各类箍筋

　　框架柱的箍筋有三个作用,即抵抗剪力、对混凝土提供约束、防止纵筋压屈。加强箍筋约束是提高柱延性和耗能能力的重要措施。震害调查表明,框架柱的破坏主要集中在上下柱端 1.0～1.5 倍柱截面高度范围内;试验表明,当箍筋间距小于 6～8 倍柱纵筋直径时,在受压区混凝土压溃之前,一般不会出现钢筋压屈现象。因此,应在柱上下端塑性铰区及需要提高其延性的重要部位加密箍筋。柱的箍筋加密范围应按下列规定采用:①柱端,取截面高度(圆柱直径)、柱净高的 1/6 和 500mm 三者中的最大值。②底层柱的下端不小于柱净高的 1/3。③刚性地面上下各 500mm。④剪跨比不大于 2 的柱、因设置填充墙等形式的柱净高与柱截面高度之比不大于 4 的柱、框支柱、一级和二级框架的角柱,取全高。⑤需要提高变形能力的柱的全高范围。

　　框架柱箍筋加密区的构造措施应符合下列要求:①一般情况下,加密区箍筋的最大间距和最小直径应按表 6.3.8 采用。②一级框架柱的箍筋直径大于 12mm 且箍筋肢距不大于 150mm,以及二级框架柱的箍筋直径不小于 10mm 且箍筋肢距不大于 200mm 时,除底层柱下端外,最大间距应允许采用 150mm;三级框架柱截面尺寸不大于 400mm 时,箍筋最小直径应允许采用 6mm;四级框架柱剪跨比不大于 2 时,箍筋直径不应小于 8mm。③框支柱和剪跨比不大于 2 的框架柱,箍筋间距不应大于 100mm。④柱箍筋加密区的箍筋肢距,一级不宜大于 200mm,二、三级不宜大于 250mm,四级不宜大于 300mm。至少每隔一根纵向钢筋宜在两个方向有箍筋或拉筋约束;采用拉筋复合箍时,拉筋宜紧靠纵向钢筋,并钩住箍筋。⑤柱箍筋加密区的体积配箍率应符合式(6.3.34)要求。

$$\rho_v \geqslant \frac{\lambda_v f_c}{f_{yv}} \qquad (6.3.34)$$

式中:ρ_v 为柱箍筋加密区的体积配箍率(一、二、三、四级分别不应小于 0.8%、0.6%、0.4% 和 0.4%;计算复合螺旋箍的体积配箍率时,其非螺旋箍的箍筋体积应乘以换算系数 0.8);f_c 为混凝土轴心抗压强度设计值,强度等级低于 C35 时,应按 C35 计算;f_{yv} 为箍筋或拉筋抗拉强度设计值;λ_v 为柱最小配箍特征值,宜按表 6.3.9 采用。表中,d 为柱纵筋最小直径;柱根指底层柱下端箍筋加密区。

表 6.3.8　柱箍筋加密区的箍筋最大间距和最小直径　　　　(单位:mm)

抗震等级	箍筋最大间距(采用最小值)	箍筋最小直径
一	6d,100	10
二	8d,100	8
三	8d,150(柱根 100)	8
四	8d,150(柱根 100)	6(柱根 8)

表 6.3.9　柱箍筋加密区的箍筋最小配箍特征值

抗震等级	箍筋形式	柱轴压比								
		≤0.3	0.4	0.5	0.6	0.7	0.8	0.9	1.0	1.05
一	普通箍、复合箍	0.10	0.11	013	0.15	0.17	0.20	0.23	—	—
	螺旋箍、复合或连续复合矩形螺旋箍	0.08	0.09	0.11	0.13	0.15	0.18	0.21	—	—
二	普通箍、复合箍	0.08	0.09	0.11	013	0.15	0.17	0.19	0.22	0.24
	螺旋箍、复合或连续复合矩形螺旋箍	0.06	0.07	0.09	0.11	0.13	0.15	0.17	0.20	0.22
三	普通箍、复合箍	0.06	0.07	0.09	0.11	0.13	0.15	0.17	0.20	0.22
	螺旋箍、复合或连续复合矩形螺旋箍	0.05	0.06	0.07	0.09	0.11	0.13	0.15	0.18	0.20

注：①普通箍指单个矩形箍或单个圆形箍；复合箍指由矩形、多边形、圆形箍或拉筋组成的箍筋；复合螺旋箍指由螺旋箍与矩形、多边形、圆形箍或拉筋组成的箍筋；连续复合矩形螺旋箍指用一根通长钢筋加工而成的箍筋。

②框支柱宜采用复合螺旋箍或井字复合箍，其最小配箍特征值应比表内数值增加 0.02，且体积配箍率不应小于 1.5%。

③剪跨比不大于 2 的柱宜采用复合螺旋箍或井字复合箍，其体积配箍率不应小于 1.2%，9 度、一级时不应小于 1.5%。

考虑到框架柱在层高范围内剪力不变及可能的扭转影响，为避免箍筋非加密区的受剪能力突然降低很多，导致柱的中段破坏，框架柱箍筋非加密的箍筋配置应符合下列要求：①柱箍筋非加密区的体积配箍率不宜小于加密区的 50%。②箍筋间距，一、二级框架柱不应大于 10 倍纵向钢筋直径；三、四级框架柱不应大于 15 倍纵向钢筋直径。

3. 节点核心区

抗震框架的节点核心区必须设置足够量的横向箍筋，其箍筋的最大间距和最小直径宜符合上述柱箍筋加密区的有关规定，一、二、三级框架节点核心区配筋特征值分别不宜小于 0.12、0.10 和 0.08，且箍筋体积配筋率分别不宜小于 0.6%、0.5% 和 0.4%。柱剪跨比不大于 2 的框架节点核心区配箍特征值不宜小于核心区上下柱端配筋特征值中的较大值。

6.3.8　钢筋混凝土框架结构的抗震设计实例

1. 计算条件

一栋 5 层（局部 6 层）现浇钢筋混凝土框架结构办公房屋，结构平面及剖面如图 6.3.12(a) 所示，屋顶有局部凸出部分。现浇钢筋混凝土楼（屋）盖。框架梁截面尺寸：走道梁（各层）为 250mm×400mm；顶层梁为 250mm×600mm，其他楼层梁为 250mm×650mm。柱截面尺寸：1~3 层柱为 500mm×500mm，4~5 层柱为 450mm×

450mm。梁、板、柱混凝土强度等级皆为 C25。钢筋强度等级:受力纵筋采用 HRB400 级,箍筋采用 HPB300 级。各层重力荷载代表值如图 6.3.12(b)所示。已知抗震设防烈度为 8 度,基本烈度的地震峰值加速度为 0.20g,设计地震分组为第二组,I 类场地,结构阻尼比为 0.05。对该框架结构进行横向(y 主轴方向)水平地震作用下的结构抗震设计计算。

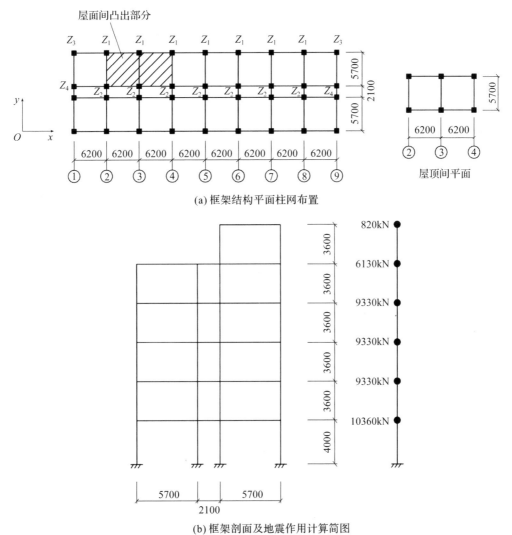

(a) 框架结构平面柱网布置

(b) 框架剖面及地震作用计算简图

图 6.3.12　多层钢筋混凝土框架建筑算例(长度单位:mm)

抗震计算步骤如下:①地震作用及其作用效应计算(计算简图、计算方法、重力荷载代表值及地震作用、楼层地震剪力、层间水平位移、地震作用下的结构内力分析等);②验算多遇地震作用下的层间弹性位移;③按有地震作用组合的情况进行最不利内力组合并进行内力调整,并与无地震作用组合的最不利情况进行比较,选择两者不利的内力进行截面设计;④验算罕遇地震作用下的层间弹塑性位移;⑤构造措施。

以下结合本实例介绍上述计算步骤中的①和②两个部分,其他从略。

2. 计算简图及对重力荷载代表值计算

框架结构的计算简图采用如图 6.3.12(b)所示的多自由度体系。计算重力荷载代表值时,永久荷载取全部,楼面可变荷载取 50%。各质点的重力荷载代表值 G_i 取本层楼面重力荷载代表值及与其相邻上下层间墙(包括门窗)、柱全部重力荷载代表值的一半之和。顶层屋面质点重力荷载代表值仅按屋面及其下层间一半计算,凸出屋面的局部屋顶间按其全部计算,并集中在屋顶间屋面质点上。各层重力荷载代表值集中于楼层标高处,其代表值表示在计算简图中。

3. 框架抗侧移刚度的计算

(1)梁的线刚度

计算结果如表 6.3.11 所示。其中梁的截面惯性矩考虑了楼板的作用;C25 混凝土的弹性模量 $E_c = 2.80 \times 10^7 \, \text{kN/m}^2$。

表 6.3.11　现浇框架梁的线刚度计算　　　　　　　　　(长度单位:m)

部分	截面	跨度	截面惯性矩	边框架梁		中框架梁	
	$b \times h$	l	$I_0 = bh^3/12$	$I_b = 1.5I_0$	$i_b = E_c I_b/l$	$I_b = 1.5I_0$	$i_b = E_c I_b/l$
走道梁	0.25×0.40	2.10	1.33×10^{-3}	2.00×10^{-3}	2.67×10^4	2.66×10^{-3}	3.55×10^4
顶层梁	0.25×0.60	5.70	4.5×10^{-3}	6.75×10^{-3}	3.31×10^4	9.00×10^{-3}	4.42×10^4
楼层梁	0.25×0.65	5.70	5.72×10^{-3}	8.58×10^{-3}	4.21×10^4	11.44×10^{-3}	5.62×10^4

(2)柱的抗侧移刚度

采用 D 值法计算($D = 12i/h^2$),计算结果如表 6.3.12 所示。

中间层(以 2−3 层为例)

$$柱 Z_1, \overline{K} = \frac{\sum i_b}{2i_c} = \frac{2 \times 5.62 \times 10^4}{2 \times 4.05 \times 10^4} = 1.388, \alpha = \frac{\overline{K}}{2 + \overline{K}} = \frac{1.388}{2 + 1.388} = 0.410$$

$$柱 Z_2, \overline{K} = \frac{2 \times (5.62 + 3.55) \times 10^4}{2 \times 4.05 \times 10^4} = 2.264, \alpha = \frac{\overline{K}}{2 + \overline{K}} = \frac{2.264}{2 + 2.264} = 0.531$$

底层

$$柱 Z_1, \overline{K} = \frac{\sum i_b}{i_c} = \frac{5.62 \times 10^4}{3.65 \times 10^4} = 1.540, \alpha = \frac{0.5 + \overline{K}}{2 + \overline{K}} = \frac{0.5 + 1.540}{2 + 1.540} = 0.576$$

$$柱 Z_2, \overline{K} = \frac{\sum i_b}{i_c} = \frac{(5.62 + 3.55) \times 10^4}{3.65 \times 10^4} = 2.512, \alpha = \frac{0.5 + \overline{K}}{2 + \overline{K}} = \frac{0.5 + 2.512}{2 + 2.512} = 0.668$$

表 6.3.12　框架柱 D 值及楼层抗侧移刚度计算

楼层	层高	柱号	柱根数	$b \times h$	$I_c = bh^3/12$	$i_b = E_c I_b/h$	$\overline{K}$	α	D_{ij}	$\sum D_{ij}$	D_i
i	m			m^2	m^4	$kN \cdot m$			$MN \cdot m^{-1}$	$MN \cdot m^{-1}$	$MN \cdot m^{-1}$
5	3.6	Z_1	14	0.45×0.45	3.417×10^{-3}	2.66×10^4	1.89	0.486	11.97	167.58	475.2
		Z_2	14				3.22	0.617	15.21	212.94	
		Z_3	4				1.41	0.413	10.17	40.68	
		Z_4	4				2.42	0.548	13.5	54.0	
4	3.6	Z_1	14	0.45×0.45	3.417×10^{-3}	2.66×10^4	2.11	0.513	12.64	176.96	479.78
		Z_2	14				3.22	0.617	15.19	212.66	
		Z_3	4				1.58	0.441	10.86	43.44	
		Z_4	4				1.80	0.474	11.68	46.72	
2—3	3.6	Z_1	14	0.50×0.50	5.208×10^{-3}	4.05×10^4	1.39	0.410	15.34	214.76	613.4
		Z_2	14				2.26	0.531	19.9	278.6	
		Z_3	4				1.04	0.342	12.83	51.32	
		Z_4	4				1.69	0.458	17.18	68.72	
1	4.0	Z_1	14	0.50×0.50	5.208×10^{-3}	3.65×10^4	1.540	0.576	15.73	220.22	600.16
		Z_2	14				2.512	0.668	18.25	255.5	
		Z_3	4				1.153	0.524	14.32	57.28	
		Z_4	4				1885	0.614	16.79	67.16	

4. 自振周期计算

选用顶点位移法计算自振周期。重力荷载沿水平方向作用下,顶点的位移计算结果如表 6.3.13 所示。取填充墙的周期影响系数 $\psi_T = 0.67$,结构基本自振周期为

$$T_1 = 1.7 \psi_T \sqrt{\Delta_{bs}} = 1.7 \times 0.67 \times \sqrt{0.224} = 0.539 (s)$$

表 6.3.13　假想顶点位移计算

楼层 i	重力荷载代表值 /kN	楼层剪力 /kN	楼层侧移刚度/(kN/m)	层间位移 /m	楼层位移 /m
	G_i	$V_{Gi} = \sum G_i$	D_i	$\delta_i = V_{Gi}/D_i$	$\Delta_i = \sum \delta_i$
5	6950	6950	475200	0.015	0.224
4	9330	16280	479780	0.034	0.209
3	9330	25610	613400	0.042	0.175
2	9330	34940	613400	0.057	0.133
1	10360	45300	600160	0.076	0.076
合计	45300	—	—	—	—

5. 水平地震作用计算及弹性位移验算

本例题符合底部剪力法的适用条件，水平地震作用计算采用底部剪力法。

（1）水平地震影响系数 α_1 的计算

结构基本周期取顶点位移法的计算结果，即 $T = 0.539$ s；多遇地震下设防烈度 8 度（设计地震加速度为 0.20g）的水平地震影响系数最大值 $\alpha_{\max} = 0.16$；I 类场地、设计地震分组为第二组时，$T_g = 0.3$ s，则

$$\alpha_1 = \left(\frac{T_g}{T_1}\right)^{0.9} \eta_2 \alpha_{\max} = \left(\frac{0.3}{0.539}\right)^{0.9} \times 1.0 \times 0.16 = 0.094$$

（2）水平地震作用以及层间剪力计算

结构底部的总水平地震作用标准值为

$$F_{Ek} = \alpha_1 G_{eq} = 0.094 \times 0.85 \times 45300 = 3619 (\text{kN})$$

因为 $T_1 = 0.539 > 1.4 T_g = 0.42$，需要考虑顶部附加地震作用的修正；因 $T_g = 0.3$ s < 0.35 s，顶部附加地震作用系数为

$$\delta_n = 0.08 T_1 + 0.07 = 0.08 \times 0.539 + 0.07 = 0.113$$

则顶部附加地震作用为

$$\Delta F_n = \delta_n F_{EK} = 0.113 \times 3619 = 409 (\text{kN})$$

ΔF_n 的作用位置在主体结构顶部，即第 5 层顶部。分布在各楼层的水平地震作用标准值为

$$F_i = \frac{G_i H_i}{\sum\limits_{j=1}^{n} G_j H_j} (1 - \delta_n) = F_{EK}$$

各楼层的水平地震作用以及层间剪力计算结果如表 6.3.14 所示。经验算，各楼层地震剪力标准值均满足式楼层最小地震剪力要求。

考虑屋顶间局部突出部分的鞭梢效应，屋顶间部分（第 6 层）的楼层地震剪力应乘以放大系数 3，即

$$V'_6 = 3 V_6 = 3 \times 119.2 = 357.6 (\text{kN})$$

（3）多遇地震下的弹性位移验算

根据楼层的抗侧移刚度 D_i 和层间剪力、弹性层间位移的计算过程及计算结果如表 6.3.14 所示。结果表明，各层的层间位移均小于钢筋混凝土框架结构弹性层间位移角限值 1/550，满足要求。

表 6.3.14 F_i、V_i、Δu_e 及 $\Delta u_e / h$ 值

楼层 i	h_i /m	G_i /kN	H_i /m	$G_i H_i$	$\sum G_i H_i$	F_i /kN	V_i /kN	D_i /(kN·m^{-1})	Δu_e /mm	$\Delta u_e / h$
6（屋顶间）	3.6	820	22.0	18040		119.2	119.2	—	—	—
5	3.6	6130	18.4	112792		745.4	1273.6	475200	2.68	1/1343
4	3.6	9330	14.8	138084	485760	912.5	2186.1	479780	4.56	1/789
3	3.6	9330	11.2	104496		690.5	2876.6	613400	4.69	1/767
2	3.6	9330	7.6	70908		468.6	3345.2	613400	5.45	1/661
1	4.0	10360	4.0	41440		273.9	3619.0	600160	6.03	1/663

6. 水平地震作用下框架的内力分析

选取有代表性的平面框架单元进行内力分析。水平地震作用下框架的内力计算步骤如下(参见图 6.3.5):

①将求得的各楼层地震剪力分配到单元框架的各框架柱,可得各层每根柱的剪力值;

②通过查表得到各柱的反弯点高度比及其修正值,再确定各层各柱的反弯点位置;

③计算出每层柱上下两端的柱端弯矩;

④利用节点的弯矩平衡原理,求出每层各跨梁端的弯矩;

⑤求出梁端剪力;

⑥由柱轴力与梁端剪力平衡的条件可求出柱轴力。

以框架单元(无局部突出部分)为例,计算结果如表 6.3.15 和表 6.3.16 及图 6.3.13 所示。由于地震是双向反复作用,两类梁、各柱的弯矩、轴力及剪力的符号也相应地反复变化。上标 L、R 分别表示左右端。

表 6.3.15 水平地震作用下的中框架柱剪力和柱端弯矩标准值

柱 j	层 i	h_i /m	V_i /kN	D_i /(kN·m^{-1})	D_{ij} /(kN·m^{-1})	D_{ij}/D_i	V_{ik} /kN	$\overline{K}$	y	M_{ij}^b /(kN·m)	M_{ij}^t /(kN·m)
Z_1	5	3.6	1273.6	475200	11970	0.025	31.84	1.89	0.39	40.70	69.92
	4	3.6	2186.1	479780	12640	0.026	56.84	2.11	0.46	94.13	110.49
	3	3.6	2876.6	613400	15340	0.025	71.92	1.39	0.5	129.46	129.46
	2	3.6	3345.2	613400	15340	0.025	83.65	1.39	0.5	150.53	150.53
	1	4.0	3619.0	600160	15370	0.026	94.1	1.54	0.63	273.13	139.27
Z_2	5	3.6	1273.6	475200	15210	0.032	40.76	3.220	0.45	66.03	80.71
	4	3.6	2186.1	479780	15190	0.031	67.77	3.220	0.5	121.99	121.99
	3	3.6	2876.6	613400	19900	0.032	92.05	2.260	0.5	165.69	165.69
	2	3.6	3345.2	613400	19900	0.032	107.05	2.260	0.5	192.69	192.69
	1	4.0	3619.0	600160	18250	0.030	108.57	2.512	0.58	251.88	182.40

表 6.3.16 水平地震作用下的中框架梁端弯矩、剪力及柱轴力标准值

楼层 i	进深梁				走道梁				柱 Z_1	柱 Z_2
	l /m	M_{Ek}^L /(kN·m)	M_{Ek}^R /(kN·m)	V_{Ek} /kN	l /m	M_{Ek}^L /(kN·m)	M_{Ek}^R /(kN·m)	V_{Ek} /kN	N_{Ek} /kN	N_{Ek} /kN
5	5.7	69.92	44.76	20.12	2.1	35.95	35.95	34.24	20.12	14.12
4	5.7	155.19	115.23	47.44	2.1	72.79	72.79	69.32	67.56	36.0
3	5.7	223.59	176.31	70.16	2.1	111.37	111.37	106.07	137.72	71.91
2	5.7	279.99	219.64	87.65	2.1	138.74	138.74	132.13	225.37	116.39
1	5.7	289.8	229.88	91.17	2.1	145.21	145.21	138.30	316.54	163.52

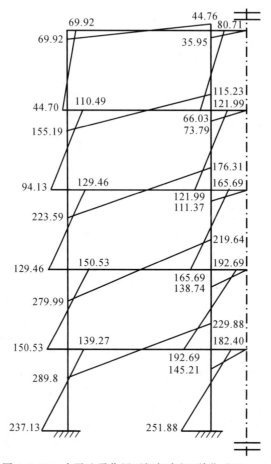

图 6.3.13　水平地震作用下框架弯矩(单位:kN・m)

7.框架重力荷载作用效应计算

当考虑重力荷载作用与地震作用效应进行组合时,框架上的竖向重力荷载应该按重力荷载代表值计算。本例中,永久荷载取全部,楼面活荷载取 50%,屋面雪荷载取 50%。

该结构基本对称,竖向荷载作用下的侧移可以忽略,因此可采用弯矩分配法(分层法、二次分配法)计算框架的内力,并进行梁端负弯矩调幅。本例取弯矩调幅系数为 0.8,梁的跨中弯矩应做相应的调整(增加)。

以框架单元为例,采用分层法计算,重力荷载代表值作用下的内力计算结果如表 6.3.17 所示。表中弯矩以顺时针为正,上标 T、B 分别表示柱的上端和下端,表中弯矩值已经折算到节点柱边缘处,折算公式为

$$M = M_c - V_0 \cdot \frac{b}{2}$$

式中:M 为节点柱边缘处弯矩值;M_c 为轴线处弯矩值;V_0 为按简支梁计算的支座剪力值(取绝对值);b 为节点处柱的截面宽度。

表 6.3.17　重力荷载代表值作用下的⑤轴框架梁端弯矩及柱端弯矩、轴力

楼层 i	框架梁				框架柱					
	进深梁		走道梁		边柱 Z_1			中柱 Z_2		
	M_{GE}^L	M_{GE}^R	M_{GE}^L	M_{GE}^R	M_{GE}^T	M_{GE}^B	N_{GE}	M_{GE}^T	M_{GE}^B	N_{GE}
	/(kN·m)	/(kN·m)	/(kN·m)	/(kN·m)	/(kN·m)	/(kN·m)	/kN	/(kN·m)	/(kN·m)	/kN
5	−46.5	56.1	−15.8	15.8	46.5	47.6	162	−40.3	−42.1	221
4	−94.5	103.9	−17.8	17.8	47.0	47.3	408	−44.0	−44.1	558
3	−99.9	107.5	−15.0	15.0	58.0	43.3	654	−53.0	−49.1	895
2	−107.3	111.3	−12.2	12.2	54.0	59.6	900	−50.0	−54.9	1232
1	−98.4	106.3	−15.8	15.8	58.0	19.5	1173	−35.6	−17.5	1606

6.4　框架—抗震墙结构抗震设计

6.4.1　水平变形特点

框架结构楼面刚度大、楼层刚度小,在水平地震作用下依靠框架柱抵抗水平地震作用,结构沿高度呈剪切型变形。而抗震墙结构楼层也有较大刚度,水平地震作用下的结构变形与悬臂梁的弯曲变形相似,呈弯曲型。因此,框架结构的变形为低楼层增速大、高楼层缓慢;而抗震墙结构刚好相反,低楼层变形小、高楼层变形大。

框架—抗震墙结构是框架和抗震墙的组合体系,通过平面内刚度较大的楼面将两者连接在一起共同抵抗水平地震作用,建筑物的变形兼备两种结构的特点,呈弯剪型。图6.4.1(a)为框架、抗震墙以及框架—抗震墙结构体系沿高度的结构变形特征,这种变形特征决定了框架—抗震墙结构体系水平地震作用的分配。在较低的楼层,抗震墙变形小,分担较多的楼层水平地震作用;相反,在较高的楼层由于框架变形小,将分担较多的楼层水平地震作用,甚至还将额外承担复位抗震墙变形的水平力。图6.4.1(b)为框架—抗震墙结构的水平地震剪切 V_p 沿建筑物高度的分布形式。框架结构分担的地震剪力为

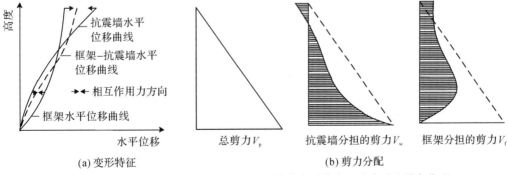

(a) 变形特征　　　　　　　　　　　　　　(b) 剪力分配

图 6.4.1　框架、抗震墙以及框架—抗震墙结构变形特点以及水平地震力分配

V_f,抗震墙分担的地震剪力为 V_w,$V_p = V_f + V_w$。在建筑物底部,$V_f = 0$,抗震墙承担全部层间地震剪力;在建筑物顶部总剪力等于零,但框架和抗震墙的剪力均不会零,即 $V_f = -V_w \neq 0$,框架额外承担剪力。

6.4.2 结构布置及抗震等级

1. 结构布置要求

框架－抗震墙结构设计时,要遵循建筑物抗震设计一般原则,如平面布置尽量简单对称,质量中心和刚度中心重合,立面简单、避免刚度突变等。在框架－抗震墙结构中,合理分配框架和抗震墙之间的水平地震作用十分重要。为此,抗震墙设置宜符合下列要求:

(1)抗震墙布置均匀、对称。

(2)抗震墙沿结构纵横向布置,相互连接形成 T、L、十等截面形式,提高墙体刚度。

(3)抗震墙与柱中心线尽量重合。

(4)抗震墙尽量布置在端部,但不宜布置在外墙。

(5)楼梯间宜设置抗震墙,但不应造成较大的扭转效应。

(6)抗震墙在高度方向贯通,刚度不发生突变。

(7)抗震墙开洞时尽量上下对齐,洞边距端柱不宜小于 300mm。

(8)抗震墙数量满足结构的侧向刚度为宜,不宜太多。

(9)抗震墙的两端(不包括洞口两侧)宜设置端柱或与另一方向的抗震墙相连。

(10)房屋较长时,刚度较大的纵向抗震墙不宜设置在房屋的端开间等。

另外,框架－抗震墙结构中的抗震墙基础和部分框支抗震墙结构的落地抗震墙基础,应有良好的整体性和抗转动的能力。当采用装配式楼盖、屋盖时,应采取措施保证楼盖、屋盖的整体性及其与抗震墙的可靠连接;装配整体式楼盖、屋盖采用配筋现浇面层加强时,厚度不宜小于 50mm。

2. 框架部分抗震等级

地震引起的倾覆力矩由框架和剪力墙共同承担。对于竖向分布较均匀的框架－抗震墙结构,框架部分承担的地震倾覆力矩可按下式计算

$$M_f \geqslant \sum_{i=1}^{n} \sum_{j=1}^{m} V_{ij} h_i \tag{6.4.1}$$

式中:M_f 为框架承担的在基本振型地震作用下的地震倾覆力矩;n 为房屋层数;m 为框架第 i 层的柱根数;V_{ij} 为第 i 层第 j 根框架柱的计算地震剪力;h_i 为第 i 层层高。

当框架承担的倾覆力矩超过总倾覆力矩的 50% 时,框架起到主要作用,在抗震设计时需要提高其抗震能力的储备,满足按照框架结构设计的抗震性能要求。

框架－抗震墙结构的适用高度以及高宽比可取框架结构和抗震墙结构之间的值,视框架部分承担的倾覆力矩比例而定,当框架部分承担的倾覆力矩百分比接近于 0 时,取抗震墙结构的相关规定;否则,其倾覆力矩百分比接近于 100% 时,取框架结构的相关规定。

6.4.3　抗震计算方法

框架－抗震墙结构的地震作用及地震反应计算有杆系结构模型和基于微分方程的简化模型两种方法。

杆系结构模型可按结构力学矩阵位移法计算。抗震墙简化为受弯构件,与抗震墙相连的杆件用带刚域端的构件模拟。杆系结构模型由于自由度数量多,一般需要通过电算方法计算。而微分方程法是一种便于手算的简化方法,计算过程分两步进行,首先把所有的框架和抗震墙分别合并为总框架和总抗震墙,根据框架－抗震墙协同工作体系建立微分方程,通过对微分方程求解计算总框架和总抗震墙的结构内力;然后将总框架和总抗震墙的结构内力分配给单片框架、单片抗震墙,算出各构件的内力。

1.微分方程法的基本假定及其计算简图

用微分方程法进行近似计算时,基本假定为:

(1)不考虑结构的扭转变形,可简化为平面结构计算。

(2)楼板在自身平面内的刚度为无限大,各抗侧力单元在水平方向无相对变形。

(3)抗震墙只考虑其弯曲变形而不计剪切变形,框架只考虑其整体剪切变形而不计整体弯曲变形(即不计柱的轴向变形)。

(4)结构的刚度和质量沿高度分布比较均匀。

(5)各参数沿房屋高度为连续变化。

根据上述假定,将所有的抗震墙合并为一个总抗震墙,其抗弯刚度为各抗震墙的抗弯刚度之和;所有的框架合并为一个总框架,其抗剪刚度为各框架抗剪刚度之和。计算时,假定建筑物沿高度方向的刚度分布是均匀的,对于刚度相差不大的框架－抗震墙结构,可以采用加权平均的方法近似。

总抗震墙和总框架之间用无轴向变形的连系梁连接。连系梁模拟楼盖的作用,根据实际情况,有两种假定:①楼盖的平面外刚度为零,连系梁为如图 6.4.2(a)所示的铰接连杆体系;②考虑连系梁对墙肢的约束作用,连系梁为如图 6.4.2(b)所示的刚接连杆体系。

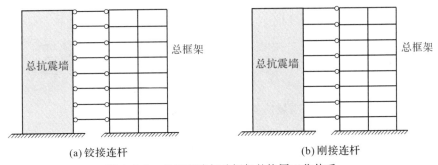

(a)铰接连杆　　　　　　　　　　　　　(b)刚接连杆

图 6.4.2　总抗震墙与总框架的协同工作体系

2. 总框架、总抗震墙以及刚接连梁的刚度

框架剪切刚度为框架产生单位层间转角所需要的水平推力,柱的剪切刚度 C_{fj}(对应单位层间转角)可由 D 值法求得。总框架剪切刚度为

$$C_f = \sum C_{fj} = h \sum D_j \tag{6.4.2}$$

式中:h 为层高;D_j 为第 j 根柱的 D 值。

总抗震墙的等效刚度 $E_c I_{eq}$ 是所有单片抗震墙刚度之和。总抗震墙等效弯曲刚度为

$$E_c I_{eq} = \sum (E_c I_{eq})_j \tag{6.4.3}$$

式中:$(E_c I_{eq})_j$ 表示第 j 片抗震墙的等效弯曲刚度。

对于刚性体系,连梁对抗震墙肢的约束弯矩增大了结构体系的剪切强度,连梁的这种附加作用称为连梁的约束刚度,或称为剪切刚度。

连系梁与抗震墙肢的连接可以是两端连接,也可以是一端连接。连系梁在抗震墙内部分的刚度可视为无限大,故框架－抗震墙刚接体系的连系梁是端部带有刚域的梁(见图 6.4.3)。刚域长度可取从墙肢形心到连梁边的距离减去 1/4 连梁高度。

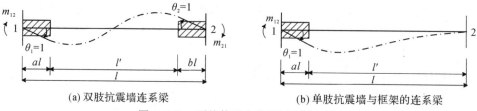

(a) 双肢抗震墙连系梁　　　　　　　　(b) 单肢抗震墙与框架的连系梁

图 6.4.3　刚接体系中带刚域的连系梁

对两端带刚域的梁,当梁两端均发生单位转角时,由结构力学计算方法可得梁端的弯矩为

$$m_{12} = \frac{6E_c I_b}{l} \frac{1+a-b}{(1+\beta)(1-a-b)^3} \tag{6.4.4a}$$

$$m_{21} = \frac{6EI}{l} \frac{1+b-a}{(1+\beta)(1-a-b)^3} \tag{6.4.4b}$$

其中

$$\beta = \frac{12\mu E_c I_b}{GA l'^2}$$

当忽略剪切变形影响时,$\beta = 0$。上式中:G 为混凝土剪切模量;A 为连梁截面积;其他符号见图 6.4.3。

令 $b = 0$,可得到仅左端带刚域的梁端弯矩

$$m_{12} = \frac{6E_c I_b}{l} \frac{1+a}{(1+\beta)(1-a)^3} \tag{6.4.5a}$$

$$m_{21} = \frac{6EI}{l} \frac{1-a}{(1+\beta)(1-a)^3} \tag{6.4.5b}$$

假定同一楼层内所有节点的转角相等,均为 θ,则连系梁端的约束弯矩为

$$M_{12} = m_{12}\theta, \quad M_{21} = m_{21}\theta \qquad (6.4.6a,b)$$

把集中约束弯矩 M_{ij} 简化为沿结构高度的线分布约束弯矩 $\overline{m}$，则

$$\overline{m}_{12} = \frac{M_{12}}{h} = \frac{m_{12}}{h}\theta, \quad \overline{m}_{21} = \frac{M_{21}}{h} = \frac{m_{21}}{h}\theta \qquad (6.4.7a,b)$$

设同一楼层内有 n 个与抗震墙刚接的连梁梁端，则总连梁的约束刚度 C_b 为所有连梁梁端的约束刚度之和，即

$$C_b = \sum_{k=1}^{n} \left(\frac{m_j}{h}\right)_k \qquad (6.4.8)$$

3. 铰接体系

对图 6.5.2(a) 所示的铰接体系，在沿高度 z 方向作用的水平地震作用为 $p(z)$，建筑物的水平侧移为 $y(z)$。地震作用通过铰接的连系梁分配给总抗震墙和总框架，总框架承担的水平地震作用为 $p_f(z)$，总抗震墙承担的水平地震作用为 $p(z) - p_f(z)$。如图 6.4.4 所示。

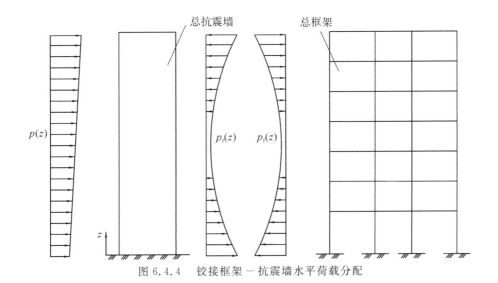

图 6.4.4　铰接框架－抗震墙水平荷载分配

对于总框架，根据荷载、内力和位移之间的关系，剪力 V_f 可表示为

$$p_f(z) = \frac{dV_f(z)}{dz} = -C_f \frac{d^2 y(z)}{dz^2} \qquad (6.4.9)$$

对于悬臂总抗震墙，同样根据荷载、内力和位移之间的关系，弯曲变形可以表示为

$$E_c I_{eq} \frac{d^4 y(z)}{dz^4} = p(z) - p_f(z) \qquad (6.4.10)$$

由式(6.4.9) 和式(6.4.10) 可得

$$E_c I_{eq} \frac{d^4 y(z)}{dz^4} - C_f \frac{d^2 y(z)}{dz^2} = p(z) \qquad (6.4.11)$$

上式即为框架和抗震墙协同工作的基本微分方程。求解方程可得结构的水平变形 $y(z)$，再由式（6.4.9）和式（6.4.10）算出框架和抗震墙受到的地震作用。

记 $\xi = z/H$，H 为结构的高度。则方程（6.4.11）可表示为

$$\frac{\mathrm{d}^4 y(z)}{\mathrm{d}z^4} - \lambda^2 \frac{\mathrm{d}^2 y(z)}{\mathrm{d}z^2} = \frac{p(z)H^4}{E_c I_{eq}} \tag{6.4.12}$$

式中：

$$\lambda = H\sqrt{\frac{C_f}{E_c I_{eq}}} \tag{6.4.13}$$

称参数 λ 为结构刚度特征值。λ 值的大小对抗震墙的变形和受力状态有重要影响，λ 值小，说明框架刚度小，抗震墙刚度占主要作用，框架－抗震墙结构的水平变形体系接近于悬臂弯曲变形；反之为剪切型。

微分方程（6.4.13）的形式如同弹性地基梁方程，框架相当于抗震墙的弹性地基，其弹簧常数为 C_f。当水平荷载 $p(z)$ 为倒三角形分布荷载时，设顶端的最大值为 q，根据微分方程的解可以得到抗震墙水平变形 y、截面弯矩 M_w 和水平剪力 V_w 为

$$\begin{cases} y(\xi) = \dfrac{qH^4}{\lambda^2 E_c I_{eq}}\left[\left(1 + \dfrac{\lambda \sinh\lambda}{2} - \dfrac{\sinh\lambda}{\lambda}\right)\dfrac{\cosh\lambda\xi - 1}{\lambda^2 \cosh\lambda} + \left(\dfrac{1}{2} - \dfrac{1}{\lambda^2}\right)\left(\xi - \dfrac{\sinh\lambda\xi}{\lambda}\right) - \dfrac{\xi^3}{6}\right] \\[2mm] M_w(\xi) = E_c I_{eq}\dfrac{\mathrm{d}^2 y}{\mathrm{d}z^2} = \dfrac{qH^2}{\lambda^2}\left[\left(1 + \dfrac{\lambda \sinh\lambda}{2} - \dfrac{\sinh\lambda}{\lambda}\right)\dfrac{\cosh\lambda\xi}{\cosh\lambda} - \left(\dfrac{\lambda}{2} - \dfrac{1}{\lambda}\right)\sinh\lambda\xi - \xi\right] \\[2mm] V_w(\xi) = -\dfrac{\mathrm{d}M_w}{\mathrm{d}z} = -\dfrac{qH}{\lambda^2}\left[\left(1 + \dfrac{\lambda \sinh\lambda}{2} - \dfrac{\sinh\lambda}{\lambda}\right)\dfrac{\lambda \sinh\lambda\xi}{\cosh\lambda} - \left(\dfrac{\lambda}{2} - \dfrac{1}{\lambda}\right)\lambda\cosh\lambda\xi - 1\right] \end{cases}$$
$$\tag{6.4.14}$$

当水平荷载为均布荷载 q 时，上述结果为

$$\begin{cases} y(\xi) = \dfrac{qH^4}{\lambda^4 E_c I_{eq}}\left[\left(1 + \dfrac{\lambda \sinh\lambda}{\cosh\lambda}\right)(\cosh\lambda\xi - 1) - \lambda \sinh\lambda\xi + \lambda^2 \xi\left(1 - \dfrac{\xi}{2}\right)\right] \\[2mm] M_w(\xi) = \dfrac{qH^2}{\lambda^2}\left[\left(\dfrac{1 + \lambda \sinh\lambda}{\cosh\lambda}\right)\cosh\lambda\xi - \lambda \sinh\lambda\xi - 1\right] \\[2mm] V_w(\xi) = -\dfrac{qH}{\lambda}\left[\lambda\cosh\lambda\xi - \left(\dfrac{1 + \lambda \sinh\lambda}{\cosh\lambda}\right)\sinh\lambda\xi\right] \end{cases} \tag{6.4.15}$$

同一标高处，总框架的水平剪切力为

$$V_f(z) = V_p(z) - V_w(z) \tag{6.4.16}$$

式中：$V_p(z)$ 为外荷载作用下结构的总剪力。

4. 刚接体系

刚接体系与铰接体系的差别主要在于增加了刚接连系梁的约束刚度 C_b 的影响。计算时，如把综合框架的剪切刚度 C_f 用 $(C_f + C_b)$ 代替之，即可得到与铰接体系相同形式的基本微分方程以及方程的解。因此，刚接体系的结构刚度特征值 λ 表示为

$$\lambda = H\sqrt{\frac{C_f + C_b}{E_c I_{eq}}} \tag{6.4.17}$$

另外，推导结果表明，对于刚接体系，抗震墙的剪力为

$$E_c I_{eq} \frac{d^3 y}{dz^3} = -V_{wh} = -V_w + \overline{m}(z) \tag{6.4.18}$$

式中：V_{wh} 为按铰接体系计算的抗震墙剪力，由前述的公式计算得到；V_w 为按刚接体系计算的抗震墙剪力；$\overline{m}(z)$ 为刚性连梁对抗震墙在高度方向单位长度的约束弯矩。因此

$$V_w = V_{wh} + \overline{m}(z) \tag{6.4.19}$$

由力的平衡条件可知，任意高度 z 处的总抗震墙剪力与总框架剪力之和应等于外荷载下的总剪力 V_p，即

$$V_p = V_w + V_f \tag{6.4.20}$$

定义框架的广义剪力 $\overline{V_f}$ 为

$$\overline{V_f} = \overline{m} + V_f \tag{6.4.21}$$

则

$$\overline{V_f} = V_p - V_{wh} \tag{6.4.22}$$

按总框架剪切刚度与总连梁约束刚度的比例，将总框架的广义剪力分解为总抗震墙的剪力 V_f 和总连梁的线约束弯矩 $\overline{m}$，即

$$\begin{cases} V_f = \dfrac{C_f}{C_f + C_b} \overline{V_f} \\ \overline{m} = \dfrac{C_b}{C_f + C_b} \overline{V_f} \end{cases} \tag{6.4.23}$$

最后由式（6.4.20）计算总抗震墙上的剪力，其他计算同铰接连梁。

5. 抗震墙和框架的内力在各墙和框架单元中的分配

得到抗震墙和框架的内力后，各墙和框架单元的内力按刚度比例进行分配。

对于框架，第 i 层第 j 柱的剪力 V_{fij} 为

$$V_{fij} = \frac{D_{ij}}{\sum D_i} V_{fi} \tag{6.4.24}$$

对于抗震墙，第 i 层第 j 片抗震墙的剪力 V_{wij} 和弯矩为

$$\begin{cases} V_{wij} = \dfrac{(E_c I_{eq})_{ij}}{\sum (E_c I_{eq})_i} V_{wi} \\ M_{wij} = \dfrac{(E_c I_{eq})_{ij}}{\sum (E_c I_{eq})_i} M_{wi} \end{cases} \tag{6.4.25}$$

式中：V_{fi}、V_{wi} 和 M_{wi} 分别为第 i 层的总框架剪力、总抗震墙剪力以及弯矩；V_{fij}、V_{wij} 和 M_{wij} 分别为第 i 层第 j 框架柱的剪力、第 i 层第 j 片抗震墙的剪力及弯矩；$\sum D_i$、$\sum (E_c I_{eq})_i$ 分别为第 i 层框架的总 D 值和抗震墙的总 $E_c I_{eq}$；D_{ij}、$(E_c I_{eq})_{ij}$ 分别为第 i 层框架第 j 框架柱的 D 值、第 i 层第 j 片抗震墙的 $E_c I_{eq}$。

6. 框架剪力的调整

对框架的剪力计算结果需要调整，因为：

（1）在框架—剪力墙结构中，若抗震墙的间距较大，则楼板在其平面内可能发生变形。

由于框架的刚度较小,在框架部位楼板的位移会较大,从而使框架分担的剪力比计算值大。

(2)抗震墙的刚度较大,承受了大部分地震水平力,会首先开裂,开裂后抗震墙的刚度降低,这使得框架承受的地震力增大,也使框架的水平力比计算值大。

框架是框架-抗震墙结构抵抗地震的第二道防线,应提高框架部分的设计地震作用,使其有更大的强度储备。调整的方法如下:① 框架总剪力 $V_f \geqslant V_0$ 的楼层可不调整,按计算得到的楼层剪力进行设计;② 对 $V_f < V_0$ 的楼层,框架部分的剪力应取式(6.4.26)计算值。

$$V_f = \min\{0.2V_0, 1.5V_{f,\max}\} \tag{6.4.26}$$

式中:V_f 为全部框架柱承担的总剪力;V_0 为结构的底部总剪力,$V_{f,\max}$ 为对应于地震作用标准值且未经调整的各层框架承担的地震总剪力中的最大值。

显然,这种框架内力的调整是为保证框架安全的一种人为措施,调整后的内力不再满足也不需满足结构平衡条件。

6.4.4 截面设计和配筋构造

框架抗震墙的截面设计和构造要求与框架和抗震墙相应的要求基本相同。框架部分的结构设计按照框架结构相关要求,根据"强柱弱梁""强剪弱弯""强节点""强锚固"的原则进行内力调整;抗震墙根据"强剪弱弯"的原则,提高剪切的设计值。此外,还应满足以下要求:

(1)抗震墙的厚度不应小于 160mm,且不宜小于层高或无支长度的 1/20,底部加强部位的抗震墙厚度不应小于 200mm 且不宜小于层高或无支长度的 1/16。

(2)有端柱时,墙体在楼盖处宜设置暗梁,其截面高度不宜小于墙厚和 400mm 的较大值;端柱截面宜与同层框架柱相同;抗震墙底部加强部位的端柱和紧靠抗震墙洞口的端柱宜按柱箍筋加密区的要求沿全高加密箍筋。

(3)抗震墙的竖向和横向分布钢筋,配筋率均不宜小于 0.25%,钢筋直径不宜小于 10mm,间距不宜大于 300mm,并应双排布置,双排分布钢筋间应设置拉筋;

(4)楼面梁与抗震墙平面外连接时,不宜支承在洞口连梁上;沿轴线方向宜设置与梁连接的抗震墙;梁的纵筋应锚固在墙内;也可在支承梁的位置设置扶壁柱或暗柱,并应按计算确定其截面尺寸和配筋。

6.5 钢筋混凝土柱单层厂房抗震设计

6.5.1 钢筋混凝土柱单层厂房基本组成及震害

1. 钢筋混凝土柱单层厂房基本组成

钢筋混凝土柱单层厂房是由基础、钢筋混凝土柱、屋架、屋盖、维护墙等构件组成的装配式结构,整体性相对较差,在连接部位容易发生地震破坏。图 6.5.1 为典型的单跨钢筋混凝土柱单层厂房结构基本组成。

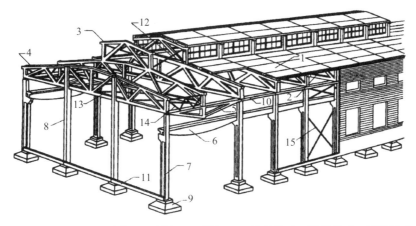

1—屋面板；2—天沟板；3—天窗架；4—屋架；5—托架；6—吊车梁；7—排架柱；8—抗风柱；9—基础；
10—连系梁；11—基础梁；12—天窗架垂直支撑；13—屋架下弦横向水平支撑；
14—屋架端部垂直支撑；15—柱间支撑

图 6.5.1　钢筋混凝土柱单层厂房基本组成

2. 主要震害

单层厂房的地震破坏特征在横向和纵向有所不同。在横向地震作用下，地震作用由排架结构抵抗，柱顶、牛腿等构件的连接位置是地震易损部位，其震害主要有以下几种形式：

（1）天窗架及屋面塌落。天窗架处于厂房最高部位，受"鞭梢效应"和刚度突变的影响，地震作用大，而连接构造又过于单薄，支撑过稀，易发生倾斜，甚至倒塌[见图 6.5.2 (a)]。而屋架（梁）自重大，当其与柱头或高低跨柱肩的连接不够牢固时，在地震作用下由于连接失效引起屋盖系统的坍塌[见图 6.5.2(b)]。

(a) 屋盖塌落

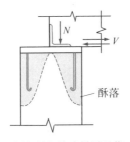

(b) 屋架梁与柱头锚固酥落

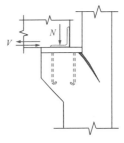

(c) 屋架梁与牛腿锚固破坏

图 6.5.2　屋盖系统震害

（2）钢筋混凝土柱破坏。按照《建筑抗震设计规范》设计的厂房柱在 7～9 度区地震破坏一般比较轻微；在 10—11 度区虽然存在局部震害较严重的情况，但总体上抗震性能良好。排架柱上柱截面小、承载能力薄弱，在水平地震作用和吊车水平制动力等作用下容易引起上柱弯曲开裂[见图 6.5.3(a)]。下柱在弯矩作用下底面附近出现水平裂缝或剪切裂缝，在开孔腹板处由于截面削弱产生竖向连续裂缝或环裂，同时还可能出现水平裂缝。平腹杆双肢柱,在平腹杆两端常出现环形裂缝。预制拼装的工字形柱,多数在腹板孔间产生交叉裂缝。

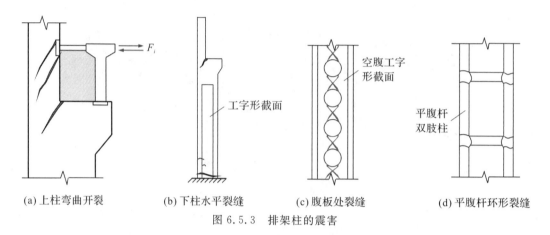

(a) 上柱弯曲开裂　　　(b) 下柱水平裂缝　　　(c) 腹板处裂缝　　　(d) 平腹杆环形裂缝

图 6.5.3　排架柱的震害

(3)围护墙体破坏。单层工业厂房的围护砖墙、封檐墙或山墙,一般不做抗震设防。这些墙体较高且与柱屋盖锚固较差,加之高跨厂房的高振型效应等影响,地震时容易开裂外甩,连同圈梁发生大面积倒塌(见图 6.5.4)。

单层厂房的纵向地震作用由柱列抵抗,地震破坏主要是由于柱间支撑设计不合理、连接强度低所致。单层厂房的纵向震害主要有以下几种形式:

(1)天窗架或屋面倾倒、塌落。由于天窗架、屋面板连接不牢固,且天窗架的地震作用大,地震时发生天窗架倾倒、折断破坏。屋面板主要发生滑动坠落破坏。

(2)柱间支撑破坏。当支撑间距过大、支撑数量不足或者设计不合理时,地震作用下容易出现支撑压屈失稳。如支撑节点构造单薄,在节点位置发生扭折或焊缝撕开,或拉脱锚件、拉断错位的地震灾害,致使支撑失效(见图 6.5.5)。

图 6.5.4　围护墙的震害

图 6.5.5　支撑破坏

(3)围护结构的破坏。山墙面积大、与主体结构连接薄弱,而砌体结构的抗震性能差,在地震作用下容易发生坍塌等破坏。另外,纵向嵌砌的墙体会造成柱列刚度分布不均匀,改变纵向地震作用的分配,而刚度较大的部位分担的地震作用大,容易发生地震破坏。

6.5.2　结构布置一般原则

1. 结构布置和选型

单层厂房平面布置应简单、规则,结构刚度、质量分布应均匀对称。当因工艺要求需要采用较复杂的平面时,应通过防震缝将其分成多个简单的独立单元。两个主厂房之间的过渡跨至少有一侧通过设置防震缝与主厂房脱开。贴建房屋宜设防震缝与厂房分开。在厂房纵横跨交接处、大柱网厂房或不设柱间支撑的厂房,防震缝宽度采用 100～150mm,其他情况可采用 50～90mm;

厂房内的工作平台、刚性工作间宜与厂房主体结构脱开。厂房在同一结构单元内不应采用不同的结构形式,不应采用横墙和排架混合承重。柱距宜相等,各柱列的侧移刚度宜均匀,当有抽柱时,应采取抗震加强措施。

厂房的竖向布置也应简单,尽可能避免局部突出和设置高低跨。对钢筋混凝土多跨厂房,当高差小于 2m 时,宜做成等高。厂房端部应设屋架,不应采用山墙承重。

多跨厂房宜等高和等长,高低跨厂房不宜采用一端开口的结构布置。厂房的贴建房屋不宜布置在厂房角部和紧邻防震缝处。厂房内上起重机的铁梯不应靠近防震缝设置,多跨厂房各跨上起重机的铁梯不宜设置在同一横向轴线附近。

2. 屋盖体系及天窗架

宜采用轻屋盖体系,减小厂房结构的地震作用,并避免支撑体系、连接接头及承重结构构件在地震中遭受严重破坏。厂房宜采用钢屋架或重心较低的预应力混凝土、钢筋混凝土屋架。跨度不大于 15m 时,可采用钢筋混凝土屋面梁。跨度大于 24m,或设防烈度为 8 度 Ⅲ、Ⅳ 类场地和 9 度时,优先采用钢屋架。

柱距为 12m 时,可采用预应力混凝土托架(梁);当采用钢屋架时,也可采用钢托架(梁)。有凸出屋面天窗架的屋盖不宜采用预应力混凝土或钢筋混凝土空腹屋架。

屋盖主要承重构件(屋架、托架、梁)与柱的连接必须牢靠,在满足强度要求的同时,应注意提高柱头的延性,如在柱顶区段采用螺旋箍筋;屋架与柱顶的连接宜采用螺栓连接,加设垫板,以起到铰接作用,从而减少地震作用对柱子的冲击,在柱顶处做成牛腿以增加屋架搁置长度等。

针对天窗架刚度差、承载力低、连接弱、重心高的缺点,在有条件的地区应尽量推广使用横向天窗、井式天窗及采光罩,以代替突出屋面的天窗架。天窗宜采用突出屋面较小的避风型天窗,有条件或 9 度时宜采用下沉式天窗。

突出屋面的天窗宜采用钢天窗架;6～8 度时可采用构件截面矩形的钢筋混凝土天窗架。天窗架不宜从厂房第一开间开始设置;8 度和 9 度时天窗架宜从厂房单元端部第三柱间开始设置。天窗屋盖、端壁板和侧板,宜采用轻型板材;不应采用端壁板代替端天窗架。

3. 柱

一般的单层厂房和较高大的厂房均可以采用钢筋混凝土柱。按抗震要求设计的钢筋混凝土柱具有较好的抗剪能力。在设计柱子时,要提高其延性,使其进入弹塑性工作阶段后仍具有足够的变形能力。在确定柱子截面时,要选取合适的刚度,过大的抗侧刚度对厂房抗震性能并不一定有利,相反会影响厂房的横向变形能力和导致地震作用的增大。

在 8、9 度地区,柱截面宜采用矩形、工字形或斜腹杆双肢柱,不宜采用薄壁工字形柱、腹板开孔工字形柱、预制腹板的工字形柱和管柱。因这些形式柱子的抗剪能力较差,震害较重。柱底至室内地坪以上 500mm 范围内和阶形柱的上柱宜采用矩形截面。

山墙抗风柱,应在柱顶处设预埋板与端屋架上弦(屋面架上翼缘)连接,连接节点应具有传递纵向地震作用的足够强度和变形能力。

4. 支撑系统

装配式钢筋混凝土厂房的整体性主要是靠构件之间的良好连接和合理的支撑系统来保证的,厂房的整体性是抵抗地震作用十分重要的条件。震害调查表明,支撑系统不完善的厂房,一般地震破坏较严重。在总结以往大量震害经验的基础上,《建筑抗震设计规范》对各类屋盖支撑和柱间支撑都做了具体规定,分述如下。

(1)钢筋混凝土屋盖支撑。屋盖支撑是保证屋盖结构整体刚度的重要构件,虽然其刚度与大型屋面板相比较小,但是当屋面板与屋架的焊接不能满足抗震强度而出现破坏时,屋盖支撑将是提供屋盖刚度保证的第二道防线,它能有效地保证屋盖的整体刚度,即使出现屋面板的局部塌落,也不会导致整个屋盖的倒塌。

单层钢筋混凝土厂房的屋盖分有檩与无檩体系两大类。有檩屋盖的支撑布置宜遵守表 6.5.1 的规定,并应注意檩条与屋架(梁)焊接牢靠,满足搁置长度的要求。檩条上的槽瓦、波形瓦等应与檩条拉牢。震害表明,在大型屋面板与屋架无可靠焊接的情况下,大型屋面板难以保证屋盖的整体作用。现有的大型屋面板屋盖体系,必须从屋盖支撑系统上做更合理的布置和适当加强,增强屋盖支撑以便有效地提高厂房纵向抗震能力。为此,规范给出无檩屋盖的支撑布置情况,见表 6.5.2 和表 6.5.3。

表 6.5.1　有檩屋盖的支撑布置

支撑名称		烈度		
		6、7	8	9
屋架支撑	上弦横向支撑	单元端开间各设一道	单元端开间及单元长度大于 66m 的柱间支撑开间各设一道,天窗开洞范围的两端各增设局部的支撑一道	单元端开间及单元长度大于 42m 的柱间支撑开间设一道,天窗开洞范围的两端各增设局部的上弦横向支撑一道
	下弦横向支撑 跨中竖向支撑	同非抗震设计		
	端部竖向支撑	屋架端部高度大于 900mm 时,单元端开间及柱间支撑开间各设一道		
天窗架支撑	上弦横向支撑	单元天窗端开间各设一道	单元天窗端开间及每隔 30m 各设一道	单元天窗端开间及每隔 18m 各设一道
	两侧竖向支撑	单元天窗端开间及每隔 36m 各设一道		

表 6.5.2 无檩屋盖的支撑布置

支撑名称			烈度		
			6、7	8	9
屋架支撑		上弦横向支撑	屋架跨度小于 18m 时同非抗震设计,跨度不小于 18m 时在厂房单元端开间各设一道	单元端开间及柱间支撑开间各设一道、天窗开洞范围的两端各增设局部的支撑一道	
		上弦通长水平系杆	同非抗震设计	沿屋架跨度不大于 15m 设一道,但装配整体式屋面可仅在天窗开洞范围内设置,围护墙在屋架上弦高度有现浇圈梁时,其端部处可不另设	沿屋架跨度大于 12m 设一道,但装配整体式屋面可仅在天窗开洞范围内设置,围护墙在屋架上弦高度有现浇圈梁时,其端部处可不另设
		下弦横向支撑		同非抗震设计	同上弦横向支撑
		跨中竖向支撑			
	两端竖向支撑	屋架端部高度≤900mm	单元端开间各设一道	单元端开间各设一道	单元端开间及每隔 48m 各设一道
		屋架端部高度>900mm		单元端开间及柱间支撑开间各设一道	单元开间、柱间支撑开间及每隔 30m 各设一道
天窗架支撑		天窗两侧竖向支撑	厂房单元天窗端开间及每隔 30m 各设一道	厂房单元天窗端开间及每隔 24m 各设一道	厂房单元天窗端开间及每隔 18m 各设一道
		上弦横向支撑	同非抗震设计	天窗跨度≥9m 时,单元天窗端开间及柱间支撑开间各设一道	单元端开间及柱间支撑开间各设一道

表 6.5.3 中间井式天窗无檩屋盖支撑布置

支撑名称			烈度		
			6、7	8	9
上弦横向支撑下弦横向支撑			厂房单元端开间各设一道	厂房单元端开间及柱间支撑开间各设一道	
上弦通长水平系杆			天窗范围内屋架中上弦节点处设置		
下弦通常水平系杆			天窗两侧及天窗范围内屋架下弦节点处设置		
跨中竖向支撑			有上弦横向支撑开间设置,位置于下弦通长系杆相对应		
两端竖向支撑		屋架端部高度≤900mm	同非抗震设计		有上弦横向支撑开间,且间距不大于 48m
		屋架端部高度>900mm	厂房单元端开间各设一道	有上弦横向支撑开间,且间距不大于 48m	有上弦横向支撑开间,且间距不大于 30m

（2）柱间支撑。柱间支撑是保证厂房纵向刚度和承受地震作用的重要抗侧力构件，柱间支撑过弱会导致柱列纵向地震位移过大，加重厂房纵向震害，甚至倒塌；如支撑刚度过大，则可能引起柱身和柱顶连接的破坏。

柱间支撑按厂房单元布置。设防烈度为 8 度和 9 度时，对于有起重机的厂房，除在厂房单元中段位置设上、下柱间支撑外，还应在厂房单元两端增设上柱支撑。这样可以较好地将屋盖传来的纵向地震作用分散到上柱支撑，并传到下柱支撑，避免应力集中造成柱间支撑连接节点和柱顶的连接破坏。为了保证地震时支撑传递的水平地震作用不在柱内引起过大的弯矩和剪力，下柱支撑的下节点应设置在靠近基础顶面处，并使力的作用线汇交于基础面以下，或增设柱底系杆，并使系杆、支撑斜杆与基础三者轴线交于一点，否则应考虑支撑作用力对基础的不利影响。8 度 III、IV 类场地和 9 度时，应采取措施将力直接传给基础。

为了有利于厂房纵向地震作用的传递，设防烈度为 8 度且跨度大于 18m 的多跨厂房的中柱柱顶宜设置纵向水平压杆。9 度时，多跨厂房的所有柱顶均宜设置通长水平压杆。为了减轻柱间支撑开间柱子的负担，防止出现柱子与连接点的破坏，应在柱间支撑开间的柱顶设置水平压杆，使传到柱间支撑开间的地震作用可同时由两根柱子传给支撑斜杆来承受，以避免因只通过一根柱子上的支撑连接点传力，造成节点受力过大而破坏的震害。

5.围护墙的布置

围护墙在地震中容易损坏，特别是砖墙，结构抗震性能差。在单层厂房抗震设计时，围护墙宜采用轻质墙板或钢筋混凝土大型墙板，砌体围护墙应采用外贴式，不宜采用嵌砌式，厂房内部有砌体隔墙时，也不宜嵌砌于柱间，可采用与柱脱开或与柱柔性连接的构造处理方法，以避免局部刚度过大或形成短柱而引起震害。围护墙布置应均匀、对称，防止出现扭转效应，当厂房一端不能布置横墙时，另一端宜采用轻质挂板山墙。当采用钢筋混凝土大型墙板时，墙板与厂房柱和屋面梁间宜采用柔性连接，6、7 度区也可采用型钢互焊的刚性连接。

外侧柱距为 12m 时应采用轻质墙板；不等高厂房的高跨封墙和纵横向厂房交接处的悬墙宜采用轻质墙板；设防烈度为 8、9 度时应采用轻质墙板。

厂房围护墙、女儿墙、墙梁、圈梁等布置和构造，应符合有关对非结构构件抗震要求的相关规定。

6.5.3 横向抗震计算

对于结构平面比较简单的单层钢筋混凝土柱厂房，抗震计算可在横向和纵向两个方向分别进行，空间效应可以通过修正基本周期和地震效应的方法来考虑。

1.计算简图和重力荷载代表值

厂房在横向地震作用下的分析可按平面铰接排架计算。图 6.5.6 为等高、不等高排架柱计算模型，分别近似为单自由度体系和多自由度体系。各模型的下端取基础顶面、上端取各跨厂房的柱顶高度，并取单榀排架作为计算单元。

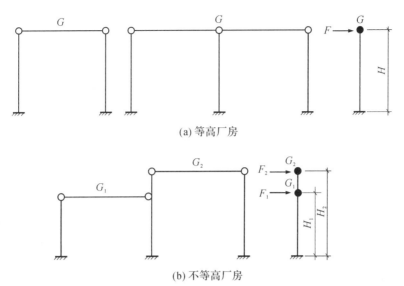

(a) 等高厂房

(b) 不等高厂房

图 6.5.6　厂房横向体系计算简图

对于设有吊车的厂房,除了把厂房质量集中于屋盖标高处外,还要考虑吊车重力对柱子的不利影响。一般是把吊车的重力布置于该跨任一个柱子的吊车梁顶面位置。如两跨不等高厂房每跨皆设有吊车时,则其地震作用应按四个集中质点考虑,计算简图如图 6.5.7 所示。

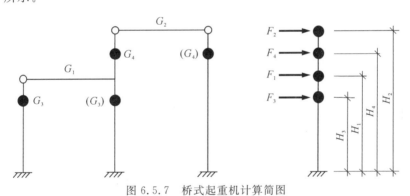

图 6.5.7　桥式起重机计算简图

结构自振周期计算应尽量反映厂房的实际动力特性,而地震作用计算需要满足柱底、墙底截面的弯矩等效。因此,排架结构的重力荷载代表值在自振特性和地震作用计算时分别考虑。

在自振周期计算时,集中于第 i 屋盖处的重力荷载代表值 G_i 按下式计算:

$$G_i = 1.0G_{屋盖} + 0.5G_雪 + 0.5G_{积灰} + 1.0G_{悬挂} + 0.5G_{吊车梁} + 0.25G_柱$$
$$+ 0.25G_{纵墙} + 1.0G_{悬墙} \tag{6.5.1}$$

式中:$1.0G_{屋盖}$、$1.0G_{悬挂}$、$0.5G_{吊车梁}$、$0.25G_柱$、$0.25G_{纵墙}$、$1.0G_{悬墙}$ 分别为屋盖结构自重、屋盖悬挂荷载、吊车梁自重、柱自重和外纵墙自重对应的集中重力荷载,各系数为自重集中到屋盖位置的换算系数,对于不等高厂房,高跨的吊车梁自重如集中到相邻低跨屋盖处,则式(6.5.1)中应取$1.0G_{吊车梁}$;$0.5G_雪$、$0.5G_{积灰}$分别雪荷载、积灰荷载对应的集中重力荷载,系数0.5为可变荷载的组合系数。

在地震作用计算时,集中于第i屋盖处重力荷载代表值G_i按下式计算。

$$G_i = 1.0G_{屋盖} + 0.5G_雪 + 0.5G_{积灰} + 1.0G_{悬挂} + 0.75G_{吊车梁} + 0.5G_柱$$
$$+ 0.5G_{纵墙} + 1.0G_{悬墙} \tag{6.5.2}$$

计算厂房地震作用时,软钩吊车不考虑吊重,硬钩吊车应考虑吊重。集中于吊车梁顶面处的吊车重力(见图6.5.4中G_3、G_4),对于柱距为12m或12m以下的厂房,单跨时应取一台,多跨时不超过两台。

根据实测分析和理论计算结果可知,吊车桥架对横向排架起撑杆作用,使结构的横向刚度增大,自振周期变短;而桥架的重力却使自振周期增长。综合多种因素的影响,可不考虑吊车桥架重力的影响。

2. 自振周期计算

单层厂房的横向自振周期可根据平面排架计算简图确定。单跨和等高多跨厂房的自振周期为

$$T = 2\pi\sqrt{\frac{G_1\delta_{11}}{g}} \approx 2\sqrt{G_1\delta_{11}} \tag{6.5.3}$$

式中:G_1为集中于屋盖处的重力荷载代表值(kN);g为重力加速度(m/s²);δ_{11}为作用于排架顶部单位水平力引起的顶部水平位移(m/kN),即柔度系数。

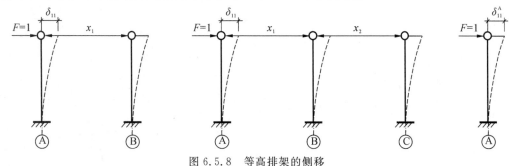

图6.5.8 等高排架的侧移

计算两跨不等高厂房自振周期时,可简化为2质点体系(见图6.5.9),用能量法求其基本自振周期,如式(6.5.4)所示。

$$T_1 \approx 2\sqrt{\frac{G_1\Delta_1^2 + G_2\Delta_2^2}{G_1\Delta_1 + G_2\Delta_2}} \tag{6.5.4}$$

其中,

$$\begin{cases} \Delta_1 = G_1\delta_{11} + G_2\delta_{12} \\ \Delta_2 = G_1\delta_{21} + G_2\delta_{22} \end{cases} \tag{6.5.5}$$

式中:下标表示质点位置;G为重力荷载代表值;δ_{ij}为柔度系数,即作用于质点j的单位力在质点i处产生的侧移。

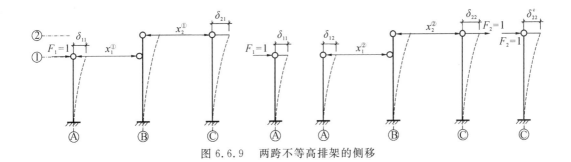

图 6.6.9 两跨不等高排架的侧移

对于 n 跨不等高厂房,基本自振周期计算方法类似于两跨不等高,可表示为

$$T_1 \approx 2\sqrt{\frac{\sum_{i=1}^{n} G_i \Delta_i^2}{\sum_{i=1}^{n} G_i \Delta_i}} = 2\sqrt{\frac{\sum_{i=1}^{n} G_i \left(\sum_{j=1}^{n} G_j \delta_{ij}\right)^2}{\sum_{i=1}^{n} G_i \left(\sum_{j=1}^{n} G_j \delta_{ij}\right)}} \tag{6.5.6}$$

由于屋架与柱子之间不是完全的铰接,并有山墙的影响,厂房实际的自振周期小于排架计算值,按上述方法计算得到的自振周期需要调整。《建筑抗震设计规范》规定:

(1)钢筋混凝土屋架或钢屋架与钢筋混凝土柱组成的排架,有纵墙时取周期计算值的 80%,无纵墙时取 90%;

(2)由钢筋混凝土屋架或钢屋架与砖柱组成的排架,取周期计算值的 90%;

(3)由木屋架、钢木屋架或轻钢屋架与砖柱组成的排架,取周期计算值。

3. 排架地震作用计算

单层厂房地震作用可按底部剪力法计算。作用于排架的底部剪力为

$$F_{EK} = \alpha_1 G_{eq} = \begin{cases} \alpha_1 G_1 & \text{(等高厂房)} \\ \alpha_1 \times 0.85 \sum_{i=1}^{n} G_i & \text{(不等高厂房)} \end{cases} \tag{6.5.7}$$

式中:α_1 为相应于结构基本周期 T_1 的地震影响系数;G_{eq} 为等效重力荷载;G_i 为集中于第 i 点的重力荷载代表值。

不等高厂房的作用于质点 i 的水平地震作用为

$$F_i = \frac{G_i H_i}{\sum_{j=1}^{n} G_j H_j} F_{EK} \tag{6.5.8}$$

突出屋面的钢筋混凝土天窗架在纵向地震作用下的破坏相对较严重;而在横向,可以认为随排架移动。试算结果表明,按底部剪力法计算的天窗架地震作用比振型分解反应谱法的结果大(15 ～ 27)%。《建筑抗震设计规范》规定,突出屋面且带有斜腹杆的三铰拱式钢筋混凝土天窗架,其横向地震作用按底部剪力法计算,但对跨度大于 9m 或地震烈度为 9 度时,天窗架的地震作用效应应乘以 1.5 的增大系数。

按底部剪力法计算的天窗架地震作用 F_{sl} 为

$$F_{sl} = \frac{G_{sl} H_{sl}}{\sum_{j=1}^{n} G_j H_j} F_{EK} \qquad (6.5.9)$$

式中：G_{sl} 为突出屋面的天窗架等效集中重力荷载代表值，$G_{sl}=1.0G_{天窗屋盖}+0.5G_{天窗积雪}+0.5G_{天窗积灰}$；$H_{sl}$ 为天窗屋盖标高的高度，由厂房柱基础顶面算起。

4. 排架内力计算及其调整

算出地震作用后，便可将作用于排架上的 F_i 视为静力荷载，作用于相应的 i 点，即排架横梁和吊车梁顶面处，如图 6.5.10 所示。然后按结构力学方法计算排架内力，求出各柱需要验算截面的地震作用效应。

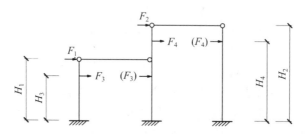

图 6.5.10　排架地震作用计算简图

由于按上述方法计算得到的地震作用效应不能反映结构空间作用和高振型的影响，对计算结果需要进行如下调整：

（1）考虑空间作用及扭转影响对柱地震作用效应的调整。钢筋混凝土屋盖的单层厂房，屋面板与屋架有一定的焊接要求，且整个屋盖还设置一定的支撑，因此整个厂房具有一定的空间效应，在地震作用下将产生整体振动。当排架的侧移刚度和质量分布均匀且厂房两端无山墙（中间也无横墙）时，厂房的横向变形较均匀［见图 6.5.11(a)］，可以近似按平面结构计算。但是当厂房两端有山墙时，因山墙的侧移刚度比排架大，即使排架的侧移刚度相同，也会引起排架之间的变形不一致［见图 6.5.11(b)］，受到屋盖刚度的影响，在排架之间会分担地震作用，产生空间效应。当厂房只有一端有山墙时，厂房平面还会引起扭转变形［见图 6.5.11(c)］。因此，需要对按平面排架简图计算的排架地震效应进行调整。《建筑抗震设计规范》规定，厂房按平面铰接排架进行横向地震作用分析时，对钢筋混凝土屋盖的等高厂房排架柱和不等高厂房除高低跨交接处的上柱以外的全部排架柱，各截面的地震作用效应（弯矩和剪力），应考虑空间作用及扭转的影响加以调整，系数按表 6.5.4 采用。

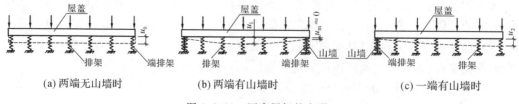

（a）两端无山墙时　　　　（b）两端有山墙时　　　　（c）一端有山墙时

图 6.5.11　厂房屋架的变形

表 6.5.4　钢筋混凝土柱(除高低跨交接处上柱外)考虑空间工作和扭转影响的效应调整系数

屋盖	山墙		屋盖长度/m											
			≤ 30	36	42	48	54	60	66	72	78	84	90	96
钢筋混凝土无檩屋盖	两端山墙	等高厂房	—	—	0.75	0.75	0.75	0.80	0.80	0.80	0.85	0.85	0.85	0.90
		不等高厂房	—	—	0.85	0.85	0.85	0.90	0.90	0.90	0.95	0.95	0.95	1.00
	一端山墙		1.05	1.15	1.20	1.25	1.30	1.30	1.30	1.30	1.35	1.35	1.35	1.35
钢筋混凝土有檩屋盖	两端山墙	等高厂房	—	—	0.80	0.85	0.90	0.95	0.95	1.00	1.00	1.05	1.05	1.10
		不等高厂房	—	—	0.85	0.90	0.95	1.00	1.00	1.05	1.05	1.10	1.10	1.15
	一端山墙		1.00	1.05	1.10	1.10	1.15	1.15	1.15	1.20	1.20	1.20	1.25	1.25

按表 6.5.4 考虑空间作用调整地震作用效应时,尚应符合下列条件:

①设防烈度不大于 8 度。根据震害资料,8 度区的单层厂房山墙一般完好,能够可靠承受横向地震作用;但在 9 度区,厂房山墙破坏严重,甚至倒塌,地震作用已不能传给山墙,不能考虑厂房空间作用。

② 山墙(横墙)的间距 L_t 与厂房总宽度 B 之比 $L_t/B \leqslant 8$ 或 $B > 12\text{m}$。当厂房仅一端有山墙或横墙时,L_t 取所考虑排架至山墙或横墙的距离;对不等高厂房,当高低跨度相差较大时,总跨度 B 不考虑低跨。由实测可知,当 $B > 12\text{m}$ 或 $B < 12\text{m}$ 但 $L_t/B \leqslant 8$ 时,屋盖的横向刚度较大,能保证屋盖横向变形以剪切为主并将横向地震作用通过屋盖传给山墙。

③ 山墙或横墙的厚度不小于 240mm,开洞所占的水平截面积不超过总面积 50%,并与屋盖系统有良好的连接。对山墙厚度和孔洞削弱的限制,主要是保证地震作用由屋盖传给山墙时,山墙有足够的强度不致破坏。

④ 柱顶高度不大于15m。对于 7 度、8 度区高度大于 15m 厂房山墙的抗震经验不多,考虑到厂房较高时山墙的稳定性和山墙与纵墙转角处应力分布复杂,为此对厂房高度给予限制,以保证安全。

(2) 不等高厂房高低跨交接处的柱,在支承低跨屋盖的牛腿以上的截面,按底部剪切法求得地震作用效应(弯矩和剪力),并应乘以增大系数 η,其值按式(6.5.10)计算。

$$\eta = \zeta_0 \left(1 + 1.7 \frac{n_h G_{E1}}{n_0 G_{Eh}}\right) \tag{6.5.10}$$

式中:ζ_0 为钢筋混凝土屋盖不等高厂房高低跨交接处空间工作影响系数,按表 6.5.5 采用;n_h 为高跨跨数;n_0 为计算跨数,仅一侧有低跨时应取总跨数,两侧均有低跨应取总跨数和高跨数之和;G_{Eh} 为集中在高跨柱顶高处的总等效重力荷载代表值;G_{E1} 为集中在该交接处一侧各低跨屋盖标高处的总重力荷载代表值。

增大系数 η 是一个综合效应系数,它包含高低跨厂房高振型影响,用以修正按底部剪切法的计算结果。高振型影响主要与其两侧屋盖的重力比 G_{E1}/G_{Eh}、两侧屋盖的相对抗剪刚度比 n_h/n_0 有关。其次,η 值中又引入了空间工作系数 ζ_0,考虑了具有不同山墙设置和不同山墙间距对不同屋盖形式的空间作用。当山墙间距超过一定范围,考虑空间作用的排架地震作用效应是放大而不是折减。

(3)对有吊车的单层厂房,吊车梁顶面高处的上柱截面,应将吊车桥架引起的地震作用效应乘以表6.5.6的效应增大系数。因为吊车桥架是一个较大的移动质量,地震时它将引起厂房强烈的局部振动,从而使桥架所在排架的地震作用效应加大,造成局部破坏。为了防止这种震灾,将吊车桥架引起的作用效应予以放大,以利结构安全。

表 6.5.5　高低跨交接处钢筋混凝土上柱空间工作影响系数 ζ_0

屋盖	山墙	屋盖长度/m										
		≤36	42	48	54	60	66	72	78	84	90	96
钢筋混凝土无檩屋盖	两端山墙	—	0.70	0.76	0.82	0.88	0.94	1.00	1.06	1.06	1.06	1.06
	一端山墙	1.25										
钢筋混凝土有檩屋盖	两端山墙	—	0.90	1.00	1.05	1.10	1.10	1.15	1.15	1.15	1.20	1.20
	一端山墙	1.05										

表 6.5.6　桥架引起的地震剪力和弯矩增大系数

屋盖类型	山墙	边柱	高低跨柱	其他中柱
钢筋混凝土无檩屋盖	两端山墙	2.0	2.5	3.0
	一端山墙	1.5	2.0	2.5
钢筋混凝土有檩屋盖	两端山墙	1.5	2.0	2.5
	一端山墙	1.5	2.0	2.0

5. 排架内力组合

厂房排架的地震作用效应并与其相应的其他荷载效应组合时,一般不考虑风荷载效应和吊车横向水平制动力引起的效应,也不考虑竖向地震作用。其组合效应为

$$S = \gamma_G S_{GE} + \gamma_{Eh} S_{Ehk} \tag{6.5.11}$$

式中:γ_G 为重力荷载分项系数,一般情况下可取 1.2;γ_{Eh} 为水平地震作用分项系数,可取 1.3;S_{GE} 为重力荷载代表值的效应,有吊车时包括悬吊物重力标准值的效应;S_{Ehk} 为水平地震作用标准值的效应,考虑增大系数或调整系数。

6. 截面强度验算

对于单层钢筋混凝土厂房,验算钢筋混凝土柱的抗震强度,应满足式(4.4.2)的要求。

对于侧向水平变位受约束(如有嵌砌内隔墙)处于短柱工作状态的钢筋混凝土柱,按式(6.5.12)进行柱头剪切强度验算。

$$V \leqslant \left(0.042 b_c h_0 f_c + A_{sv} f_{yv} + 0.054 N\right) \frac{1}{\gamma_{RE}} \tag{6.5.12}$$

式中:V 为柱顶设计剪力;N 为与柱顶设计剪力相对应的柱顶轴压力;A_{sv} 为柱顶以下 500mm 范围内的全部箍筋截面面积;f_{yv} 为箍筋抗拉强度设计值;承载力调整系数 γ_{RE} 取 1.0;f_c 为混凝土抗压强度设计值;b_c、h_0 为柱顶截面的宽度和有效高度。

在重力荷载和水平地震同时作用下不等高厂房支承低跨屋盖的牛腿(柱肩),其水平

受拉钢筋截面积应按式(6.5.13)确定

$$A_s \geq \left(\frac{N_G a}{0.85 h_0 f_y} + 1.2 \frac{N_E}{f_y} \right) \gamma_{RE}$$　　(6.5.13)

式中:N_G 为柱牛腿面上承受的重力荷载代表值产生的压力设计值;N_E 为柱牛腿面上承受的水平地震作用产生的水平拉力设计值;a 为重力荷载作用点至下柱近侧的距离,当 $a < 0.3 h_0$ 时,取 $a = 0.3 h_0$;h_0 为牛腿最大竖向截面的有效高度;承载力调整系数 γ_{RE} 取 1.0;f_y 为钢筋的抗拉强度设计值。

6.5.4　纵向抗震计算

单层厂房的纵向抗震性能较差,厂房在纵向水平地震作用下的破坏比横向严重,且中柱列的地震破坏比边柱列严重。对于质量和刚度分布均匀、质心与刚心重合的等高厂房,在纵向地震作用下,结构主要产生纵向平动,扭转变形可忽略不计;而对于质心与刚心不重合的不等高厂房,在纵向地震作用下,结构将产生平动和扭转的耦联振动。此外,在纵向地震作用下,楼盖还产生纵、横向平面内的弯、剪变形。因此,单层厂房的纵向振动形式十分复杂。

对于采用轻型、柔性的屋面厂房,由于屋盖面内刚度小,不能发挥传递柱列之间的地震作用,各柱列的地震作用可以近似地分片独立计算。但对于钢筋混凝土无檩和有檩屋盖及有较完整支撑系统的轻型屋盖厂房,其纵向抗震验算可采用下列方法:

(1)柱顶标高不大于 15m 且平均跨度不大于 30m 的单跨或等高多跨的钢筋混凝土柱厂房,可采用修正刚度法计算;

(2)不等高两跨厂房,可采用拟能量法;

(3)一般情况宜考虑屋盖的纵向弹性变形、围护墙与隔墙的有效刚度、扭转的影响,按多质点进行空间结构分析;

以下介绍基于修正刚度法的单层厂房纵向地震作用计算方法。这种算法把厂房纵向视为一个单自由度体系,求出总地震作用后,再按各柱列的修正刚度,把总地震作用分配到各柱列。

1.计算模型及地震作用

(1)计算单元选取。如图 6.5.12 所示,取抗震缝区段为纵向计算单元,首先假定屋盖为刚度无穷大的刚体,把所有柱列加在一起,按照"单质点体系"计算地震作用。根据"单质点体系"得到的地震作用,按照柱列的刚度比例把地震作用分配到各柱列上。

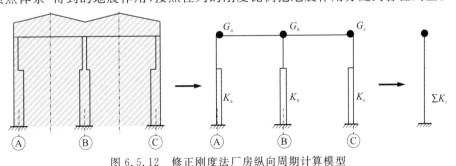

图 6.5.12　修正刚度法厂房纵向周期计算模型

（2）基本自振周期计算。对图 6.5.12 所示的单质点计算模型，把所有的重力荷载代表值按周期等效原则集中到柱顶，得到结构的总质量，所有的纵向抗侧力构件的刚度加在一起得到厂房纵向总侧向刚度。由于实际屋盖的刚度不是无穷大，为了考虑屋盖变形的影响，引入修正系数 k，得到计算纵向基本自振周期 T_1 的公式为

$$T_1 = 0.85 \times 2\pi k \sqrt{\frac{\sum G_i}{g \sum K_i}} \approx 1.7k \sqrt{\frac{\sum G_i}{\sum K_i}} \tag{6.5.14}$$

式中：i 为柱列序号；G_i 为第 i 柱列集中到柱顶标高处的等效重力荷载代表值（kN），按式（6.5.15）计算；K_i 为第 i 柱列的侧移刚度（kN/m），是该列柱所有柱子、支撑和墙体的刚度之和，按式（6.5.16）计算；k 为修正系数，按表 6.5.7 采用；0.85 为调整系数。

$$G_i = 1.0G_{屋盖} + 0.5G_{雪} + 0.5G_{灰} + 0.25(G_{柱} + G_{横墙}) + 0.35G_{纵墙}$$
$$+ 0.5(G_{吊车} + G_{吊车梁}) \tag{6.5.15}$$

$$K_i = \sum K_{c} + \sum K_{b} + \varphi \sum K_{w} \tag{6.5.16}$$

式中：K_{c}、K_{b}、K_{w} 分别为柱子、支撑和墙体的侧移刚度，φ 为考虑墙体开裂影响的刚度折减系数，7 度取 0.6、8 度取 0.4、9 度取 0.2。

表 6.5.7　厂房纵向基本自振周期修正系数

屋盖类型	地震烈度	钢筋混凝土无檩屋盖		钢筋混凝土有檩屋盖	
		边跨无天窗	边跨有天窗	边跨无天窗	边跨有天窗
砖、墙	7 度	1.2	1.25	1.30	1.35
	8 度	1.10	1.15	1.20	1.25
	9 度	1.00	1.05	1.05	1.10
无墙、石棉瓦、挂板		1.00	1.00	1.00	1.00

《建筑抗震设计规范》规定，单跨或等高多跨钢筋混凝土柱厂房，当柱顶标高不大于 15m 且平均跨度不大于 30m 时，纵向基本周期也可按经验公式确定。

（3）厂房地震作用计算。自振周期算出后，即可按底部剪力法求出总地震作用 F_{Ek}，即

$$F_{Ek} = \alpha_1 G_{eq} \tag{6.5.17}$$

式中：α_1 为与厂房纵向基本自振周期对应的水平地震影响系数，G_{eq} 为厂房单元柱列总等效重力荷载代表值，为

对无吊车厂房 $G_{eq} = 1.0G_{屋盖} + 0.5G_{雪} + 0.5G_{灰} + 0.5G_{柱}$
$$+ 0.7G_{纵墙} + 0.5G_{横墙} \tag{6.5.18}$$

对有吊车厂房 $G_{eq} = 1.0G_{屋盖} + 0.5G_{雪} + 0.5G_{灰} + 0.1G_{柱}$
$$+ 0.7G_{纵墙} + 0.5G_{横墙} \tag{6.5.19}$$

（4）柱列地震作用计算。作用在柱列柱顶标高处的地震作用标准值按刚度分配。为了考虑屋盖变形的影响，首先需将柱列的刚度进行调整，侧移较大的中柱列刚度乘以大于 1 的调整系数，侧移较小的边柱列的刚度乘以小于 1 的调整系数，因此，第 i 柱列的纵向

调整侧移刚度为

$$K_{ai} = \psi_3 \psi_4 K_i \qquad (5.6.20)$$

式中：ψ_3 为柱列侧移刚度的围护墙影响系数，按表 6.5.8 采用，有纵向砖围护墙的四跨或五跨厂房，由边柱列数起的第三柱列可按表内相应数值的 1.15 倍采用；ψ_4 为柱列侧移刚度的柱间支撑影响系数，纵向为砖围护墙时，边柱列可采用 1.0，中柱列可按表 6.5.9 采用。

第 i 柱列柱顶标高处的纵向地震作用标准值 F_i 按式（6.5.21）计算。

$$F_i = F_{Ek} \frac{K_{ai}}{\sum K_{ai}} \qquad (6.5.21)$$

有吊车的等高多跨钢筋混凝土屋盖厂房，根据地震作用沿厂房高度呈倒三角形分布的假定，第 i 柱列各吊车梁顶标高处的纵向地震作用标准值 F_{ci}，可按下式确定

$$F_{ci} = \alpha_1 G_{ci} \frac{H_{ci}}{H_i} \qquad (6.5.22)$$

式中：G_{ci} 为集中于第 i 柱列吊车梁顶标高处的等效重力荷载代表值，按式（6.5.23）计算；H_{ci} 为第 i 柱列吊车梁顶高度；H_i 为第 i 柱列柱顶高度。

$$G_{ci} = 0.4 G_{柱} + 1.0(G_{吊车梁} + G_{吊车}) \qquad (6.5.23)$$

表 6.5.8　围护墙影响系数 φ_3

围护墙类别和烈度			柱列和屋盖类别				
			中柱列				
240 砖墙	370 砖墙	边柱列	无檩屋盖		有檩屋盖		
			边跨无天窗	边跨有天窗	边跨无天窗	边跨有天窗	
	7 度	0.85	1.7	1.8	1.8	1.9	
7 度	8 度	0.85	1.5	1.6	1.6	1.7	
8 度	9 度	0.85	1.3	1.4	1.4	1.5	
9 度		0.85	1.2	1.3	1.3	1.4	
无墙、石棉瓦或挂板		0.90	1.1	1.1	1.2	1.2	

表 6.5.9　纵向采用砖围护墙的中柱列柱间支撑影响系数 ψ_4

厂房单元内设置下柱支撑的柱间数	中柱列下柱支撑斜杆的长细比					柱列无支撑
	≤ 40	$41\sim80$	$81\sim120$	$121\sim150$	>150	
一柱间	0.90	0.95	1.00	1.10	1.25	1.4
二柱间	—	—	0.90	0.95	1.00	

（5）构件地震作用计算。算出柱列的地震作用后，就可将此地震作用按刚度比例分配给柱列中的各个构件。

对于无吊车梁厂房，第 i 柱列柱顶高度处的水平地震作用 F_i 可按刚度分配给该柱列中的各柱、支撑和砖墙，第 j 个构件的地震作用为

$$F_{cij} = \frac{K_{cij}}{K_i} F_i, \quad F_{bij} = \frac{K_{bij}}{K_i} F_i, \quad F_{wij} = \frac{\varphi K_{wij}}{K_i} F_i \qquad (6.5.24a-c)$$

各符号意义同前，刚度计算同式（6.5.16）。

对于有吊车梁的厂房,柱列在柱顶和吊车梁高度同时受到水平地震作用,按照图 6.5.13 所示的超静定结构计算。根据柱列的侧移关系,有

$$\begin{Bmatrix} F_i \\ F_{ci} \end{Bmatrix} = \begin{bmatrix} K_{11} & K_{12} \\ K_{21} & K_{22} \end{bmatrix} \begin{Bmatrix} u_{i1} \\ u_{i2} \end{Bmatrix} \tag{6.5.25}$$

式中:下标 1 和 2 分别表示柱顶位置和吊车梁顶面位置;u_{i1} 和 u_{i2} 为 i 柱列的侧移;K 表示柱列的刚度系数。

根据 u_{i1} 和 u_{i2} 的计算结果,不难得到柱子(c)、支撑(b)、砖墙(w)所分担的纵向地震作用

$$\begin{Bmatrix} F_c = K_{11}^c u_{i1} + K_{12}^c u_{i2} \\ F_{cc} = K_{21}^c u_{i1} + K_{22}^c u_{i2} \end{Bmatrix}, \begin{Bmatrix} F_b = K_{11}^b u_{i1} + K_{12}^b u_{i2} \\ F_{cb} = K_{21}^b u_{i1} + K_{22}^b u_{i2} \end{Bmatrix}, \begin{Bmatrix} F_w = K_{11}^w u_{i1} + K_{12}^w u_{i2} \\ F_{cw} = K_{21}^w u_{i1} + K_{22}^w u_{i2} \end{Bmatrix}$$

$$(6.5.26a,b,c)$$

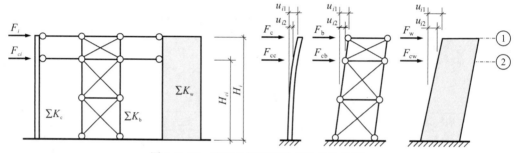

图 6.5.13　柱列地震作用及在构件的分配

2. 纵向柱列侧移刚度计算

纵向柱列的侧移刚度为柱列中所有柱子、支撑和墙体的刚度之和,即按式(6.5.16)计算。为此首先需要算出柱子、支撑和墙体的侧移刚度系数。一般先计算各柔度系数,然后通过求逆的方法得到刚度系数。

(1)单柱侧移刚度计算。如图 6.5.14 所示,单柱的侧移刚度按悬臂柱计算模型得到。

(2)柱间支撑的侧移刚度。柱间支撑是由型钢

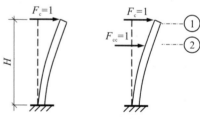

图 6.5.14　单柱侧移刚度

斜杆、钢筋混凝土柱和吊车梁等组成,是超静定结构。为了简化计算,通常假定为铰接桁架结构,同时略去截面应力较小的竖杆和水平杆的变形,只考虑型钢斜杆的轴向变形。当斜杆的长细比 $\lambda > 150$ 时,受压杆件有可能发生失稳而退出工作,可不考虑其抗压的作用,称为柔性支撑[见图 6.5.15(a)];当 $40 \leqslant \lambda \leqslant 150$ 时,为半刚性支撑[见图 6.5.15(b)],此时可以认为压杆的作用是使拉杆的面积增大为原来的 $(1+\varphi)$ 倍,此外不再计算压杆的其他影响,其中 φ 为压杆的稳定系数;当 $\lambda < 40$ 时为刚性支撑[见图 6.5.15(c)],此时压杆与拉杆的作用相同。根据结构力学方法,可以得到各类柱间支撑的柔度系数。

① 柔性支撑($\lambda > 150$)

不考虑水平杆时

$$\begin{cases} \delta_{11} = \dfrac{1}{EL^2}\left(\dfrac{l_1^3}{A_1} + \dfrac{l_2^3}{A_2} + \dfrac{l_3^3}{A_3}\right) \\[3mm] \delta_{22} = \delta_{12} = \delta_{21} = \dfrac{1}{EL^2}\left(\dfrac{l_2^3}{A_2} + \dfrac{l_3^3}{A_3}\right) \end{cases}$$

考虑水平杆时

$$\begin{cases} \delta_{11} = \dfrac{1}{EL^2}\left(\dfrac{l_1^3}{A_1} + \dfrac{l_2^3}{A_2} + \dfrac{l_3^3}{A_3}\right) + \dfrac{L}{E}\left(\dfrac{1}{A'_1} + \dfrac{1}{A'_2} + \dfrac{1}{A'_3}\right) \\[3mm] \delta_{22} = \delta_{12} = \delta_{21} = \dfrac{1}{EL^2}\left(\dfrac{l_2^3}{A_2} + \dfrac{l_3^3}{A_3}\right) + \dfrac{L}{E}\left(\dfrac{1}{A'_2} + \dfrac{1}{A'_3}\right) \end{cases}$$

② 半刚性支撑($40 \leqslant \lambda \leqslant 150$)

不考虑水平杆时

$$\begin{cases} \delta_{11} = \dfrac{1}{EL^2}\left(\dfrac{1}{1+\varphi_1}\dfrac{l_1^3}{A_1} + \dfrac{1}{1+\varphi_2}\dfrac{l_2^3}{A_2} + \dfrac{1}{1+\varphi_3}\dfrac{l_3^3}{A_3}\right) \\[3mm] \delta_{22} = \delta_{12} = \delta_{21} = \dfrac{1}{EL^2}\left(\dfrac{1}{1+\varphi_2}\dfrac{l_2^3}{A_2} + \dfrac{1}{1+\varphi_3}\dfrac{l_3^3}{A_3}\right) \end{cases}$$

③ 刚性支撑($\lambda < 40$)

不考虑水平杆时

$$\begin{cases} \delta_{11} = \dfrac{1}{2EL^2}\left(\dfrac{l_1^3}{A_1} + \dfrac{l_2^3}{A_2} + \dfrac{l_3^3}{A_3}\right) \\[3mm] \delta_{22} = \delta_{12} = \delta_{21} = \dfrac{1}{2EL^2}\left(\dfrac{l_2^3}{A_2} + \dfrac{l_3^3}{A_3}\right) \end{cases}$$

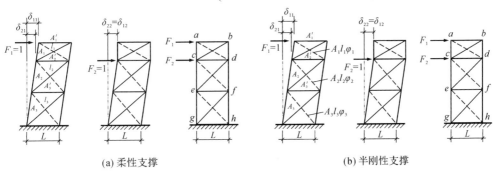

(a) 柔性支撑　　　　　　　　　　　　(b) 半刚性支撑

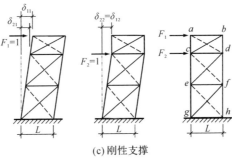

(c) 刚性支撑

图 6.5.15　柱间支撑的柔度计算模型

　　(3)纵墙的侧移刚度计算。砌体墙的柔度系数参照第 5 章砌体结构的相关要求计算。计算模型如图 6.5.16 所示。

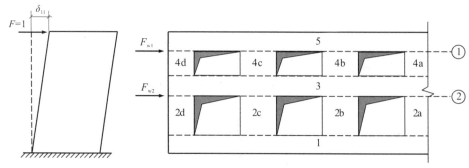

图 6.5.16　开洞砖墙的柔度计算

3. 柱间支撑抗震验算

（1）截面承载能力。柱间支撑抗震验算是单层厂房纵向抗震设计的主要内容。根据计算得到的第 i 节间支撑斜杆轴力进行承载能力验算

$$N_i \leqslant \frac{A_i f}{\gamma_{\text{RE}}} \tag{6.5.27}$$

其中，轴力设计值 N_i 为

$$N_i = \frac{l_i}{(1 + \varphi_i \psi_c) S_c} V_{\text{b}i} \tag{6.5.28}$$

式中：A_i 为杆件截面面积；f 为材料强度设计值；承载力抗震调整系数 γ_{RE} 取 0.8；φ_i 为第 i 节间受压斜杆的轴心受压稳定系数，按《钢结构设计标准》采用；l_i 为第 i 节间斜杆的长度；ψ_c 为压杆卸载系数（压杆长细比为 60、100 和 200 时，可分别采用 0.7、0.6 和 0.5）；$V_{\text{b}i}$ 为第 i 节间支撑承受的地震剪力设计值；S_c 为支撑所在柱间的净距。

（2）等强设计。计算分析表明，如果上柱支撑和下柱支撑的刚度、承载能力相差悬殊，就会在相对薄弱的上柱或者下柱支撑部位集中发生塑性变形，导致严重的地震破坏。为了防止这种破坏，宜将上柱和下柱的支撑设计成等强，使得上下柱支撑的屈服强度与地震内力的比值大致相同。同时，柱间支撑的杆件两端连接强度要与支撑等强。

柱间支撑端节点预埋板的锚件宜采用角钢加端板（见图 6.5.17）。此时，其截面抗震承载力宜按式（6.5.29）验算。

$$N \leqslant \frac{0.7}{\gamma_{\text{RE}} \left(\dfrac{\sin\theta}{V_{\text{u}0}} + \dfrac{\cos\theta}{\phi N_{\text{u}0}} \right)} \tag{6.5.29}$$

这里，

$$V_{\text{u}0} = 3n \zeta_r \sqrt{W_{\text{min}} b f_{\text{a}} f_{\text{c}}} \tag{6.5.30}$$

$$N_{\text{u}0} = 0.8 n f_{\text{a}} A_{\text{s}} \tag{6.5.31}$$

式中：N 为预埋板的斜向拉力，可采用按全截面屈服强度计算的支撑斜杆轴向力的 1.05 倍；承载力抗震调整系数 γ_{RE} 取 1.0；θ 为斜向拉力与其水平投影的夹角；n 为角钢根数；b 为角钢肢宽；W_{min} 为与剪力方向垂直的角钢最小截面模量；A_{s} 为一根角钢的截面面积；f_{a} 为角钢抗拉强度设计值，ψ 为偏心影响系数。

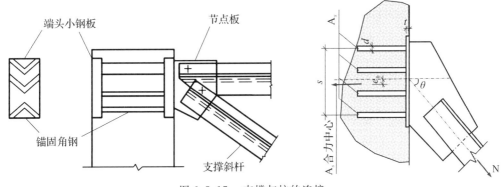

图 6.5.17　支撑与柱的连接

柱间支撑端节点预埋板的锚件也可采用锚筋。此时,其截面抗震承载力宜按下式验算

$$A_s \geq \frac{\gamma_{RE} N}{0.8 f_y}\left(\frac{\cos\theta}{0.8\zeta_m \psi}+\frac{\sin\theta}{\zeta_r \zeta_v}\right) \tag{6.5.33}$$

式中:A_s 为锚筋总截面面积;e_0 为斜向拉力对锚筋合力作用线的偏心距(mm),应小于外排锚筋之间距离的 20%;s 为外排锚筋之间的距离(mm);ζ_m 为预埋板弯曲变形影响系数,按式(6.5.35)计算;t 为预埋板厚度(mm);d 为锚筋直径(mm);ζ_r 为验算方向锚筋排数的影响系数,二、三和四排可分别采用 1.0、0.9 和 0.85;ζ_v 为锚筋的受剪影响系数,按式(6.5.36)计算,大于 0.7 时应采用 0.7。

$$\psi=\frac{1}{1+\dfrac{0.6e_0}{\zeta_r s}} \tag{6.5.33}$$

$$\zeta_m=0.6+0.25\frac{t}{d} \tag{6.5.34}$$

$$\zeta_v=(4-0.08d)\sqrt{\frac{f_c}{f_y}} \tag{6.5.35}$$

4. 突出屋面的天窗架纵向水平地震作用

突出屋面天窗架的纵向抗震计算,一般情况下采用空间结构分析法,考虑屋盖的平面弹性变形和纵墙的有效刚度。对柱高不超过 15m 的单跨和等高多跨钢筋混凝土无檩屋盖厂房的突出屋面的天窗架,可采用底部剪力法计算其地震作用,但此地震作用效应应乘以效应增大系数。效应增大系数 η,对单跨、边跨屋盖或有纵向内隔墙的中跨屋盖,$\eta=1+0.5n$,对其他中跨屋盖,$\eta=0.5n$。n 为厂房跨数,超过 4 跨时取 4 跨。

6.5.5　抗震构造措施和连接要求

1. 屋盖

有檩屋盖构件的连接应符合下列要求:①檩条应与混凝土屋架(屋面梁)焊牢,并应有足够的支承长度;②双脊檩应在跨度 1/3 处相互拉结;③压型钢板应与檩条可靠连接,瓦楞铁、石棉瓦等应与檩条拉结。

无檩屋盖构件的连接应符合下列要求：①大型屋面板应与混凝土屋架（屋面梁）焊牢，靠柱列的屋面板与屋架（屋面梁）的连接焊缝长度不宜小于80mm，焊缝厚度不宜小于6mm；②6度和7度时，有天窗厂房单元的端开间，或8度和9度时各开间，宜将垂直屋架方向两侧相邻的大型屋面板的顶面彼此焊牢；③8度和9度时，大型屋面板端头底面的预埋件宜采用带槽口的角钢并与主筋焊牢；④非标准屋面板宜采用装配整体式接头，或将板四角切掉后与混凝土屋架（屋面梁）焊牢；⑤屋架（屋面梁）端部顶面预埋件的锚筋，8度时不宜少于 $4\phi10$，9度时不宜少于 $4\phi12$。

屋盖支撑桁架的腹杆与弦杆连接的承载力，不宜小于腹杆的承载力。屋架竖向支撑桁架应能传递和承受屋盖的水平地震作用。

凸出屋面的钢筋混凝土天窗架，其两侧墙板与天窗立柱宜采用螺栓连接。采用焊接等刚性连接方式时，由于缺乏延性，会造成应力集中而加重震害。

钢筋混凝土屋架的截面和配筋，应符合下列要求：①屋架上弦第一节间和梯形屋架端竖杆的配筋，6度和7度时不宜少于 $4\phi12$，8度和9度时不宜少于 $4\phi14$；②梯形屋架的端竖杆截面宽度宜与上弦宽度相同；③拱形和折线形屋架上弦端部支撑屋面板的小立柱的截面不宜小于 $200mm \times 200mm$，高度不宜大于500mm，主筋宜采用 $\mathbb{I}$ 形，6度和7度时不宜少于 $4\phi12$，8度和9度时不宜少于 $4\phi14$；箍筋可采用 $\phi6$，间距宜为100mm。

2. 柱

厂房柱子在下列范围内的箍筋应加密：①柱头，取柱顶以下500mm并不小于柱截面长边尺寸；②上柱，取阶形柱自牛腿面至起重机梁顶面以上300mm高度范围内；③牛腿（柱肩），取全高；④柱根，取下柱柱底至室内地坪以上500mm；⑤柱间支撑与柱连接节点和柱变位受到平台等约束部位，到节点上、下各300mm。

加密区箍筋间距不应大于100mm，箍筋肢距和最小直径应符合表6.5.11的规定。

表6.5.11 柱加密区箍筋最大肢距和最小箍筋直径

烈度和场地类别		6度和7度Ⅰ、Ⅱ类场地	7度Ⅲ、Ⅳ类场地和8度Ⅰ、Ⅱ类场地	8度Ⅲ、Ⅳ类场地和9度
箍筋最大肢距/mm		300	250	200
箍筋最小直径(mm)	一般柱头和柱根	$\phi6$	$\phi8$	$\phi8(\phi10)$
	角柱柱头	$\phi8$	$\phi10$	$\phi10$
	上柱、牛腿和有支撑的柱根	$\phi8$	$\phi8$	$\phi10$
	有支撑的柱头和柱变位受约束部位	$\phi8$	$\phi10$	$\phi12$

注：括号内的数值用于柱根。

山墙抗风柱的配筋，应符合下列要求：①抗风柱柱顶以下300mm和牛腿（柱肩）面以上300mm范围内的箍筋，直径不宜小于6mm，间距不应大于100mm，肢距不宜大于250mm；②抗风柱的变截面牛腿（柱肩）处，宜设置纵向受拉钢筋。

大柱网厂房柱的截面和配筋构造，应符合下列要求：①柱截面宜采用正方形或接近正方形的矩形，边长不宜小于柱全高的 $1/18 \sim 1/16$；②重屋盖厂房考虑地震组合的柱轴压比,6、7 度时不宜大于 0.8,8 度时不宜大于 0.7,9 度时不宜大于 0.6;③纵向钢筋宜沿柱截面周边对称配置,间距不宜大于 200mm,角部宜配置直径较大的钢筋;④柱头和柱根的箍筋应加密,并应符合下列要求:加密范围,柱根取基础顶面至室内地坪以上 lm,且不小于柱高的 1/6,铰头取柱顶以下 500mm,且不小于柱截面长边尺寸;⑤箍筋末端应设135°弯钩,且平直段的长度不应小于箍筋直径的 10 倍。

当铰接排架侧向受约束,且约束点至柱顶的长度 l 不大于柱截面在该方向边长的两倍(排架平面 $l \leqslant h$,垂直排架平面 $l \leqslant 2b$)时,柱顶预埋钢板和柱顶箍筋加密区的构造尚应符合下列要求:①柱顶预埋钢板沿排架平面方向的长度,宜取柱顶的截面高度 h,但在任何情况下不得小于 $h/2$ 及 300mm;②柱顶轴向力在排架平面内的偏心距 e。在 $h/6 \sim h/4$ 时,柱顶箍筋加密区的箍筋体积配筋率不宜小于下列规定:一级抗震等级为 1.2%,二级抗震等级为 1.0%,三、四级抗震等级为 0.8%。

3. 柱间支撑

厂房柱间支撑的构造应符合下列要求:①柱间支撑应采用型钢,支撑形式宜采用交叉式,其斜杆与水平面的交角不宜大于 55°;②支撑杆件的长细比,不宜超过表 6.5.12 的规定;③下柱支撑的下节点位置和构造措施,应保证将地震作用直接传给基础(见图 6.5.18),当 6 度和 7 度不能直接传给基础时,应考虑支撑对柱和基础的不利影响;④交叉支撑在交叉点应设置节点板,其厚度不应小于 10mm,斜杆与交叉节点应焊接,与端节点板宜焊接。

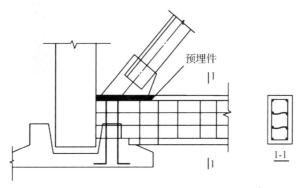

图 6.5.18　支撑下节点设在基础顶系梁

表 6.5.12　交叉支撑斜杆的最大长细比

位置	烈度			
	6 度和 7 度Ⅰ、Ⅱ类场地	7 度Ⅲ、Ⅳ类场地和 8 度Ⅰ、Ⅱ类场地	8 度Ⅲ、Ⅳ类场地和 9 度Ⅰ、Ⅱ类场地	9 度Ⅲ、Ⅳ类场地
上柱支撑	250	250	200	150
下柱支撑	200	150	120	120

4. 连接节点

屋架(屋面梁)与柱顶的连接有焊接、螺栓连接和钢板铰连接三种形式。焊接连接

[见图 6.5.19(a)]的构造接近刚性,变形能力差。故 8 度时宜采用螺栓[见图 6.5.19(b)],9 度时宜采用钢板较[见图 6.5.19(c)],也可采用螺栓;屋架(屋面梁)端部支承垫板的厚度不宜小于 16mm。

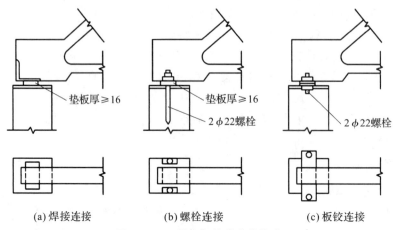

图 6.5.19　屋架与柱的连接构造

柱顶预埋件的锚筋,8 度时不宜少于 $4\phi14$,9 度时不宜少于 $4\phi16$,有柱间支撑的柱子,柱顶预埋件尚应增设抗剪钢板(见图 6.5.20)。

山墙抗风柱的柱顶,应设置预埋板,使柱顶与端屋架上弦(屋面梁上翼缘)可靠连接。连接部位应在上弦横向支撑与屋架的连接点处,不符合时可在支撑中增设次腹杆或设置型钢横梁,将水平地震作用传至节点部位。

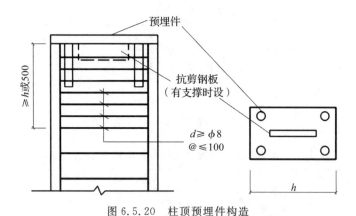

图 6.5.20　柱顶预埋件构造

支承低跨屋盖的中柱牛腿(柱肩)的预埋件,应与牛腿(柱肩)中按计算承受水平拉力部分的纵向钢筋焊接,且焊接的钢筋,6 度和 7 度时不应少于 $2\phi12$,8 度时(或二级抗震等级时)不应少于 $2\phi14$,9 度时不应少于 $2\phi16$(见图 6.5.21)。

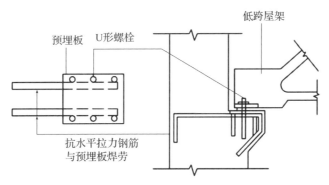

图 6.5.21 低跨屋盖与柱牛腿的连接

柱间支撑与柱连接节点预埋件的锚接,8 度Ⅲ、Ⅳ类场地和 9 度时,宜采用角钢加端板,其他情况可采用不低于 HRB335 级钢筋,但锚固长度不应小于 30 倍锚筋直径或增设端板。柱间支撑端部的连接,对单角钢支撑应考虑强度折减,8、9 度时不得采用单面偏心连接;交叉支撑有一杆中断时,交叉节点板应予以加强,使其承载力不小于 1.1 倍杆件承载力。

厂房中的吊车走道板、端屋架与山墙间的填充小屋面板、天沟板、天窗端壁板和天窗侧板下的填充砌体等构件应与支承结构有可靠的连接。

基础梁的稳定性较好,一般不需采用连接措施。但在 8 度Ⅲ、Ⅳ类场地和 9 度时,相邻基础梁之间应采用现浇接头,以提高基础梁的整体稳定性。

5. 隔墙和围护墙

单层钢筋混凝土柱厂房的砌体隔墙和围护墙应符合下列要求:

(1)内嵌式砌体隔墙与柱宜脱开或柔性连接,并应采取措施使墙体稳定,但墙顶部应设现浇钢筋混凝土压顶梁。

(2)厂房的砌体围护墙宜采用外贴式并与柱(包括抗风柱)可靠拉结,一般墙体应沿墙高每隔 500mm 与柱内伸出的 $2\phi6$ 水平钢筋拉结,柱顶以上墙体应与屋架端部、屋面板和天沟板等可靠拉结,厂房角部的砖墙应沿纵横两个方向与柱拉结(见图 6.5.22);不等高厂房的高跨封墙和纵横向厂房交接处的悬墙采用砌体时,不应直接砌在低跨屋盖上。

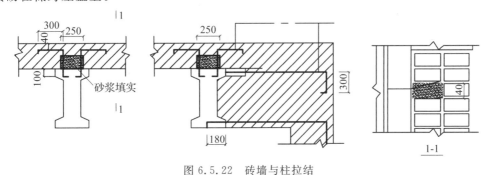

图 6.5.22 砖墙与柱拉结

（3）砌体围护墙在下列部位应设置现浇钢筋混凝土圈梁：①梯形屋架端部上弦和柱顶标高处应各设一道，但屋架端部高度不大于 900mm 时可合并设置；②8 度和 9 度时，应按上密下稀的原则每隔 4m 左右在屋顶增设一道圈梁，不等高厂房的高低跨封墙和纵横跨交接处的悬墙，圈梁的竖向间距不应大于 3m；③山墙沿屋面应设钢筋混凝土卧梁，并应与屋架端部上弦标高处的圈梁连接。圈梁宜闭合，其截面宽度宜与墙厚相同，截面高度不应小于 180mm；圈梁的纵筋，6～8 度时不应少于 4φ12，9 度时不应少于 4φ14，特殊部位的圈梁的构造详见抗震规范。

围护砖墙上的墙梁应尽可能采用现浇。当采用预制墙梁时，除墙梁应与柱可靠锚拉外，梁底还应与砖墙顶牢固拉结，以避免梁下墙体由于处于悬臂状态而在地震时倾倒。厂房转角处相邻的墙梁应相互可靠连接。

6.5.6 单层厂房抗震设计实例

一两跨等高钢筋混凝土柱无檩屋盖单层厂房，其结构简图及主要尺寸如图 6.5.23 至图 6.5.25 所示。厂房柱距 6m，跨度 18m，厂房总长 66m，两端有山墙，每跨设有两台 10t 吊车。边上柱为正方形 400mm×400mm，中上柱为矩形 400mm×600mm，边柱与中柱的下柱均为工字形 400mm×700mm，屋盖采用大型屋面板、折线形屋架，自重为 3.0kN/m²，雪荷载标准值为 0.3kN/m²，积灰荷载标准值为 0.3kN/m²，纵墙和山墙采用 240mm 厚砖砌体贴砌于柱，采用 MU7.5 砖，M2.5 水泥砂浆砌筑（$f = 1.19\text{N/mm}^2$，$E_w = 1300f = 1547\text{N/mm}^2$），柱混凝土强度等级为 C25（$E_c = 28000\text{N/mm}^2$）。围护墙开洞尺寸详见图 6.5.25，柱间支撑布置及支撑截面如图 6.5.24 所示。钢筋混凝土吊车梁每根重 28.2kN，一台 10t 吊车桥架重 186kN，该重力压在一根柱上牛腿的反力为 61.6kN。厂房位于 8 度设防区，设计基本地震加速度 0.20g，Ⅱ类场地，设计地震分组为第二组。试对该厂房进行横向与纵向抗震计算。

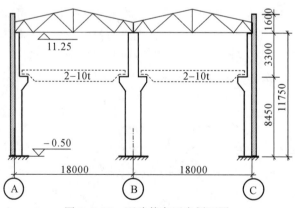

图 6.5.23 两跨等高厂房剖面图

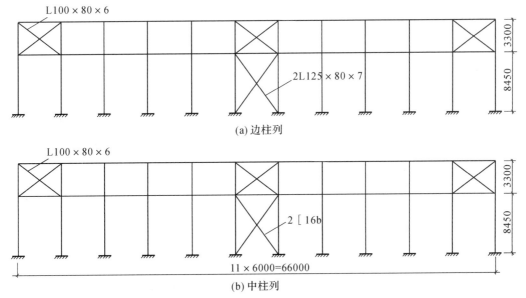

(a) 边柱列

(b) 中柱列

图 6.5.24　柱间支撑布置

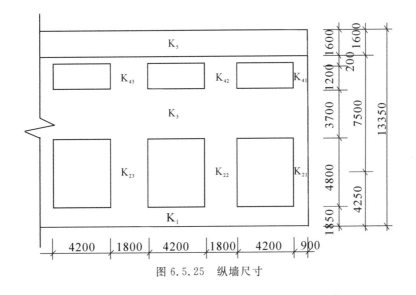

图 6.5.25　纵墙尺寸

1. 荷载计算

(1)横向荷载计算

横向计算取一榀排架进行(范围为 $36m\times6m$),由于等高,可以简化为一个质点体系。计算模型如图 6.5.26 所示,重量计算见表 6.5.13。

表 6.5.13 重量计算 （单位：kN）

项目	部位	计算过程	结果
A、C柱	上柱	$0.4 \times 0.4 \times 3.3 \times 25$	13.2
	下柱	$[(0.75+0.15) \times 0.4 \times 0.7+7.55 \times (0.4 \times 0.7-0.3 \times 0.475)]$ $\times 25+\left(\dfrac{0.3^2}{2}+0.25 \times 0.3\right) \times 0.4 \times 25$	33.5
	合计	上柱+下柱	46.7
B柱	上柱	$0.4 \times 0.6 \times 3.3 \times 25$	19.8
	下柱	$[(1.3+0.15) \times 0.4 \times 0.7+7.0 \times (0.4 \times 0.7-0.3 \times 0.475)]$ $\times 25+2 \times \left(\dfrac{0.65^2}{2}+0.35 \times 0.65\right) \times 0.4 \times 25$	43.0
	合计	上柱+下柱	62.8
排架柱	合计	$G_{排架柱}=2 \times 46.7+62.8$	156.2
檐墙	一个柱距范围	$G_{wp}=2 \times 1.6 \times 6 \times 0.24 \times 19$	87.55
围护墙		$G_w=2 \times [11.75 \times 6-4.2(4.8+1.2)] \times 0.24 \times 19$	413.1
屋盖		$G_{屋盖}=3.0 \times 36 \times 6$	648
雪荷载		$G_雪=0.3 \times 36 \times 6$	64.8
积灰		$G_{积灰}=0.3 \times 36 \times 6$	64.8
吊车梁		$G_{吊车梁}=28.2 \times 4$	112.8

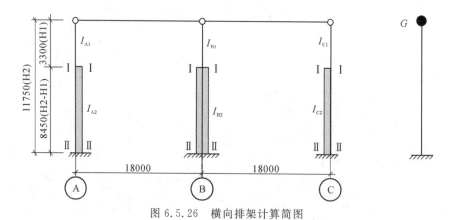

图 6.5.26 横向排架计算简图

(2)纵向荷载计算

纵向计算按柱列进行。由于对称 A 柱列与 C 柱列相同，其负荷范围 66m×9m，中间 B 柱列负荷范围 66m×18m。

① A、C 柱列计算所需荷载(12 根边柱) $G_{边柱}=12 \times 46.7=560.4$(kN)

② 檐墙重量 $G_{wp}=1.6 \times 66 \times 0.24 \times 19=481.54$(kN)

③ 围护墙重量(取底层窗间墙半高以上檐墙以下部分墙体)

$$G_w=[7.5 \times 66-11 \times (2.4+1.2) \times 4.2] \times 0.24 \times 19=1499(kN)$$

④ 山墙重量(洞口 3m×3.3m)

$$G_w = [(13.35+14.95)\times 9 - 3\times 3.3]\times 0.24\times 19 = 1116.29(kN)$$

⑤ 吊车梁重量(11 根) $G_{吊车梁} = 11\times 28.2 = 310.2(kN)$

⑥ 屋盖重量 $G_{屋盖} = 3.0\times 9\times 66 = 1782(kN)$

⑦ 雪荷载 $G_{雪} = 0.3\times 9\times 66 = 178.2(kN)$

⑧ 积灰荷载 $G_{积灰} = 0.3\times 9\times 66 = 178.2(kN)$

⑨B柱列荷载:

(A) 柱自重(12 根中柱) $G_{B柱} = 12\times 62.8 = 753.6(kN)$

(B) 山墙重量 $G_w = 1116.29\times 2 = 2232.58(kN)$

(C) 吊车梁重量(22 根) $G_{吊车梁} = 22\times 28.2 = 620.4(kN)$

(D) 雪荷载 $G_{雪} = 178.2\times 2 = 356.4(kN)$

(E) 积灰荷载 $G_{积灰} = 178.2\times 2 = 356.4(kN)$

2. 横向抗震计算

(1) 单柱惯性矩

$$I_{A1} = I_{C1} = \frac{1}{12}\times 40\times 40^3 = 2.13\times 10^5 cm^4 = 2.13\times 10^{-3}(m^4)$$

$$I_{B1} = \frac{1}{12}\times 40\times 60^3 = 7.2\times 10^5 cm^4 = 7.2\times 10^{-3}(m^4)$$

$$I_{A2} = I_{B2} = I_{C2} = \frac{1}{12}\times 40\times 70^3 - \frac{1}{12}\times (40-10)\times (45+2.5)^3$$

$$= 8.75\times 10^5 cm^4 = 8.75\times 10^{-3}(m^4)$$

(2) 单柱柱顶侧移柔度

$$\delta_A = \delta_C = \frac{1}{3E}\left(\frac{H_1^3}{I_1} + \frac{H_2^3 - H_1^3}{I_2}\right) = \frac{1}{3\times 2.8\times 10^7}\times \left(\frac{3.3^3}{2.13\times 10^{-3}} + \frac{11.75^3 - 3.3^3}{8.75\times 10^{-3}}\right)$$

$$= 2.36\times 10^{-3}(m/kN)$$

$$\delta_B = \frac{1}{3E}\left(\frac{H_1^3}{I_1} + \frac{H_2^3 - H_1^3}{I_2}\right) = \frac{1}{3\times 2.8\times 10^7}\times \left(\frac{3.3^3}{7.2\times 10^{-3}} + \frac{11.75^3 - 3.3^3}{8.75\times 10^{-3}}\right)$$

$$= 2.22\times 10^{-3}(m/kN)$$

(3) 单位力作用下排架横梁内力 x_1、x_2 与排架顶点侧移 δ_{11}

$$x_1 = \frac{\frac{1}{\delta_B} + \frac{1}{\delta_C}}{\frac{1}{\delta_A} + \frac{1}{\delta_B} + \frac{1}{\delta_C}} = \frac{\frac{10^3}{2.22} + \frac{10^3}{2.36}}{\frac{10^3}{2.36} + \frac{10^3}{2.22} + \frac{10^3}{2.36}} = 0.674$$

$$x_2 = \frac{\frac{1}{\delta_C}}{\frac{1}{\delta_A} + \frac{1}{\delta_B} + \frac{1}{\delta_C}} = \frac{\frac{10^3}{2.36}}{\frac{10^3}{2.36} + \frac{10^3}{2.22} + \frac{10^3}{2.36}} = 0.326$$

$$\delta_{11} = (1 - x_1)\delta_A = 0.326\times 2.36\times 10^{-3} = 0.769\times 10^{-3}(m/kN)$$

(4) 质点等效集中重力荷载计算

① 计算自振周期时

$G_1 = 1.0G_{屋盖} + 0.5G_{雪} + 0.5G_{积灰} + 0.5G_{吊车梁} + 0.25G_{柱} + 0.25G_{纵墙} + 1.0G_{檐墙}$
$= 1.0 \times 648 + 0.5 \times 64.8 + 0.5 \times 64.8 + 0.5 \times 112.8 + 0.25 \times 156.2$
$\quad + 0.25 \times 413.1 + 1.0 \times 87.55 = 999.1(\text{kN})$

② 计算水平地震作用时

$\overline{G}_1 = 1.0G_{屋盖} + 0.5G_{雪} + 0.5G_{积灰} + 0.75G_{吊车梁} + 0.5G_{柱} + 0.5G_{纵墙} + 1.0G_{檐墙}$
$= 1.0 \times 648 + 0.5 \times 64.8 + 0.5 \times 64.8 + 0.75 \times 112.8 + 0.5 \times 156.2 + 0.5 \times 413.1$
$\quad + 1.0 \times 87.55 = 1169.6(\text{kN})$

（5）排架横向自振周期的计算为

$$T = 2\psi_T \sqrt{G_1 \delta_{11}} = 2 \times 0.8 \times \sqrt{999.1 \times 0.769 \times 10^{-3}} = 1.4(\text{s})$$

式中：因厂房设有纵墙，故修正系数 $\psi_T = 0.8$。

（6）排架横向地震作用的计算

由 8 度设防，设计基本地震加速度 $0.20g$，Ⅱ 类场地，设计地震分组为第二组的条件，查表可得，$\alpha_{\max} = 0.16$，$T_g = 0.40\text{s}$。

$$\alpha_1 = \left(\frac{T_g}{T_1}\right)^{0.9} \alpha_{\max} = \left(\frac{0.40}{1.4}\right)^{0.9} \times 0.16 = 0.052$$

$$F_{\text{Ek}} = \alpha_1 \overline{G}_1 = 0.052 \times 1169.6 = 60.60(\text{kN})$$

根据系数 x_1 和 x_2 可求得 F_{Ek} 作用下排架横梁内力，并可进一步求得地震作用下排架的弯矩图和剪力图，如图 6.5.27 所示。

$$X_1 = x_1 \cdot F_{\text{Ek}} = 0.674 \times 60.6 = 40.84(\text{kN})$$

$$X_2 = x_2 \cdot F_{\text{Ek}} = 0.326 \times 60.6 = 19.76(\text{kN})$$

$$V_A = V_C = 60.6 - 40.84 = 19.76(\text{kN})$$

$$V_B = 40.84 - 19.76 = 21.08(\text{kN})$$

$$M_{A\max} = M_{A底} = M_{A\max} = M_{A底} = 19.76 \times 11.75 = 232.18(\text{kN} \cdot \text{m})$$

$$M_{B\max} = M_{B底} = 21.08 \times 11.75 = 247.69(\text{kN} \cdot \text{m})$$

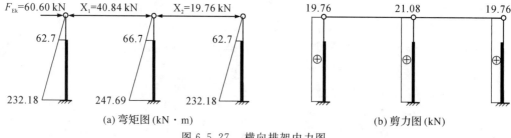

(a) 弯矩图（kN·m）　　　　　　　　　(b) 剪力图（kN）

图 6.5.27　横向排架内力图

吊车桥架在吊车梁面标高处（距柱底 9.35m）产生的水平地震作用可通过下式算出

$$F_{\text{cr1}} = F_{\text{cr2}} = \alpha_1 G \frac{H_{\text{cr}}}{H_1} = 0.052 \times 61.6 \times \frac{9.35}{11.75} = 2.55(\text{kN})$$

其对排架的作用如图 6.5.28 所示，这些作用力产生的排架内力可以通过静力计算得到。一般排架静力计算时可先将如图 6.5.29 所示结构（柱顶无侧移）弯矩图作出（此处计算从略），然后将左上端链杆反力（$R=7.12$ kN）反作用于排架，如图 6.5.30 所示，再用前述相关公式绘出弯矩图，图 6.5.29 与图 6.5.30 两弯矩图叠加即可得到图 6.5.28 荷载作用下的最后弯矩图（见图 6.5.31）。应当指出，图 6.5.30 的结果虽然力学意义是正确的，但对于吊车吨位不大（$<30t$）的结构，其结果实用价值不大。因为在计算纵向 66m 长的厂房横向地震时，仅两榀排架（最多 4 榀）发生 F_{cr} 水平地震作用，其余无吊车所在的排架是无此力产生的，加上横向山墙与屋面刚性的影响，即使在发生此力的排架中柱顶位移也可近似地视为不动的（此时并未考虑 F_{Ek} 的影响）。因此图 6.5.29 的弯矩图更接近实际结果。

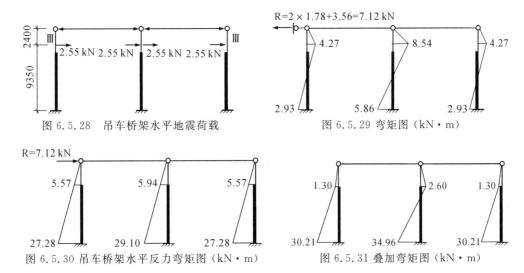

图 6.5.28　吊车桥架水平地震荷载　　　　　图 6.5.29　弯矩图（kN·m）

图 6.5.30 吊车桥架水平反力弯矩图（kN·m）　　　图 6.5.31 叠加弯矩图（kN·m）

（7）平面排架横向水平地震作用效应的调整

由于本例设防烈度为 8 度，厂房单元屋盖长度与总跨度之比 $66/36=1.83<8$，山墙厚为 240mm 且水平开洞面积比 $<50\%$，柱顶高度 <15m，满足"规范"所提出的相应条件，因此平面排架考虑空间工作及扭转影响的内力调整可按公式进行，其中系数 ξ 可按表采用。本例属于钢筋混凝土无檩屋盖，两端有山墙的等高厂房，屋盖长度为 66mm，查表得 $\xi=0.8$。调整后的弯矩与剪力为

$$M_{A max}=M_{A底}=M_{A max}=M_{A底}=0.8\times232.18=185.74(kN\cdot m)$$
$$M_{B max}=M_{B底}=0.8\times247.69=198.15(kN\cdot m)$$

吊车梁顶面标高处的上柱截面，由吊车桥架引起的地震剪力和弯矩应乘以增大系数 η_{c0}，本例为无檩体系两端山墙，查表得边柱增大系数 $\eta_c=2$，中柱为 $\eta_c=3$，该截面的剪力与弯矩为

$$M_{A Ⅲ-Ⅲ}=M_{C Ⅲ-Ⅲ}=2\times4.27=8.54(kN\cdot m)$$
$$M_{B Ⅲ-Ⅲ}=3\times8.54=25.62(kN\cdot m)$$
$$V_{A Ⅲ-Ⅲ}=V_{C Ⅲ-Ⅲ}=2\times1.78=3.56(kN\cdot m)$$
$$V_{B Ⅲ-Ⅲ}=3\times3.56=10.68(kN\cdot m)$$

至此，横向地震内力已经算出，可依据抗震内力组合的原则，进行内力组合与截面验算。截面验算从略。

3. 纵向抗震计算（修正刚度法）

具有钢筋混凝土屋盖的单层等高多跨钢筋混凝土柱厂房采用修正刚度法进行纵向抗震计算时，可将屋盖在纵向视为一个质点体系，集中各柱列的等效重力荷载为统一的重力荷载，集中各柱列的刚度为统一的总刚度，然后求出统一的周期和水平地震作用，并按修正后的柱列刚度将水平地震作用分配到各柱列，然后可进行内力计算与各种抗震验算。

（1）柱列的刚度计算

① 柱子刚度计算

由柱截面可计算各柱上、下截面沿纵向的惯性矩

$$I_{A1} = I_{C1} = \frac{1}{12} \times 40 \times 40^3 = 2.13 \times 10^5 (\text{cm}^4) = 2.13 \times 10^{-3} \text{m}^4$$

$$I_{B1} = \frac{1}{12} \times 60 \times 40^3 = 3.2 \times 10^5 (\text{cm}^4) = 3.2 \times 10^{-3} \text{m}^4$$

$$I_{A2} = I_{B2} = I_{C2} = 2 \times \frac{1}{12} \times 11.25 \times 40^3 + \frac{1}{12} \times 47.5 \times 10^3$$
$$= 1.24 \times 10^5 (\text{cm}^4) = 1.24 \times 10^{-3} \text{m}^4$$

各柱的柔度系数为

$$\delta_A = \delta_C = \frac{1}{3E}\left(\frac{H_1^3}{I_1} + \frac{H_2^3 - H_1^3}{I_2}\right)$$
$$= \frac{1}{3 \times 2.8 \times 10^7} \times \left(\frac{3.3^3}{2.13 \times 10^{-3}} + \frac{11.75^3 - 3.3^3}{1.24 \times 10^{-3}}\right)$$
$$= 1.543 \times 10^{-2} (\text{m/kN})$$

$$\delta_B = \frac{1}{3E}\left(\frac{H_1^3}{I_1} + \frac{H_2^3 - H_1^3}{I_2}\right)$$
$$= \frac{1}{3 \times 2.8 \times 10^7} \times \left(\frac{3.3^3}{3.2 \times 10^{-3}} + \frac{11.75^3 - 3.3^3}{1.24 \times 10^{-3}}\right)$$
$$= 1.536 \times 10^{-2} (\text{m/kN})$$

因此，可以算出各柱列所有柱柱顶的刚度之和

$$\sum K_{AC} = \sum K_{CC} = 12 \times K_{AC} = 12 \times \mu/\delta_{AC} = 12 \times 1.5/1.543 \times 10^{-2} = 1066.56 (\text{kN/m})$$

$$\sum K_{BC} = 12 \times K_{BC} = 12 \times \mu/\delta_B = 12 \times 1.5/1.536 \times 10^{-2} = 1171.88 (\text{kN/m})$$

② 柱间支撑刚度计算

柱间支撑布置图如图 6.5.24 所示，结构尺寸简图如图 6.5.32 所示。

边柱列上柱支撑三道 $L100 \times 80 \times 6$，下柱支撑一道 $2L125 \times 80 \times 7$。构件参数汇总于表 6.5.14。因此

$$\delta_{b1} = \frac{1}{EL^2}\left[\frac{l_1^3}{(1+\varphi_1)A_1} + \frac{l_2^3}{(1+\varphi_2)A_2}\right] = 0.394 \times 10^{-4} \text{kN/m}$$

$$\sum K_{b1} = \frac{1}{\delta_{b1}} = \frac{1}{0.394 \times 10^{-4}} = 25367 \text{kN/m}$$

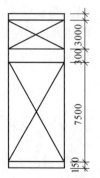

图 6.5.32　柱间支撑

尺寸简图（mm）

表 6.5.14　边柱列柱间支撑计算

参数	上柱支撑		下柱支撑	
	计算过程	结果	计算过程	结果
斜杆长度 /m	$l_1 = \sqrt{3^2 + 5.6^2}$	6.35	$l_2 = \sqrt{7.5^2 + 5.6^2}$	9.36
截面积 /m²	$A_1 = 3 \times 10.6 \times 10^{-4}$	31.8×10^{-4}	$A_2 = 2 \times 14.1 \times 10^{-4}$	28.2×10^{-4}
回转半径 /m	$i_x = 2.4 \times 10^{-2}$	2.4×10^{-2}	$i_x = 4.02 \times 10^{-2}$	4.02×10^{-2}
长细比	$\lambda_1 = 6.35 \times 0.5/2.4 \times 10^{-2}$	$132 < 150$	$\lambda_2 = 9.36 \times 0.5/4.02 \times 10^{-2}$	$116 < 150$
稳定系数	$\varphi_1 = 0.36$	0.36	$\varphi_2 = 0.451$	0.451

中柱列上柱支撑三道 L100×80×6,下柱支撑一道 2[16b。构件参数汇总于表 6.5.15。

$$\delta_{b2} = \frac{1}{EL^2}\left[\frac{l_1^3}{(1+\varphi_1)A_1} + \frac{l_2^3}{(1+\varphi_2)A_2}\right] = 0.211 \times 10^{-4}(\text{kN/m})$$

$$\sum K_{b2} = \frac{1}{\delta_{b2}} = \frac{1}{0.211 \times 10^{-4}} = 47380.6(\text{kN/m})$$

表 6.5.15　中柱列柱间支撑计算

参数	边柱列上柱支撑		下柱支撑	
	计算过程	结果	计算过程	结果
斜杆长度 /m	$l_1 = \sqrt{3^2 + 5.6^2}$	6.35	$l_2 = \sqrt{7.5^2 + 5.6^2}$	9.36
截面积 /m²	$A_1 = 3 \times 12.3 \times 10^{-4}$	36.9×10^{-4}	$A_2 = 2 \times 25.1 \times 10^{-4}$	50.2×10^{-4}
回转半径 /m	$i_x = 2.39 \times 10^{-2}$	2.36×10^{-2}	$i_x = 6.1 \times 10^{-2}$	6.1×10^{-2}
长细比	$\lambda_1 = 6.35 \times 0.5/2.39 \times 10^{-2}$	$132 < 150$	$\lambda_2 = 9.36 \times 0.5/6.1 \times 10^{-2}$	$77 < 150$
稳定系数	$\varphi_1 = 0.354$	0.354	$\varphi_2 = 0.693$	0.693

③纵墙侧移刚度计算

本实例砖的强度等级 MU7.5,砂浆的强度等级 M2.5,砌体的弹性模量 $E = 1.6 \times 10^6$ kN/m²,$Et = 1.6 \times 0.24 \times 10^6 = 3.84 \times 10^5$(kN/m)。由于围护砖墙为多洞口墙体(见图 6.5.25),其刚度计算过程见表 6.5.16。因此,围护墙的最终刚度

$$K_w = \frac{1}{8.0398 \times 10^{-6}} = 124381(\text{m/kN})$$

表 6.5.16　纵墙侧移刚度计算

序号	h/m	b/m	$\rho = \dfrac{h}{b}$	$\dfrac{1}{\rho^3 - 3\rho}$	$\dfrac{Et}{\rho^3 - 3\rho}$	$K_i = \sum \dfrac{Et}{\rho^3 - 3\rho}$(kN/m)	$\delta_i = \dfrac{1}{K_i}$(m/kN)
1	1.85	6.6	0.02803	11.89	4.57×10^6	4.57×10^6	0.2188×10^{-6}
2	4.8	0.9	5.333	0.00596	2289	$2 \times 2289 + 10 \times 14246$	6.8010×10^{-6}
	4.8	1.8	2.666	0.0371	14246	$= 147038$	
3	3.7	66	0.05606	5.94	2.28×10^6	2.28×10^6	0.4386×10^{-6}
4	1.2	0.9	1.333	0.157	60288	$2 \times 60288 + 10 \times 167323$	0.5577×10^{-6}
	1.2	1.8	0.6666	0.4355	167232	$= 1792896$	
5	0.2	66	0.00303	110.00	42.2×10^6	42.2×10^6	0.0237×10^{-6}
	$\sum \delta_i$						8.0398×10^{-6}

④各柱列刚度计算

A、C柱列柱顶刚度均为

$$K_A = K_C = \sum K_{Ac} + K_{Ab} + K_w = 1066.56 + 25367 + 124381 = 150815(\text{kN/m})$$

B柱列柱顶刚度为

$$K_B = \sum K_{Bc} + K_{Bb} = 1171.88 + 47380.6 = 48552(\text{kN/m})$$

三列柱列总刚度为

$$\sum K_s = 2 \times 150815 + 48552 = 350182(\text{kN/m})$$

在进行地震力分配时，砖墙刚度应乘以折减系数，$\gamma = 0.4$。因此

$$K_A = K_C = \sum K_{Ac} + K_{Ab} + K_w = 1066.56 + 25367 + 0.4 \times 124381 = 76186(\text{kN/m})$$

$$\sum K_s = 2 \times 76186 + 48552 = 200924(\text{kN/m})$$

（2）柱列等效集中重力荷载计算

柱列等效集中重力荷载（计算周期时）

$$
\begin{aligned}
G_A = G_C \\
&= 1.0G_{屋盖} + 0.5G_{雪} + 0.5G_{积灰} + 0.5G_{吊车梁} + 0.25G_{柱} + 0.35G_{纵墙} + 0.25G_{横墙} \\
&= 1.0 \times 1782 + 0.5 \times 178.2 + 0.5 \times 178.2 + 0.5 \times 310.2 + 0.25 \times 560.4 \\
&\quad + 0.35 \times 1499 + 0.25 \times 1116.29 = 3059(\text{kN})
\end{aligned}
$$

$$
\begin{aligned}
G_B &= 1.0G_{屋盖} + 0.5G_{雪} + 0.5G_{积灰} + 0.5G_{吊车梁} + 0.25G_{柱} + 0.25G_{横墙} \\
&= 1.0 \times 1782 \times 2 + 0.5 \times 178.2 \times 2 + 0.5 \times 178.2 \times 2 + 0.5 \times 620.4 + 0.25 \\
&\quad \times 753.6 + 0.25 \times 2232.58 = 4977(\text{kN})
\end{aligned}
$$

$$\sum G_s = 2 \times 3059 + 4977 = 11095(\text{kN})$$

柱列等效集中重力荷载（计算水平地震作用时）

$$
\begin{aligned}
G_A = G_C &= 1.0G_{屋盖} + 0.5G_{雪} + 0.5G_{积灰} + 0.1G_{柱} + 0.7G_{纵墙} + 0.5G_{檐墙和山墙} \\
&= 1.0 \times 1782 + 0.5 \times 178.2 + 0.5 \times 178.2 + 0.1 \times 560.4 + 0.7 \times 1499 \\
&\quad + 0.5 \times (1116.29 + 481.54) = 3864(\text{kN})
\end{aligned}
$$

$$
\begin{aligned}
G_B &= 1.0G_{屋盖} + 0.5G_{雪} + 0.5G_{积灰} + 0.1G_{柱} + 0.5G_{檐墙和山墙} \\
&= 1.0 \times 1782 \times 2 + 0.5 \times 178.2 \times 2 + 0.5 \times 178.2 \times 2 + 0.1 \times 753.6 + 0.5 \\
&\quad \times 2232.58 = 5112(\text{kN})
\end{aligned}
$$

$$\sum G_s = 2 \times 3864 + 5112 = 12840(\text{kN})$$

各柱列等效集中到吊车梁顶标高处的重力荷载代表值为

$$G_{mA} = G_{mC} = 0.4G_{柱} + G_{吊车梁} + G_{吊车桥架} = 0.4 \times 560.4 + 310.2 + 186 = 720(\text{kN})$$

$$G_{mB} = 0.4G_{柱} + 2 \times G_{吊车梁} + 2 \times G_{吊车桥架} = 0.4 \times 753.6 + 620.4 + 186 \times 2 = 1294(\text{kN})$$

（3）厂房自振周期计算

$$T_1 = 2 \times 1.45 \times \sqrt{\frac{11095}{350182}} = 0.52(\text{s})$$

采用经验公式

$$T_1 = 0.23 + 0.00025 \times 1 \times 18\sqrt{11.75^3} = 0.41(\text{s})$$

因此,仍然取 $T_1 = 0.52\text{s}$

(4) 厂房纵向水平地震作用的计算

首先计算出各柱列的修正刚度。A、C 柱列围护墙影响系数,240mm 墙、设防烈度 8 度、边柱列取 $\varphi_3 = 0.85$;柱间支撑影响系数 $\varphi_4 = 0.1$。

B 柱列加上无檩屋盖与边跨无天窗两条件,$\varphi_3 = 1.3$;由于中柱列下柱撑斜杆长细比 $\lambda = 77$ 且下柱支撑仅一柱间,故查表得到 $\varphi_4 = 0.95$

$$K_{aA} = K_{aC} = \varphi_3 \varphi_4 K_4 = 0.85 \times 1 \times 76186 = 64758(\text{kN/m})$$

$$K_{aB} = \varphi_3 \varphi_4 K_4 = 1.3 \times 0.95 \times 48552 = 59962(\text{kN/m})$$

$$\sum K_{as} = 2 \times 64758 + 59962 = 189478(\text{kN/m})$$

地震影响系数

$$\alpha_1 = 0.16 \left(\frac{0.4}{0.52}\right)^{0.9} = 0.126$$

A、C 柱列纵向柱顶水平地震作用

$$F_A = F_C = \alpha_1 \sum G_s \frac{K_{aA}}{\sum K_{as}} = 0.126 \times 12840 \times \frac{64758}{189478} = 553(\text{kN})$$

B 柱列纵向柱顶水平地震作用

$$F_B = \alpha_1 \sum G_s \frac{K_{aB}}{\sum K_{as}} = 0.126 \times 12840 \times \frac{59962}{189478} = 512(\text{kN})$$

各柱列吊车梁顶标高处的纵向水平地震作用

$$F_{mA} = F_{mC} = \alpha_1 G_{mA} \frac{H_{mA}}{H_A} = 0.126 \times 720 \times \frac{9.35}{11.75} = 72.2(\text{kN})$$

$$F_{mB} = \alpha_1 G_{mB} \frac{H_{mB}}{H_B} = 0.126 \times 1294 \times \frac{9.35}{11.75} = 129.7(\text{kN})$$

(5) 柱列各构件分担的水平地震作用计算

① 边柱列

柱顶处水平地震作用

柱　　　$F_{Ac} = \dfrac{K_{Ac}}{K_A} F_A = \dfrac{88.88}{76186} \times 553 = 0.645(\text{kN})$

支撑　　$F_{Ab} = \dfrac{K_{Ab}}{K_A} F_A = \dfrac{25367}{76186} \times 553 = 184(\text{kN})$

围护墙　$F_{Aw} = \dfrac{K_w}{K_A} F_A = \dfrac{0.4 \times 124381}{76186} \times 553 = 361(\text{kN})$

吊车梁顶处水平地震作用

柱　　　$F'_{Ac} = F'_{Cc} = \dfrac{1}{11n} F_{mA} = \dfrac{1}{11 \times 12} \times 72.2 = 0.55(\text{kN})$

支撑　　$F'_{Ab} = \dfrac{10}{11} F_{mA} = \dfrac{10}{11} \times 72.2 = 65.64(\text{kN})$

② 中列柱

柱顶处水平地震作用

柱
$$F_{Bc} = \frac{K_{Bc}}{K_B} F_B = \frac{97.66}{48552} \times 512 = 1.03(kN)$$

支撑
$$F_{Bb} = \frac{K_{Bb}}{K_B} F_B = \frac{47380.6}{48552} \times 512 = 499.65(kN)$$

吊车梁顶处水平地震作用

柱
$$F'_{Bc} = \frac{1}{11n} F_{mB} = \frac{1}{11 \times 12} \times 129.7 = 0.98(kN)$$

支撑
$$F'_{Bb} = \frac{10}{11} F_{mB} = \frac{10}{11} \times 129.7 = 117.91(kN)$$

至此,各构件的内力已求出,可按规范进行抗震验算(略)。

本章习题

一、思考题

6.1 多层和高层钢筋混凝土建筑结构的抗震结构体系有哪些? 如何选择?

6.2 钢筋混凝土框架结构、抗震墙结构中的抗侧力构件分别有哪些?

6.3 考虑结构刚度中心和质量中心的位置,对建筑抗震有何意义?

6.4 多层和高层钢筋混凝土结构的抗震概念设计包括哪些内容?

6.5 多层和高层钢筋混凝土结构设计时,抗震等级如何划分? 有何意义?

6.6 为什么要限制框架柱的轴压比? 轴压比是如何定义的?

6.7 楼层地震剪力是如何在框架结构、抗震墙结构中进行分配的?

6.8 进行框架结构内力调整的目的是什么? 怎样进行调整?

6.9 如何进行框架节点的抗震设计?

6.10 墙如何进行分类? 墙分类对抗震设计有何作用?

二、计算题

6.11 某框架结构,抗震等级为一级。已知:框架梁截面宽 250mm,高 600m,纵筋采用 HRB400,箍筋采用 HPB300,梁的两端截面的配筋均为:梁顶 4 根直径 25mm 钢筋,梁底 2 根直径 25 钢筋,梁顶相关楼板参加工作的钢筋为 4 根直径 10mm 钢筋,混凝土强度等级 C30。梁净跨 $l_n = 5.2m$,重力荷载引起的剪力 $V_b = 135.2kN$。

(1)计算该框架梁的剪力设计值。

(2)若采用双肢箍筋,试配置箍筋加密区的箍筋。

第7章 钢结构建筑抗震设计

钢结构是多层和高层房屋建筑的常用结构形式,结构体系有框架、框架—支撑、框架—抗震墙板、筒中筒、带加强层的框筒以及巨型框架等多种结构形式。与钢筋混凝土结构相比,钢结构因材质均匀、韧性好、强度与重量比高,在地震中破坏程度相对轻微。但是,设计或施工不当的钢结构建筑同样会发生严重的地震破坏。

本章介绍多高层钢结构建筑的地震破坏形式以及主要的结构体系,结合《建筑抗震设计规范》和《钢结构设计标准》的相关规定,阐述多高层钢结构建筑的抗震设计基本要求、结构抗震性能验算以及重要的构造措施。

7.1 震害现象及其分析

钢结构建筑在历史地震中损伤程度较钢筋混凝土结构、砌体结构轻。但是根据1994年美国北岭地震和1995年日本阪神地震的灾害发现,在强地震作用下钢结构房屋仍有发生严重破坏的可能。钢结构建筑的地震破坏主要表现为结构倒塌、钢板局部失稳和受压构件失稳以及柱或梁端的超低周疲劳开裂等几种形式。

7.1.1 结构倒塌

造成结构倒塌的主要原因是形成薄弱层。当楼层的屈服强度系数和抗侧刚度沿高度分布不均匀时,在地震作用下薄弱层的重要承重构件失效导致该层首先倒塌。如在1995年阪神地震中,神户市政府大楼第6层整体垮塌和某住宅底层破坏情形(见图7.1.1)。

(a) 神户市政府大楼中间层破坏　　　　　　(b) 住宅楼底层破坏

图7.1.1　钢结构房屋倒塌

7.1.2 失稳破坏

失稳破坏有钢板局部失稳和受压构件整体失稳两种形式。钢板局部失稳又可分为钢板压曲失稳和剪切失稳,其中压曲失稳主要发生在压弯构件中压应力比较大的翼缘板[见图7.1.2(a)],剪切失稳主要发生在剪应力较大的腹板和梁柱节点域钢板[见图7.1.2(b)]。而构件整体屈曲失稳发生在长细比较大的支撑、柱子[见图7.1.2(c)]。受弯构件当面外刚度比较小时,由于弯曲变形引起翼缘受压,构件也会发生绕弱轴的面外失稳。当重要承重构件发生失稳破坏时,建筑物会引起整体坍塌。

(a) 梁、柱翼缘钢板压曲失稳

(b) 腹板、梁柱节点区域钢板剪切失稳　　　　(c) 钢支撑整体失稳

图 7.1.2　钢结构失稳破坏

7.1.3 材料强度以及超低周疲劳强度破坏

结构连接部位由于应力集中、焊接质量缺陷等缘故,地震时易发生断裂或者开裂,如图7.1.3(a)中的柱端焊缝断裂、图7.1.3(b)中的梁端焊缝断裂,图7.1.3(c)中钢柱拼接焊缝断裂、图7.1.3(d)中节点下翼缘过焊孔应力集中,引起的脆性断裂。

(a) 柱端焊缝断裂　　　　　　　　　　　(b) 梁端焊缝断裂

(c) 柱连接焊缝断裂　　　　　　　　(d) 焊孔应力集中引起的脆断

图 7.1.3　焊接部位强度破坏

在美国北岭地震和日本阪神地震中,钢结构在节点附近发生貌似脆性的断裂破坏(见图 7.1.4)。这类破坏在历史地震中不多见,后来许多学者对这类破坏的机理进行了大量研究,普遍认为这是属于钢材在高应变循环下发生延性开裂、并在循环应变下裂缝迅速扩展的超低周疲劳破坏。钢材的超低周疲劳破坏发生在应变集中部位。

(a) 支撑连接疲劳断裂　　　　　　(b) 节点处柱面板和横隔板的撕裂

图 7.1.4　材料超低周疲劳破坏

7.1.4　其他形式的地震破坏

除上述形式的地震破坏之外,工字形梁、槽钢等开口薄壁构件由于扭转刚度小,在地震时会发生扭转变形,并产生较大的残余扭转变形;钢结构与基础的锚固位置因锚固混凝土破碎、连接板断裂、螺栓拔出或剪断等缘故引起锚固失效(见图 7.1.5)。

(a) 柱脚锚栓拉出　　　　　　　　(b) 柱脚锚栓剪断

图 7.1.5　其他形式的地震破坏

7.2 结构体系及抗震设计一般规定

7.2.1 结构体系

钢结构建筑常用的结构体系有框架结构、框架－支撑结构、框架－抗震墙板结构、筒体结构及巨型结构等几种形式。

1. 框架结构

框架结构由梁、柱构件组成,是多层钢结构建筑的常用结构体系(见图 7.2.1)。这种结构具有构造简单、制作安装方便的优点,但抗侧刚度小,当层数较多时需要加大柱和梁的截面才能满足结构的抗侧移刚度,设计不经济。因此,框架结构适用于 20 层以下的钢结构建筑。当楼层数较少时,框架结构的侧向变形主要由框架柱的弯曲变形和节点的转角所引起,呈剪切型;当楼层数较多时,框架柱轴向变形引起的弯曲型侧移不可忽视,整体呈弯剪型。

图 7.2.1　钢框架结构

2. 框架－支撑结构

当框架结构在风、地震作用下侧移刚度不满足要求时,在框架中增加一定数量的斜向支撑来提高结构的抗侧移刚度,构成框架－支撑结构体系。根据支撑的连接方式不同分为中心支撑和偏心支撑两大类。

中心支撑是斜向支撑的两端与框架梁、柱汇交于节点,或两根支撑与梁汇交于一点,在汇交点无偏心的结构(见图 7.2.2)。中心支撑有交叉支撑、单斜杆支撑、人字支撑和 K 形支撑等几种形式,它具有结构刚度大的特点,可以分担较大的地震作用,保护主体结构,使结构具有多道抗震防线,同时结构构造相对简单。但是在强震作用下中心支撑易屈曲失稳,造成结构整体刚度及强度急剧下降,影响结构的抗震性能。

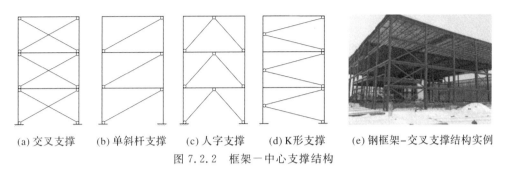

(a) 交叉支撑   (b) 单斜杆支撑   (c) 人字支撑   (d) K形支撑   (e) 钢框架-交叉支撑结构实例

图 7.2.2 框架—中心支撑结构

偏心支撑是斜向支撑至少有一端与梁单独汇交的结构(见图 7.2.3)。偏心支撑有 D 形、K 形、V 形等几种形式。与纯框架体系相比,它具有更大的抗侧移刚度及承载力;与中心支撑框架体系相比,在强地震作用下消能梁段(梁上支撑节点与框架节点之间的梁段)首先发生剪切屈服,并消耗地震能量,可以保护主体结构的抗震安全。这种结构体系适用于高烈度地区的高层钢结构建筑抗震设计。

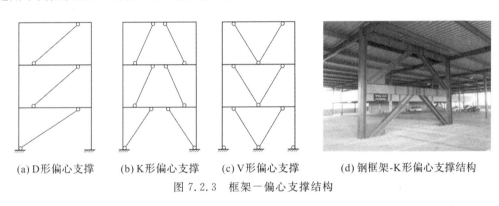

(a) D形偏心支撑   (b) K形偏心支撑   (c) V形偏心支撑   (d) 钢框架-K形偏心支撑结构

图 7.2.3 框架—偏心支撑结构

3. 框架—抗震墙板结构

框架—抗震墙板结构体系是指以钢框架为主体,配置一定数量抗震墙板的结构。抗震墙板有带竖缝墙板、内藏钢板支撑混凝土墙板和钢抗震墙板等几种形式(见图 7.2.4)。带竖缝墙板是在钢筋混凝土墙板按一定间距设置竖缝、在竖缝中设置两块重叠石棉的隔板,这样既不妨碍竖缝剪切变形,还能起到隔声作用。墙板在小震作用下处于弹性,刚度较大;在大震作用下进入塑性状态,吸收地震能量并维持其承载力。这种墙板是日本在20 世纪 60 年代研发的一种结构形式,并应用于日本第一栋高层建筑钢结构—霞关大厦。我国北京京广中心大厦也采用这种带竖缝墙板的钢框架—抗震墙板结构。内藏钢板支撑剪力墙构件是一种以钢板为基本支撑、外包钢筋混凝土墙板的预制构件,它只在支撑节点处与钢框架相连,而且混凝土墙板与框架梁柱之间留有间隙,因此实际上仍然是一种支撑。钢抗震墙板是一种用钢板或带有加劲肋钢板制成的墙板,这种构件在我国应用不多。

(a) 钢框架-带竖缝墙板

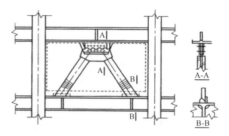
(b) 钢框架-内藏钢板支撑混凝土墙板

(c) 钢框架-钢抗震墙板

图 7.2.4　框架-抗震墙板结构

4. 筒体结构

筒体结构具有较大的侧移刚度,是超高层建筑中应用较多的一种结构体系。按筒体位置、组成、数量不同,筒体结构可分为框架-核心筒(框筒)、筒中筒、带加强层的筒体和束筒等几种形式。

框筒结构是由四周封闭的核心筒和外围框架组成的结构体系(见图 7.2.5)。核心筒作为抗剪结构承受全部或大部分水平荷载和扭转荷载,外围框架主要承受重力荷载,也可以承担一部分水平荷载。核心筒的布置根据建筑面积和用途不同有多种形式,它可以是设置于建筑物核心的单筒,也可以是几个位于不同位置的独立筒。

在水平荷载作用下,框筒结构的截面变形不符合平截面假定,框架的正应力呈曲线形式分布,这种现象称为框筒结构的剪力滞后效应[见图 7.2.5(b)]。框筒结构虽然有筒体结构的特点,但是其受力性能比实腹筒复杂,其翼缘框架抗剪刚度差,剪力滞后效应更加明显。

(a) 框架-核心筒结构

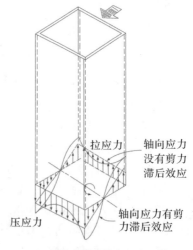
(b) 剪力滞后效应

图 7.2.5　框架-核心筒结构及其剪力滞后

筒中筒结构是集外围框筒和核心筒为一体的结构体系。外围多为密柱深梁的钢框筒,核心为钢结构构成的筒体。内、外筒通过楼盖连成整体,大大提高结构的总体刚度,有效地抵抗水平外力。与框架—核心筒结构体系相比,这种体系由于外围框架筒的存在,整体刚度明显提高,且结构的剪力滞后现象得到改善,在工程中应用较多,如美国的世贸中心就采用了全钢筒中筒结构体系(见图 7.2.6)。

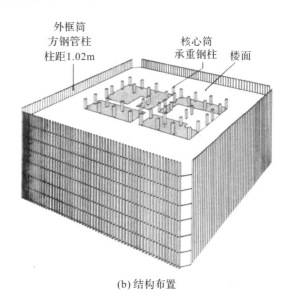

(a) 鸟瞰图　　　　　　　　　　(b) 结构布置

图 7.2.6　筒中筒结构(世贸中心)

　　带水平加强层的筒体结构是在设备层或避难层设置刚度较大加强层的结构体系。加强层起到加强核心筒与周边框架柱联系的作用,这样可以利用周边框架柱的轴向刚度形成反弯矩来减少内筒体的倾覆力矩,减少结构在水平荷载作用下的侧移。由于外围框架梁的刚度小,不足以让未与水平加强层直接相连的其他周边框架柱子参与结构的整体抗弯,因此一般在水平加强层的楼层沿结构周边外圈还要设置环带桁架。我国在建的南京绿地金茂国际金融中心就采用了带加强层桁架的筒体结构体系(见图 7.2.7)。

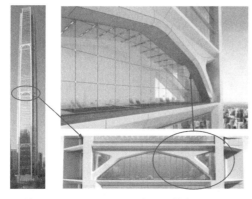
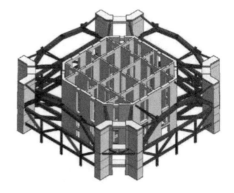

(a) 立面效果图　　　　(b) 水平加强层桁架　　　　　　　　(c) 细部结构

图 7.2.7　带加强层的筒体结构(南京绿地金茂国际金融中心)

　　束筒结构是将多个单元框架筒体相连在一起而组成的组合筒体,是一种抗侧刚度很大的结构体系。这些筒体单元本身就有很高的强度,它们可以在平面和立面上组合成各种形状,并且各个筒体可终止于不同高度。曾经是世界最高的建筑——位于芝加哥的110层高442m的西尔斯大厦(见图7.2.8)所采用的结构体系就是这种形式。

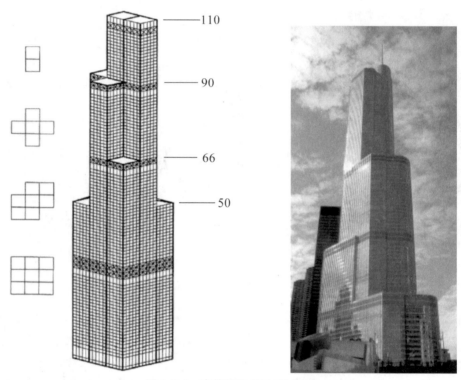

图 7.2.8　束筒结构(西尔斯大厦)

5.巨型结构

　　巨型结构又称超级结构,是一种新型的超高层建筑结构体系。它是由不同于通常梁柱概念的大型构件组成的主结构和由常规结构构件组成的次结构共同工作的一种结构体系。主结构中巨型柱的尺寸常超过一个普通框架的柱间距,形式上可以是巨大的实腹钢骨混凝土柱、空间格构式桁架或筒体;巨型梁大多数采用的是高度在一层以上的平面或空间格构式桁架,每隔若干层设置一道。在主结构中,有时也设置跨越几层的支撑或斜向布置剪力墙。

　　巨型结构的主结构通常为建筑物的主要抗侧力体系,承受全部的水平荷载和次结构传来的各种荷载;次结构承担竖向荷载,并将力传给主结构。巨型结构按其主要受力体系可分为:巨型桁架(包括筒体)、巨型框架、巨型悬挂和巨型分离式筒体四种基本类型。由上述四种基本类型和其他常规体系还可组合出多种其他性能优越的巨型钢结构体系。这种新型的结构体系得到国内外的广泛关注,2015年建成的天津高银金融117大厦也采用这类结构(见图7.2.9)。

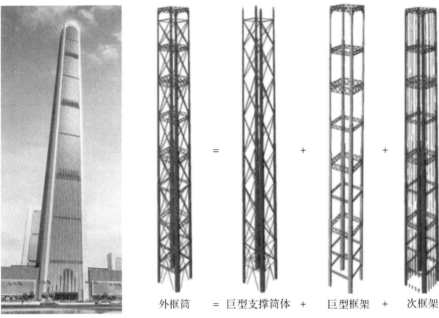

外框筒　＝巨型支撑筒体　＋　巨型框架　＋　次框架

图 7.2.9　巨型结构(天津高银 117 大厦)

7.2.2　抗震设计一般要求

1.适用高度、高宽比及抗震等级

《建筑抗震设计规范》在分析各种体系的结构性能和造价的基础上,根据安全性和经济性原则,规定钢结构民用房屋的结构类型和房屋最大适用高度应满足表 7.2.1 的要求,当不满足这一要求时需要进行专门研究和论证。对于平面和竖向均不规则的钢结构,适用的最大高度宜适当降低。

表 7.2.1 钢结构房屋适用的最大高度　　　　　　　(单位:m)

结构类型	6、7 度 (0.10g)	7 度 (0.15g)	8 度		9 度 (0.40g)
			(0.20g)	(0.30g)	
框架	110	90	90	70	50
框架－中心支撑	220	200	180	150	120
框架－偏心支撑(延性墙板)	240	220	200	180	160
筒体(框筒,筒中筒,桁架筒,束筒)和巨型框架	300	280	260	240	180

注:①房屋高度指室外地面到主要屋面板板顶的高度(不包括局部突出屋顶部分)。
　　②超过表内高度的房屋,应进行专门研究和论证,采取有效的加强措施。
　　③表内的筒体不包括混凝土筒。

结构高宽比是指房屋总高度与平面较小宽度之比,该参数是影响结构整体稳定性和抗震性能的一个重要参数。当高宽比较大时,不仅使结构产生较大的水平位移和引起 P—Δ效应,还由于倾覆力矩使柱产生很大的轴力。钢结构民用房屋的最大高宽比不宜超过表7.2.2的规定。

表7.2.2 钢结构民用房屋的最大高宽比

烈 度	6、7度	8度	9度
最大高宽比	6.5	6.0	5.5

注:塔形建筑的底部有大底盘时,高宽比可按大底盘以上计算。

在小震作用下结构虽然均能保持弹性,但在中震和大震作用下,不同高度的结构进入弹塑性状态的程度不同,因此对其结构延性要求不一样。《建筑抗震设计规范》将50m作为钢结构房屋抗震等级划分的依据,通过抗震等级体现不同的延性要求。当构件的承载力能满足烈度高一度的地震作用要求时,延性要求可适当降低,即允许降低其抗震等级。丙类建筑结构的抗震等级划分见表7.2.3。当高度接近或等于高度分界时,可结合房屋不规则程度和场地、地基条件确定抗震等级;一般情况,构件的抗震等级应与结构相同;当某个部位各构件的承载力均满足2倍地震作用组合下的内力要求时,7～9度的构件抗震等级允许按降低一度确定。

表7.2.3 钢结构房屋的抗震等级

房屋高度	烈度			
	6	7	8	9
≤50m	/	四	三	二
>50m	四	三	二	一

2. 结构平面、立面布置以及防震缝的设置

钢结构房屋的平面、立面布置宜简单、规则,避免突变。当平面或立面不规则时,除了进行水平地震作用和内力调整外,并应对薄弱部位采取必要的构造措施。

钢结构的变形比混凝土结构大,一般不宜设防震缝。如需要设置时,缝宽不应小于相应钢筋混凝土结构房屋的1.5倍。

3. 支撑、加强层的设置要求

当框架结构中增加中心支撑或偏心支撑等抗侧力构件时,应遵循抗侧刚度中心与质量中心接近重合的原则,在两个方向的布置均宜对称(见图7.2.10),支撑框架之间楼盖的长宽比不宜大于3,以保证抗侧刚度沿长度方向分布均匀。

中心支撑框架在小震作用下具有较大的抗侧刚度,构造简单;但是在大震作用下,支撑易受压失稳,造成刚度和耗能能力的急剧下降。偏心支撑在小震作用下具有与中心支撑相当的抗侧刚度,在大震作用下还具有与纯框架同等的延性和耗能能力,但构造相对复杂。所以,对于三、四级且高度不大于50m的钢结构宜采用中心支撑,有条件时可以采用偏心支撑、屈曲约束支撑等消能支撑。超过50m或9度区的钢结构宜采用偏心支撑框架。

图 7.2.10　支撑均匀对称布置

中心支撑框架宜采用交叉支撑,也可采用人字支撑或单斜杆支撑,但不宜采用图 7.2.2 所示的 K 形支撑。因为 K 形支撑在地震力作用下可能因受压斜杆屈曲或受拉斜杆屈服,引起较大的侧移使柱发生屈曲甚至倒塌。当采用只能受拉的单斜杆支撑时,应同时设置不同倾斜方向的两组斜杆支撑,且每组中不同方向单斜杆的截面面积在水平方向的投影面积之差不应大 10%,以保证结构在两个方向具有同样的抗侧能力。对于不超过 50m 的钢结构可优先采用交叉支撑,按拉杆设计较为经济。其轴线应交汇于梁柱构件的轴线交点,确有困难时可偏离中心,但不应超过支撑杆件宽度,并应计入由此产生的附加弯矩。

无论采用何种形式的偏心支撑,每根支撑应至少有一端与框架梁连接,并在支撑与梁交点和柱之间,或同一跨内另一支撑与梁交点之间形成消能梁段。

钢框架支撑体系当需要增强刚度、减小位移,却又不能增加支撑数量时,可设置水平加强层,即在结构的某些层柱间设垂直桁架(伸臂桁架和周边桁架)与支撑框架构成侧向刚度较大的结构层,水平加强层的位置选择一般与设备层、避难层结合,宜设在房屋总高度的中部和顶层(见图 7.2.7)。由垂直桁架(外框与内筒的伸臂桁架及周边桁架)构成竖向刚度很大的楼层,使垂直桁架与所连接的柱子(如外框架柱)增加共同抗弯作用的效果,相对减小了支撑框架(内筒)所承担的倾覆力矩。同时,由于加强层的刚度较大,减小了结构整体侧向位移。

水平加强层的刚度远大于上下层,属于竖向不规则结构,这种结构易造成水平加强层的邻近上下层柱子受力复杂,在设计中需加强计算及构造,必要时还应进行弹塑性时程分析,检验该处薄弱部位的受力性能。因此,一般水平加强层多用于减小风荷载作用下的水平位移。

4. 楼盖设置要求

楼盖对结构整体性、使用性、造价及施工速度等都有重要影响。楼盖应有足够的平面刚度,使得结构各抗侧力构件在水平地震作用下具有相同的侧移;选择结构自重轻的楼盖,以减轻地震作用。

5. 地下室设置要求

超过 50m 的钢结构房屋应设置地下室。钢结构房屋设置地下室时,地下室和基础作为上部结构连续的锚伸部分,应具有可靠的埋置深度和足够的承载力及刚度。当采用天然地基时,其基础埋置深度不宜小于房屋总高度的 1/15;当采用桩基时,桩承台埋置深度不宜小于房屋总高度的 1/20。另外,为了增强刚度并便于连接构造,框架－支撑(抗震墙板)结构中竖向连续布置的支撑(或抗震墙板)应延伸至基础,并且支撑位置不可因建筑要求而在地下室移动。钢框架柱应至少延伸至地下一层,其竖向荷载应直接传至基础。

7.3 结构抗震设计

7.3.1 计算模型

1.计算模型的选用

当结构布置规则、质量及刚度沿高度分布均匀、不计扭转效应时,可采用平面结构计算模型;当结构平面或立面不规则、体型复杂、无法划分成平面抗侧力单元的结构,或为筒体结构等时,应采用空间结构计算模型。

2.抗侧力构件的模拟

在框架－支撑(抗震墙板)结构计算分析时,部分构件单元可适当简化。斜杆支撑的两端虽然按刚接设计,但计算发现,支撑两端承担的弯矩很小,计算时可按两端铰接模拟。内藏式钢板支撑剪力墙板构件是以钢板为基本支撑,预制的外包钢筋混凝土墙板在支撑节点处与钢框架相连,而且混凝土墙板与框架梁、柱间留有间隙,可按支撑构件模拟。带竖缝的钢筋混凝土抗震墙板可按只承受水平荷载的剪切杆件来模拟,不考虑承受竖向荷载的作用。

3.阻尼比取值

在进行多遇地震作用下的结构计算时,多高层钢结构当高度不大于 50m 时可取0.04;高度大于 50m 且小于 200m 时可取 0.03;高度不小于 200m 时宜取 0.02。当偏心支撑框架部分承担的地震倾覆力矩大于结构总地震倾覆力矩的 50% 时,其阻尼比按上述方法取值后均相应增加 0.005。在进行罕遇地震作用下的弹塑性分析时,多高层钢结构阻尼比均取 0.05。

4.重力二阶效应

由于钢结构的抗侧刚度相对较柔,随着建筑物高度的增加,重力二阶效应的影响也越来越大。当结构在地震作用下的重力附加弯矩 M_a 与初始弯矩 M_0 之比符合式(7.3.1)时,罕遇地震下应考虑几何非线性,即重力二阶效应的影响。

$$\theta_i = \frac{M_a}{M_0} = \frac{\sum G_i \cdot \Delta u_i}{V_i h_i} > 0.1 \tag{7.3.1}$$

式中:θ_i 为稳定系数;$\sum G_i$ 为第 i 层以上全部重力荷载计算值;Δu_i 为第 i 层楼层质心处的弹性或弹塑性层间位移;V_i 为第 i 层地震剪力计算值;h_i 为第 i 层的层间高度。上式规定是考虑重力二阶效应影响的下限,其上限则受弹性层间位移角限值控制。

5.节点域的影响

研究表明,节点域剪切变形对框架－支撑体系影响较小,但对框架体系影响较大。在纯框架结构体系中,当采用工字形截面柱且层数较多时,节点域的剪切变形对框架位移的影响可达 10%～20%;当采用箱形柱或层数较小时,节点域的剪切变形对框架位移的影响不到 1%。《建筑抗震设计规范》规定,对工字形截面柱,宜计入梁柱节点域剪切变形对结构侧移的影响;对箱形柱框架、中心支撑框架和不超过 50m 的钢结构,其层间位移计算可不计入梁柱节点域剪切变形的影响,近似按框架轴线进行分析。

7.3.2　内力调整

为体现多道设防、强柱弱梁的抗震设计原则,保证结构在大震作用下按预期的形式发生屈服,设计通过调整结构不同构件的地震效应或内力设计值(即乘以地震作用调整系数或内力增大系数)来实现。

1.层间剪力分配

框架－支撑(抗震墙板)结构为双重抗侧力结构体系,不但要求支撑、内藏钢支撑钢筋混凝土墙板等抗侧力构件具有一定的刚度和强度,还要求框架部分有一定的抗侧能力,以实现框架的二道设防作用。结构设计时,框架部分的地震层间剪力按刚度分配计算得到的结果应乘以调整系数,达到不小于结构底部总地震剪力的 25%和框架部分计算最大层剪力 1.8 倍二者的较小值。

2.框架－中心支撑结构构件内力设计值调整

在框架－中心支撑结构中,斜杆轴线偏离梁柱轴线交点不超过支撑杆件的宽度时,仍可按中心支撑框架分析,但应考虑支撑偏离对框架梁造成的附加弯矩。

3.框架－偏心支撑结构构件内力设计值调整

为了实现偏心支撑框架结构的非弹性变形集中在各消能梁段的设计目的,要选择合适的消能梁段长度和梁柱支撑截面。为此,偏心支撑框架构件的内力设计值应按以下要求调整:

(1)支撑斜杆的轴力设计值,应取与支撑斜杆相连接的消能梁段达到受剪承载力时支撑斜杆轴力与增大系数的乘积。其增大系数,一级不应小于 1.4,二级不应小于 1.3,三级不应小于 1.2。

(2)位于消能梁段同一跨的框架梁内力设计值,应取消能梁段达到受剪承载力时框架梁内力与增大系数的乘积。其增大系数,一级不应小于 1.3,二级不应小于 1.2,三级不应小于 1.1。

(3)框架柱的内力设计值,应取消能梁段达到受剪承载力时柱的内力与增大系数的乘积。其增大系数,一级不应小于 1.3,二级不应小于 1.2,三级不应小于 1。

4.其他构件的内力调整

对框架梁,可不按柱轴线处的内力而按梁端内力设计。钢结构转换层下的钢框架柱,地震内力设计值应乘以 1.5 的增大系数。

7.3.3 侧移验算

多高层钢结构房屋应控制侧移,避免在多遇地震作用下(弹性阶段)由于层间变形过大而造成非结构构件的破坏,在罕遇地震下(弹塑性阶段)因变形过大而造成结构破坏或倒塌。弹性以及弹塑性变形满足第 4 章的要求。

7.3.4 承载力和稳定性验算

钢结构房屋在多遇地震作用组合时的结构承载能力和稳定性验算对象包括构件、节点和连接,承载力抗震调整系数 γ_{RE} 按表 4.4.2 取值。

1. 框架柱

框架柱抗震验算包括强度验算、弯矩作用平面内和平面外的整体稳定验算,分别按式(7.3.2)、式(7.3.3)和式(7.3.4)进行。

$$\frac{N}{A_n} + \frac{M_x}{\gamma_x W_{nx}} + \frac{M_y}{\gamma_y W_{ny}} \leqslant \frac{f}{\gamma_{RE}} \qquad (7.3.2)$$

$$\frac{N}{\varphi_x A} + \frac{\beta_{mx} M_x}{\gamma_x W_{nx}(1 - 0.8N/N'_{Ex})} + \eta \frac{\beta_{ty} M_y}{\varphi_{by} W_y} \leqslant \frac{f}{\gamma_{RE}} \qquad (7.3.3)$$

$$\frac{N}{\varphi_y A} + \frac{\beta_{my} M_y}{\gamma_y W_{ny}(1 - 0.8N/N'_{Ey})} + \eta \frac{\beta_{tx} M_x}{\varphi_{bx} W_x} \leqslant \frac{f}{\gamma_{RE}} \qquad (7.3.4)$$

式中:下标 x、y 表示柱截面在弯矩平面内和平面外弯曲变形的转动主轴;N、M 分别为柱的轴力设计值和弯矩设计值;A_n、A 分别为柱的净截面和毛截面面积;γ 为截面塑性发展系数;W_n、W 分别为净截面和毛截面的抵抗矩;φ、φ_b 分别为轴心受压构件的稳定系数和均匀受弯构件整体稳定性系数;β_m、β_t 分别为平面内和平面外等效弯矩系数;N'_E 为构件的欧拉临界力;η 为截面影响系数,闭口截面 $\eta = 0.7$,其他截面 $\eta = 1.0$;f 为钢材的抗弯强度设计值。上述参数中,截面塑性发展系数、等效弯矩系数以及稳定性系数按《钢结构设计标准》规定取值。

2. 框架梁

框架梁抗震验算包括抗弯强度、抗剪强度和框架梁端截面的抗剪强度验算,分别按式(7.3.5)、式(7.3.6)和式(7.3.7)验算。

$$\frac{M_x}{\gamma_x W_{nx}} + \frac{M_y}{\gamma_y W_{ny}} \leqslant \frac{f}{\gamma_{RE}} \qquad (7.3.5)$$

$$\tau = \frac{VS}{It_w} \leqslant \frac{f_v}{\gamma_{RE}} \qquad (7.3.6)$$

$$\tau = \frac{V}{A_{wn}} \leqslant \frac{f_v}{\gamma_{RE}} \qquad (7.3.7)$$

除了设置刚性铺板的情况外,框架梁还要满足式(7.3.8)的整体稳定验算。

$$\frac{M_x}{\varphi_b W_x} \leqslant \frac{f}{\gamma_{RE}} \qquad (7.3.8)$$

式中:V 为计算截面沿腹板平面作用的剪力;A_{wn} 为梁端腹板的净截面面积;S 为剪应力计算处以上的毛截面对中和轴的面积矩;I 为截面的毛截面惯性矩;t_w 为腹板厚度;f_v 为钢材的抗剪强度设计值;其他参数的含义类同框架柱,只需采用对应的梁截面。截面塑性发展系数和整体稳定系数按《钢结构设计标准》规定取值。

3. 中心支撑的受压构件

中心支撑框架结构中,支撑斜杆的承载力按照受压构件验算,考虑反复荷载对承载能力降低的影响,即

$$\frac{N}{\varphi A_{br}} \leqslant \psi \frac{f}{\gamma_{RE}} \qquad (7.3.9)$$

这里

$$\psi = \frac{1}{(1 + 0.35\lambda_n)} \qquad (7.3.10)$$

$$\lambda_n = \left(\frac{\lambda}{\pi}\right)\sqrt{\frac{f_{ay}}{E}} \qquad (7.3.11)$$

式中:N、A_{br} 为斜杆的轴向力设计值和截面面积;λ、λ_n 为斜杆的长细比和正则化长细比;E 为钢材的弹性模量;f、f_{ay} 为钢材强度设计值和屈服强度;φ 为轴心受压构件的稳定系数;ψ 为受循环荷载时的强度降低系数。其他参数的含义同框架梁柱。

4. 人字和 V 形中心支撑的框架横梁

人字形支撑或 V 形支撑受压屈曲后,承载力下降,在支撑与横梁连接处引起不平衡力。这种不平衡力会引起楼板下陷(人字形支撑)或向上隆起(V 形支撑)。为了避免出现这种情况,需要对横梁进行承载力验算。验算时,横梁简化为中间无支座的简支梁模型,上面作用楼面重力荷载和受压支撑屈曲后产生的不平衡集中力。其中不平衡力可取受拉支撑的竖向分量减去受压支撑屈曲压力竖向分量的 30% 来计算。必要时,人字支撑和 V 形支撑可沿竖向交替设置或采用拉链柱,如图 7.3.1 所示。

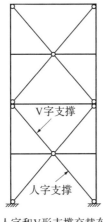

(a) 人字和 V 形支撑交替布置　　　　(b) "拉链柱"

图 7.3.1　人字支撑和 V 形支撑

5. 偏心支撑框架中消能梁段的受剪承载力

消能梁段是偏心支撑框架在大震作用下通过弹塑性剪切变形实现消能作用的部位。由于消能梁段长度短,高跨比大,承受着较大的剪力,轴力对抗剪承载力有一定的影响。所以,消能梁段的抗剪承载力分轴力较小和较大两种情况验算。

$$当 N \leqslant 0.15Af 时,\quad V \leqslant \varphi V_l / \gamma_{RE} \tag{7.3.12}$$

$$当 N > 0.15Af 时,\quad V \leqslant \varphi V_{lc} / \gamma_{RE} \tag{7.3.13}$$

式中:N、V 分别为消能梁段的轴力和剪力设计值;V_l、V_{lc} 分别为消能梁段抗剪承载力和计入轴力影响的抗剪承载力,$V_l = \min\left(0.58A_w f_{ay}, \dfrac{2M_{lp}}{a}\right)$,$V_{lc} = \min\Big(0.58A_w f_{ay}$ $\sqrt{1 - \left(\dfrac{N}{Af}\right)^2},\ 2.4M_{lp}\dfrac{1 - N/(Af)}{a}\Big)$;$M_{lp}$ 为全塑性抗弯承载力,$M_{lp} = W_p f$;A、A_w 分别为消能梁段的截面积和腹板截面积,$A_w = (h - 2t_f)t_w$;W_p 为消能梁段的塑性截面模量;a、h、t_w、t_f 分别为消能梁段的净长、截面高度、腹板厚度和翼缘厚度;f、f_{ay} 分别为钢材的抗压强度设计值和屈服强度;φ 为系数,可取 0.9。

6. 钢框架梁柱节点抗震承载力

"强柱弱梁"是抗震设计的基本原则,除了验算梁、柱构件的截面承载力外,还要验算框架梁柱节点处的梁端和柱端全塑性承载力,满足框架柱受弯承载力之和应大于梁的受弯承载力之和要求,即满足式(7.3.14) 和式(7.3.15)。

$$等截面梁 \qquad \sum W_{pc}(f_{yc} - N/A_c) \geqslant \eta \sum W_{pb} f_{yb} \tag{7.3.14}$$

$$端部翼缘变截面梁 \qquad \sum W_{pc}(f_{yc} - N/A_c) \geqslant \sum(\eta W_{pb1} f_{yb} + V_{pb}s) \tag{7.3.15}$$

式中:W_{pc}、W_{pb} 分别为交汇于节点的柱和梁的塑性截面模量;W_{pb1} 为梁塑性铰所在截面的梁塑性截面模量;f_{yc}、f_{yb} 分别为柱和梁的钢材屈服强度;N 为地震组合的柱轴力;A_c 为框架柱的截面面积;η 为强柱系数,一级取 1.15,二级取 1.10,三级取 1.05;V_{pb} 为梁塑性铰剪力;s 为塑性铰至柱面的距离,塑性铰可取梁端部变截面翼缘的最小处。

当柱所在楼层的剪切承载力比相邻上一层的剪切承载力高出 25%,或柱轴压比不超过 0.4,或 $N_2 \leqslant \varphi A_c f$($N_2$ 为 2 倍地震作用下的组合轴力设计值)以及与支撑斜杆相连的节点时,可不按式(7.3.14)、(7.3.15)进行钢框架梁柱节点的抗震承载力验算。

7. 节点域的抗剪强度、稳定性和屈服承载力

柱与梁连接处,柱在与梁上下翼缘对应位置应设置加劲肋,使之与柱翼缘围成梁柱节点域。节点域柱腹板的厚度,一方面要满足腹板局部稳定的要求,另一方面还应满足节点域的抗剪要求。为保证工字形截面柱和箱形截面柱节点域的稳定,节点域腹板的抗剪承载力和厚度应满足式(7.3.16) 和(7.3.17)。此外,为了发挥节点域的消能作用,在大地震时让节点先于梁屈服,节点域的屈服承载力应满足式(7.3.18)。

$$\frac{M_{b1} + M_{b2}}{V_p} \leqslant \frac{4}{3} \frac{f_v}{\gamma_{RE}} \tag{7.3.16}$$

$$t_w \geqslant \frac{h_b + h_c}{90} \tag{7.3.17}$$

$$\frac{\psi(M_{b1} + M_{b2})}{V_p} \leqslant \frac{4}{3} f_{yv} \tag{7.3.18}$$

式中：$V_p = h_{b1} h_{c1} t_w$（工字型截面柱）或 $V_p = 1.8 h_{b1} h_{c1} t_w$（箱形截面柱）、$V_p = (\pi/2) h_{b1} h_{c1} t_w$（圆管截面柱）；$M_{pb1}$、$M_{pb2}$ 为节点域两侧梁的全塑性受弯承载力；M_{b1}、M_{b2} 为节点域两侧梁的弯矩设计值；V_p 为节点域的体积；ψ 为折减系数，三、四级取 0.6，一、二级取 0.7；h_{b1}、h_{c1} 分别为梁翼缘厚度中点间的距离和柱翼缘（或钢管直径线上管壁）厚度中点间的距离；t_w 为柱在节点域的腹板厚度；f_v 为钢材的抗剪强度设计值；f_{yv} 为钢材的屈服抗剪强度，取钢材屈服强度的 0.58 倍。

8. 抗侧力构件连接承载力

钢结构的塑性变形能力除了材料性能外，还需要节点的性能来保证，即"强节点，弱构件"的设计原则。钢结构抗侧力构件连接的承载力设计值，不应小于相连构件的承载力设计值。为此，需要满足以下连接承载力验算条件：

（1）梁柱连接的极限受弯、受剪承载力验算

$$M_u^j \geqslant \eta_j M_p \tag{7.3.19}$$

$$V_u^j \geqslant 1.2 \Big(\sum \frac{M_p}{l_n} \Big) + V_{Gb} \tag{7.3.20}$$

（2）支撑与框架的连接及支撑拼接的极限承载力验算

$$N_{ubr}^j \geqslant \eta_j A_{br} f_y \tag{7.3.21}$$

（3）梁、柱构件拼接的承载力验算。梁、柱构件拼接的弹性设计时，腹板应计入弯矩，同时腹板的受剪承载力不应小于构件截面受剪承载力的 50%。拼接的极限承载力应符合下列要求

$$M_{ub,sp}^j \geqslant \eta_j M_p \tag{7.3.22}$$

$$M_{uc,sp}^j \geqslant \eta_j M_{pc} \tag{7.3.23}$$

（4）柱脚与基础的连接极限承载力验算。柱脚与基础的连接极限承载力验算应符合下列要求

$$M_{u,base}^j \geqslant \eta_j M_{pc} \tag{7.3.24}$$

式中：M_p、M_{pc} 分别为梁的塑性受弯承载力和考虑轴力影响时柱的塑性受弯承载力；V_{Gb} 为梁在重力荷载代表值（9 度时高层建筑尚应包括竖向地震作用标准值）作用下，按简支梁分析的梁端截面剪力设计值；l_n 为梁的净跨；A_{br} 为支撑杆件的截面面积；f_y 为支撑钢材的屈服强度；M_u^j、V_u^j 分别为连接的极限受弯、受剪承载力；N_{ubr}^j、$M_{ub,sp}^j$、$M_{uc,sp}^j$ 分别为支撑连接和拼接梁、柱拼接的极限受压（拉）、受弯承载力；$M_{u,base}^j$ 为柱脚的极限受弯承载力；η_j 为连接系数，可按表 7.3.1 采用，当梁腹板采用改进型过焊孔时，梁柱刚性连接的连接系数可乘以不小于 0.9 的折减系数。对于屈服强度高于 Q345 的钢材，按 Q345 的规定采用；屈服强度高于 Q345GJ 的 GJ 钢材，按 Q345GJ 的规定采用；翼缘焊接腹板栓接时，连接系数分别按表中连接形式取用。

表 7.3.1 钢结构抗震设计的连接系数

母材牌号	梁柱连接		支撑连接,构件拼接		柱脚	
	焊接	螺栓连接	焊接	螺栓连接		
Q235	1.40	1.45	1.25	1.30	埋入式	1.2
Q345	1.30	1.35	1.20	1.25	外包式	1.2
Q345GJ	1.25	1.30	1.15	1.20	外露式	1.1

7.4 抗震构造措施

7.4.1 钢框架结构

钢框架的抗震破坏主要表现为整体失稳和局部失稳,其中,梁、柱板件的局部失稳,会降低构件的承载力。在抗震设计中,钢梁和钢柱必须具有良好的延性才能满足结构抗震要求。因此,除了考虑承载力和整体稳定问题外,还必须考虑梁、柱的局部稳定问题。防止板件局部失稳的构造措施如下所述。

1. 框架柱

(1)框架柱的长细比限值。框架柱的长细比关系到结构的整体稳定性,《建筑抗震设计规范》规定,框架柱的长细比应不大于表 7.4.1 的要求。其中,表列数值适用于 Q235 钢,采用其他型号钢材时,应乘以 $\sqrt{\dfrac{235}{f_{ay}}}$。

表 7.4.1 框架柱的长细比限值

抗震等级	一级	二级	三级	四级
长细比	60	80	100	120

(2)框架柱板件的宽厚比限值。板件的宽厚比限制是构件局部稳定性的保证,按"强柱弱梁"的设计思想,要求塑性铰出现在梁上。规范规定柱的板件宽厚比应符合表 7.4.2 的规定。其中,表列数值适用于 Q235 钢,采用其他型号钢材时,应乘以 $\sqrt{\dfrac{235}{f_{ay}}}$。

表 7.4.2 框架柱板件宽厚比限值

板件名称	抗震等级			
	一级	二级	三级	四级
工字形截面翼缘外伸部分	10	11	12	13
工字形截面腹板	43	45	48	52
箱形截面壁板	33	36	38	40

(3)框架柱板件之间的焊缝构造。框架节点附近和框架柱接头附近的受力比较复杂。为了保证结构的整体性,规范对这些区域的框架柱板件之间的焊缝构造做出相应规定。梁柱刚性连接时,柱在梁翼缘上下各 500mm 的节点范围内,工字形截面柱的翼缘与柱腹板间或箱形柱的壁板之间的连接焊缝,都应采用全熔透坡口焊缝。框架柱的柱拼接处,上下柱的对接接头应采用全熔透焊缝,柱拼接接头上下各 100mm 范围内,工字形截面柱的翼缘与柱腹板间或箱形柱的壁板之间的连接焊缝,都应采用全熔透焊缝。

(4)其他规定。框架柱接头宜位于框架梁的上方 1.3m 和柱净高一半二者的较小值附近。柱构件受压翼缘应根据需要设置侧向支撑。在柱出现塑性铰的截面处,其上下翼缘均应设置侧向支撑。相邻两支承点间构件长细比,按《钢结构设计标准》关于塑性设计的有关规定。

2.框架梁

《建筑抗震设计规范》规定,当框架梁的上翼缘采用抗剪连接件与组合楼板连接时,可不验算地震作用下的整体稳定性,对梁的长细比无特殊要求;框架梁的板件宽厚比应符合表 7.4.3 的规定。梁构件受压翼缘应根据需要设置侧向支撑,在出现塑性铰的截面处,上下翼缘均应设置侧向支撑。相邻两支承点间的构件长细比按《钢结构设计标准》关于塑性设计的有关规定计算。其中,表列数值适用于 Q235 钢,采用其他型号钢材时,应乘以 $\sqrt{\dfrac{235}{f_{ay}}}$。

表 7.4.3　框架梁板件宽厚比限值

板件名称	抗震等级		
	一级	二级	三级
工字形截面和箱形截面翼缘外伸部分	9	9	10
箱形截面翼缘在两腹板之间部分	30	30	32
工字形截面和箱形截面腹板	$72-\dfrac{120N_b}{Af}\leqslant 60$	$72-\dfrac{100N_b}{Af}\leqslant 65$	$80-\dfrac{110N_b}{Af}\leqslant 70$

注:$N_b/(Af)$为梁轴压比。

3.梁柱连接构造

梁柱节点在地震作用下的破坏除了设计计算的原因之外,很多是由于构造上的原因。《建筑抗震设计规范》对节点的构造也做了详细的规定,其基本原则为:

(1)梁与柱的连接宜采用柱贯通型。

(2)柱在两个互相垂直的方向都与梁刚接时,宜采用箱形截面。当仅在一个方向与梁刚接时,可采用工字形截面,并将柱的强轴方向置于刚接框架平面内。

(3)框架梁采用悬臂梁段与柱刚性连接时,悬臂梁段与柱应预先采用全焊接连接,梁的现场拼接可采用翼缘焊接腹板螺栓连接[见图 7.4.1(a)]或全部螺栓连接[见图 7.4.1(b)]。

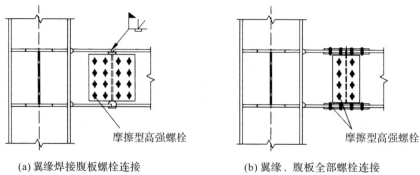

(a) 翼缘焊接腹板螺栓连接 (b) 翼缘、腹板全部螺栓连接

图 7.4.1　带悬臂梁段的梁柱刚性连接

（4）一和二级时，梁柱刚性连接宜采用能将塑性铰自梁端外移的端部扩大形连接、梁端加盖板或狗骨式连接（见图 7.4.2）。

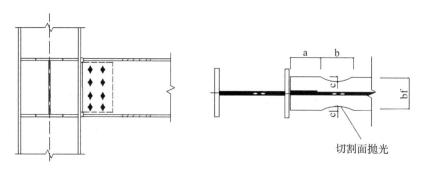

图 7.4.2　狗骨式节点

工字形柱（绕强轴）和箱形柱与梁刚接时，应符合下列要求：

（1）梁腹板宜采用摩擦型高强度螺栓通过连接板与柱连接；腹板角部宜设置扇形切角，其端部与梁翼缘和柱翼缘间的全熔透坡口焊缝完全隔开（见图 7.4.3）。

（2）下翼缘焊接衬板的反面与柱翼缘或壁板相连处，应采用角焊缝连接；角焊缝应沿衬板全长焊接，焊角尺寸宜取 6mm（见图 7.4.3）。

（3）梁翼缘与柱翼缘间应采用全熔透坡口焊缝（见图 7.4.3）；一、二级时，应检验焊缝的 V 形切口冲击韧性，其夏比冲击韧性在 $-20\,^\circ\mathrm{C}$ 时不低于 27J。

（4）柱在梁翼缘对应位置应设置横向加劲肋或隔板，且加劲肋或隔板厚度不应小于梁翼缘厚度，强度与梁翼缘相同；工字形柱的横向加劲肋与柱翼缘应采用全熔透对接焊缝连接，与腹板可采用角焊缝连接；箱形截面柱与梁翼缘对应位置设置的隔板应采用全熔透对接焊缝与壁板相连。

（5）腹板连接板与柱的焊接，当板厚不大于 16mm 时应采用双面角焊缝，焊缝有效高度应满足等强度要求，且不小于 5mm，板厚大于 16mm 时采用 K 形坡口对接焊缝，且板端应绕焊。

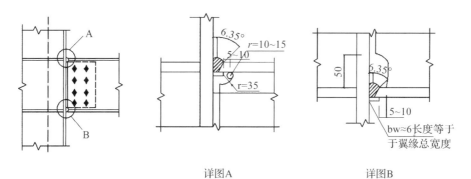

详图A　　　　　　　　详图B

图 7.4.3　钢框架梁柱刚性连接的典型构造

4. 其他规定

当节点域的腹板厚度、强度及稳定性不能满足式(7.3.16)～(7.3.18)的规定时,应采取加厚柱腹板或贴焊补强板的措施。补强板的厚度及其焊缝应按传递补强板所分担剪力的要求设计。

钢结构刚接柱脚宜采用埋入式,也可采用外包式,6、7 度且高度不超过 50m 时也可采用外露式,如图 7.4.4 所示。

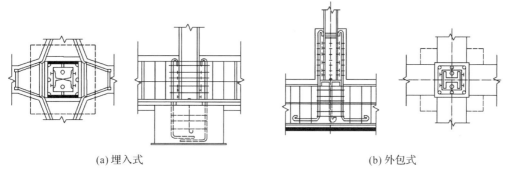

(a)埋入式　　　　　　　　　　　(b)外包式

图 7.4.4　刚接柱脚

7.4.2　钢框架—中心支撑结构

1. 框架

当房屋高度不高于 100m 且框架部分承担的地震作用不大于结构底部总地震剪力的 25% 时,一、二、三级的抗震构造措施可按框架结构降低一度的相应要求采用;其他情况下框架部分的构造措施仍按纯框架结构的抗震构造措施的规定。

2. 中心支撑杆件

(1)支撑杆件的布置原则:当中心支撑采用只能受拉的单斜杆体系时,应同时设置不同倾斜方向的两组斜杆,且每组中不同方向单斜杆的截面面积在水平方向的投影面积之差不得大于 10%。

（2）支撑杆件的截面选择一、二、三级，支撑宜采用轧制 H 型钢。一级和二级采用焊接工字形截面支撑时，其翼缘与腹板的连接宜采用全熔透连续焊缝。

（3）支撑杆件的长细比按压杆设计时，不应大于 $120\sqrt{\dfrac{235}{f_{ay}}}$；一、二、三级中心支撑不得采用拉杆设计，四级采用拉杆设计时，其长细比不应大于 180。

4）支撑杆件的板件宽厚比限值不应大于表 7.4.4 所列的限值。其中，表列数值适用于 Q235 钢，采用其他型号钢材应乘以 $\sqrt{235 f_{ay}}$，圆管应乘以 $235/f_{ay}$。

表 7.4.4　钢结构中心支撑板件宽厚比限值

板件名称	一级	二级	三级	四级
翼缘外伸部分	8	9	10	13
工字形截面腹板	25	26	27	33
箱形截面壁板	18	20	25	30
圆管外径与壁厚比	38	40	40	42

3. 中心支撑节点

（1）支撑两端与框架可采用刚接构造，梁柱与支撑连接处应设置加劲肋。

（2）支撑与框架连接处，支撑杆端宜做成圆弧。

（3）梁在其与 V 形支撑或人字支撑相交处，应设置侧向支承；该支承点与梁端支承点间的侧向长细比 λ_y 以及支承力，应符合《钢结构设计标准》关于塑性设计的规定。

（4）若支撑与框架采用节点板连接，应符合《钢结构设计标准》关于节点板在连接杆件每侧有不小于 30°夹角的规定；同时为了减轻大震作用对支撑的破坏，一、二级时，支撑端部至节点板最近嵌固点在沿支撑杆件轴线方向保留一个小距离（由节点板与框架构件连接焊缝的起点垂直于支撑杆轴线的直线至支撑端部的距离），这个距离不应小于节点板厚度的 2 倍。

7.4.3　钢框架－偏心支撑结构

1. 框架

当房屋高度不高于 100m 且框架部分承担的地震作用不大于结构底部总地震剪力的 25% 时，一、二、三级的抗震构造措施可按框架结构降低一度的相应要求采用；其他情况下框架部分的构造措施按纯框架结构的抗震构造措施的规定。

2. 偏心支撑杆件

偏心支撑框架的支撑杆件的长细比不应大于 $120\sqrt{\dfrac{235}{f_{ay}}}$，支撑杆件的板件宽厚比不应超过《钢结构设计标准》规定的轴心受压构件在弹性设计时的宽厚比限值。

3. 消能梁段

偏心支撑框架消能梁段的钢材屈服强度不应大于 345MPa。消能梁段的腹板不得贴焊补强板,也不得开洞。消能梁段及与消能梁段同一跨内的非消能梁段,其板件的宽厚比不应大于表 7.4.5 规定的限值。其中,表列数值适用于 Q235 钢,当材料为其他型号时应乘以 $\sqrt{235 f_{ay}}$,$N/(Af)$ 为梁的轴压比。

表 7.4.5　偏心支撑框架梁的板件宽厚比限值

板件名称		宽厚比限值
翼缘外伸部分		8
腹板	当 $N_b/(Af) \leqslant 0.14$ 时	$90[1-1.65 N/(Af)]$
	当 $N_b/(Af) > 0.14$ 时	$33[2.3-N/(Af)]$

当 $N > 0.16 Af$ 时,消能梁段的长度应符合下列要求

$$当 \rho(A_w/A) < 0.3 \text{ 时}, \quad a < 1.6 \frac{M_{lp}}{V_l} \tag{7.4.1}$$

$$当 \rho(A_w/A) \geqslant 0.3 \text{ 时}, \quad a \leqslant \left[1.15 - 0.5\rho\left(\frac{A_w}{A}\right)\right]1.6 \frac{M_{lp}}{V_l} \tag{7.4.2}$$

$$\rho = \frac{N}{V} \tag{7.4.3}$$

式中:a 为消能梁段的长度;ρ 为消能梁段轴向力设计值与剪力设计值之比。

消能梁段腹板的加劲肋设置应符合下列要求:

(1) 消能梁段与支撑连接处,应在其腹板两侧配置加劲肋,加劲肋的高度应为梁腹板高度,一侧的加劲肋宽度不应小于 $(b_f/2 - t_w)$,厚度不应小于 $0.75 t_w$ 和 10mm 的较大值。

(2) 当 $a \leqslant 1.6 M_{lp}/V_l$ 时,加劲肋间距不大于 $(30 t_w - h/5)$。

(3) 当 $2.6 M_{lp}/V_l < a \leqslant 5 M_{lp}/V_l$ 时,应在距消能梁段端部 $1.5 b_f$ 处配置中间加劲肋,且中间加劲肋间距不应大于 $(52 t_w - h/5)$。

(4) 当 $1.6 M_{lp}/V_l < a \leqslant 2.6 M_{lp}/V_l$ 时,中间加劲肋的间距宜在上述二者之间线性插入。

(5) 当 $a > 5 M_{lp}/V_l$ 时,可不配置中间加劲肋。

(6) 腹板上中间加劲肋应与消能梁段的腹板等高,当消能梁段截面高度不大于 640mm 时,可配置单侧加劲肋,消能梁段截面高度大于 640mm 时,应在两侧配置加劲肋,一侧加劲肋的宽度不应小于 $(b_t/2 - t_w)$,厚度不应小于 t_w 和 10mm 中的较大值。

4. 消能梁段与柱的连接

消能梁段与柱的连接应满足以下的构造要求:

(1) 消能梁段与柱连接时,其长度不得大于 $1.6 M_{lp}/V_l$,且应满足有关偏心支撑框架构件抗震承载力验算的规定。

(2) 消能梁段翼缘与柱翼缘之间应采用坡口全熔透对接焊缝连接,消能梁段腹板与柱之间应采用角焊缝连接,角焊缝的承载力不得小于消能梁段腹板的轴力、剪力和弯矩同时作用时的承载力。

（3）消能梁段与柱腹板连接时，消能梁段翼缘与横向加劲板间应采用坡口全熔透焊缝，其腹板与柱连接板间应采用角焊缝连接；角焊缝的承载力不得小于消能梁段腹板的轴力、剪力和弯矩同时作用时的承载力。

5.消能梁段与支撑的连接

消能梁段与支撑斜杆的连接处，需设置与腹板等高的加劲肋，且一侧的加劲肋宽度不应小于 $(b_f/2 - t_w)$，厚度不应小于 $0.75t_w$ 和 $10\mathrm{mm}$ 中的较大值，以传递梁段的剪力，并防止梁腹板屈曲。

6.侧向稳定性

偏心支撑框架梁的消能梁段两端与非消能梁段上下翼缘均应设置侧向支撑。对于消能梁段，支撑的轴力设计值不得小于消能梁段翼缘轴向承载力设计值（翼缘宽度、厚度和钢材受压承载力设计值三者的乘积）的 6%；对于非消能梁段，支撑的轴力设计值不得小于非消能梁段梁翼缘轴向承载力设计值的 2%。

本章习题

7.1 钢结构的地震破坏有何特点，试讨论其破坏原因以及防止措施。

7.2 多高层钢结构有哪些常见的结构体系，简述各自的抗震性能及其优缺点。

7.3 高层钢结构的构件设计，为什么要对板件的宽厚比提出要求？

7.4 高层钢结构抗震设计中，"强柱弱梁"的设计原则是如何实现的？

7.5 如何验算支撑斜杆的抗震性能？

7.6 为什么要对钢结构房屋的地震作用效应进行调整？简述调整方法。

7.7 对于框架—支撑结构体系，为什么要求框架部分分担的地震剪力不应过小？

7.8 如何设置偏心支撑的消能腹板加劲肋？

7.9 钢框架—中心支撑结构和钢框架—偏心支撑结构的抗震工作机理各有什么特点？

第8章 桥梁抗震设计

桥梁是道路网的关键节点,地震破坏不但带来巨大的经济损失,同时也影响救灾工作的顺利展开以及延缓灾后恢复时间。提高桥梁抗震性能对确保地区防灾能力有重要意义。

本章结合现行《公路桥梁抗震设计规范》和《城市桥梁抗震设计规范》的规定,阐述桥梁抗震设计的理论和方法。

8.1 震害形式及抗震概念设计

8.1.1 震害形式

1. 基础破坏

位于地下的基础受到周围土层约束,结构地震反应相对较小,同时又因为位于地下,地震损伤不易发现。因此,除了露出地面的高承台桩基础外,有关桥梁基础的地震破坏资料较少,且震害大部分与地基失效有关,如土体滑移、场地液化、地基失效等。图 8.1.1 为 2001 年 1 月印度 Gujarat 州 Bhuj 市地震中栈桥桩基顶部开裂、保护层混凝土破坏情况以及 1995 年日本阪神地震中倒塌的高架桥在桩基顶部发现的裂缝。

(a) 栈桥桩基础破坏　　　　　　　　(b) 高架桥桩顶开裂

图 8.1.1　基础地震破坏

2. 圬工拱桥

圬工拱桥采用石材或者素混凝土材料,依靠材料的抗压强度支撑结构自重和交通荷载。这类桥梁的特点是延性差、自重大,当拱脚发生位移时易倒塌。图 8.1.2 为 2008 年汶川地震中整体倒塌的圬工拱桥。

图 8.1.2　圬工拱桥坍塌

3. 梁式桥梁

梁式桥在桥梁中占比大,这类桥梁的地震破坏实例很多。支座、挡块和桥墩是梁桥的地震易损构件。图 8.1.3 为梁桥的地震破坏实例。

(a)落梁、支座以及挡块破坏

(b)桥墩弯曲、剪切和弯剪破坏

图 8.1.3　梁桥地震破坏形式

梁桥中,钢筋混凝土桥墩的地震破坏有弯曲破坏、弯剪破坏和剪切破坏三种形式。其中弯曲破坏延性好,损伤不特别严重的桥墩通过修复可继续使用,而发生剪切破坏或弯剪破坏的桥墩因结构延性差,地震损伤会导致桥梁整体倒塌,震后一般无法修复。因此,桥梁延性设计仅允许结构发生可以修复的弯曲破坏。

我国内地采用钢结构桥墩的桥梁比较少,迄今还没有相关的地震破坏报道。国外发生过多座钢桥地震破坏的实例,在 1995 年的日本阪神地震中,许多钢桥墩发生了不同程度的破坏,主要形式为钢板局部失稳和超低周疲劳开裂两种。超低周疲劳开裂是钢结构一种特殊的破坏形式,塑性大应变萌生钢材开裂,在反复荷载作用下裂缝迅速扩展,发生形貌类似于脆性的断裂破坏。图 8.1.4 为日本阪神地震中发现的钢桥墩地震破坏实例。

(a) 局部失稳破坏 (b) 超低周疲劳开裂破坏

图 8.1.4　钢桥地震破坏的两种形态

4. 其他桥梁

斜拉桥、悬索桥等缆索桥梁由于结构自振周期长,地震破坏程度一般比较轻微。在 1995 年的日本阪神地震中,东神户大桥(跨度 485m 的钢斜拉桥)支座以及伸缩缝发生地震破坏、钢桥墩出现局部失稳;天保山大桥(跨度 350m 的钢斜拉桥)的阻尼器连接部位发生地震损伤;建设中的明石大桥 2P 索塔发生 9 cm 的下沉和 21 cm 的横向位移,3P 索塔发生 19 cm 的上升和 40 cm 的横向移动以及 75 cm 的纵向移动;六甲大桥(跨度 220m 的钢斜拉桥)和摩耶大桥(跨度 139.4m 的钢斜拉桥)发生支座和伸缩缝损伤及桥墩钢板局部失稳等轻微地震损伤;在 1999 年台湾省集集地震中,正在施工的集鹿大桥发生塔梁连接部位主梁破坏和斜拉索断裂。

刚构桥、上承和中承式拱桥没有支座,且结构为多次超静定体系,抗震性能优于梁桥,但部分拱桥因基础变形大、结构承载能力不足等原因发生地震破坏。在 2008 年汶川地震中,小渔洞桥(为三跨结构形式相同的钢筋混凝土桁架拱桥)由于拱脚之间的相对位移过大而发生倒塌破坏;在 2016 年日本熊本地震中,阿苏大桥(上承式钢桁架拱桥)也由于拱脚基础变形发生整体坍塌。

图 8.1.5　汶川地震中小渔洞桥地震破坏

8.1.2 抗震概念设计

历史地震灾害表明,合理的结构设计对改善桥梁结构抗震性能非常重要,在选址、结构体系确定、材料选用和动力特性设计时需要遵循一些基本原则。

1. 桥位选址

工程场地所处的地段分为对抗震有利地段、一般地段、不利地段和危险地段。桥墩、桥台应尽量选择在有利地段,避开危险地段。当无法避开危险地段时,宜采用结构简单、跨度小的桥梁,这类桥梁即使发生地震破坏,也可以在短时间内恢复通行,不影响救灾等紧急使用要求。

2. 基础结构

应选择有利于提高结构抗震性能的基础形式,避免地震中因地基变形或地基失效造成桥梁破坏。在桥梁工程中,除岩层较浅的场地以外,大部分采用桩基础。设计时,桩基应穿过软弱、可液化等不利于抗震的土层,防止地基失效对桥梁抗震带来不利的影响。建造在可能发生液化场地的桥梁,宜选用桩径较大的基础,并按照第 2 章抗液化措施要求采取对应的措施或进行专门分析。

3. 结构体系

桥梁结构应有明确、可靠的传力路径,能将地震作用传到地基;结构的纵横向位移应受到有效约束,避免落梁破坏。采用延性设计的桥梁应有明确、可靠、合理的地震能量耗散部位,且不能因为截面进入塑性导致结构丧失承载能力。由于上部结构在地震中不易进入塑性,且其地震损伤会影响桥梁的应急使用并且增加灾后恢复难度,因此宜选择墩身作为耗能构件设计。耗能截面位置对结构延性有比较大的影响。研究表明,梁式桥梁如选择图 8.1.6 中阴影区域的弯曲变形进行耗能,将有利于提高结构的延性。刚构桥梁在顺桥向的受力特性与双柱墩横桥向相似,在顺桥向地震作用下潜在塑性区域应选择墩柱的上下两端。按照延性设计的桥梁,基础、盖梁、支座、梁体和连接节点宜作为能力保护构件。按能力保护原则设计的构件在地震作用下不应发生破坏。

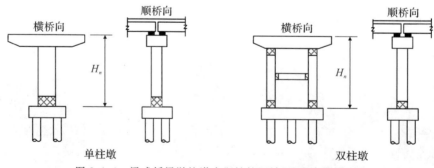

图 8.1.6 梁式桥梁墩柱潜在塑性铰区域(见图中阴影区)

潜在塑性铰区域在地震作用下应是结构薄弱位置,在配筋设计时需要确保这些截面首先进入塑性,且发生预期的损伤模式(弯曲破坏)。

拱肋以及悬索桥、斜拉桥的桥塔修复比较困难,而且都是重要的传力构件,一般不宜作为耗能构件设计。此外,桥台恢复时间比较长,也不宜作为耗能构件设计。

结构体系应避免由于个别构件的破坏导致桥梁整体失效。超静定结构即使有截面进入塑性状态,仍能维持结构的承载能力,其抗震性能优于静定结构。但是,超静定结构存在支点相对位移产生超静定内力的情况,因此,当桥墩(台)之间有可能发生不均匀位移时,宜采用简支的静定结构,并通过采取可靠的防落梁措施防止桥梁在地震中发生落梁破坏。

高墩桥梁宜采用连续刚构或其他对抗震有利的结构体系。桥梁应尽可能采用连续跨,同时加强过渡墩和桥台处的防落梁措施,以减小落梁风险。

4. 结构材料

减轻桥梁上部结构的自重可以减小地震作用。上部结构采用钢结构以及钢混组合结构的桥梁,地震作用相对于混凝土桥梁较小,可降低下部结构的地震破坏风险。圬工桥梁因自重大、且缺乏延性,结构抗震性能差。

5. 结构动力特性

地震碰撞是落梁和伸缩缝破坏的主要原因之一。为了避免桥梁碰撞,尽量让相邻桥梁的动力特性差异小。在同一联桥梁中,上部结构的水平地震作用是根据支撑桥梁的下部结构水平刚度来分摊的,合理分配上部结构的地震作用至各桥墩,可提高桥梁整体的抗震性能。

大跨度桥梁和漂浮体系因结构自振周期长,受到的地震惯性力小,但地震位移大,故设计时宜引入耗能装置以减少地震位移,避免发生地震碰撞或者落梁破坏。

8.2　抗震设防目标以及地震作用

8.2.1　重要性分类及抗震设防目标

桥梁根据震后修复的难易程度和在交通网络中的重要性,分为特殊设防类(甲类)、重点设防类(乙类)、标准设防类(丙类)、适度设防类(丁类)。城市桥梁规定重要道路上的悬索桥、斜拉桥以及跨度大于 150m 的拱桥为甲类;交通网络中处于枢纽位置的桥梁、快速路上的桥梁为乙类;主干路、轨道交通桥梁为丙类;其他桥梁为丁类。公路桥梁分 A~D 四个抗震设防类别,相当于甲~丁类,规定 A 类为单跨跨径超过 150m 的特大桥;B 类为单跨跨径不超过 150m 的高速公路、一级公路上的桥梁,单跨跨径不超过 150m 的二级公路上的特大桥、大桥;C 类为二级公路上的中桥、小桥,单跨跨径不超过 150m 的三、四级公路上的特大桥、大桥;D 类为三、四级公路上的中桥、小桥。不同类别的桥梁,地震作用和抗震措施要求也不相同,公路桥梁按照表 8.2.1 确定抗震措施等级,四级高于一级。

表 8.2.1　公路桥梁抗震措施等级

桥梁分类	抗震设防烈度					
	6 度	7 度		8 度		9 度
	0.05g	0.1g	0.15g	0.2g	0.3g	0.4g
A 类	二级	三级	四级	四级	更高,专门研究	
B 类	二级	三级	三级	四级	四级	四级
C 类	一级	二级	二级	三级	三级	四级
D 类	一级	二级	二级	三级	三级	四级

　　无论是城市桥梁还是公路桥梁,均采用 E1 和 E2 两级抗震设防的设计方法。E1 地震(第一级设防)的重现期较短,E2 地震(第二级设防)的重现期较长。甲类桥梁 E1 地震的重现期为 475 年,相当于本地区设计基本烈度的地震强度,E2 地震的重现期约为 2000～2500 年,相当于本地区罕遇地震的地震强度;其他各类桥梁的 E1 地震、E2 地震以此为基础通过调整系数对设计地震动的峰值加速度进行折减,公路桥梁的调整系数见表 8.2.2。

表 8.2.2　公路各类桥梁 E1 和 E2 地震调整系数 C_i

桥梁分类	E1 地震作用	E2 地震作用
A 类	1.0	1.7
B 类	0.43(0.5*)	1.3(1.7*)
C 类	0.34	1.0
D 类	0.23	—

注:* 括号内数值适用于高速公路和一级公路上的 B 类大桥、特大桥。

　　桥梁设防目标是在 E1 地震作用下结构地震反应在弹性范围内,地震后能正常使用;在 E2 地震作用下,结构根据重要性分为轻微损伤、有限损伤、不产生严重损伤、不倒塌破坏四类。表 8.2.3 为城市桥梁抗震设防目标。公路桥梁的设防目标与之基本相同。

表 8.2.3　桥梁抗震设防目标

桥梁类别	E1 地震作用		E2 地震作用	
	震后使用要求	损伤状态	震后使用要求	损伤状态
甲	立即使用	结构总体反应在弹性,基本无损伤	不需修复或经简单修复可继续使用	轻微损坏
乙	立即使用	结构总体反应在弹性,基本无损伤	经临时加固后可供维持应急交通使用,永久性修复后恢复正常运营功能	有限损伤
丙	立即使用	结构总体反应在弹性,基本无损伤	经临时加固,可供紧急救援车辆使用	不产生严重的结构损伤
丁	立即使用	结构总体反应在弹性,基本无损伤	—	不致倒塌

　　为了减少设计计算量,对地震作用不控制设计的桥梁可以省略抗震性能验算,仅满

足抗震构造措施即可。城市桥梁的抗震设计方法划分为 1、2 和 3 三类,其中甲类桥梁在 6~9 度地区和乙、丙类桥梁在 7~9 度地区按 1 类方法设计,需要进行 E1 和 E2 地震作用下的抗震性能验算,并满足结构抗震体系以及相关构造和抗震措施要求;乙类桥梁在 6 度区和丁类桥在 7~9 度地区按 2 类方法设计,只进行 E1 地震作用下的抗震性能验算,并满足相关构造和抗震措施要求;丙、丁类桥梁在 6 度地区按 3 类方法设计,满足相关构造和抗震措施要求即可,不需要进行抗震性能验算。公路桥梁也采用类似的方式分三类方法设计。

8.2.2　地震作用

1. 设计反应谱

桥梁抗震设计的地震作用采用设计加速度反应谱或设计地震动加速度时程。设计地震动加速度时程为与设计加速度反应谱有同等弹性反应谱的人工地震动时程,或者与设定地震震级、距离、场地特性大体相近的实际地震动加速度记录,通过调整使其加速度反应谱与设计加速度反应谱匹配。

桥梁抗震设计反应谱与建筑物相似。但是,桥梁抗震设计习惯上采用加速度反应谱计算地震作用,而不是地震影响系数。加速度反应谱与地震影响系数在数值上相差重力加速度 g 倍。城市桥梁抗震设计规范采用的反应谱曲线形式与建筑物一致,而公路桥梁抗震设计规范采用的反应谱曲线为图 8.2.1 所示的三段曲线,其算式表示为:

$$S_a(T) = \begin{cases} S_{a\max}\left(\dfrac{0.6T}{T_0} + 0.4\right), & T \leqslant T_0 \\ S_{a\max}, & T_0 < T \leqslant T_g \\ S_{a\max}\left(\dfrac{T_g}{T}\right), & T_g < T \leqslant 10 \end{cases} \tag{8.2.1}$$

式中:T 为结构周期(s);T_0 为反应谱直线上升段最大周期,取 0.1s;T_g 为场地调整后的特征周期(s),按第 1 章表 1.5.2 采用;$S_{a\max}$ 为设计加速度反应谱最大值,为

$$S_{a\max} = 2.5 C_i C_s C_d A \tag{8.2.2}$$

式中:2.5 为动力放大系数;C_i 为抗震重要性系数,按表 8.2.2 采用;C_s 为场地系数,水平和竖向的场地系数按表 8.2.4 采用;C_d 为阻尼调整系数,按式(8.2.3)的经验公式计算确定;A 根据《中国地震动参数区划图》查得的 Ⅱ 场地基本地震动峰值加速度。

$$C_d = 1 + \frac{0.05 - \xi}{0.08 + 1.6\xi} \geqslant 0.55 \tag{8.2.3}$$

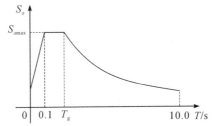

图 8.2.1　公路桥梁设计加速度反应谱

表 8.2.4　场地系数 C_s

场地类别	抗震设防烈度					
	6 度	7 度		8 度		9 度
	0.05g	0.1g	0.15g	0.2g	0.3g	0.4g
I$_0$	0.72(0.6)	0.74(0.6)	0.75(0.6)	0.76(0.6)	0.85(0.6)	0.90(0.6)
I$_1$	0.80(0.6)	0.82(0.6)	0.83(0.6)	0.85(0.6)	0.95(0.7)	1.00(0.7)
II	1.00(0.6)	1.00(0.6)	1.00(0.6)	1.00(0.6)	1.00(0.7)	1.00(0.8)
III	1.30(0.7)	1.25(0.7)	1.15(0.7)	1.00(0.8)	1.00(0.8)	1.00(0.8)
IV	1.25(0.8)	1.20(0.8)	1.10(0.8)	1.00(0.9)	0.95(0.9)	0.90(0.8)

注:括号内的数值适用于竖向地震的场地系数。

2.地震主动土压力和动水压力

地震时,桥台、水中墩受到主动土压力和动水压力作用,抗震设计一般要考虑这些作用,但采用延性设计的桥梁,在 E2 地震作用下桥墩进入塑性时,可不考虑主动土压力和动水压力。

当桥台后填土无黏性时,作用于桥台台背的主动土压力可按式(8.2.4)计算。

$$E_{ea} = \frac{1}{2}\gamma_s H^2 K_A \left(1 + \frac{3A}{g}\tan\varphi_A\right) \tag{8.2.4}$$

式中:E_{ea} 为地震时作用于台背每延米长度的主动土压力(kN/m),其作用点距台底 $0.4H$ 处;γ_s 为台背土的重力密度(kN/m³);H 为台身高度(m);φ_A 为台背土的内摩擦角(°);K_A 为非地震条件下作用于台背的主动土压力系数,

$$K_A = \frac{\cos^2\varphi_A}{(1 + \sin\varphi_A)^2} \tag{8.2.5}$$

当判定桥台地表以下 10m 内有液化土层或软土层时,桥台基础应穿过液化土层或软土层;当液化土层或软土层超过 10m 时,桥台基础应埋深至地表以下 10m 处,作用于桥台台背的主动土压力应按下式计算

$$E_{ea} = \frac{1}{2}\gamma_s H^2 \left(K_A + 2\frac{A}{g}\right) \tag{8.2.6}$$

9 度地区的液化区,桥台宜采用桩基,作用于台背的主动土压力按上式计算。

作用在桥墩的地震动水压力可按下式计算

$$\begin{cases} E_w = \dfrac{0.15A\xi_h\gamma_w b^2 h}{g}\left(1 - \dfrac{b}{4h}\right), & \dfrac{b}{h} \leqslant 2.0 \\[3mm] E_w = \dfrac{0.075A\xi_h\gamma_w b^2 h}{g}, & 2.0 < \dfrac{b}{h} \leqslant 3.1 \\[3mm] E_w = \dfrac{0.24A\gamma_w b^2 h}{g}, & \dfrac{b}{h} > 3.1 \end{cases} \tag{8.2.7}$$

式中:E_w 为在 $h/2$ 处作用于桥墩的总动水压力(kN);ξ_h 为截面形状系数,矩形墩取 $\xi_h = 1$,圆形墩取 $\xi_h = 0.8$,圆端形墩顺桥向取 $\xi_h = 0.9 \sim 1.0$,横桥向取 $\xi_h = 0.8$;γ_w 为水的容重(kN/m³);h 为从一般冲刷线算起的水深(m);b 为桥墩宽度(m),可取 $h/2$ 处的截面宽度,矩形墩取长边边长,圆形墩取直径。

　　地震动水压力也可以采用附加质量法计算。如公路桥梁抗震设计规范规定,当桥梁在常水位以下部分的水深大于 5m 时,按附加质量法考虑水平方向的地震动水压力对桥梁的作用。

8.2.3　地震作用输入方向

　　桥梁抗震设计需要考虑三个方向的地震作用,如采用时程分析法计算,应输入三个分量为一组的地震动时程。当三个方向的地震反应互不耦合时,或者耦合影响可以忽略时,可分别计算后再将计算方向上的地震反应进行组合,即

$$E = \sqrt{E_X^2 + E_Y^2 + E_Z^2} \tag{8.2.8}$$

式中:E 为计算方向上的设计最大地震作用效应;E_X、E_Y、E_Z 分别为坐标 X、Y、Z 向单独地震作用下在计算方向产生的最大效应。

　　一般情况下,竖向地震作用对桥梁的影响比较小,如图 8.2.2 所示,抗震设计仅考虑水平方向的地震作用。对于正交的直线桥梁,顺桥向和横桥向的地震反应基本独立,可以独立计算;曲线桥以及斜桥在水平两个方向的地震作用相互耦合,需要输入最不利方向的地震作用,除了连线和法线方向以外,还应考虑各桥墩不利方向的地震作用。通常桥墩在其平面及其平面外的强度较薄弱,宜补充在桥墩平面内及平面外的地震动输入。

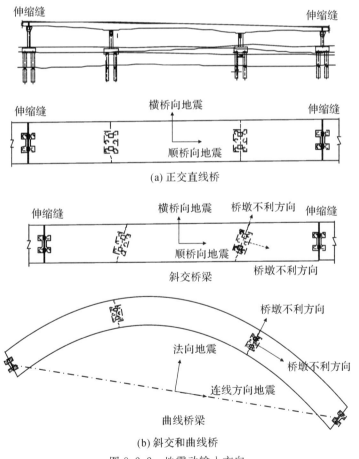

图 8.2.2　地震动输入方向

斜拉桥、悬索桥、拱桥顺桥向的水平振动与竖向振动相互耦合,在顺桥向的地震反应计算时需要同时考虑竖向地震作用。此外,大跨度、大悬臂桥梁以及受到近断层竖向地震作用明显的桥梁,竖向地震作用对桥梁结构内力影响大,抗震设计需要同时考虑竖向地震作用。

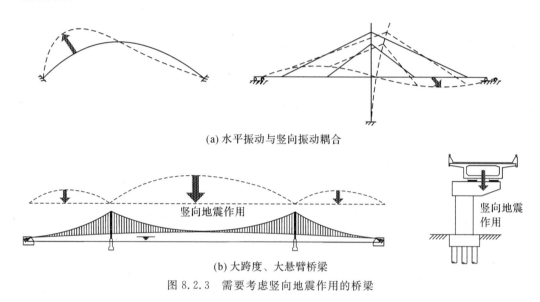

(a) 水平振动与竖向振动耦合

(b) 大跨度、大悬臂桥梁

图 8.2.3 需要考虑竖向地震作用的桥梁

8.3 地震反应计算

桥梁结构地震反应分析采用的计算模型应能反映桥梁的结构动力特性和地震反应特性。规范根据结构动力特性复杂程度,将桥梁分为规则桥梁和非规则桥梁两类。满足表 8.3.1 条件的桥梁为规则桥梁,其他为非规则桥梁。规则桥梁地震作用传递路径简单,地震反应以第一阶振型为主,可以采用单振型或多振型反应谱法计算。而非规则桥梁动力特性复杂,需要考虑多阶振型的影响,采用多振型反应谱法或者时程分析法计算。

表 8.3.1 规则桥梁的定义

参数	参数值				
单跨最大跨径	≤90m				
墩高	≤30m				
单墩计算高度与直径或宽度比	大于 2.5 且小于 10				
跨度	2	3	4	5	6
曲线梁桥圆心角 φ 及半径 R	单跨 $\varphi<30°$ 且一联 $\varphi<90°$,$R \geqslant 20b$(b 为桥宽)				
最大跨径比	≤3	≤2	≤2	≤1.5	≤1.5
轴压比	<0.3				

参数	参数值				
桥墩最大水平刚度比	—	$\leqslant 4$	$\leqslant 4$	$\leqslant 3$	$\leqslant 2$
支座类型	普通板式橡胶支座、盆式支座(铰接约束)和墩梁固接等。使用滑板支座、容许普通板式橡胶支座与梁底或墩顶滑动、减隔震支座等属于非规则桥梁				
下部结构类型	桥墩为单柱墩、双柱框架墩、多柱排架墩				
地基条件	不易冲刷、液化和侧向滑移的场地,远离断层				

8.3.1　规则桥梁

简支梁在顺桥向和横桥向,以及顺桥向一个桥墩采用固定支座的连续梁桥在顺桥向的结构地震反应计算可以采用如图 8.3.1 所示的单振型计算模型。图中 M_t 为换算到支座顶点的质量,即

$$M_t = M_{sp} + \eta_{cp} M_{cp} + \eta_p M_p \tag{8.3.1}$$

式中:M_{sp} 为桥梁上部结构质量;M_{cp}、M_p 分别为设置固定支座桥墩的盖梁质量以及墩身质量;η_{cp} 为盖梁质量换算系数;η_p 为墩身质量换算系数。这些系数分别为

$$\eta_{cp} = X_0^2 \tag{8.3.2}$$

$$\eta_p = 0.16(X_0^2 + X_f^2 + 2X_{f/2}^2 + X_f X_{f/2} + X_0 X_{f/2}) \tag{8.3.3}$$

式(8.3.2)和式(8.3.3)中,X_0、$X_{f/2}$ 和 X_f 分别为顺桥向作用于支座顶面或横桥向作用于上部结构质心的单位水平力在墩身计算高度 H 处、墩身计算高度 $H/2$ 处和一般冲刷线或基础顶面引起的水平位移与单位力作用处的水平位移之比值。计算时考虑基础变形影响。

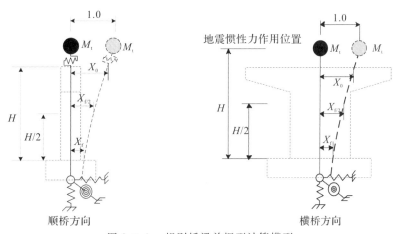

图 8.3.1　规则桥梁单振型计算模型

对于简支梁桥,桥墩在顺桥向和横桥向水平地震作用按照单自由度体系计算

$$E_{ktp} = S_a M_t \tag{8.3.4}$$

式中:E_{ktp} 为顺桥向作用于固定支座顶面或横桥向作用于上部结构质心处的水平地震作用;S_a 为根据结构基本周期算出的加速度反应谱值。

另外,桥墩的基本周期 T 为

$$T = 2\pi\sqrt{\frac{M_t}{K}} \qquad (8.3.5)$$

式中,K 为顺桥向固定墩的水平刚度。

对于连续梁桥,固定墩和活动墩在顺桥向的地震作用为

$$E_{ktp} = S_a M_t - \sum_{i=1}^{N} \mu_i R_i \quad （固定墩） \qquad (8.3.6)$$

$$E_{kti} = \mu_i R_i \quad （活动墩） \qquad (8.3.7)$$

式(8.3.6)和式(8.3.7)中,R_i、μ_i 分别为第 i 个活动支座的恒载反力和支座摩擦系数。摩擦系数一般取 0.02。

当连续梁的各墩(台)共同分担上部结构地震作用时,也可以采用单振型计算。以计算联桥梁为对象,根据上部结构在均布水平荷载 p_0 作用下的最大水平位移计算刚度 K(见图 8.3.2),即

$$K = \frac{p_0 L}{v_{max}} \qquad (8.3.8)$$

式中:p_0 为水平均布荷载(顺桥向或者横桥向);L 为计算模型的桥梁长度,横桥向计算时宜考虑相邻联的影响;v_{max} 为水平均布荷载作用方向计算联的最大位移。

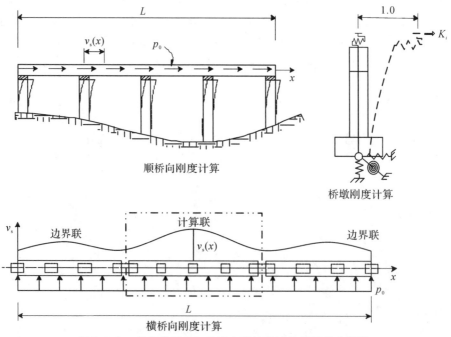

顺桥向刚度计算

桥墩刚度计算

横桥向刚度计算

图 8.3.2　各墩共同参与分担上部结构地震作用的连续梁

桥梁受到的等效均布水平地震作用 p_e 根据基本周期 T 对应的反应谱 S_a 计算得到,即

$$p_e = \frac{S_a M_t}{L} \qquad (8.3.9)$$

据此,各桥墩(台)受到的地震作用为 p_e 作用下的结果,按照静力问题计算内力和变形。计算模型与图 8.3.2 相同,只需要把 p_0 改为 p_e 即可。

8.3.2　非规则桥梁

非规则桥梁需要考虑结构刚度和质量分布的影响,用整体模型进行结构地震分析。因桥梁地震反应主要由低阶振型的振动控制,计算一般采用能反映桥梁实际动力特性的三维杆系结构动力模型,并正确模拟上部结构、下部结构、支座和地基刚度、质量分布及阻尼特性。单元质量一般采用集中质量。

以下阐述非规则桥梁在建立结构计算模型时需要考虑的几个问题。

1. 选取计算对象

纵向延伸很长的桥梁如进行全线分析,不但计算量大,而且也没有必要。地震反应计算以能反映结构动力特性的局部为对象,即两伸缩缝之间的一联作为独立的振动单位。但位于伸缩缝处的桥墩是相邻桥梁的共用结构,为了考虑相邻桥梁对计算联的影响,如图 8.3.3 所示,计算宜包含参与地震作用分配的相邻结构。

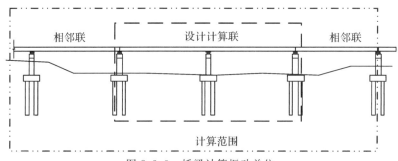

图 8.3.3　桥梁计算振动单位

2. 支座

桥梁支座起到传递地震荷载的作用,计算模型要正确反映上部结构与下部结构的约束关系。在线性地震反应计算中一般采用线性剪切弹簧单元来模拟支座的水平约束刚度。竖向可假定为刚性。板式橡胶支座在水平方向的线性弹簧单元剪切刚度为

$$k_s = \frac{GA}{\sum t} \tag{8.3.10}$$

式中:G 为板式橡胶支座的动剪切模量;A 为支座的剪切面积;$\sum t$ 为橡胶层的总厚度。

活动支座虽然理论上不会把上部结构的水平地震作用传递到下部结构,但由于摩擦作用的存在,活动也能传递部分上部结构的水平地震作用给对应的桥墩(台)。摩擦变形产生的摩擦力具有非线性的力学特性,可采用与变形相关的等效刚度(参见第 10 章减隔震设计的支座等效刚度计算方法)或如图 8.3.4 所示的双线性非线性模型。图中,临界滑动摩擦力为

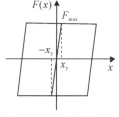

图 8.3.4　滑动支座滞回模型

$$F_{\max} = \mu_d R \qquad (8.3.11)$$

初始刚度为

$$k = \frac{F_{\max}}{x_y} \qquad (8.3.12)$$

式中：μ_d 为滑动摩擦系数，一般取 0.02；R 为上部结构的竖向反力；x_y 为活动支座的屈服位移，一般取 0.003m。

3. 梁体及桥墩

在线性地震反应计算中，梁体和桥墩单元划分主要取决于需要考虑的振型数量以及截面特性沿梁轴线方向的变化情况。对于梁桥水平地震作用，因梁体的轴向变形可以忽略，单元划分对计算结果影响不大。对于需要考虑梁体弯曲变形影响的桥梁，前三阶振型是构件地震反应的主要振型，单跨划分成 10 个单元可以满足弯曲振动计算精度的要求。同样，除高墩桥梁外，桥墩用 10 个左右的单元可以保证计算精度。

4. 基础

承台刚度一般比较大，可以作为刚体考虑，用集中质量 M 和惯性质量 J 来模拟。进入土层的桩基、沉井，其变形受到周围土层的弹性约束，需要考虑桩土共同作用。桩土共同作用可用等效土弹簧模拟，用分布的土弹簧或者用等效的 6 个自由度集中弹簧来模拟。等效土弹簧的刚度采用表征土介质弹性值的 m 参数计算得到。

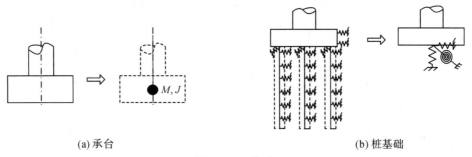

(a) 承台   (b) 桩基础

图 8.3.5 基础

5. 索结构

索结构是斜拉桥、悬索桥的主要传力构件，其动力特性对结构地震反应有重要影响。索结构的特征是弯曲刚度可以忽略不计，且只能受拉而不承压。因索结构在成桥状态有非常大的预张力，地震产生的压力一般不足以抵消成桥状态的预张力，因此仍可以用桁架单元近似。对于跨度比较大的斜拉索，垂度的影响可以采用 Ernst 等效弹性模量 E_{eq} 来考虑（见图 8.3.6）。

$$E_{eq} = \frac{E_c}{1 + E_c \dfrac{\gamma^2 L^2}{12\sigma^3}} \qquad (8.3.13)$$

式中：E_c 为索的弹性模量；γ 为容重；L 为拉索的水平投影长度；σ 为索的应力。

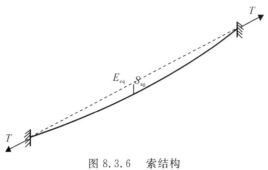

图 8.3.6 索结构

8.3.3 线弹性地震反应计算方法

线弹性地震反应计算可以采用反应谱法、振型分解法或者直接积分法。反应谱法和振型分解法是线弹性地震反应计算的两种常用算法,计算考虑的振型数量宜满足累计有效质量率超过 90% 的要求。

振型分解法和直接积分法为时程分析法。为了反映地震动的随机性,需要输入多条与设计反应谱同等的地震动时程,且任意两条地震动时程之间按式(8.3.13)计算得到的相关性系数 ρ 绝对值小于 0.1。

$$|\rho| = \left| \frac{\sum_j a_{1j} \cdot a_{2j}}{\sqrt{\sum_j a_{1j}^2} \cdot \sqrt{\sum_j a_{2j}^2}} \right| < 0.1 \tag{8.3.13}$$

式中:a_{1j}、a_{2j} 分别为两组时程第 j 时间步的加速度值。

8.3.4 桥台地震作用效应

一般情况下,重力式桥台质量和刚度都非常大,采用静力法计算能够满足抗震设计要求。地震作用包括台背的主动土压力、上部结构分担到桥台的水平地震作用以及台身的地震惯性力作用(见图 8.3.7)。当桥台局部位于水下时,还需要考虑动水压力的作用效应。主动土压力和动水压力计算参见 §8.2.2。

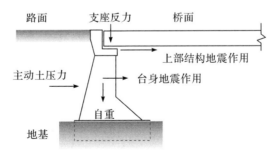

图 8.3.7 桥台受到的地震作用

桥台台身在顺桥向和横桥向的水平地震作用按单自由度反应谱法计算。质量取基础顶面以上桥台的质量,加速度反应谱值取结构周期 $T = 0$ 的值,即水平向地震动加速度峰值。当设置固定支座时,上部结构的地震作用取一跨梁的质量,并按台身地震作用相同的方法计算。

台身及其基础在恒载和地震作用效应组合下进行截面强度及基础承载能力验算。当桥台设置固定支座、并且要求在 E2 地震作用下固定支座维持正常工作时,抗震设计需进行专门的分析,以确定其抗震安全。

【算例 8.3.1】 如例图 8.3.1 所示,某跨度 25m 的简支梁桥按公路桥梁的要求计算 E1 地震作用下顺桥向桥墩受到的地震作用。基本烈度为 7 度(Ⅱ类场地水平地震动峰值加速度为 0.1g),抗震设防分类为 B 类桥梁,场地类别为Ⅱ类,Ⅱ类场地基本地震动加速度反应谱特征周期分区值为 0.35s,结构阻尼比为 0.05。

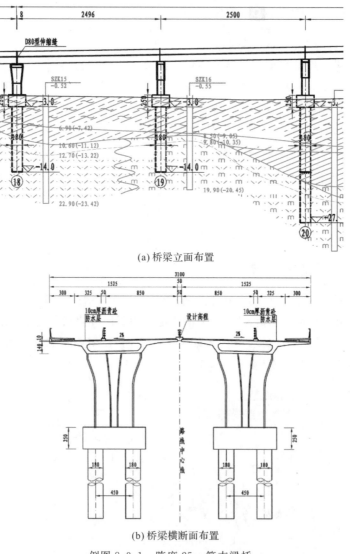

(a) 桥梁立面布置

(b) 桥梁横断面布置

例图 8.3.1 跨度 25m 简支梁桥

解 因左右幅对称且结构分离,取单幅进行计算。由于简支梁桥为规则结构,故可采用单墩简化模型计算。在单墩简化模型支座处沿纵桥向施加单位水平力(1.0kN),得到桥墩各个点的位移如例表 8.3.1。例表 8.3.2 为支座处发生单位位移时各点的位移换算结果。

例表 8.3.1　顺桥向单位力作用下节点位移

墩底/m	墩中点/m	墩顶/m	支座顶面/m
2.0605×10^{-5}	3.0902×10^{-5}	4.1783×10^{-5}	4.1949×10^{-5}

例表 8.3.2　顺桥向单位位移时的节点位移

X_f	$X_{f/2}$	X_0	η_p
0.491	0.737	0.996	0.5462

按式(8.3.1)~(8.3.3)计算单墩简化模型的换算质量。

$$M_t = M_{sp} + \eta_p M_p = 821.931 + 0.5462 \times 203.5 = 933.08 \text{(t)}$$

单位力作用处的位移 δ 为 4.195×10^{-5} m,桥墩基本周期 T 为

$$T = 2\pi \sqrt{M_t \delta} = 2\pi \sqrt{933.08 \times 4.195 \times 10^{-5}} = 1.243 \text{(s)}$$

根据已知条件,$T_g = 0.35$s,系统阻尼比为 0.05,加速度反应谱最大值 S_{amax} 为

$$S_{amax} = 2.5 C_i C_s C_d A = 2.5 \times 0.43 \times 1.0 \times 1.0 \times 0.1g = 1.053 \text{(m/s}^2\text{)}$$

根据场地特征周期和系统的阻尼比,可以得到 $\gamma = 0.9$,$\eta_2 = 1.0$。桥墩基本周期在 T_g 到 $5T_g$ 之间,加速度反应谱值为

$$S_a = \left(\frac{T_g}{T}\right) S_{max} = \left(\frac{0.35}{1.243}\right) \times 1.053 = 0.281 \text{(m/s}^2\text{)}$$

故桥墩在顺桥向上受到的水平地震力为

$$E_{ktp} = S_a M_t = 0.281 \times 933.08 \text{kN} = 262.19 \text{(kN)}$$

8.3.5　弹塑性地震反应计算

采用延性设计的桥梁容许耗能部位在 E2 地震作用下进入塑性状态。规范规定,以下桥梁需要通过非线性时程分析来计算结构弹塑性地震反应:

(1)大跨度连续梁或连续刚构桥(主跨超过 90m)墩柱已进入塑性工作范围。

(2)6 跨及 6 跨以上一联主跨超过 90m 的连续梁桥。

(3)复杂立交工程、曲桥和斜桥。

其他规则桥梁的弹塑性地震位移反应可以通过简化方法近似计算。弹塑性地震位移根据弹性地震位移乘以考虑弹塑性效应影响的地震修正系数后得到。地震修正系数 R_d 为

$$\begin{cases} R_d = \left(1 - \dfrac{1}{\mu_D}\right) \dfrac{T^*}{T} + \dfrac{1}{\mu_D} \geqslant 1.0, & \dfrac{T^*}{T} > 1.0 \\ R_d = 1.0, & \dfrac{T^*}{T} \leqslant 1.0 \end{cases} \quad (8.3.15)$$

式中：$T^* = 1.25 T_g$；μ_D 为桥墩的延性系数。结构周期 T 取计算方向的基本周期。

在计算弹性地震位移反应时，延性构件的抗弯刚度取有效截面抗弯刚度，即

$$E_c I_{eff} = \frac{M_y}{\varphi_y} \tag{8.3.16}$$

式中：E_c 为桥墩混凝土的弹性模量；I_{eff} 为桥墩有效截面抗弯惯性矩；M_y 和 φ_y 分别为等效屈服弯矩和等效屈服曲率。其他弹性构件的抗弯刚度按毛截面计算。

桥梁非线性时程分析的计算模型和地震动输入要求与非规则桥梁弹性地震反应计算相似，允许进入塑性的构件采用弹塑性单元，用弯矩－曲率关系或者塑性铰模型、纤维模型等方法考虑单元的弹塑性弯曲刚度。

8.4 抗震性能验算及构造要求

E1 和 E2 地震强度不一样，对桥梁结构的抗震性能要求也不同。在 E1 地震作用下，桥梁结构的地震反应在弹性范围内，无损伤；在 E2 地震作用下，除特殊设防类桥梁以外，其他桥梁允许结构在潜在耗能部位发生有限的地震损伤。

现行桥梁抗震设计规范规定，在结构抗震性能验算时按下列要求考虑作用的效应组合：

(1)永久作用，包括结构重力(恒载)、预应力、土压力、水压力；

(2)地震作用，包括地震动的作用和地震主动土压力、动水压力等；

(3)在进行支座抗震验算时，计入 50% 均匀温度作用效应。

另外，对不易修复或者损伤后影响结构延性破坏模式的结构，需要提高其抗震性能，即能力保护设计，其设计内力按照 §8.4.3 的能力保护设计要求计算。

结构截面抗弯、抗压以及抗剪强度按照桥涵结构设计规范的相关要求验算，墩柱塑性铰区域的斜截面抗剪强度需满足式(8.4.1)

$$V_{c0} \leqslant \varphi(V_c + V_s) \tag{8.4.1}$$

式中：V_{c0} 为考虑能力保护要求的剪力设计值(kN)；φ 为抗剪强度折减系数，取 0.85；V_c、V_s 分别为混凝土和箍筋提供的抗剪强度，按下式计算

$$V_c = 0.1 v_c A_e \tag{8.4.2}$$

$$V_s = \begin{cases} 0.12 \times \dfrac{\pi}{2} \dfrac{A_{sp} f_{yh} D'}{s}，圆形截面 \\ 0.12 \times \dfrac{A_v f_{yh} h_0}{s}，矩形截面 \end{cases} \leqslant 0.08 \sqrt{f_{cd}} A_e \tag{8.4.3}$$

这里，

$$\rho_s = \begin{cases} \dfrac{4 A_{sp}}{s D'}，圆形截面 \\ \dfrac{2 A_v}{bs}，矩形截面 \end{cases} \leqslant 2.4 / f_{yh} \tag{8.4.4}$$

塑性铰区域内名义剪应力 v_c 为

$$v_c = \begin{cases} 0, & P_c \leqslant 0 \\ \lambda(1 + \dfrac{P_c}{13.8 \times A_g}) \sqrt{f_{cd}} \leqslant \min \begin{cases} 0.41 \sqrt{f_{cd}}, \\ 1.50\lambda \sqrt{f_{cd}}, \end{cases} & P_c > 0 \end{cases} \qquad (8.4.5)$$

$$0.03 \leqslant \lambda = \frac{\rho_s f_{yh}}{8.45} + 0.37 - 0.1\mu_\Delta \leqslant 0.3 \qquad (8.4.6)$$

塑性铰区外名义剪应力 v_c 为

$$v_c = \begin{cases} 0, & P_c \leqslant 0 \\ 0.3 \times (1 + \dfrac{P_c}{13.8 \times A_g}) \sqrt{f_{cd}} \leqslant 0.41 \sqrt{f_{cd}}, & P_c > 0 \end{cases} \qquad (8.4.7)$$

式中：f_{cd} 为混凝土抗压强度设计值（MPa）；A_e 为核心混凝土面积，可取 0.8 倍墩柱全截面的面积（cm²）；P_c 为墩柱的最小轴压力（kN）；A_{sp} 为螺旋箍筋面积（cm²）；A_v 为计算方向上箍筋面积总和（cm²）；s 为箍筋的间距（cm）；f_{yh} 为箍筋抗拉强度设计值（MPa）；b 为墩柱的宽度（cm）；D' 为螺旋箍筋环的直径（cm）；h_0 为核心混凝土受压边缘至受拉侧钢筋重心的距离（cm）；A_g 为墩柱塑性铰区域截面全面积（cm²）；μ_Δ 为墩柱位移延性系数，为墩柱地震位移需求 Δ_d 与墩柱塑性铰屈服时的位移之比。

8.4.1　E1 地震作用下的抗震性能

在 E1 地震作用下，需要进行抗震性能验算的桥梁，桥墩、桥台、盖梁和基础等构件在顺桥向和横桥向 E1 地震作用下的效应和永久荷载效应组合后（组合系数为 1.0），按桥涵结构设计规范的相关要求验算截面各类强度。支座的抗震能力满足如下要求：

（1）板式橡胶支座的橡胶层剪切角以及抗滑稳定性分别满足式（8.4.8）和式（8.4.9）。

$$\frac{\alpha_d X_D + X_H + 0.5X_T}{\sum t} \leqslant \tan\gamma \qquad (8.4.8)$$

$$\mu_d R_b \geqslant \alpha_d E_{hze} + E_{hzd} + 0.5E_{hzT} \qquad (8.4.9)$$

式中：X_D 为 E1 地震作用下橡胶支座的水平位移，X_H 为永久作用产生的橡胶支座水平位移；X_T 为均匀温度作用效应；α_d 为支座调整系数，丁类（或 D 类）桥梁取 2.3，其他取 1.0；取 $\tan\gamma = 1.0$。μ_d 为支座的动摩阻系数，橡胶支座与混凝土表面的动摩阻系数取 0.25，与钢板的动摩阻系数取 0.20；R_b 为上部结构重力在支座上产生的反力；E_{hze}、E_{hzd} 和 E_{hzT} 分别为 E1 地震作用、永久作用以及均匀温度引起的支座水平力。

（2）盆式支座和球形支座的抗震性能满足式（8.5.10）和式（8.5.11）。

$$\text{活动支座的变形，} \qquad \alpha_d X_D + X_H + 0.5X_T \leqslant X_{\max} \qquad (8.4.10)$$

$$\text{固定支座的水平力，} \qquad E_{\max} \geqslant \alpha_d E_{hze} + E_{hzd} + 0.5E_{hzT} \qquad (8.4.11)$$

式中：$X_{\max}$ 为活动支座容许滑动的水平位移；$E_{\max}$ 为固定支座容许承受的水平力。

8.4.2　E2 地震作用下的抗震性能

在 E2 地震作用下，采用 1 类抗震设计方法的桥梁，以及高宽比小于 2.5 的矮墩，结构抗震性能主要由剪切强度控制,顺桥向和横桥向 E2 地震作用效应和永久作用效应组合后,构件的抗剪强度满足桥涵结构设计规范要求,不需要验算延性能力。其他需要验算延性的桥墩墩顶位移或桥墩塑性铰转角小于容许值,即

$$u_{\mathrm{d}} \leqslant [u] \tag{8.4.12}$$

$$\theta_{\mathrm{p}} \leqslant [\theta] \tag{8.4.13}$$

式中:u_{d} 为 E2 地震作用下的墩顶位移;$[u]$ 为桥墩容许位移;θ_{p} 为 E2 地震作用下潜在塑性铰区域的塑性转角;$[\theta]$ 为塑性铰区域的最大容许转角。我国现行规范规定单柱墩容许位移和塑性铰容许转角按下式计算

$$[u] = \frac{1}{3} H^2 \times \varphi_{\mathrm{y}} + \left(H - \frac{L_{\mathrm{p}}}{2}\right) \times [\theta] \tag{8.4.14}$$

$$[\theta] = \frac{L_{\mathrm{p}}(\varphi_{\mathrm{u}} - \varphi_{\mathrm{y}})}{K} \tag{8.4.15}$$

式中:K 为延性安全系数,取 2.0;φ 为塑性铰区的截面曲率(1/cm),下标 y、u 分别表示等效屈服曲率和极限曲率;H 为悬臂墩的高度或塑性铰截面到反弯点的距离(cm);L_{p} 为等效塑性铰长度(cm),可按下式计算

$$L_{\mathrm{p}} = 0.08H + 0.022 f_{\mathrm{y}} d_{\mathrm{s}} \geqslant 0.044 f_{\mathrm{y}} d_{\mathrm{s}} \tag{8.4.16}$$

式中:f_{y} 为纵向钢筋抗拉强度标准值(MPa);d_{s} 为纵向钢筋的直径(cm)。公路桥梁抗震设计规范规定,当式(8.4.16)的结果大于 $2b/3$ 时,等效塑性铰长度取 $2b/3$。这里 b 为截面的短边尺寸或圆形截面的直径(cm)。

双柱墩、排架墩在横桥向的容许位移以及刚构桥在顺桥向的容许位移,可通过推倒分析进行计算(如图 8.4.1 所示的结构非线性静力分析)。偏于保守考虑,取墩柱中有一个塑性铰达到其最大容许转角或极限曲率时,盖梁处或者上部结构的水平位移 u 即为容许位移。

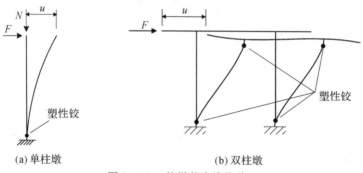

图 8.4.1 柱墩的容许位移

8.4.3 能力保护设计

盖梁、基础、支座和墩柱抗剪作为能力保护构件设计时,其弯矩和剪力设计值应按能力保护要求计算。地震作用效应与永久荷载效应组合后,弯矩设计值、剪力设计值、轴力设计值满足桥涵设计规范及式(8.4.1)的相关要求。

能力保护构件的塑性铰区域截面超强弯矩 M_{n} 按下式计算

$$M_n = \phi^0 M_u \tag{8.4.17}$$

式中：ϕ^0 为桥墩正截面抗弯承载力超强系数，取 1.2；M_u 为按截面实配钢筋，采用材料强度标准值、最不利轴力下计算得到的极限弯矩。当地震轴力较小时，取恒载轴力，否则取最不利轴力，即恒载轴力与地震动轴力（绝对值）之和。

当 E2 地震作用下未进入塑性工作范围时，墩柱的剪力设计值和基础、支座、盖梁的内力设计值直接取 E2 地震作用的计算结果。反之，其弯矩和剪力设计值取与墩柱塑性铰区域截面超强弯矩对应的值，按照以下要求算出。

(1) 延性墩柱的剪力设计值 V_{c0} 按强剪弱弯设计。

地震作用方向底部为潜在塑性铰区域时

$$V_{c0} = \frac{M_n^x}{H_n} \tag{8.4.18}$$

顺桥方向地震作用下顶、底部均为潜在塑性铰区域时

$$V_{c0} = \frac{M_n^x + M_n^s}{H_n} \tag{8.4.19}$$

式中：M_n^s、M_n^x 为地震作用方向墩柱上、下端塑性铰区域截面的超强弯矩；H_n 取墩柱的净长度。

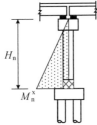 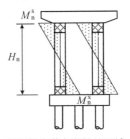

底部为潜在塑性铰区域　　　顶底部为潜在塑性铰区域

图 8.4.2　墩柱设计剪力计算

为了考虑最不利轴力的影响，双柱墩或者多柱墩在横桥向超强弯矩和剪力设计值可按下列步骤计算：

第一步，假设墩柱轴力为恒载轴力；

第二步，按截面实配钢筋，采用材料强度标准值，计算出各墩柱塑性铰区域截面超强弯矩；

第三步，计算各墩柱相应于其超强弯矩的剪力值，并按下式计算各墩柱剪力值之和 V

$$V = \sum V_i \tag{8.4.20}$$

式中，V_i 为各墩柱相应于塑性铰区域截面的超强弯矩的剪力值；

第四步，将 V 按正、负方向分别施加于盖梁质心处，计算各墩柱的轴力（见图 8.4.3）；

第五步，将 V 产生的轴力与恒载轴力组合后，采用组合的轴力返回第二步进行迭代计算，直到迭代前后的各墩柱剪力之和相差在 10% 以内；

第六步，采用上述组合中的轴力最大压力组合，按第二步计算各墩柱塑性区域截面超强弯矩；

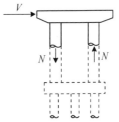

图 8.4.3　墩柱地震轴力计算

第七步,按第三步计算双柱墩和多柱墩塑性铰区域剪力设计值。

（2）延性桥墩按强盖梁设计,且满足强剪弱弯的设计原则。

盖梁的弯矩设计值 M_{p0}、剪力设计值 V_{c0} 按下式计算

$$M_{p0} = M_c^s + M_G \tag{8.4.21}$$

$$V_{c0} = \frac{M_{pc}^R + M_{pc}^L}{L_0} \tag{8.4.22}$$

式中:M_G 为由结构恒载产生的弯矩;M_{pc}^L、M_{pc}^R 为盖梁左右端截面按实配钢筋,采用材料强度标准值计算的正截面抗弯承载力所对应的弯矩值;L_0 为盖梁的净跨度。

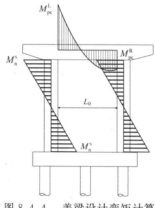

图 8.4.4　盖梁设计弯矩计算

（3）固定支座和板式橡胶支座所受地震水平力可按能力保护方法计算;按能力保护方法计算时,支座在顺桥向和横桥向所受地震水平力可分别直接按上述方法算出的墩柱沿顺桥向和横桥向合剪力值。即按上述(1)和(2)算出的各墩剪力合力验算支座的抗震性能。

（4）梁桥基础的弯矩、剪力和轴力的设计值应根据墩柱底部可能出现塑性铰处截面的超强弯矩、剪力设计值和墩柱恒载轴力,并考虑承台的贡献来计算。对于双柱墩、多柱墩横桥向,还应考虑各墩柱合剪力 V 作用在盖梁质心处在承台顶产生的弯矩。

8.4.4　墩柱抗震构造要求

抗震设防烈度 7 度及以上地区的常规桥梁,墩柱潜在塑性铰区域内需加密箍筋,箍筋配置应符合下列要求:

（1）加密区的长度不小于墩柱弯曲方向截面边长或墩柱上弯矩超过最大弯矩 80% 的范围;当墩柱的高度与弯曲方向截面边长之比小于 2.5 时,墩柱加密区的长度应取全高。

（2）加密箍筋的最大间距不应大于 10cm 或 $6d_s$ 或 $b/4$;这里 d_s 为主筋直径,b 为墩柱弯曲方向的截面边长。

（3）箍筋的直径不应小于 10mm。

（4）螺旋式箍筋的接头必须采用对接,矩形箍筋应有 135° 弯勾,并伸入核心混凝土之内 $6d_{b1}$ 以上。

（5）加密区箍筋肢距不宜大于 25cm。

（6）加密区外箍筋量应逐渐减少。

抗震设防烈度 7 度、8 度地区，圆形、矩形墩柱潜在塑性铰区域内加密箍筋的最小体积含箍率 $\rho_{s\min}$，分别按式(8.4.23)和式(8.4.24)的要求计算。抗震设防烈度 9 度及以上地区最小体积含箍率 $\rho_{s\min}$ 应适当增加，以提高其延性能力。墩柱潜在塑性铰区域以外箍筋的体积配箍率不应小于塑性铰区域加密箍筋体积配箍率的 50%。

（1）圆形截面

$$\rho_{s\min} = 1.52\left[0.14\eta_{\mathrm{k}} + 5.84(\eta_{\mathrm{k}} - 0.1)(\rho_{\mathrm{t}} - 0.01) + 0.028\right]\frac{f_{cd}}{f_{yh}} \geqslant 0.004$$

(8.4.23)

（2）矩形截面

$$\rho_{s\min} = 1.52\left[0.1\eta_{\mathrm{k}} + 4.17(\eta_{\mathrm{k}} - 0.1)(\rho_{\mathrm{t}} - 0.01) + 0.02\right]\frac{f_{cd}}{f_{yh}} \geqslant 0.004$$

(8.4.24)

式中：η_{k} 为轴压比；ρ_{t} 为纵向配筋率。

墩柱的纵向配筋宜对称配筋，纵向钢筋的面积不宜小于 $0.006A_{\mathrm{h}}$ 且不超过 $0.04A_{\mathrm{h}}$，A_{h} 为墩柱截面面积。

空心截面墩柱潜在塑性铰区域内加密箍筋的配置，配置内外两层环形箍筋，在内外两层环形箍筋之间应配置足够的拉筋。

墩柱的纵筋应尽可能地延伸至盖梁和承台的另一侧面，纵筋的锚固和搭接长度应在非抗震设计要求的基础上增加 $10d_{\mathrm{bl}}$，d_{bl} 为纵筋的直径，不应在塑性铰区域进行纵筋的连接。塑性铰加密区域配置的箍筋应延伸到盖梁和承台内，延伸到盖梁和承台的距离不应小于墩柱长边尺寸的 $1/2$，并不小于 50cm。

此外，节点位置应满足强节点的构造，并对构件连接、防落梁等采取相应的构造措施，详细可参照规范。

【算例 8.4.2】 对例图 8.4.1 的四跨连续梁桥（跨径为 4×25m）进行顺桥向 E2 地震作用下的地震反应计算和抗震性能验算。该桥梁三个墩均采用 GYZ325×55 型板式橡胶支座，两侧桥台采用 GYZF4250×54 型四氟滑板式橡胶支座，桥墩在横桥向设混凝土挡块。盖梁为矩形截面，平均高度为 1.5m，支座和垫石的总高度为 0.25m。横向三个立柱中心间距为 7.2m，排架桥墩高度为 11m，主梁采用 C50 混凝土，桥墩采用 C40 混凝土和 HRB335 普通钢筋。该桥梁为公路桥梁，桥梁抗震设防类别为 A 类，处于 7 度区（设计基本地震动峰值加速度为 0.1g，Ⅳ类场地，特征周期分区值为 0.40s），场地类别为 Ⅳ类，结构阻尼比为 0.05。桥梁的横断面和基础如例图 8.4.2 和例图 8.4.3 所示。

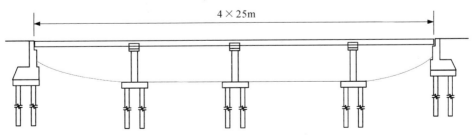

例图 8.4.1　四跨连续桥立面布置

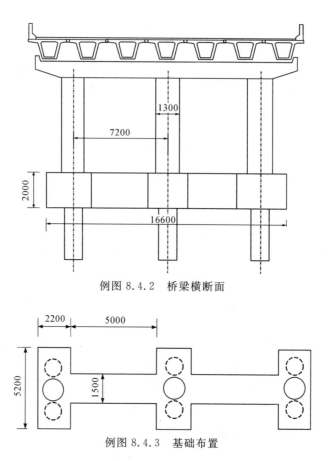

例图 8.4.2　桥梁横断面

例图 8.4.3　基础布置

解　根据公路桥梁抗震设计规范(以下简称"规范")进行抗震设计。由已知条件,桥梁的抗震设防类别为 A 类,在 7 度设防区,故应进行 E1 和 E2 地震作用下的抗震分析和验算。这里仅介绍 E2 地震作用下顺桥向的抗震分析和验算过程。建立如例图 8.5.4 所示的桥梁结构塑性铰计算模型,采用 Newmark $-\beta$ 法,β 取 0.25,分析步长为 0.01s,并与规范中的弹性地震位移修正系数方法进行对比。以下分几个部分对该模型进行说明。

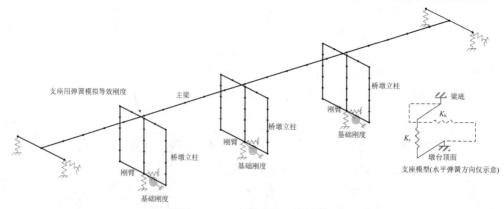

例图 8.4.4　全桥有限元计算模型

（1）梁墩结构参数

采用三维杆系结构单元，主梁、盖梁和桥墩的毛截面特性如例表 8.4.1 所示。

例表 8.4.1 桥梁构件的毛截面特性表

桥梁构件	面积/m²	抗扭惯性矩/m⁴	绕水平主轴惯性矩/m⁴	绕竖向主轴惯性矩/m⁴
主梁	7.86	2.51	270.25	1.98
盖梁	2.55	0.90	0.61	0.48
桥墩	1.33	0.28	0.14	0.14

（2）支座

该桥梁在两个桥台采用四氟滑板支座，三个桥墩采用板式橡胶支座，每个桥墩或桥台顶设置 7 个支座。板式橡胶支座的水平刚度可以用线性弹簧单元模拟，其剪切刚度按下式计算

$$K = \frac{G_d A_r}{\sum t} = \frac{1200 \times \pi/4 \times 0.375^2}{0.039} = 2550 (\text{kN/m})$$

桥台和桥墩各个支座的刚度如例表 8.4.2 所示。

例表 8.4.2 桥台和桥墩支座刚度　　　　　　　　（单位：kN/m）

支座位置	Δ_x	Δ_y	Δ_z	θ_x	θ_y	θ_z
桥台	0	0	∞	∞	0	∞
桥墩	2550	∞	∞	∞	0	∞

（3）基础

承台下部桩基础的刚度在承台底处用六个弹簧刚度模拟，根据地质资料可得到各承台下桩基础的等效总刚度，如例表 8.4.3 所示。表中，k_x、k_y、k_z 分别表示沿纵桥向、横桥向、竖向的平动刚度；k_{xx}、k_{zz} 分别表示纵桥向、横桥向、竖向的转动刚度。

例表 8.4.3 承台下桩基础的等效刚度

平动刚度/(kN·m⁻¹)			转动刚度/(kN·m·rad⁻¹)		
k_x	k_y	k_z	k_{xx}	k_{yy}	k_{zz}
9.02×10^5	1.06×10^6	9.23×10^6	3.28×10^6	2.94×10^7	3.54×10^7

（4）阻尼

采用 Rayleigh 阻尼，两个频率 ω_i 和频率 ω_j 的阻尼比均为 0.05，即 $\xi_i = \xi_j = 0.05$，Rayleigh 阻尼系数为

$$\begin{Bmatrix} a \\ b \end{Bmatrix} = \frac{2\xi}{\omega_i + \omega_j} \begin{Bmatrix} \omega_i \omega_j \\ 1 \end{Bmatrix} = \begin{Bmatrix} 0.28 \\ 0.0081 \end{Bmatrix}$$

（5）地震作用

根据已知条件，E2 地震作用下 A 类桥梁的重要性系数为 1.7，Ⅳ 类场地的场地调整系数为 1.20；结构阻尼比为 0.05，阻尼调整系数为 1.0，E2 地震作用对应的加速度反应谱最大值 S_{amax} 为

$$S_{amax} = 2.5C_iC_sC_dA = 2.5 \times 1.7 \times 1.20 \times 1.0 \times 0.1g = 4.998(m/s^2)$$

场地特征周期 0.75s，设计加速度反应谱如例图 8.4.5 所示。

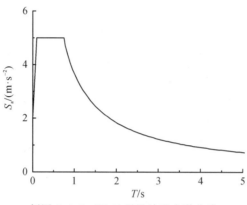

例图 8.4.5　E2 地震设计反应谱曲线

在进行非线性时程反应分析时，根据设计反应谱对三条历史地震记录进行调整，确定 E2 地震作用对应的输入地面加速度时程。3 条加速度时程、反应谱曲线及其与设计反应谱的对比如例图 8.4.6 所示。

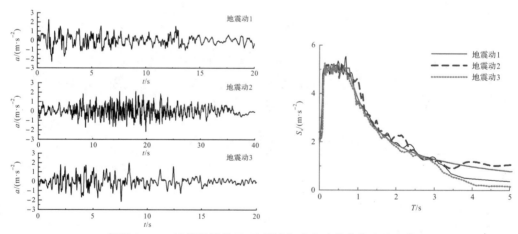

例图 8.4.6　计算所用的 E2 地震波加速度时程曲线及反应谱

（6）弹塑性单元

罕遇地震作用下允许结构进入塑性，但需满足延性要求。顺桥向地震作用下在各桥墩的墩底设置塑性铰，其他截面为弹塑性截面。塑性铰长度

$$L_p = 0.08H + 0.022f_yd_{bl} = 0.08 \times 1100 + 0.022 \times 335 \times 3.2$$

$= 111.58 \text{cm} \geqslant 0.044 f_y d_{bl}$

混凝土本构关系采用 Mander 模型,强度为 C40;钢筋本构关系采用 G-M-P 模型,型号为 HRB335。根据截面配筋、混凝土和钢筋的材料本构模型及轴力计算各个桥墩截面的弯矩—曲率关系。由于边墩和中墩的恒载轴力有所差异,故弯矩—曲率关系需要分别计算,结果如例表 8.4.4 所示。

例表 8.4.4　桥墩截面弯矩—曲率关系特性值

截面位置	开裂弯矩/(kN·m)	开裂曲率/m^{-1}	初始屈服弯矩/(kN·m)	初始屈服曲率/m^{-1}	等效屈服矩/(kN·m)	等效屈服曲率/m^{-1}	极限弯矩/(kN·m)	极限曲率/m^{-1}
中墩	544.2	0.00011	3586.6	0.00218	5063.8	0.00308	5213.2	0.0215
边墩	469.1	0.00009	3470.9	0.00215	4874.2	0.00302	5034.0	0.0229

塑性铰区的最大允许转角按式(8.4.15)计算,计算结果为

中墩:$[\theta] = \dfrac{L_p(\varphi_u - \varphi_y)}{K} = 1.11 \times (0.0215 - 0.00218)/2 = 0.0107(\text{rad})$

边墩:$[\theta] = \dfrac{L_p(\varphi_u - \varphi_y)}{K} = 1.11 \times (0.0229 - 0.00215)/2 = 0.0115(\text{rad})$

地震位移可以通过弹塑性地震反应计算得到,也可以按照弹性方法计算结果乘以考虑弹塑性效应的地震位移修正系数得到。在弹性地震位移反应计算时,延性构件的抗弯刚度按照图 3.8.8 所示的等效屈服刚度(有效截面抗弯刚度)确定。根据例表 8.4.4 中的结果,可计算出有效截面抗弯刚度为

中墩　$E_c I_{eff} = \dfrac{M_y}{\varphi_y} = \dfrac{5063.8}{0.00308} = 1.644 \times 10^6 (\text{kN·m}^2)$

边墩　$E_c I_{eff} = \dfrac{M_y}{\varphi_y} = \dfrac{4874.2}{0.00302} = 1.613 \times 10^6 (\text{kN·m}^2)$

进一步求出有效截面的抗弯惯性矩分别为 0.0506m^4 和 0.0497m^4。由于 $\dfrac{T^*}{T} = \dfrac{1.25 T_g}{T} = \dfrac{1.25 \times 0.75}{1.594} = 0.588 < 1.0$,故取地震位移修正系数 R_d 为 1.0。

按修正系数方法和塑性铰模型得到的墩顶位移如例表 8.4.5 所示。根据式(8.4.14)可求出各桥墩的墩顶容许位移为

中墩　$[u] = \dfrac{1}{3} H^2 \times \varphi_y + (H - \dfrac{L_p}{2}) \times [\theta] = \dfrac{1}{3} \times 11^2 \times 0.00308 + (11 - \dfrac{1.11}{2})$
$\times 0.0107 = 0.235(\text{m})$

边墩　$[u] = \dfrac{1}{3} H^2 \times \varphi_y + (H - \dfrac{L_p}{2}) \times [\theta] = \dfrac{1}{3} \times 11^2 \times 0.00302 + (11 - \dfrac{1.11}{2})$
$\times 0.0115 = 0.242(\text{m})$

如例表 8.4.5 所示,桥梁在顺桥向 E2 地震作用下的延性满足要求。

例表 8.4.5　两种方法得到的墩顶位移验算结果　　　　　（单位:m）

桥墩位置	墩顶位移计算结果	墩顶容许位移	验算是否通过
中墩	0.147(0.129)	0.235	通过
边墩	0.147(0.129)	0.242	通过

注:括号内的数值为弹性时程分析结果。

由于在 E2 地震作用下桥梁已进入塑性工作状态,需要进一步计算桥墩的超强弯矩,根据超强弯矩得到的内力值对基础和桥墩抗剪承载力进行能力保护构件的验算。这里从略。

本章习题

一、思考题

8.1 简述桥梁的地震破坏特征以及抗震设防的标准和目标。

8.2 简述桥梁能力保护设计的目的,以及能力保护构件的设计内力计算方法。

8.3 简述规则桥梁的弹性地震作用计算方法。

8.4 梁式桥按延性设计时,在顺桥向地震作用下,为什么耗能部位应设置在桥墩的底部?

二、计算题

8.5 下图为 2 跨连续梁桥,结构重要性分类为 C 类。采用板式橡胶支座,每个桥墩设 2 个支座,P1 和 P3 顺桥向支座剪切刚度力 3500×2(kN/m)、P2 顺桥向支座剪切刚度为 5000×2(kN/m)。场地基本烈度为 8 度,水平地震动峰值加速度为 0.30g,场地类别为Ⅲ类,Ⅱ类场地基本地震动加速度反应谱对应的特征周期为 0.4s,结构阻尼比为 0.05。按公路桥梁抗震设计规范计算在 E2 地震作用下上部结构在顺桥向各桥墩受到的地震作用,并计算上部结构在 E2 地震作用下的顺桥向地震位移需求。已知:等效质量 M_t 为 3600t/桥;P1 和 P3 的顺桥向水平刚度为 7600(kN/m)/墩;P2 的顺桥向水平刚度为 11200(kN/m)/墩;桥墩为圆形截面,轴压比均为 0.15,截面纵筋面积与混凝土面积之比为 0.03。截面的有效抗弯刚度可按抗震设计规范附录取值。

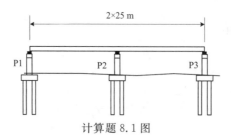

计算题 8.1 图

第9章 地下结构抗震设计

随着地下空间大规模开发和利用,地下结构的抗震安全越来越重要。这种结构受到周围介质约束,地震时土层的位移对结构地震反应有较大的影响,抗震设计方法与地面房屋建筑、桥梁有较大的差异。近年来,随着人们对地下结构地震破坏机理认识加深,已建立了针对不同类型的地下结构抗震设计方法,用于地下建筑、地铁、隧道、管线等结构的抗震设计。

本章主要根据《地下结构抗震设计标准》的相关规定,阐述基于反应位移法的地下结构地震反应计算方法、抗震设防分类和目标、设计地震动的选取方法和抗震性能验算、抗震构造措施等内容。

9.1 震害形式及抗震概念设计

9.1.1 震害形式

地下结构受到周围介质的约束,在历史地震中破坏程度相比地面结构较轻。产生地下结构地震破坏的主要原因是场地的大变形或地基失效。

1. 构件强度破坏

当地震效应超过结构设计强度时,地下结构构件会发生强度破坏。典型的例子是1995年日本阪神地震中大开车站的破坏。如图9.1.1所示,地震中大开站内半数以上的中柱发生了弯曲、剪切或弯剪破坏而丧失承载能力,造成地铁站顶板坍塌和地表塌陷;侧墙因上部倒角混凝土剥落、顶部和底部出现较宽的裂缝和主筋压屈变形,引起墙体向内鼓出,并有明显的漏水现象。

(a) 中柱弯曲破坏 (b) 中柱剪切破坏 (c) 顶板坍塌导致的路面沉陷

图 9.1.1 阪神地震大开车站震害

2.地层大变形或地基失效

地震中当地层发生断层滑移、边坡失稳、液化等地基失稳破坏时,地下结构受到强大的挤压或剪切作用,或由于失去地层的支撑而发生破坏。特别是在隧道洞口,由于围岩埋深浅,且地质条件复杂、围岩稳定性差,在地震时隧道很容易出现衬砌开裂、洞口塌方等破坏。图9.1.2为2008年汶川地震中隧道洞口发生的损坏实例。

(a) 龙洞子隧道出口处边坡崩塌   (b) 桃关隧道入口端墙开裂

图9.1.2 汶川地震隧道洞口震害图

此外,隧道结构会因周围地层地震变形发生纵向拉压、纵向弯曲和横向剪切变形产生的附加地震应力,引起衬砌开裂、渗水、错台、剥落和隧道垮塌等破坏。这种形式的震害大多集中在断层破碎带附近。图9.1.3为2022年青海门源地震隧道内部发生的损坏实例。

(a) 地震断层左旋位错导致毁坏   (b) 路基拱曲、隧道壁开裂

图9.1.3 青海门源地震隧道内部震害图

9.1.2 抗震概念设计

地下结构的地震反应与周围地层的地震变形有密切关系,场地的地震位移反应和结构自身的抗震性能是影响地下结构地震破坏程度的主要因素。因此,在地下结构设计时,选址、结构体系和布置、构造措施等需要遵循一定规则,以改善结构的抗震性能。

1. 选择有利地段

地震导致工程场地发生地表错动、地裂、地基不均匀沉陷、滑坡和砂土液化等形式的场地破坏,这些破坏对地下结构的抗震安全有重要影响。工程场地应尽量选在稳定、密实、地层均匀的有利地段,并避开软弱土、液化土、陡坡等不利地段以及地震时可能发生滑坡、崩塌等的危险地段。此外,洞口应尽量选择在有利地形的位置,同时采取对应的工程措施,以保证边坡的稳定性。

2. 合理的结构体系

合理的结构体系能够使结构各部分协同工作,共同抵抗地震作用,有利于提高结构抗震性能。地下结构应具有明确和合理的地震作用传递途径、必要的抗震承载能力、良好的变形能力和耗能能力。结构不应由于局部削弱、突变而形成应力集中或塑性变形集中的薄弱部位。一般要求沿纵向的横断面形状、构件组成和尺寸无突变,结构布置力求简单、规则、对称、平顺。同时对隧洞洞口、转弯处及其他抗震薄弱部位采取措施,提高其抗震性能。结构体系应避免发生因部分结构或构件破坏导致整体失效的情况,宜设置多道抗震防线。

3. 构件具有良好的结构性能

结构构件不仅要有足够的强度,还应有良好的变形性能和耗能能力。混凝土结构构件应合理选择截面尺寸和受力钢筋、箍筋,避免剪切破坏先于弯曲破坏、混凝土压溃先于钢筋屈服以及钢筋的锚固黏结破坏先于钢筋破坏等情况。同时,合理选择钢结构构件的尺寸,使其不发生局部失稳或构件失稳。

4. 加强构件之间的连接

结构各构件之间的连接处是抗震薄弱部位,在抗震设计时要保证构件节点的破坏不先于其连接的构件、预埋件的锚固破坏不先于连接件。装配式结构的构件连接性能必须满足结构整体性要求。例如相比弯螺栓,直螺栓更容易适应地震变形(见图 9.1.4),且变形对隧道管片结构的损害相对较小,因此盾构隧道接头处宜采用直螺栓连接。

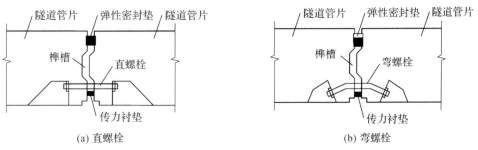

(a) 直螺栓　　　　　　　　　　　　　(b) 弯螺栓

图 9.1.4　盾构隧道接头构造

9.2 地震反应计算

地下结构的地震反应受周围土层变形的影响大,而受地震惯性力的影响相对较小。因此,地下结构除了基于动力计算的时程分析法以外,常用反应位移法计算地震反应。

反应位移法是以场地土层的地震位移作为主要因素确定地震作用的静力计算方法,可用于地层和结构形式比较简单的地下结构横断面和纵向结构地震反应计算,是地下结构抗震设计的一种常用简便算法。但对于形式复杂的地下结构,这种算法不能很好反映结构的变形和内力分布。表 9.2.1 为反应位移法和时程分析法的适用条件。

表 9.2.1　地下结构地震作用效应计算方法

计算方法	维度	地层条件	地下结构
横向反应位移法	横向	均质/水平成层/复杂成层	断面形状简单
整体式反应位移法	横向	均质/水平成层/复杂成层	断面形状简单/复杂
纵向反应位移法	纵向	沿纵向均匀/变化明显	线长形
时程分析法	二维/三维	均质/水平成层/复杂地层、含软弱土层、含液化土层	线长形、断面形状或几何形体简单/复杂

9.2.1　反应位移法计算原理

反应位移法起初是用土的层间位移作为地震输入的静力计算方法(见图 9.2.1),通过地基弹簧将地层位移差静态作用于地下结构,以此计算结构的断面力和变形。

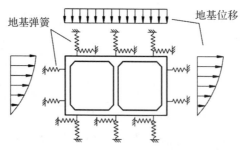

图 9.2.1　考虑土层位移差的反应位移法计算模型

后来经过研究发现,仅考虑土层位移差的计算方法不能保证结构抗震安全,目前广泛采用同时考虑土层位移差、结构表面的剪切力和结构惯性力的反应位移法。

反应位移法的计算原理可以从结构地震运动方程来解释。地下结构的地震运动方

程为

$$M\ddot{u} + C\dot{u} + Ku = F_B \tag{9.2.1}$$

式中：M、C、K 分别为结构的质量矩阵、阻尼矩阵和刚度矩阵；u、$\dot{u}$、$\ddot{u}$ 依次为结构的变形、速度和加速度；F_B 为地震作用。

忽略边界阻尼的影响，用地基弹簧反映周围地层对结构的约束作用，则 F_B 为结构边界位置处对应自由场的应力 σ_0 与为了拉动地基弹簧到达自由场变形所需要的附加力 $K_B u_0$ 的和，即

$$F_B = \sigma_0 + K_B u_0 \tag{9.2.2}$$

式中：K_B 为地基弹簧的刚度系数；u_0 是自由场在人工边界位置处的位移；σ_0 包括法向正应力和切向剪应力。

假定结构的地震反应受自由场控制，用自由场对应结构位置处的加速度代替结构的加速度，忽略阻尼力 $C\dot{u}$ 的影响，取自由场地震反应最大时刻作为输入，将式(9.2.2)代入式(9.2.1)后，便可得到计算结构最大反应的算式

$$Ku = \sigma_0 + K_B u_0 - M\ddot{u}_0 \tag{9.2.3}$$

式中：$-M\ddot{u}_0$ 是用结构对应位置自由场地的加速度计算得到的近似惯性力。

9.2.2　横向反应位移法计算

对于均质或成层地层中形状简单的地下结构，横断面地震反应可以采用横向反应位移法计算。该法将地下结构的横断面模型简化为框架式结构，用地基弹簧来模拟周边地层对结构的支承以及与结构的相互作用。地基弹簧包括压缩弹簧和剪切弹簧两种类型（见图 9.2.2）。图中，k_v、k_{sv} 为结构顶底板拉压、剪切地基弹簧刚度；k_h、k_{sh} 为结构侧壁压缩、剪切地基弹簧刚度；k_n、k_s 为圆形结构侧壁压缩、剪切地基弹簧刚度。

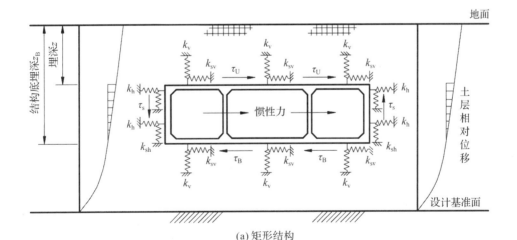

(a) 矩形结构

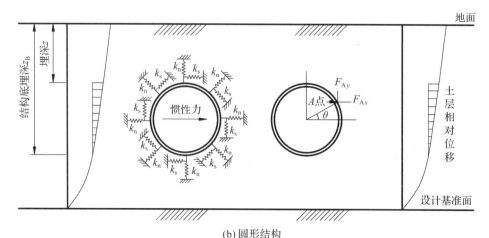

(b) 圆形结构

图 9.2.2 横向反应位移法计算

这种算法的计算过程包括以下几个步骤：

(1)计算地基弹簧系数。

(2)计算结构顶底板位置处土层最大变形时刻的土层位移、土层应力和结构位置的加速度。

(3)施加土层相对位移、结构周围应力以及惯性力于结构，用静力法计算结构的地震反应。

当地下结构埋深较小且处于均匀地层时，地基弹簧刚度、相对位移、惯性力以及结构表面剪力可采用以下简化方法计算。

1.地基弹簧刚度

用集中地基弹簧反映土层作用。地基弹簧的刚度可按静力有限元方法计算，也可按式(9.2.4)得到。

$$k = KLd \tag{9.2.4}$$

式中：k 为压缩、剪切地基弹簧刚度；K 为基床系数；L 为地基的集中弹簧间距；d 为地层沿地下结构纵向的计算长度。

基床系数 K 可以采用理论公式、试验或经验公式、有限元法等方法计算。图 9.2.3 为有限元方法计算基床系数的过程。以一定宽度和深度的土层为对象，建立移除结构位置处土体的有限元模型，并固定计算区域的侧边界和底边界位移；对孔洞的 6 个方向分别施加均布荷载 q，算出受力面的变形 δ，得到基床系数 $K = q/\delta$。

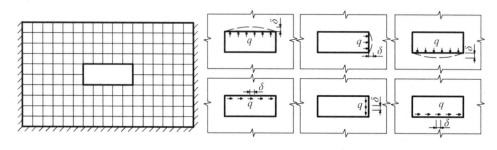

图 9.2.3 有限元法计算横向基床系数

2. 相对位移

地层相对位移可取地下结构顶、底部位置自由地层的最大相对位移，即

$$u'(z) = u(z) - u(z_B) \tag{9.2.5}$$

式中：z 为深度；$u'(z)$ 为 z 处相对于结构底部的自由地层位移；$u(z)$ 和 $u(z_B)$ 分别为深度 z 和 z_B 处（结构底部深度）相对设计基准面的地震水平位移。

在均匀地层，当结构断面形状规则、无突变，且未进行工程场地地震安全性评价时，地层位移沿深度的变化可采用三角函数确定（见图 9.2.4），按式（9.2.6）计算。

$$u(z) = \frac{1}{2} u_{\max} \cos \frac{\pi z}{2H} \tag{9.2.6}$$

式中：$u_{\max}$ 为场地地表最大位移；H 为地表至地震作用基准面的距离。

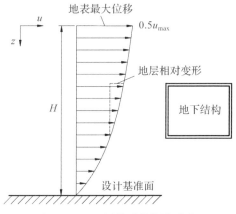

图 9.2.4　地层位移沿深度分布

3. 惯性力

地下结构的惯性力可用结构单元的质量乘以场地最不利时刻结构位置的加速度得到，并以集中力的形式施加于结构单元的形心。式（9.2.7）为惯性力计算公式。

$$f_i = -m_i \ddot{u}_i \tag{9.2.7}$$

式中：f_i 为作用在结构 i 单元的惯性力；m_i 为 i 单元的质量（kg）；$\ddot{u}_i$ 为最不利时刻 i 单元位置的场地加速度，可简化取峰值加速度。

4. 结构表面的剪切力

结构表面的剪切力可通过顶、底部位置自由土层最大相对位移对应的土层剪应力乘以作用面积来计算，并施加在结构上（参见图 9.2.2）。当结构处于均质地层时，矩形结构顶底板以及侧壁的剪切力按式（9.2.8）计算，圆形结构周围剪切力作用按式（9.2.9）计算。

$$\begin{cases} \tau_U = \dfrac{\pi G}{4H} u_{\max} \sin\left(\dfrac{\pi z_U}{2H}\right) \\[2mm] \tau_B = \dfrac{\pi G}{4H} u_{\max} \sin\left(\dfrac{\pi z_B}{2H}\right) \\[2mm] \tau_s = \dfrac{\tau_U + \tau_B}{2} \end{cases} \tag{9.2.8}$$

$$\begin{cases} F_{Ax} = \tau_A L d \sin\theta \\ F_{Ay} = \tau_A L d \cos\theta \end{cases} \qquad (9.2.9)$$

式中:τ_U、τ_B、τ_s 分别为结构顶板、底板和侧壁的剪切力;F_{Ax}、F_{Ay} 分别为作用于 A 点水平和竖向的节点力;z_U、z_B 为结构顶板和底板埋深;G 为地层动剪切模量;τ_A 为圆形结构 A 点处的剪应力;L 为地基的集中弹簧间距;d 为地层沿地下结构纵向的计算长度;θ 为土与结构 A 点处的法向与水平向的夹角。

9.2.3　整体式反应位移法

传统的横向反应位移法不但地基弹簧系数确定困难,而且离散的地基弹簧不能很好反映土层自身的相互作用,无法在结构角部形成有效约束,造成结构约束以及土－结构接触面的荷载分布与实际工程不符,会低估结构角部的内力。为了解决以上问题,刘晶波等对传统反应位移法进行改进,提出了整体式反应位移法,此法已纳入《地下结构抗震设计标准》。整体式反应位移法是直接用土层取代地基弹簧的计算方法。图 9.2.5 为整体式反应位移法的岩土－结构相互作用计算模型,图 9.2.6 为等效地震作用输入方法。

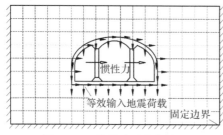

图 9.2.5　整体式反应位移法

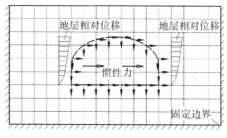

图 9.2.6　等效地震作用

整体式反应位移法能更好地反映土与结构之间的相互作用,合理模拟对结构角部的约束,无须考虑地基弹簧,对横断面复杂的地下结构也可适用。

9.2.4　纵向反应位移法

纵向反应位移法是计算隧道、管线等线长形地下结构纵向地震反应的一种常用方法。图 9.2.7 为隧道纵向反应位移法的计算模型示意图。地下结构简化为由地基弹簧支撑的梁单元,土层位移作为等效地震作用施加于地基弹簧的一端,用静力方法计算结构地震反应。

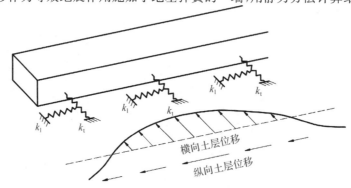

图 9.2.7　隧道纵向反应位移法计算

由于隧道变形缝的刚度与结构主体存在差异,应采用对应的结构参数。变形缝的横向变形宜采用非线性弹簧模型,纵向变形可采用拉压不对称的非线性弹簧连接。

1. 地基弹簧刚度

地基弹簧刚度可通过静力有限元方法计算得到。如图 9.2.8 所示,建立有限元模型,在结构位置分别沿纵向和横向施加均布荷载 q,由静力法算出结构位置的平均变形 δ,从而获得基床系数 $K = q/\delta$,以及相应的地基弹簧刚度。

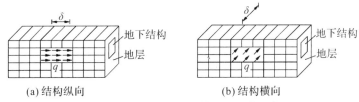

(a)结构纵向　　　　　　　　(b)结构横向

图 9.2.8　有限元法计算纵向基床系数

当地下结构位于纵向均匀地层时,可按以下经验公式计算

$$k_{\mathrm{t}} = KLW \tag{9.2.10}$$

$$k_1 = \frac{1}{3} k_{\mathrm{t}} \tag{9.2.11}$$

式中:k_1、k_{t} 分别为沿纵向和横向的侧壁剪切地基弹簧刚度;K 为基床系数;L 为集中地基弹簧的间距;W 为结构横向平均宽度或直径。

2. 地层位移

当结构位于纵向均匀地层时,可假定隧道轴线处的土层位移沿纵向为正弦波形,如图 9.2.9 所示。其中隧道轴线方向为 x 轴,地震波传播方向(x' 轴)与隧道纵轴在同一水平面内,两者夹角为 ϕ。地层沿结构轴线的纵向位移 u_{A} 及与结构轴线垂直的横向位移 u_{T} 采用正弦波形分布,即

$$u_{\mathrm{A}}(x,z) = u(z)\sin\phi\sin\left(\frac{2\pi\cos\phi}{\lambda}x\right) \tag{9.2.12}$$

$$u_{\mathrm{T}}(x,z) = u(z)\cos\phi\sin\left(\frac{2\pi\cos\phi}{\lambda}x\right) \tag{9.2.13}$$

这里

$$\lambda = \frac{2\lambda_1\lambda_2}{\lambda_1 + \lambda_2} \tag{9.2.14}$$

$$\lambda_1 = T_{\mathrm{s}}V_{\mathrm{SD}} \tag{9.2.15}$$

$$\lambda_2 = T_{\mathrm{s}}V_{\mathrm{SDB}} \tag{9.2.16}$$

$$T_{\mathrm{s}} = 1.25\frac{4H}{V_{\mathrm{SD}}} \tag{9.2.17}$$

式中:$u_{\mathrm{A}}(x,z)$、$u_{\mathrm{T}}(x,z)$ 分别为坐标 (x,z) 处地层的纵向和横向地震位移;$u(z)$ 同式(9.2.6);λ 为位移的波长;λ_1、λ_2 分别为表面地层和计算基准面地层的剪切波波长;V_{SD}、

V_{SDB} 分别为表面地层和计算基准面地层的平均剪切波速;T_s 为考虑地层应变水平的场地特征周期;ϕ 为地震波的传播方向与地下结构轴线的夹角。

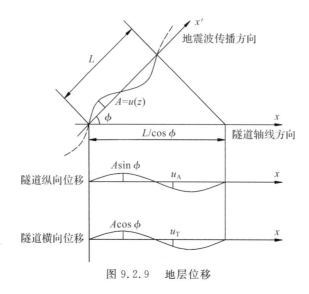

图 9.2.9　地层位移

当 $\phi = 0°$ 时,即入射波方向平行于隧道纵向轴线时,垂直于隧道纵轴的土层横向位移为

$$u_T^0(x,z) = u(z)\sin(2\pi x/\lambda) \tag{9.2.18}$$

当地下结构穿越非均匀地层或处于纵向变化较大的陡坡、急曲线,或具有工程场地地震动时程时,可采取自由场地地震时程反应分析得到结构所在位置的地层相对位移,再将隧道轴线所在位置的最不利地层位移作用于计算模型中地层弹簧的非结构端,计算结构的内力与变形(见图 9.2.10)。

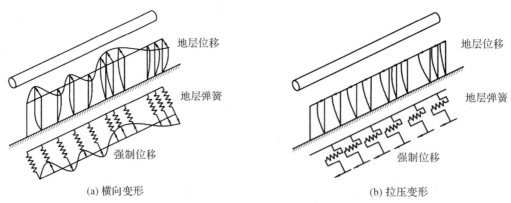

(a) 横向变形　　　　　　　　　　　　(b) 拉压变形

图 9.2.10　在不同位置处地层位移分布

9.3　抗震设防目标及地震作用

9.3.1　抗震设防分类和目标

按功能的重要性,《地下结构抗震设计标准》将结构抗震设防类别划分为甲、乙、丙三类。甲类是指涉及国家公共安全的重大地下结构工程和地震时可能发生严重次生灾害,需要进行特殊设防的地下结构;乙类为地震时使用功能不能中断或需要尽快恢复的生命线相关地下结构,以及地震时可能导致大量人员伤亡等重大灾害后果,需要提高设防标准的地下结构;除上述两类以外,按照标准要求进行设防的地下结构为丙类。若无特殊规定,甲类的地震作用应高于本地区设防烈度,乙类和丙类的地震作用按本地区抗震设防烈度。

地下结构抗震设防目标依据地震重现期不同分为 4 个水准,分别对应多遇地震、基本地震、罕遇地震和极罕遇地震,设防水准与地震重现期的对应关系分别为 50 年、475 年、2475 年和 10000 年。根据抗震设防类别和设防水准,按表 9.3.1 选取不同的性能要求作为抗震设防目标。抗震性能要求等级 Ⅰ～Ⅳ 的划分见表 9.3.2。

表 9.3.1　地下结构抗震设防目标

抗震设防类别	设防水准			
	多遇	基本	罕遇	极罕遇
甲类	Ⅰ	Ⅰ	Ⅱ	Ⅲ
乙类	Ⅰ	Ⅱ	Ⅲ	—
丙类	Ⅱ	Ⅲ	Ⅳ	—

表 9.3.2　地下结构的抗震性能要求等级划分

等级	定义
性能要求 Ⅰ	不受损坏或不需进行修理能保持其正常使用功能,附属设施不损坏或轻微损坏但可快速修复,结构处于线弹性工作阶段
性能要求 Ⅱ	受轻微损伤但短期内经修复能恢复其正常使用功能,结构整体处于弹性工作阶段
性能要求 Ⅲ	主体结构不出现严重破损并可经整修恢复使用,结构处于弹塑性工作阶段
性能要求 Ⅳ	不倒塌或发生危及生命的严重破坏

9.3.2　地震作用

地下结构的地震作用根据抗震设防要求采用对应的设计地震动峰值加速度表征。

《地下结构抗震设计标准》规定甲类结构所用的地震动参数应为经审定的工程场地地震安全评价结果或经专门研究论证的结果与按本节所述地震动参数中的较大值;乙类或丙类结构选用的地震动参数,应为地震动参数区划结果与本节所述的地震动参数中的较大值。

采用动力时程分析法时,根据设计反应谱生成的人工时程或者地震和场地环境相近的历史地震记录的调整地震动作为地震输入,模拟地震动时程的加速度反应谱曲线与设计反应谱曲线的偏差小于5%,且不少于3组。采用反应位移法时,地震作用包括结构的惯性力以及土—结构相对变形产生的土压力以及界面剪切力。

抗震设计时要考虑的地震动参数包括地表和基岩面水平向峰值加速度、竖向峰值加速度、地表峰值位移以及峰值加速度与峰值位移沿深度的分布。《地下结构抗震设计标准》规定这些设计地震动参数应按以下方法选取。

1. 地表水平向峰值加速度

地表水平向峰值加速度应根据地震动峰值加速度分区按表9.3.3取值,并乘以本书1.5节中场地地震动峰值加速度调整系数(见表1.5.1)。

表 9.3.3　Ⅱ类场地地表水平向峰值加速度 $a_{\max Ⅱ}$

地震动峰值加速度分区	0.05g	0.10g	0.15g	0.20g	0.30g	0.40g
多遇地震	0.03g	0.05g	0.08g	0.10g	0.15g	0.20g
基本地震	0.05g	0.10g	0.15g	0.20g	0.30g	0.40g
罕遇地震	0.12g	0.22g	0.31g	0.40g	0.51g	0.62g
极罕遇地震	0.15g	0.30g	0.45g	0.58g	0.87g	1.08g

2. 地表竖向峰值加速度

当需要考虑竖向地震作用时,地表竖向地震动峰值加速度取水平向峰值加速度的K_v倍。K_v按表9.3.4取值。在活动断裂附近的场地,竖向峰值加速度宜采用水平向峰值加速度值。

表 9.3.4　竖向地震动峰值加速度与水平向峰值加速度比值 K_v

水平向峰值加速度	0.05g	0.10g	0.15g	0.20g	0.30g	0.40g
K_v	0.65	0.70	0.70	0.75	0.85	1.00

3. 地表峰值位移

使用横向反应位移法进行计算时,场地地表水平向峰值位移的选取方法与地表水平向峰值加速度的选取方法类似,即取Ⅱ类场地设计地震动峰值位移 $u_{\max Ⅱ}$ 乘以场地地震动峰值位移调整系数 Γ_u 的结果。$u_{\max Ⅱ}$ 和 Γ_u 在多遇地震、基本地震和罕遇地震时分别按照表9.3.5和表9.3.6取值,在极罕遇地震作用情形下应采用时程分析法计算。

表 9.3.5　Ⅱ类场地设计地震动峰值位移 $u_{\max Ⅱ}$　　　　（单位：m）

地震动峰值加速度分区	0.05g	0.10g	0.15g	0.20g	0.30g	0.40g
多遇地震	0.02	0.04	0.05	0.07	0.10	0.14
基本地震	0.03	0.07	0.10	0.13	0.20	0.27
罕遇地震	0.08	0.15	0.21	0.27	0.35	0.41

表 9.3.6　场地地震动峰值位移调整系数 $\varGamma_{u}$

场地类别	Ⅱ类场地设计地震动峰值位移 $u_{\max Ⅱ}$/m					
	≤0.03	0.07	0.10	0.13	0.20	≥0.27
Ⅰ₀	0.75	0.75	0.80	0.85	0.90	1.00
Ⅰ₁	0.75	0.75	0.80	0.85	0.90	1.00
Ⅱ	1.00	1.00	1.00	1.00	1.00	1.00
Ⅲ	1.20	1.20	1.25	1.40	1.40	1.40
Ⅳ	1.45	1.50	1.55	1.70	1.70	1.70

注：场地地震动峰值位移调整系数 $\varGamma_{u}$ 可按表中所给值分段线性插值确定。

4.峰值位移、峰值加速度沿深度方向的分布

用反应位移法进行计算时，地下的峰值加速度应比地表小。基岩处的地震动参数可取地表的 1/2，中间不同深度的值可按插值近似。使用横向反应位移法、整体式反应位移法或时程分析法进行计算时，地表以下一定深度的峰值加速度应根据地表峰值加速度反演确定。

9.4　抗震性能验算

地下结构抗震设计采用两阶段设计方法。第一阶段是在多遇地震作用下进行截面强度验算和变形验算，要求主体结构不受损坏，非结构构件没有过重破坏并导致人员伤亡，保证结构的正常使用功能。第二阶段是在罕遇地震作用下对地下结构进行变形验算，要求主体结构遭受可修复的破坏或严重破坏但不倒塌。对于甲类地下结构还需要进行极罕遇地震作用下结构的弹塑性变形验算，要求主体结构不出现严重破损并经整修可恢复使用，结构处于弹塑性工作阶段。此外，地下结构底部以下场地存在液化可能时还应开展地震抗浮验算。

9.4.1　截面强度验算

结构截面强度验算应满足式（9.4.1）的要求，不考虑调整系数对承载力的放大。

$$S_{d} \leqslant R \tag{9.4.1}$$

式中：R 是结构承载力设计值，S_{d} 为作用效应设计值。

线性结、非线性构的地震作用和其他作用的基本组合效应分别按下列规定计算：

（1）当作用与作用效应按非线性关系考虑时，地下结构作用效应设计值按式（9.4.2）计算。

$$S_d = S(\gamma_G F_{GE} + \gamma_{Eh} F_{Ehk} + \gamma_{Ev} F_{Evk}) \tag{9.4.2}$$

式中：$S(\cdot)$ 为作用组合的效应函数；γ_G 为重力荷载分项系数，一般情况下应采用 1.2，当重力荷载对构件承载能力有利时，不应大于 1.0；γ_{Eh}、γ_{Ev} 分别为水平、竖向地震作用分项系数，应按表 9.4.1 采用；F_{GE} 为重力荷载代表值；F_{Ehk} 为水平地震作用标准值；F_{Evk} 为竖向地震作用标准值。

表 9.4.1 地震作用分项系数

地震作用	仅计算水平地震作用	仅计算竖向地震作用	水平地震为主	竖向地震为主
水平分项系数	1.3	0.0	1.3	0.5
竖向分项系数	0.0	1.3	0.5	1.3

（2）当作用与作用效应按线性关系考虑时，地下结构作用效应设计值按式（9.4.3）计算。

$$S_d = \gamma_G S_{GE} + \gamma_{Eh} S_{Ehk} + \gamma_{Ev} S_{Evk} \tag{9.4.3}$$

式中：S_{GE} 为重力荷载代表值的效应；S_{Ehk} 为水平地震作用标准值的效应；S_{Evk} 为竖向地震作用标准值的效应。

9.4.2 变形验算

地下结构进行弹性变形验算时，断面采用最大弹性层间位移角作为指标，符合下式要求

$$\Delta u_e \leqslant [\theta_e] h \tag{9.4.4}$$

式中：Δu_e 为基本地震作用标准值产生的地下结构最大的弹性层间位移；计算时，钢筋混凝土结构构件的截面刚度可采用弹性刚度；$[\theta_e]$ 为弹性层间位移角限值，按表 9.4.2 采用；h 为地下结构层高。

表 9.4.2 弹性层间位移角限值

地下结构类型	单层或双层结构	三层及三层以上结构
$[\theta_e]$	1/550	1/1000

注：圆形断面结构应采用直径变形率作为指标，地震作用产生的弹性直径变形率应小于 4‰。

地下结构的弹塑性层间位移应符合下式要求

$$\Delta u_p \leqslant [\theta_p] h \tag{9.4.5}$$

式中：Δu_p 为弹塑性层间位移；$[\theta_p]$ 为弹塑性层间位移角限值，取 1/250。圆形断面地下结构在罕遇地震作用下产生的弹塑性直径变形率应小于 6‰。

地下结构纵向变形应符合：

（1）变形缝的变形量不超过满足接缝防水材料水密性要求的允许值；

（2）伸缩缝处轴向钢筋或螺栓的位移小于屈服位移，伸缩缝处的转角小于屈服转角。

9.4.3 抗浮验算

震害调查表明,地震引起的超静孔压上升使得地下结构上浮是饱和砂土或粉土地基中地下结构的一种常见破坏形式。当地下结构底部以下有液化可能时,在对结构物和土层整体进行动力时程分析的基础上,应进行地震抗浮验算。

地下结构的地震抗浮验算应满足抗浮力不小于上浮力,即

$$F \leqslant R_F / \gamma_{RF} \tag{9.4.6}$$

式中:F 为结构所受的上浮荷载设计值;R_F 为结构抗浮力设计值;γ_{RF} 为抗浮安全系数,取 1.05。

地下结构所受上浮荷载 F 包括静力条件下的浮力设计值 F_s 和超静孔压引起上浮力 F_p,即

$$F = F_s + F_p \tag{9.4.7}$$

超静孔压引起上浮力标准值的效应为

$$F_p = \sum_i p_{si} A_{hi} \cos\theta_i \tag{9.4.8}$$

式中:p_{si} 为与结构表层单元 i 外表面相接触的土单元超静孔压;A_{hi} 为单元 i 外的表面面积;θ_i 为单元 i 外表面外法向与竖直向下方向的夹角。

地下结构抗浮力设计值为

$$R_F = R_g + R_{sg} + R_{sf} \tag{9.4.9}$$

式中:R_g 为结构自重设计值;R_{sg} 为上浮地层有效自重设计值;R_{sf} 为结构壁和桩侧摩擦阻力设计值,按照相关标准计算,并通过折减系数考虑液化对摩阻力的影响。

9.5 抗震构造措施

地下结构抗震构造措施包括通用的一般性要求和针对不同结构的特殊要求两部分。一般性要求包括以下几个方面:

(1)体系复杂、结构平面不规则或者施工工法、结构形式、地基基础、荷载有较大变化的不同结构单元之间,宜根据实际需要设置变形缝;

(2)刚度突变、结构开洞处等薄弱部分应加强抗震构造措施;

(3)应尽量不穿越可能发生液化的地层,当避绕不开时,应分析液化对结构安全及稳定性的不利影响并采取相应构造措施,如地下结构间的连接处采用柔性接头、合理设置沉降缝、对液化土层采取注浆加固和换土等消除或减轻液化的措施等。

地下建筑和隧道结构还应采取以下对应的特殊构造措施。

1. 地下建筑

框架式钢筋混凝土地下建筑,中柱是抗震的薄弱环节。因此,中柱设置宜结合使用功能、结构受力、施工工法等要求综合确定。位于设防烈度Ⅷ度及以上地区时,不宜采用

单排柱。当采用单排柱时,宜采用钢管混凝土柱或型钢混凝土柱。

此外,为了保证结构的整体性和连续性,应加强周边墙体与楼板的连接构造,防止节点提前破坏。地下车站等宜采用现浇钢筋混凝土结构,不应采用装配式和部分装配式结构。

2. 隧道结构

隧道洞口和浅埋段是最容易遭受地震破坏的部位,应加强抗震构造措施。因此,应控制洞口仰坡和边坡的开挖高度,防止发生崩塌和滑坡等震害;设置柔性连接器以减弱这些部位与主隧道结构的连接刚度;在洞口和浅埋段加密钢支承的间距;对衬砌背后注浆加固防止出现空洞等。另外,在抗震设防地段,隧道衬砌应采用强度等级满足规范要求的混凝土或钢筋混凝土材料。隧道内设辅助通道时,应采取相应措施提高主洞与辅助通道连接处的抗震性能。

对于不同类型的隧道,还应该根据各自的特点,采取相应的抗震措施以提高结构抗震性能,例如:

(1)盾构隧道可采用管片壁后注入低剪切刚度注浆材料等,在内衬和外壁之间、外壁与地层之间等设置隔震层,减少地层传递至隧道结构的地震能量。同时,还可以通过减小管片环幅宽、加长螺栓长度、加厚弹性垫圈、局部选用钢管片或可挠性管片环等,提高隧道结构适应地层变形的能力;

(2)城市浅埋矿山法隧道应采用防水型钢筋混凝土结构且隧道全部设置仰拱。隧道洞口段、浅埋偏压段等地段处,应根据地形、地质条件确定矿山法隧道的抗震加强长度,并且加强段两端应向围岩质量较好的地段延伸。软弱围岩段的隧道衬砌应采用带仰拱的曲墙式衬砌。明暗洞交界处、软硬岩交界处及断层破碎带的抗震设防地段衬砌结构应设置抗震缝,且宜结合沉降缝、伸缩缝综合设置。当洞口地下较陡时,宜采取接长明洞或其他防止落石撞击的措施;

(3)明挖隧道宜采用现浇结构,在需要设置装配构件时,应确保其与周围构件可靠连接。墙或中柱的纵向钢筋最小总配筋率应增加 0.5%。明挖隧道顶板和底板宜采用梁板结构。隔板开孔的孔洞宽度应不大于该隔板宽度的 30%,孔洞周围应设置满足构造要求的边梁或暗梁。地下连续墙复合墙体的顶板、底板的负弯矩钢筋至少应有 50% 锚入地下连续墙,正弯矩钢筋应锚入内衬。明挖隧道结构穿过地震时岸坡可能滑动的古河道,或可能发生明显不均匀沉陷的地层时,应采取换土或设置桩基础等措施。

本章习题

9.1 与地面建筑、桥梁结构相比,地下结构的地震作用主要特征是什么?

9.2 简述地下结构的抗震设防目标与设防水准的对应关系。

9.3 简述反应位移法计算的基本原理。

9.4 如何进行地下结构的抗震变形验算?

9.5 简述横向反应位移法和整体式反应位移法的异同。

第 10 章　隔震及耗能减震设计

早期抗震设计是通过增强结构强度的方法抵抗地震作用确保结构的抗震安全,不允许结构发生地震损伤。这种设计方法是用高昂的成本抵御发生概率非常小的强地震作用,不太合理。后来人们发现,延性好的结构即使进入塑性也不会倒塌,且设计经济、防倒塌能力强。由此,延性设计方法被许多国家的抗震设计规范所采纳。但是,延性设计是以结构地震损伤为代价,地震后需要修复,恢复时间长且成本高。为了解决这个问题,后来人们又提出减隔震设计。

减隔震设计思想早在 20 世纪初期已经出现,那时有人提出用卵石作为建筑物的垫层,通过卵石的滚动效果隔断地震动传播。但是,减隔震技术在 20 世纪 70 年代后才开始应用于工程。经过半个世纪实践,目前这种技术已较成熟,并有广泛应用。本章主要介绍结构减隔震设计的基本原理和建筑物、桥梁的减隔震设计方法。

10.1　减隔震设计原理及装置的滞回模型

10.1.1　减隔震设计原理

减隔震技术包含隔断地震动和减小结构振动两个方面,即隔震和减震。所谓隔震,是在结构物底面或者中间某个位置设置柔性的结构层阻断或者减少地震能量传播的设计方法。如图 10.1.1 所示,按照传统方法设计的建筑物受到地震作用后会发生较大的振动,引起结构地震损伤;如在建筑物底部设置摩擦层,建筑物的最大底部剪力为摩擦系数 μ 与建筑物重量 W 的乘积,当 μ 非常小时,可起到保护结构安全的效果。这种用摩擦层隔断地震动输入的设计方法称为隔震设计。但是,如果 μ 太小,建筑物在风作用下会发生不能自行复位的侧向变形,影响建筑物的正常使用,故结构需要设置一定的侧移刚度 k。当 k 远低于建筑物自身的侧移刚度时,隔震层以上的结构振动近似于刚体运动,其水平振动的自振周期 T 由 k 以及建筑物的质量 m 决定,如果选择合适的 k 值,并在隔震位置再设置耗能装置 c,既可以减少地震作用,又不影响建筑物正常使用。这种引入含耗能效果的柔性结构层实现减轻结构地震作用的设计方法就是隔震设计。

减震设计是在相对变形较大的位置添加消能减震装置(阻尼器)耗散地震能量,实现减小结构地震反应的设计方法。阻尼装置可以设置在隔震层位置,也可以设置结构物内相对变形较大的任何部位,利用阻尼装置两端的相对变形或者相对速度耗散能量,减小

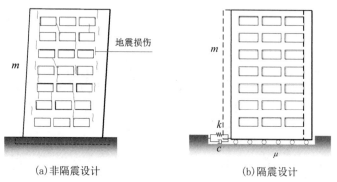

(a)非隔震设计   (b)隔震设计

图 10.1.1 隔震设计

结构地震反应。耗能减震设计一般是指阻尼装置设置在结构内部的情况,如墙体内部、斜撑、梁等位置(见图 10.1.2),而当阻尼装置设置在隔震层位置时通常称为隔震设计。

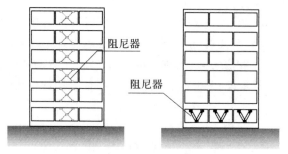

图 10.1.2 减震设计

    在结构振动控制中常用的 TMD(质量调谐阻尼器)、TLD(调频液体阻尼器)也具有减小结构地震反应的阻尼效果,但在结构减震设计较少采用这种减震效果与结构动力特性密切相关的阻尼装置。

    减隔震设计的基本原理可以根据地震反应谱曲线的特性解释。如图 10.1.3 所示,一方面,结构加速度反应谱 S_a 随着阻尼比 ξ 的增加而减少,增加阻尼无疑可以减少结构的地震作用;另一方面,当结构的自振周期 T 大于加速度反应谱的卓越区域以后,S_a 随着 T 增加而下降,即长周期隔震结构受到的地震作用小。

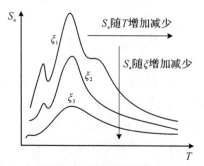

图 10.1.3 加速度反应谱曲线随周期和阻尼变化特性

叠层橡胶支座和摩擦支座是两种具有代表性地将柔性功能与耗能功能合为一体的隔震装置(见图 10.1.4)。叠层橡胶支座不但富有柔性,而且弹性恢复能力好,地震位移可以自行恢复。但天然橡胶的阻尼比较小,耗能效果不大,如在橡胶材料中掺入高阻尼材料制成高阻尼橡胶,或在支座内设孔并注入高纯度的铅芯材料制成铅芯橡胶支座后,会明显增加耗能效果。而摩擦型减隔震装置是利用摩擦系数小、耐磨性好的摩擦层使支座具有柔性和耗能效果。由于平面摩擦面不具备地震位移恢复能力,常把摩擦面设为曲面,利用曲面的下滑力提供恢复结构地震位移的能力,称这种摩擦支座为曲面摩擦支座或摩擦摆支座。

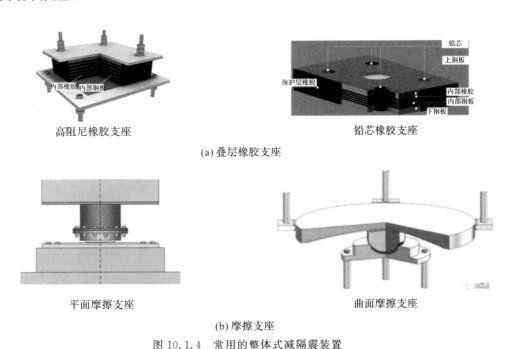

高阻尼橡胶支座 铅芯橡胶支座

(a) 叠层橡胶支座

平面摩擦支座 曲面摩擦支座

(b) 摩擦支座

图 10.1.4 常用的整体式减隔震装置

10.1.2 橡胶支座

橡胶富有弹性和柔性,是一种理想的隔震材料。但纯橡胶在结构自重及其他竖向荷载作用下变形大,影响设施的正常使用。1969 年旧南斯拉夫某小学教学楼采用橡胶块作为支座,在建筑物自重作用下竖向变形达到 155mm 而影响教学楼使用。叠层橡胶支座的出现成功解决了纯橡胶各向刚度小的问题。图 10.1.5 为纯橡胶与叠层橡胶支座力学性能对比。如图所示,如在橡胶层内交错布置薄钢板后,大大提高了支座的竖向刚度,使其能满足支撑竖向荷载的基本要求,且不影响支座剪切方向的柔性。

橡胶支座平面有圆形和矩形两种基本形式。上下顶底板为固定支座的钢板,中间为交错布置的橡胶和钢板薄层。当支座受到轴向压力作用时,橡胶层的压应力沿支座横向呈抛物线形状分布,中心处压应力最大,两侧比较小,内部的橡胶在压力作用下向外的横向变形受到钢板摩擦力以及应力较小的外侧橡胶约束,使之处于三轴受压状态,等效压缩模量和强度将远大于橡胶材料。当支座同时还受到剪力作用时,刚度比较大的支座顶

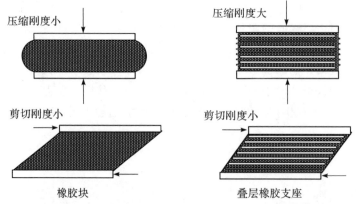

图 10.1.5　橡胶块和叠层橡胶支座变形特性比较

底钢板产生的约束弯矩 M 使得竖向压力的合力向支座外缘移动，压应力向一侧集中，形成斜向三轴受压状态，支座仍维持较大的竖向刚度和强度。

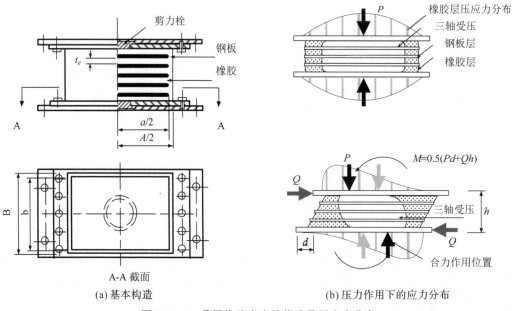

(a) 基本构造　　　　　　　　　(b) 压力作用下的应力分布

图 10.1.6　叠层橡胶支座的构造及压应力分布

叠层橡胶支座虽然有比较好的抗压性能，但是抗拉性能差。图 10.1.7 为支座压缩和拉伸试验结果对比一例。如图所示，即使已发生了 200％ 的剪切变形，支座仍然保持良好的抗压性能，但仅在 2～3MPa 的拉伸应力作用下就发生内部拉裂。由于叠层橡胶支座拉伸强度小，设计时需要避免支座出现拉应力的情况。

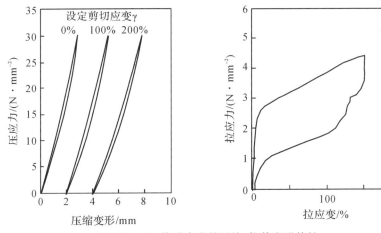

图 10.1.7　橡胶支座的压缩、拉伸变形特性

　　高阻尼橡胶支座既可以保持橡胶支座良好的力学特性,同时在地震中可以吸收能量、减小地震反应。图 10.1.8 为普通橡胶支座与高阻尼橡胶支座的剪切变形试验结果比较,从对比结果可以看出,高阻尼橡胶支座的履历曲线所围成的面积明显大于普通橡胶支座。

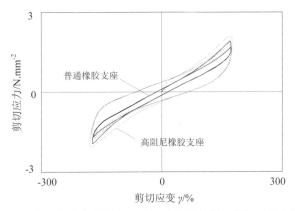

图 10.1.8　普通橡胶支座与高阻尼橡胶支座的剪切变形滞回曲线比较

　　另一种减隔震橡胶支座是由新西兰技术人员 Robinson 于 1975 年开发的铅芯橡胶支座。这种支座是在普通橡胶支座的孔内注入高纯度铅[见图 10.1.1(a)右图],利用铅芯的弹塑性变形吸收地震能量。纯铅是一种屈服应力低、抗疲劳性能好的材料,铅芯对支座的剪切刚度影响很小,并随支座的剪切变形发生塑性变形、吸收地震能量,达到减轻地震作用的目的。图 10.1.9 是一例铅芯橡胶支座与普通橡胶支座在剪切力作用下的履历曲线比较。由于铅具有一定强度,这种支座的初始刚度会比无铅芯的橡胶支座大。当铅屈服以后,支座的剪切刚度主要由橡胶提供,这时的刚度与普通橡胶支座接近。但由于铅芯橡胶支座的屈服荷载大,在荷载循环中所围成的面积比较大,阻

尼效果显著。

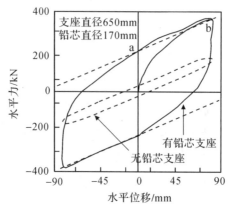

图 10.1.9　普通橡胶支座与铅芯橡胶支座的剪切变形滞回曲线比较

橡胶支座压缩刚度大,计算时可视为刚性,剪切刚度 k 根据橡胶材料的剪切变形刚度算出

$$k = \frac{A_R G}{\sum t_e} \tag{10.1.1}$$

式中:A_R 为支座的受压面积,根据钢板面积计算得到(扣除铅芯等不承受压力的面积);G 为橡胶材料的剪切模量,通常在 $0.8 \sim 1.2\text{MPa}$ 之间;$\sum t_e$ 为橡胶层总厚。

当支座外形设计成细高外形时,轴向压力会影响支座的剪切变形力学特性。试验结果表明,当支座的横向尺寸(边长 a、b 或直径 D)与橡胶层总厚度($\sum t_e$)之比大于 5 时,可以忽略轴向压力对支座剪切变形性能的影响。

普通橡胶支座的阻尼比大约 5%,与剪切变形的相关性不明显,可按常数阻尼比计算。但高阻尼橡胶支座的阻尼比随支座剪切变形而改变。为了考虑这种阻尼比与剪切变形的非线性关系,通常采用双线性滞回模型来模拟。如图 10.1.10 所示,根据双线性滞回曲线所包围的面积(A－B－C－D)与循环荷载下试验履历曲线围成的面积相等条件确定相关参数,一次刚度 k_1 和二次刚度 k_2 分别为

$$\begin{cases} k_1 = A_R G_1 / \sum t_e \\ k_2 = A_R G_2 / \sum t_e \end{cases} \tag{10.1.2}$$

式中:G_1 和 G_2 为计算一次和二次刚度的剪切模量,其值由支座的低周循环荷载试验确定。

减隔震支座的等效刚度 k_e 和等效阻尼 ξ_e 是反映支座刚度特性和阻尼效果的两个指标,也是按等效线性化方法计算结构地震反应的参数。如图 10.1.11 所示,这两个参数与设计变形 u_{max} 有关,分别为

$$\begin{cases} k_e = \dfrac{f(u_{max}) - f(-u_{max})}{2u_{max}} \\ \xi_e = \dfrac{1}{2\pi} \dfrac{\Delta W}{W} \end{cases} \tag{10.1.3}$$

式中：$f(u_{\max})$、$f(-u_{\max})$ 为与变形 $\pm u_{\max}$ 对应的支座剪力；W 和 ΔW 为线弹性应变能和按黏弹性阻尼理论计算的一个荷载循环所吸收的能量。由于地震中 u 随时间变化，采用最大变形计算等效刚度会低估了支座的实际刚度，有些国家的设计规范近似取变形最大值的 70% 计算刚度和阻尼比。

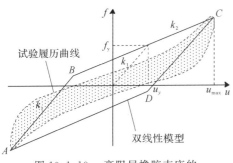

图 10.1.10　高阻尼橡胶支座的
双线性模型

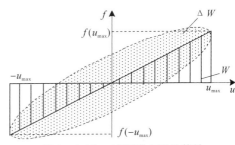

图 10.1.11　减隔震支座的等效
刚度和等效阻尼计算

铅芯橡胶支座的剪切变形一般也简化成双线线滞回模型。由于采用的材料不同，刚度和阻尼等参数计算方法不同。铅芯橡胶支座的一次和二次刚度为

$$\begin{cases} k_1 = \alpha_0 k_2 \\ k_2 = C_{k_d}(\gamma)(k_r + k_p) \end{cases} \tag{10.1.4}$$

式中：α_0 为 $10 \sim 15$ 的经验系数；γ 为剪切应变；k_r、k_p 分别为铅芯橡胶支座中橡胶部分和铅芯部分的弹性等效刚度；$C_{k_d}(\gamma)$ 为铅芯橡胶支座屈服后的刚度修正系数，是与剪切应变 γ 有关的量。

另外，采用双非线性计算模型的铅芯橡胶支座等效刚度 k_e 和等效阻尼 ξ_e 为

$$\begin{cases} k_e = \dfrac{A_e G\gamma + A_p \tau(\gamma)}{u_{\max}} \\ \xi_e = \dfrac{2f_d[u_{\max} + f_d/(k_2 - k_1)]}{\pi u_{\max}(f_d + u_{\max} k_2)} \end{cases} \tag{10.1.5}$$

式中：A_e 为橡胶层的有效面积，它为扣除铅芯面积后的钢板面积；G 和 $\tau(\gamma)$ 为橡胶剪切模量、计算等效剪切模量用的铅芯剪切应力，由试验确定；f_d 为铅芯橡胶支座的特征强度，$f_d = A_p \tau_0$；τ_0 为 f_d 对应的铅芯剪切应力，为试验经验值；A_p 为支座内铅芯截面积。

10.1.3　摩擦支座

摩擦支座也是一种常用的减隔震装置。由于 PTFE 板（四氟乙烯板）具有摩擦系数小、耐磨的优点，摩擦支座多采用 PTFE 板与不锈钢板之间的摩擦滑移实现耗能减震。如图 10.1.12 所示，摩擦履历曲线近似矩形形状，有较好的耗能效果。

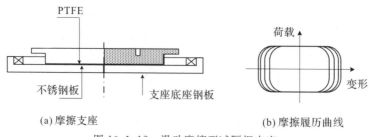

(a) 摩擦支座   (b) 摩擦履历曲线

图 10.1.12　滑动摩擦型减隔振支座

PTFE 板的摩擦系数与接触面的压力有关,压力较大时摩擦系数小,反之则大。此外,摩擦系数大小还与加载速度有关,载荷速度比较缓慢时摩擦系数小,温度变形对应的摩擦系数约为 0.03,有利于减轻结构的温度应力。载荷速度快时摩擦系数大,地震作用下摩擦系数可以达到 0.1~0.15,有利于提高支座的耗能效果。但是,摩擦面长期工作会因磨损引起摩擦力下降,在设计阶段需要考虑其影响。目前一些新开发的摩擦支座采用耐磨新材料替代 PTFE 板,有利于提高减隔震装置的使用寿命。

摩擦装置本身不具备变形恢复能力,如果与橡胶支座组合使用,可以依靠橡胶支座提供恢复能力。

摩擦装置的变形滞回模型可近似为双非线性模型。根据摩擦装置和恢复力系统的组合方式不同,计算模型有如图 10.1.13 所示的三种形式,其中类型 1 适用于摩擦变形与弹性恢复力并联的减隔震装置;类型 2 和类型 3 适用于摩擦变形与弹性恢复力串联和并联的减隔震装置。

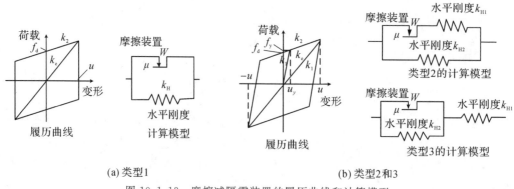

(a) 类型1   (b) 类型2和3

图 10.1.13　摩擦减隔震装置的履历曲线和计算模型

类型 1 摩擦系统与恢复力系统互为并联,支座在摩擦滑动前恢复力系统不工作。这类摩擦支座的履历曲线为刚塑变形,在摩擦滑动前刚度无限大,滑动后摩擦刚度为零,系统刚度由恢复力提供。因此,类型 1 的模型参数为

$$\begin{cases} k_1 = \infty \\ k_2 = k_H \\ f_d = \mu W \end{cases} \tag{10.1.6}$$

等效刚度 k_e 和等效阻尼 ξ_e 为

$$
\begin{cases}
k_e = \dfrac{f_d}{u} + k_2 \\[3mm]
\xi_e = \dfrac{2f_d}{\pi(f_d + k_2 u)}
\end{cases}
\tag{10.1.7}
$$

式中:k_H 为恢复力装置的刚度;μ 为摩擦系数;W 为作用在摩擦面上的正压力;f_d 为履历曲线与水平力坐标轴(竖轴)的交点,即摩擦滑动荷载。

由于 k_1 为无限大,不方便数值计算,一般设置 $2\sim 3\mathrm{mm}$ 的变形作为屈服位移来计算支座初始刚度。

类型 2 和 3 的力学模型相似,这种装置有两个恢复力系统,一次和二次刚度分别为

$$
类型\ 2\
\begin{cases}
k_1 = \dfrac{1}{1/\infty + 1/k_{H1}} + k_{H2} = k_{H1} + k_{H2} \\[3mm]
k_2 = \dfrac{1}{\infty + 1/k_{H1}} + k_{H2} = k_{H2}
\end{cases}
\tag{10.1.8}
$$

$$
类型\ 3\
\begin{cases}
k_1 = \dfrac{1}{1/(\infty + k_{H2}) + 1/k_{H1}} = k_{H1} \\[3mm]
k_2 = \dfrac{1}{1/(0 + k_{H2}) + 1/k_{H1}} = \dfrac{k_{H1} \cdot k_{H2}}{k_{H1} + k_{H2}}
\end{cases}
\tag{10.1.9}
$$

滑动荷载为

$$
f_d = \mu W - \frac{\mu W}{k_1} \cdot k_2
\tag{10.1.10}
$$

两种模型的等效刚度和等效阻尼为

$$
\begin{cases}
k_e = \dfrac{f_d}{u} + k_2 \\[3mm]
\xi_e = \dfrac{2f_d[u + f_d/(k_2 - k_1)]}{\pi u(f_d + k_2 u)}
\end{cases}
\tag{10.1.11}
$$

工程中应用比较多的单摆支座属于类型 1。这种支座利用曲面的下滑力为支座提供恢复力,上支座板容腔内铰接的滑块下表面与下支座板的滑动球面有相同的曲率半径,滑动球面上涂有低摩擦系数的材料满足滑动要求。当支座发生水平位移时,上下滑动面偏离中心位置,依靠下滑力恢复变形。如图 10.1.14 所示,当滑块沿半径为 R 的圆弧面滑动时,离开中间平衡点的滑块水平分力 F 为

$$
F = \frac{uW}{R}\cos\theta + \mu W \cos\theta
\tag{10.1.12}
$$

式中:θ 为滑块相对于中轴的转角;u 为水平摆动距离。当 θ 很小时,上式可简化为

$$
F = \frac{u}{R}W + \mu W
\tag{10.1.13}
$$

取屈服位移 d_y 为 $2\sim 3\mathrm{mm}$,一次以及二次刚度按下式计算得到

$$
\begin{cases}
k_1 = \dfrac{\mu W}{d_y} \\[3mm]
k_2 = \dfrac{W}{R}
\end{cases}
\tag{10.1.14}
$$

等效刚度 k_e 和等效阻尼 ξ_e 为

$$\begin{cases} k_e = \dfrac{\mu W}{u} + k_2 \\[3mm] \xi_e = \dfrac{2\mu W}{\pi(\mu W + k_2 u)} \end{cases} \tag{10.1.15}$$

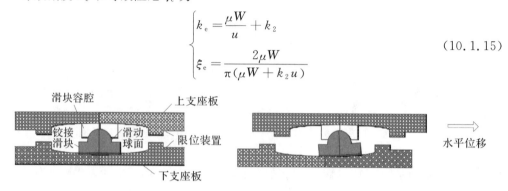

(a) 单摆支座的内部构造

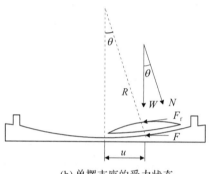

(b) 单摆支座的受力状态

图 10.1.14　单摆支座的内部构造及其滑动时的受力状态

10.2　减震装置

减震装置除了与隔震装置组合使用外,也经常单独使用,通常称之阻尼器。常用阻尼器的耗能原理有图 10.2.1 所示的几种形式。本节介绍履历型阻尼器和黏性阻尼器的力学模型,黏弹性和摩擦阻尼器的滞回模型已在 §10.1 中做了介绍,不再重复。

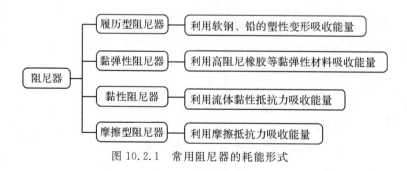

图 10.2.1　常用阻尼器的耗能形式

10.2.1　履历型阻尼器

履历型阻尼器是利用金属材料弹塑性变形吸收地震能量的装置。常用的材料为低强度钢材和铅两种。

钢制阻尼器所用的钢材一般为没有明确屈服点的软钢,屈服强度低、恢复力小,不能依靠阻尼器提供结构的弹性恢复力。钢制阻尼器受力形式主要有弯曲变形(如 U 型钢)、轴向变形(如防屈曲耗能支撑)、剪切变形(如 Shear Panel Damper)和扭转变形(如 Torsionalsteel tube damper)。图 10.2.2 为弯曲耗能的几种钢制阻尼器,滞回模型常近似为双线性模型,不考虑刚度的退化,一次以及二次刚度由试验以及精细有限元计算分析确定。

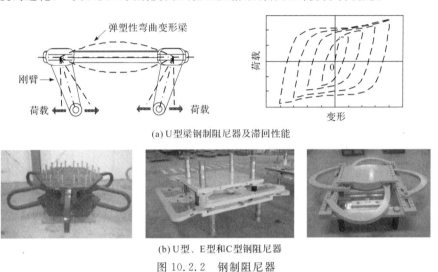

(a) U 型梁钢制阻尼器及滞回性能

(b) U 型、E 型和 C 型钢阻尼器

图 10.2.2　钢制阻尼器

纯铅可塑性好,在比较小的荷载作用下可以发生塑性变形。图 10.2.3 为铅制阻尼器实例,铅在循环荷载作用下经过变截面时发生塑性变形,吸收能量。

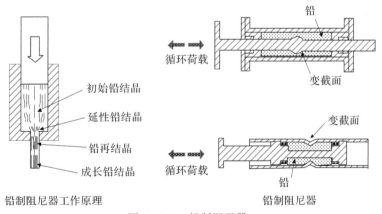

铅制阻尼器工作原理　　　　　　铅制阻尼器

图 10.2.3　铅制阻尼器

图 10.2.4 为铅制阻尼器的荷载一变形曲线实例。如图所示,铅在第 2 循环以后荷

载一变形曲线近似于矩形,具有良好的能量吸收能力,而且多年后仍保持稳定的耗能性能,是一种比较理想的阻尼材料。这种阻尼器也常用双线性模型模拟滞回性能。

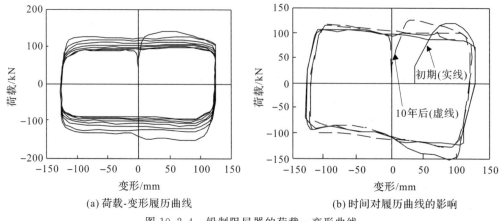

(a) 荷载-变形履历曲线　　　　　(b) 时间对履历曲线的影响

图 10.2.4　铅制阻尼器的荷载－变形曲线

钢制或铅制阻尼器由金属材料加工制成,具有加工方便、安装容易的优点,而且维护也不困难,在设计时通过调整截面尺寸和改变结构形状来满足设计要求。但是,钢制阻尼器需要注意防锈和超低周疲劳损伤问题,而铅制阻尼器发热会降低阻尼效果,且在生产制造过程中容易造成环境污染。

10.2.2　黏性阻尼器

黏性阻尼器是利用沥青、高分子材料、硅油等高黏度材料耗能的装置。有些阻尼器的外观类似铅制阻尼器(见图 10.2.5),活塞在注入黏性体的容器内循环运动产生阻尼效果。黏性阻尼器的阻尼力与活塞运动的速度成比例,属于速度型阻尼器,与利用履历变形吸收能量的弹塑性阻尼器不同,这种阻尼器比较合适大跨度柔性桥梁的抗震设计,起到减少地震位移的效果。

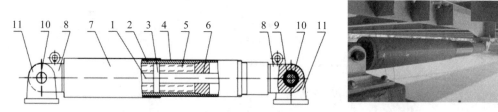

1—轴;2—缸体;3—活塞;4—缸体护套;5—阻尼介质;6—密封材料;

7—外缸套;8—球铰座;9—向心关节轴承;10—销轴;11—双耳环座

图 10.2.5　黏性阻尼器

黏性阻尼器的履历曲线如图 10.2.6 所示,它近似于椭圆形状,变形最大时速度为零,阻尼力也下降为零,速度最大时阻尼力最大。因此它对于变化缓慢的温度作用的抵抗力小,可以避免附加的温度应力。黏滞阻尼器的阻尼力和速度之间的关系为

$$f = C_a \cdot v^\alpha \tag{10.2.1}$$

式中：C_a 为阻尼系数；v 为速度；α 为阻尼器的非线性指数。

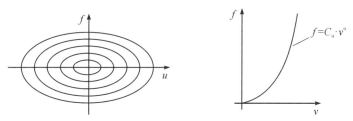

图 10.2.6　黏性阻尼器的阻尼力特性

黏性阻尼器的黏性材料特性容易受到温度、速度、振动频率的影响，使用时应注意安装环境、结构的振动特性等使用条件。由于这种阻尼器在变形比较小时也可以提供比较大的抵抗力，在不适合用弹塑性履历耗能的结构中可考虑采用黏性阻尼器减震。

10.3　结构减隔震设计

10.3.1　建筑物

1. 隔震设计

建筑隔震一般是在建筑物的底部或者中间设置隔震层阻断地震能量向上传播，同时耗散能量来减轻结构地震反应。隔震层的选择除了要考虑结构抗震性能要求外，还应考虑减隔震装置安装、日常维护、日后更换的便利性等因素。大多数建筑物设置在底层，比如在基础上面设置减隔震支座（见图 10.3.1）。

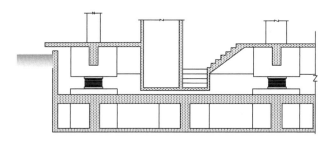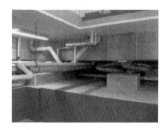

图 10.3.1　建筑物隔震层设计方法

由于隔震建筑的地震位移大，设计时需要预留一定的变形空间允许建筑物在地震中可以自由变形，同时与周围场地连接的管线、通道应具有良好的变形能力。在布置减隔震支座时，需要注意支座在地震作用下不出现受拉（即负反力）的情况。如图 10.3.2 所示，当支座数量多时，每个支座的压力比较小，在倾覆力矩作用下边支座有可能受拉。如适当减少支座数量，可以避免支座出现拉应力。规范要求地震时在 8 度和 9 度区的支座最小竖向反力不应小于重力荷载的 20%～40%。

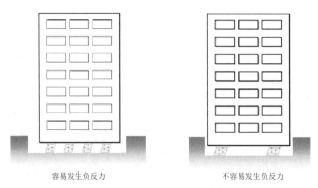

容易发生负反力　　　　　　不容易发生负反力

图 10.3.2　避免减隔震支座出现负反力

根据我国《建筑抗震设计规范》的规定,采用隔震设计的建筑物需要满足下列条件:

(1)结构高宽比小于 4,变形特性接近剪切型,减隔震装置不会出现受拉情况;

(2)建筑场地宜为Ⅰ、Ⅱ、Ⅲ类,并选用较好的基础类型,防止长周期的地震动与长周期的建筑物之间出现共振情况;

(3)风荷载和其他非地震作用的水平荷载标准值产生的总水平力不超过结构总重力的 10%,确保柔性的减隔震装置不影响建筑物的正常使用;

(4)隔震层应具有必要的竖向承载力、侧向刚度和阻尼;穿越隔震层的设备管线、配线的变形能力可以满足罕遇地震作用下的变形要求。

建筑隔震设计应根据竖向荷载、水平减震系数和最大地震位移的要求选择合适的装置和数量,有可靠的结构性能以及明确的参数,并合理布置。减隔震支座应验算竖向承载力和罕遇地震作用下的水平位移。

隔震结构的地震反应分析宜采用时程分析法,输入符合设计反应谱要求的多条地震动时程,根据地震反应包络值进行抗震性能验算。 地震反应计算可采用图10.3.3 所示的剪切型多自由度计算模型,当结构的质量中心与隔震层的刚度中心不一致时,需考虑扭转耦联效应的影响。 一般情况下,隔震层以上的结构可采用线弹性模型,隔震层采用弹塑性模型,其滞回模型根据装置的力学性能确定。 当采用线性分析时,隔震层的等效水平刚度 K_{eq} 和等效阻尼比 ξ_{eq} 按下式确定

$$K_{eq} = \sum K_{eq,i} \tag{10.3.1}$$

$$\xi_{eq} = \frac{\sum K_{eq,i}\xi_{eq,i}}{K_{eq}} \tag{10.3.2}$$

式中:下标 i 为减隔震支座的编号。

隔震层以上的结构水平地震作用根据水平向地震影响系数确定。结构水平地震作用沿高度的作用形式可按重

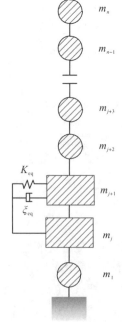

图 10.3.3　隔震结构计算简图

力荷载代表值分布。水平地震影响系数按照建筑结构地震影响系数曲线确定,最大值为

$$\alpha_{\max 1} = \frac{\beta \alpha_{\max}}{\varphi} \tag{10.3.3}$$

式中:$\alpha_{\max 1}$ 为隔震结构的地震影响系数最大值,$\alpha_{\max}$ 为非隔震结构的地震影响系数最大值;φ 为调整系数,一般橡胶支座取 0.80,当支座剪切性能偏差(按照橡胶支座规范)为 S — A 类时,取 0.85,隔震装置带有阻尼器时相应减小 0.05;β 为反映减震效果的水平向减震系数。对于多层建筑结构,β 为按弹性计算所得的隔震与非隔震结构层间剪力的最大比值,高层建筑结构尚应计算隔震与非隔震结构倾覆力矩的最大比值,并取二者的较大值。采用橡胶支座的隔震结构,隔震后上部结构受到的地震作用大致低于非隔震结构半度、一度和一度半三个档次,如表 10.3.1 所示。

各个隔震支座的水平剪力应根据隔震层在罕遇地震作用下的水平剪力按支座的水平等效刚度进行分配,并进行抗震性能验算。当按扭转耦联计算时,尚应计入隔震层扭转效应影响。

表 10.3.1　隔震后上部结构水平地震作用对应的地震烈度与水平减震系数的关系

本地区设防烈度	水平减震系数 β		
(设计基本地震加速度)	$0.53 \geqslant \beta \geqslant 0.40$	$0.40 > \beta > 0.27$	$\beta \leqslant 0.27$
9(0.40)	8(0.30)	8(0.20)	7(0.15)
8(0.30)	8(0.20)	7(0.15)	7(0.10)
8(0.20)	7(0.15)	7(0.10)	7(0.10)
7(0.15)	7(0.10)	7(0.10)	6(0.05)
7(0.10)	7(0.10)	6(0.05)	6(0.05)

下面通过一个设计实例说明建筑结构减隔震设计的过程和要点。本工程为钢筋混凝土框架核心筒结构,建筑高度为 81.8m,平面尺寸为 30.3m×51.3m,地下 1 层地上 19 层,位于 8 度区(峰值加速度为 0.3g),Ⅱ类场地,对应的场地特征周期为 0.45s。建筑设计如图 10.3.4 所示。

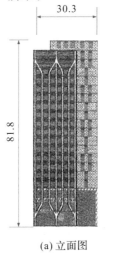

(a) 立面图

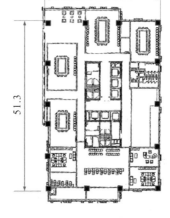

(b) 平面图

图 10.3.4　减隔震建筑实例设计图(单位:m)

建筑物满足减隔震设计条件。采用基础隔震设计方案,隔震层置于基础与地下室之间,根据抗震需求共布置隔震支座 34 个,黏滞阻尼器 16 个,隔震层布置及结构设计方案对比如图 10.3.5 所示。其中延性设计方案即为传统的非隔震结构。表 10.3.3 为隔震建筑和非隔震建筑的自振周期对比,采用减隔震技术后,结构周期延长,上部结构受到的地震作用小,框架柱和剪力墙的布置数目少,且核心筒剪力墙的厚度更薄。

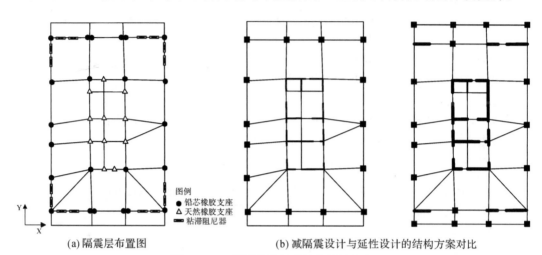

(a) 隔震层布置图　　　　　　(b) 减隔震设计与延性设计的结构方案对比

图 10.3.5　隔震层布置及结构设计方案

表 10.3.3　隔震结构与非隔震结构的自振周期对比表

振型	非隔震结构/s	隔震结构/s	隔震结构/非隔震结构
1	1.83	4.51	0.406
2	1.77	4.44	0.399
3	1.63	4.31	0.378

通过结构地震反应时程分析法得到各层的层间剪力计算结果如表 10.3.4 所示。在地震时程反应分析时地震动峰值加速度为 0.3g,即 8 度区的设计地震动峰值加速度。由表格中的数据可知,在设计地震作用下隔震结构与非隔震结构在 X 方向上各层层间剪力的最大比值为 0.33,在 Y 方向上各层层间剪力的最大比值为 0.34,这两个值为在 X 方向和 Y 方向上的水平减震系数,表明上部结构可按设防烈度减一度来进行设计,即按 7 度区的地震作用设计,设计地震动峰值加速度 0.15g。

表 10.3.4　隔震结构与非隔震结构的层间剪力对比　　　　　　（单位:kN）

楼层	X 向			Y 向		
	隔震结构	非隔震结构	隔震/非隔震	隔震结构	非隔震结构	隔震/非隔震
21	1056	4820	0.22	905	4132	0.22
20	3326	14720	0.23	2910	12718	0.23
19	5326	22600	0.24	4747	19598	0.24
18	7762	30948	0.25	7111	27531	0.26
17	9761	36740	0.27	9115	33365	0.27

楼层	X 向			Y 向		
	隔震结构	非隔震结构	隔震/非隔震	隔震结构	非隔震结构	隔震/非隔震
16	11343	40972	0.28	10772	37834	0.28
15	12553	43529	0.29	12173	40630	0.30
14	13426	44502	0.30	13376	42822	0.31
13	14075	45069	0.31	14455	44901	0.32
12	14587	45896	0.32	15351	47067	0.33
11	15050	47369	0.32	16252	49150	0.33
10	15576	47909	0.33	17072	50882	0.34
9	16117	50347	0.32	17762	53114	0.33
8	16543	54665	0.30	18300	55344	0.33
7	16811	58151	0.29	18641	58025	0.32
6	17041	62066	0.27	18773	61309	0.31
5	17304	66380	0.26	18807	65604	0.29
4	17460	71344	0.24	18609	71092	0.26
3	17543	75517	0.23	18166	75683	0.24
2	17639	78526	0.22	18013	79313	0.23
1	17930	80407	0.22	18126	80914	0.22

2. 耗能减震设计

当建筑结构采用耗能减震设计时，首先根据多遇地震作用下的结构减震要求及罕遇地震下的结构位移控制要求选择适当的耗能器，沿结构两个主轴方向分别设置，宜设置在变形较大的位置，其数量和分布通过计算分析确定，并有利于提高整个结构的耗能减震能力，形成均匀合理的受力体系。耗能器根据结构体系以及耗能要求采用速度相关型（如黏滞阻尼器等）、位移相关型（如金属屈服耗能器和摩擦耗能器）或其他类型。

耗能减震设计计算分析应符合下列规定：

(1)当主体结构的地震反应基本处于弹性工作阶段时，可采用线性分析方法简化计算，并根据结构的变形特征和高度等条件选择底部剪力法、振型分解反应谱法和时程分析法计算。

结构物的自振周期根据耗能减震结构的总刚度确定。总刚度为结构刚度和耗能部件有效刚度的总和。总阻尼比应为结构阻尼比和耗能部件附加给结构的有效阻尼比的总和，多遇地震和罕遇地震下的总阻尼比需要分别计算。

(2)对主体结构进入弹塑性阶段的减震结构，应根据主体结构体系特征，采用静力非线性分析方法或非线性时程分析方法计算结构地震反应。在非线性分析中，耗能减震结构的恢复力滞回模型应包括结构和耗能部件的恢复力模型。

(3)耗能减震结构的层间弹塑性位移角限值应符合预期的变形控制要求，宜比非耗能减震结构适当减小。

耗能部件附加给结构的阻尼比和有效刚度，可按下列方法确定：

(1)位移相关型耗能部件和非线性速度相关型耗能部件附加给结构的有效刚度应采

用等效参数的方法确定。

（2）耗能部件附加给结构的等效阻尼比 ξ_a 可按下式估算：

$$\xi_a = \sum_j \frac{W_{cj}}{4\pi W_s} \tag{10.3.4}$$

式中：W_{cj} 为第 j 个耗能部件在结构预期层间位移往复循环一周所消耗的能量；W_s 为设置耗能部件的结构在预期位移下的总应变能。当等效阻尼比 ξ_a 超过 25％ 时，宜取 25％。

根据结构地震反应计算结果，验算结构主体的抗震性能以及耗能装置的结构安全性，包括承载内力、变形（位移履历型）或者速度（速度履历型）以及连接件等，必要时还应验算低周、超低周疲劳性能。

【算例 10.3.1】 计算 3 个自由度的隔震建筑在 El Central 地震动输入时的地震反应，并与非隔震结构进行对比。每个质点的重力荷载代表值均为 10000 kN，层间剪切刚度均为 200000kN/m。隔震支座采用不考虑刚度退化的双直线模型，其一次刚度 k_1 为 5000kN/m，二次刚度 k_2 为 1000kN/m，屈服位移 x_y 为 0.02m。

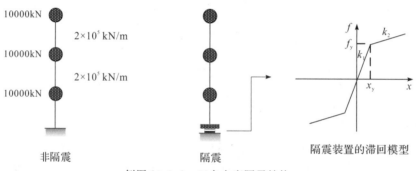

例图 10.3.1　三自由度隔震结构

解　根据已知条件，不难得到隔震与非隔震结构的自振频率和振型如例图 10.3.2 所示。隔震结构的基本周期有明显增加，从 1.027s 增大到 4.975s，且振型位移主要集中在隔震层。

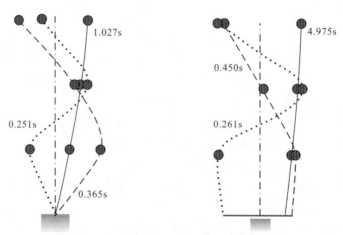

例图 10.3.2　减隔震及非减隔震结构自振特性（曲线旁边的数值为该振型对应的自振周期）

通过非线性时程反应分析得到了两种结构顶点处的地震位移反应 x 以及层间剪力 V 如例图 10.3.3 所示。由计算结果可知,隔震结构的地震位移反应有所增大,但层间剪力显著减小。

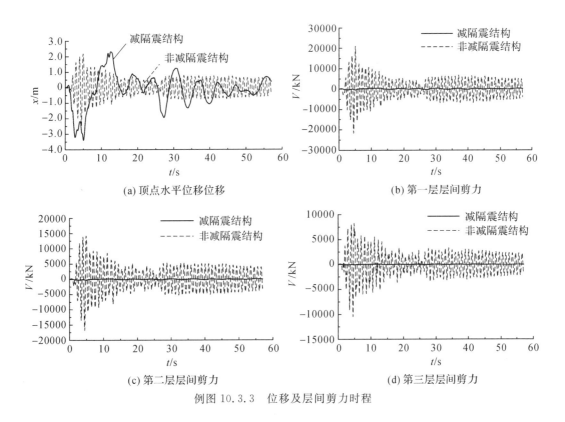

(a) 顶点水平位移位移   (b) 第一层层间剪力

(c) 第二层层间剪力   (d) 第三层层间剪力

例图 10.3.3 位移及层间剪力时程

10.3.2 桥梁

同建筑结构一样,桥梁减隔震设计也有两种形式,一种是安装减隔震装置的减隔震设计(对应建筑的隔震设计),另一种是设置阻尼器的耗能减震设计。由于桥梁上部结构的重量占比大且大部分桥梁本来就需要设置支座,因此桥梁减隔震设计一般是把普通支座替换成减隔震支座,或者支座位置另设耗能装置的方式来实现,主要目的是减少上部结构的地震惯性力,保护桥墩结构的抗震安全。虽然也有刚构桥梁在墩底设置减隔震装置的实例(如日本北关东专用道路群马县强户高架桥,两跨连续刚构桥梁,钢桥,2007 年竣工),但这种情况对后期的维护影响比较大,仅限于特殊情况。

在梁式桥梁中,一般采用隔震和减震合为一起的整体式减隔震装置,但也可采用隔震、减震分离的装置。相对而言,分离式减隔震装置阻尼设计不受支座尺寸限制,设计自由度大。图 10.3.6 为桥梁整体式和分离式减隔震装置的布置形式以及减隔震设计实例。

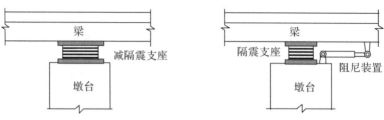

(a) 梁桥整体式和分离式减隔震装置

(b) 梁桥减隔震设计以及减震设计实例

图 10.3.6 桥梁减隔震设计

斜拉桥、悬索桥等柔性结构在顺桥方向的自振周期比较长,不宜采用隔震装置,这类桥梁多在支座位置用黏性阻尼器耗散地震能量,减轻地震作用和减少主梁的纵向地震位移;而横桥向采用钢制或铅制阻尼器等履历型耗能装置,减小横桥向的地震作用。2013 年建成通车的美国 San Francisco-Oakland 海湾大桥通过拆分塔柱,在塔间设置耗能构件的方法减轻地震作用(见图 10.3.7)。但这种设计方

图 10.3.7 美国 San Francisco-Oakland 海湾大桥结构塔柱减震设计

法的适用性受到塔柱截面设计的制约,因此在实际工程中推广较为困难。

我国桥梁抗震设计规范规定,在对减隔震体系进行抗震设计时,只需进行 E2 地震作用下的结构抗震性能验算。计算可采用单振型反应谱分析法或非线性时程动力分析法。当桥梁同时满足以下条件时,可采用单振型反应谱分析法:

(1)属于规则桥梁;

(2)距离场地最近的活动断层大于 15km;

(3)场地条件稳定,场地类型为Ⅰ类、Ⅱ类或Ⅲ类;

(4)等效阻尼比不超过 30%;

(5)基本周期(也称为隔震周期)是非减隔震桥梁基本周期的 2.5 倍以上。

当桥梁不满足上述条件时,应采用非线性时程分析法进行结构地震反应分析。如图 10.3.8 所示,采用单振型反应谱法计算时,首先需要求出一联桥梁在纵桥向和横桥向上的换算质量 M_t,即

$$M_t = M_{sp} + \eta_{ep} M_{ep} + \eta_p M_p \tag{10.3.5}$$

式中:M_{sp}、M_{ep}、M_p 分别为桥梁上部结构、盖梁和墩身的质量;η_{ep} 和 η_p 分别为盖梁和墩身的质量换算系数,根据式(8.3.2)和(8.3.3)进行计算。

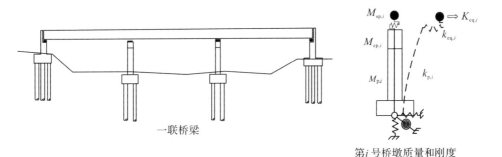

图 10.3.8　减隔震桥梁单振型反应谱法的计算模型

桥梁的等效周期 T_{eq} 为

$$T_{eq} = 2\pi \sqrt{\frac{M_t}{\sum K_{eq,i}}} \qquad (10.3.6)$$

式中:$K_{eq,i}$ 为第 i 号桥墩与其减隔震支座等效刚度串联后形成的组合刚度,按式(10.3.7)计算。

$$K_{eq,i} = \frac{k_{eq,i} k_{p,i}}{k_{eq,i} + k_{p,i}} \qquad (10.3.7)$$

式中:$k_{eq,i}$ 为第 i 号桥墩减隔震装置等效刚度;$k_{p,i}$ 为第 i 号桥墩(含基础)水平抗侧刚度。

单自由度体系减隔震桥梁的等效阻尼比 ξ_{eq} 按下式求出

$$\xi_{eq} = \frac{\sum k_{eq,i} u_i^2 \left(\xi_{eq,i} + \dfrac{\xi_{p,i} k_{eq,i}}{k_{p,i}} \right)}{\sum k_{eq,i} u_i^2 \left(1 + \dfrac{k_{eq,i}}{k_{p,i}} \right)} \qquad (10.3.8)$$

式中:$\xi_{eq,i}$ 为第 i 号桥墩减隔震装置的等效阻尼比;$\xi_{p,i}$ 为第 i 号桥墩等效阻尼比;u_i 为第 i 号桥墩减隔震支座的设计水平位移。

得到等效阻尼比和等效周期后,即可按下式计算梁体在顺桥向和横桥向上的地震位移

$$u = \frac{M_t S_a}{\sum K_{eq,i}} = \frac{T_{eq}^2}{4\pi^2} S_a \qquad (10.3.9)$$

式中:S_a 为按照等效周期和等效阻尼比查得的加速度反应谱值。

根据反应谱法,第 i 号桥墩墩顶的纵桥向或横桥向水平地震作用从式(10.3.10)得到,由此进一步可求出每个桥墩的结构内力和结构位移,并进行抗震验算。

$$F_i = k_{eq,i} u \qquad (10.3.10)$$

对于不满足以上条件的减隔震桥梁,则需要采用非线性时程分析法计算,减隔震装置用非线性弹簧模拟,根据计算结果验算桥梁和减隔震装置的抗震安全。按照减隔震设计的桥梁,通常要求结构在 E2 地震作用下仍保持在弹性范围内,且地震位移满足设计位

移要求。

减隔震设计可以减少结构地震反应,但不是所有桥梁都适合采用减隔震技术。为了确保按照减隔震设计的结构具有设计目标的抗震性能,目前对这种技术的应用范围有一定的限制。规范规定,当桥梁结构有以下情况之一时,慎重采用减隔震设计:

(1)基础土层不稳定;

(2)原有结构的固有周期比较长;

(3)位于软弱场地,延长周期可能引起共振;

(4)支座出现负反力。

设计时应选用构造简单、性能可靠、对环境温度变化不敏感的减隔震装置,同时还要考虑方便定期检查和维护以及可替换性。如减隔震装置当作为支座使用时,必须满足传递荷载的基本要求。

下面通过一个工程案例说明桥梁减隔震设计的计算方法。

【算例 10.3.2】 例图 10.3.4 为跨度布置(25+25+25)m 的公路连续梁桥,一联总长为 75m,桥梁立面及土层分布情况参见例图 10.3.4(a),桥墩编号为 18-21 号,桥宽 31m,桥墩采用钢筋混凝土实心截面,主梁在左右两幅均采用单箱单室截面,桩基采用端承型钻孔灌注桩,桩径 1.8m,桥梁的横断面图参见 10.3.4(b)。结构重要性为 C 类,设计烈度为 8 度(设计基本地震动峰值加速度为 0.2g),Ⅱ类场地,地震动加速度反应谱特征周期 0.35s。试对本桥梁进行减隔震支座设计,计算桥梁在罕遇地震作用下的反应,验算结构抗震性能。计算时结构阻尼比取 5%。单幅桥梁的结构截面特性如例表 10.3.1 所示。

例表 10.3.1 桥梁构件的毛截面特性

桥梁构件	截面面积/m²	抗扭惯性矩/m⁴	绕水平主轴惯性矩/m⁴	绕竖向主轴惯性矩/m⁴
主梁	9.02	5.25	1.88	122.80
18-20 号墩	6.27	5.04	1.60	13.84
21 号墩	10.83	13.97	4.33	45.77
18-20 号墩承台	22.50	50.52	16.87	105.46
21 号墩承台	58.74	464.47	213.22	387.73
桩基	2.54	1.03	0.515	0.515

解 根据《公路桥梁抗震设计规范》的相关规定,抗震设计方法为 1 类。由于本桥采用减隔震设计,仅需进行 E2 地震作用下的抗震性能验算,并应满足桥梁抗震体系以及相关构造和抗震措施的要求。

(1)计算模型

因左右幅结构对称,取左幅进行计算。例图 10.3.5 为桥梁计算模型。上部结构和桥墩采用弹性梁单元;减隔震支座采用非线性弹簧单元;承台按刚性梁单元模拟;用弹性梁单元模拟桩基础,用节点弹性支撑模拟土层对桩基的约束作用,刚度根据地质勘测资料用"m"法计算得到,表 10.3.2 给出了 19 号桥墩桩基的节点弹性支撑刚度计算结果,X、Y 为顺桥和横桥方向,Z 为竖向。全桥模型共划分为 235 个节点,204 个单元。

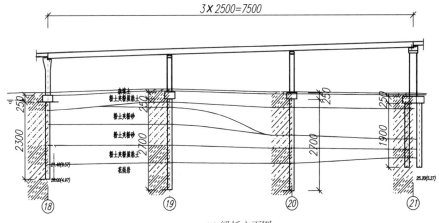

(a) 梁桥立面图

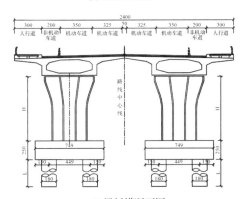

(b) 梁桥横断面图

例图 10.3.4　三跨连续梁桥

例表 10.3.2　19 号桥墩桩基节点弹性支撑刚度

深度/m	$D_X/(\text{kN} \cdot \text{m}^{-1})$	$D_Y/(\text{kN} \cdot \text{m}^{-1})$	$D_Z/(\text{kN} \cdot \text{m}^{-1})$
4.0	18792	18792	0
5.0	37584	37584	0
7.0	75168	75168	0
9.0	112752	112752	0
11.0	150336	150336	0
13.0	939600	939600	0
14.0	939600	939600	2389779

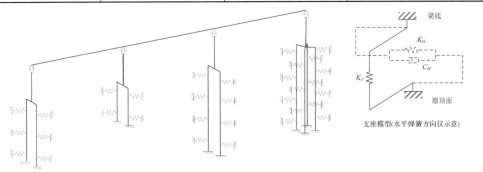

例图 10.3.5　三跨连续梁桥计算模型

（2）减隔震支座力学参数

为了减小桥墩和桩基的地震力,在各桥墩上均采用双向活动摩擦摆减隔震支座,并根据《公路桥梁摩擦摆式减隔震支座》设计支座。摩擦摆支座的荷载－位移滞回曲线如例图 10.3.6 所示。

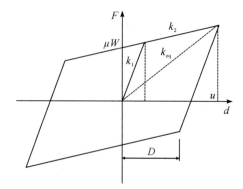

例图 10.3.6　摩擦摆支座的荷载－位移滞回曲线

中墩支座在恒载作用下的竖向反力为 4567kN,考虑活载效应后选取竖向荷载规格为 6000kN;边墩支座在恒载作用下的竖向反力为 1731kN,考虑活载效应后选取竖向荷载规格为 2000kN;支座隔震周期为 3s,根据支座隔震周期可得支座半径为 2.23m;支座减隔震位移量选取为 ±400mm。

滑动摩擦系数 μ 为 0.05,取屈服位移 $d_y = 2.5$mm,支座初始刚度为

$$\text{中墩 } k_1 = \frac{\mu W}{d_y} = 120000\text{kN/m}; \qquad \text{边墩 } k_1 = \frac{\mu W}{d_y} = 40000\text{kN/m}$$

支座等效刚度按下式计算

$$\text{中墩 } k_{eq} = \left(\frac{1}{R} + \frac{\mu}{D}\right)W = 0.573 \times 6000\text{kN/m} = 3440\text{kN/m}$$

$$\text{边墩 } k_{eq} = \left(\frac{1}{R} + \frac{\mu}{D}\right)W = 0.573 \times 2000\text{kN/m} = 1146\text{kN/m}$$

（3）结构阻尼

本次时程反应分析中弹塑性阻尼通过减隔震支座的滞回模型直接考虑。结构阻尼采用瑞利阻尼模型,控制频率 ω_i 和频率 ω_j 的阻尼比,均为 0.05。桥梁的前 2 阶自振频率为 $\omega_1 = 2.455$rad/s,$\omega_2 = 2.681$rad/s,根据式(3.4.14)可得瑞利阻尼系数为

$$\begin{Bmatrix} a \\ b \end{Bmatrix} = \frac{2\xi}{\omega_i + \omega_j} \begin{Bmatrix} \omega_i \omega_j \\ 1 \end{Bmatrix} = \begin{Bmatrix} 0.128 \\ 0.0194 \end{Bmatrix}$$

（4）地震作用及地震动时程

根据已知条件,水平地震作用调整系数为 1.0,场地调整系数为 1.0,加速度反应谱最大值为 $S_{amax} = 2.5C_iC_sC_dA = 2.5 \times 1.0 \times 1.0 \times 1.0 \times 0.2g = 4.9\text{m/s}^2$。与 E2 地震作用对应的水平向加速度反应谱曲线如例图 10.3.7 所示。

在进行非线性时程反应分析时,根据设计反应谱对三条历史地震记录波进行调整,确定本地区 E2 地震作用对应的地面加速度时程。3 条加速度时程曲线、反应谱曲线及其与设计反应谱的对比如图 10.3.8 所示。

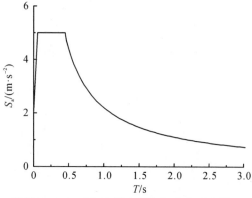

例图 10.3.7　E2 地震水平向加速度反应谱

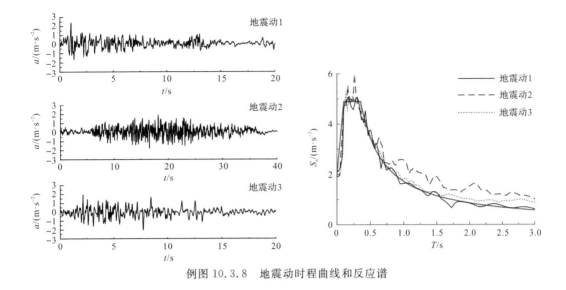

例图 10.3.8　地震动时程曲线和反应谱

5.反应谱法计算结果

应用单振型反应谱法计算,首先算出单墩简化模型的换算质量。在有限元模型中支座顶处施加纵桥向的单位水平力,得到桥墩各个点的位移及换算系数如例表 10.3.3 所示。

例表 **10.3.3**　纵桥向单位力作用下节点位移　　　　　　(单位:mm)

桥墩号	墩底	墩中点	墩顶	力作用点	X_f	$X_{f/2}$	X_0	η_p
18	2.158	4.151	6.075	67.227	0.032	0.062	0.09	0.00394
19	7.372	11.056	14.949	67.132	0.11	0.165	0.223	0.0273
20	7.356	11.757	15.779	67.102	0.11	0.175	0.235	0.0302
21	0.412	0.74	0.954	67.085	0.006	0.011	0.014	0.0001

根据墩身质量和桥墩质量可得全桥的换算质量为

$$M_t = M_{sp} + \eta_p M_p$$
$$= 2344.3 + 0.0039 \times 254.544 + 0.0273 \times 286.952 + 0.0302 \times 285.69$$
$$+ 0.0001 \times 625.425 = 2361.8t$$

例表 10.3.4 给出了第 i 号桥墩顶减隔震支座的等效刚度 $k_{eq,i}$ 和等效阻尼比为 $\xi_{eq,i}$、第 i 号桥墩自身抗侧刚度 $k_{p,i}$ 及其与减隔震支座等效刚度串联后形成的组合刚度 $K_{eq,i}$。这里,每个桥墩上有两个减隔震支座,因此 $k_{eq,i}$ 和 $\xi_{eq,i}$ 均为单个减隔震支座计算结果的 2 倍。$K_{eq,i}$ 按式(10.3.7)计算。

例表 10.3.4　桥墩的等效刚度和阻尼比计算　　　　　（单位：kN/m）

桥墩号	$k_{eq,i}$	$\xi_{eq,i}$	$k_{p,i}$	$K_{eq,i}$
18	2292	0.277	6.93×10^5	2284
19	6880	0.277	5.35×10^5	6792
20	6880	0.277	4.28×10^5	6771
21	2292	0.277	19.51×10^5	2289

减隔震桥梁在纵桥向上作为单自由度体系的等效周期 T_{eq} 为

$$T_{eq} = 2\pi \sqrt{\frac{M_t}{\sum K_{eq,i}}} = 2\pi \sqrt{\frac{2361.8}{6792 + 6771 + 2284 + 2289}} = 2.267(s)$$

减隔震桥梁的等效阻尼比 ξ_{eq} 为

$$\xi_{eq} = \frac{\sum K_{eff,i} u_i^2 \left(\xi_{eff,i} + \dfrac{\xi_{eff,i} K_{eff,i}}{K_i} \right)}{\sum K_{eff,i} u_i^2 \left(1 + \dfrac{K_{eff,i}}{K_i} \right)} = 0.275$$

$$C_d = 1 + \frac{0.05 - \xi}{0.08 + 1.6\xi} = 1 + \frac{0.05 - 0.275}{0.08 + 0.44} = 0.567$$

$$S_a = 0.567 S_{amax} \left(\frac{T_g}{T} \right) = 0.567 \times 4.9 \times \left(\frac{0.35}{2.267} \right) = 0.428(\text{m/s}^2)$$

梁体在顺桥向上的地震位移

$$u = \frac{M_t S_a}{\sum K_{eq,i}} = \frac{S}{\omega_{eq}^2} = \frac{T_{eq}^2}{4\pi^2} S = \frac{2.267^2}{4\pi^2} \times 0.428 = 0.0557(\text{m})$$

作用在每个桥墩墩顶的水平地震力为

$$F_1 = K_{eq,1} u = 2284 \times 0.0557 = 127.22(\text{kN})$$
$$F_2 = K_{eq,2} u = 6792 \times 0.0557 = 378.31(\text{kN})$$
$$F_3 = K_{eq,3} u = 6771 \times 0.0557 = 377.14(\text{kN})$$
$$F_4 = K_{eq,4} u = 2289 \times 0.0557 = 127.50(\text{kN})$$

6. 时程分析法计算结果

采用 Newmark $-\beta$ 法进行非线性时程反应计算，β 取 0.25，分析步长为 0.01s。
图 10.3.9 为地震动 1 输入时的 21 号墩支座位移时程曲线结果，支座在顺桥向最大位移
量约为 0.05m，与单自由度反应谱法的计算结果较为接近。

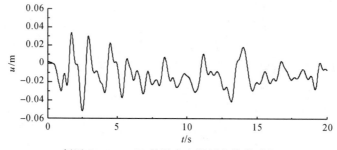

例图 10.3.9　21 号墩支座顺桥向位移时程

在地震动 1 作用下 21 号墩和 19 号墩支座滞回曲线如例图 10.3.10 所示。从计算结果可以看出,支座滞回曲线饱满、耗能效果明显。

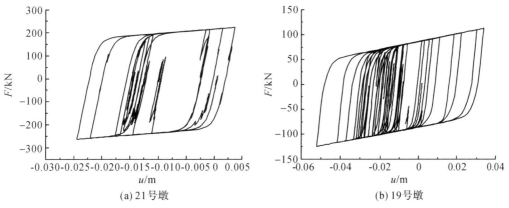

(a) 21 号墩　　　　　　　　　　　　　　　(b) 19 号墩

例图 10.3.10　支座滞回耗能曲线

各桥墩墩底截面为剪力和弯矩的最不利截面,恒载及最不利地震力计算结果如例表 10.3.5～10.3.6 所示。其中,最不利地震力为三条地震动输入下恒载加上地震作用后的最不利结果。轴力以受压为正。由图中结果可以看出,墩底剪力较墩顶截面剪力有所增大,这是由于桥墩自身也会受到地震作用。18 号墩和 21 号墩受到的地震力较大,这是由于受到相邻联上部结构地震作用的影响。在 E2 地震作用下减隔震桥梁的墩底截面弯矩明显小于屈服弯矩,桥墩仍处于弹性状态。

例表 10.3.5　桥墩地震内力验算

墩号	恒载轴力 /kN	地震轴力 /kN	地震剪力 /kN	地震弯矩 /(kN·m)	初始屈服弯矩/(kN·m)	能力需求比 /(kN·m)
18	6642	6611	707	5595	24069	4.30
19	10216	10186	687	5604	41636	7.43
20	10197	10157	661	5920	41638	7.03
21	14453	14423	2877	22920	38521	1.68

例表 10.3.6　桩基地震内力验算

墩号	恒载轴力 /kN	地震轴力 /kN	地震剪力 /kN	地震弯矩 /(kN·m)	初始屈服弯矩/(kN·m)	能力需求比
18	4215	4099	403	3691	6564	1.78
19	5999	5761	529	3436	7532	2.19
20	5984	5770	386	3473	7538	2.17
21	4821	−1586	773	1934	3108	1.61

本章习题

一、思考题

10.1 减隔震设计与延性设计有哪些区别和相同点？

10.2 隔震装置与减震耗能装置有什么区别？

10.3 耗能构件的有效刚度和有效阻尼比如何计算？

10.4 什么是水平向减震系数？如何取值？

二、计算题

10.1 计算单自由度减隔震结构在 Elcentro 地震动输入时的反应，并与相同条件下的非减隔震结构进行对比。单自由度结构体系质量为 1000t，剪切刚度为 50000kN/m。减隔震支座的初始刚度 k_1 为 25000kN/m，二次刚度 k_2 为 5000kN/m，屈服位移 k_y 为 0.02m。

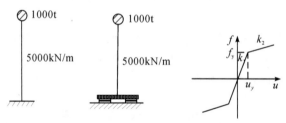

习题图 10-1　单自由度减隔震结构

第11章 大坝抗震设计

大坝是一种具有代表性的挡水建筑物,包括混凝土坝和土石坝两大类。其中,混凝土坝分重力坝、拱坝和支墩坝,土石坝分土坝、堆石坝和土石混合坝等几种类型。大坝地震破坏会造成严重的次生灾害,确保大坝抗震安全十分重要。2008年汶川地震后,根据水工建筑物的震害资料,对抗震设计规范进行了修订,在2015年和2018年分别颁布了《水电工程水工建筑物抗震设计规范》和《水工建筑物抗震设计标准》,新规范提高了标准设计反应谱和结构计算、抗震验算的要求。

本章针对大坝抗震设计,在介绍地震破坏形式的基础上,阐述大坝抗震概念设计、抗震设计的要求和性能目标、结构地震反应计算方法等内容;最后,介绍混凝土重力坝和土石坝的结构抗震设计方法和构造措施。

11.1 震害形式及抗震概念设计

11.1.1 震害形式

大坝地震破坏的原因主要有惯性力作用和地基失效、地表变形两类。

1. 惯性力作用下的结构破坏

混凝土坝的地震破坏主要发生在截面突变位置或其他结构薄弱部位。其中比较典型的破坏形式是坝体与坝顶交接处开裂(见图11.1.1),如1962年新丰江大头坝因水库地震(M6.1)在该处发生贯穿型裂缝;1967年印度的柯依那坝混凝土重力坝在遭遇M6.5地震时,截面突变处出现连续的水平贯穿性裂缝,且坝段间的接缝止水受损,漏水明显增加。

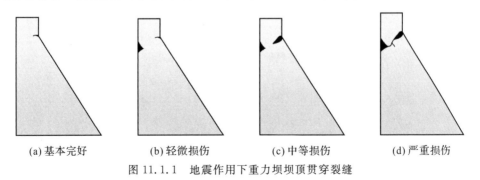

(a) 基本完好 　　(b) 轻微损伤 　　(c) 中等损伤 　　(d) 严重损伤

图 11.1.1　地震作用下重力坝坝顶贯穿裂缝

土石坝结构强度低、延性差,在地震作用下容易发生坝体开裂、坍塌等形式的强度破坏。在 2008 年汶川地震中,紫坪铺面板堆石坝发生永久变形、面板挤压破坏和错台、施工缝钢筋扭曲、坝顶结构及下游坝坡局部破坏等形式的震损(见图 11.1.2)。其中坝体永久变形的最大震陷量达 800～900mm,面板混凝土及接缝止水的局部破坏对大坝防渗系统的止水性能产生影响,渗流量较震前有所增加。

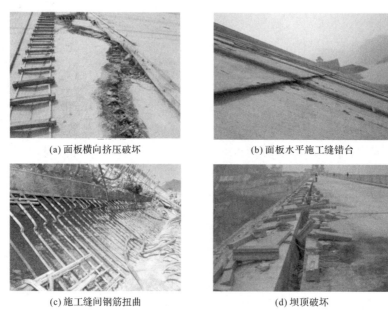

(a) 面板横向挤压破坏　　　　　　　　　　(b) 面板水平施工缝错台

(c) 施工缝间钢筋扭曲　　　　　　　　　　(d) 坝顶破坏

图 11.1.2　2008 年汶川地震中紫坪铺面板堆石坝震损

2.地基失效、地表变形引起的结构破坏

地基不均匀变形、两岸山体滑坡、坍塌等也是导致坝体漏水和附属建筑物破坏的重要原因。在 1999 年集集地震中,我国台湾石岗混凝土重力坝由于发震断层引起的地表裂缝恰好通过该坝右侧坝轴线,使得坝段地基左右侧出现垂直错动,导致坝段产生错位乃至溃坝(见图 11.1.2)。美国的帕克依玛拱坝(混凝土拱坝)处于发震断裂位置,遭受两次强烈地震作用后发生破坏。1971 年圣费尔南多地震(M6.6)中,地震造成坝址部分山体抬起,导致该坝岩基产生水平及竖向位移,左岸拱圈与坝座之间的伸缩缝开裂。第一次地震后对该坝左岸进行过锚固处理,但 1994 年的北岭地震中左岸坝顶岩体向下游及河床滑移,导致左岸坝体与坝座之间的伸缩缝再次被拉开,坝座出现下沉。

图 11.1.2　1999 年台湾集集地震地基变形引起的石岗大坝破坏

11.1.2　抗震体系及概念设计

根据地震破坏特征,大坝抗震概念设计应从选址、坝型选择、材料选择、地基处理和边坡选择等方面考虑。

1. 大坝选址

坝址选择是一项基础性工作,不同坝址适用于不同的坝型。坝址区域场地的工程地质和水文地质条件是影响大坝抗震性能的重要因素。因此,大坝选址应在工程地质和水文地质勘探及地震活动性调研的基础上,按地区构造活动性、场地地基和边坡稳定性及发生次生灾害危险性等进行综合评价,择优选择。场地根据对工程地震灾害的影响程度可划分为对抗震有利、不利和危险地段(见表 11.1.1),重要工程应选择完整的岩体结构、抗水性能、坚硬度等对抗震有利的场地作为坝址,一般工程选择在强度高、透水性低和抗水性能强的区域,避开不利地段与危险地段。此外,地形地貌特征也是大坝抗震的关键因素,河谷断面狭小、层理分明的基岩"V"型河谷更适合选择坝址。

表 11.1.1　各类地段的划分

地段类型	构造活动性	场地地基和边坡稳定性	发生次生灾害危险性
有利地段	近场区 25km 范围内无活动断层,场址地震基本烈度为 Ⅵ度	好	小
一般地段	场址 5km 范围内无活动断层,场址地震基本烈度为 Ⅶ度	较好	较小
不利地段	场址 5km 范围内有长度小于 10km 的活动断层;有震级小于 5.0 级发震构造。场地地震基本烈度为 Ⅷ度	较差	较大
危险地段	场址 5km 范围内有长度大于或等于 10km 的活动断层;有震级大于或等于 5.0 级发震构造。场地地震基本烈度为 Ⅸ度	差	大

2. 坝型选择

坝型选择涉及造价、工期、地质、地形、枢纽布置、施工条件等众多因素,是一项复杂的工作。坝型和坝体设计对大坝的抗震性能有较大影响,重力坝、拱坝等混凝土坝的抗震性能好,是优先选择的坝型。

重力坝依靠坝体自重在坝基表面产生摩擦力抵抗水压力作用。这类坝型对地形和地质条件具有良好的适应性,可以在各种形状的河谷中修建,具有结构简单、断面尺寸大、安全性高的特点,能抵御特大洪水和地震作用。

拱坝的内力以轴向压力为主,并通过拱结构的受力特征将轴力传至两岸岩体。这类坝型可以发挥筑坝材料的抗压强度,但对坝址地形和地质条件要求较高,适用于比较狭窄的河谷。拱坝为高次超静定空间结构,坝体轻,抗震性能好,超载能力强,安全性高。

土石坝是土坝、堆石坝和土石混合坝的总称,是最原始的坝型,历史悠久,应用广泛。由于土石坝是利用土料、石料及沙砾料填筑而成,同混凝土坝相比,具有就地取材、材料运输成本低、适应地基变形能力强等优点。堆石坝也是一种抗震性能良好的坝型,紫坪铺面板堆石坝的震害调查结果表明,地震后堆石坝体趋于密实,坝体没有发生大的地震损伤。

3. 材料选择

重力坝和拱坝采用混凝土作为筑坝材料,强度高;土石坝采用土料、石料及沙砾料作为筑坝材料,强度相对低,且在地震作用下筑坝材料的抗剪强度会进一步降低,宜选择压缩性低、抗剪能力强的筑坝材料。由于黏粒含量越高、塑性越好,达到一定压实度后其抗剪强度的下降不明显,而且抗裂性、抗冲蚀性能相对较好,因此防渗土料应选用黏粒含量稍高的黏性土。黏土、重壤土和重粉质壤土等抗震性能优于中壤土、轻壤土和粉土。另外,砾石土干密度大,压缩性低,在地震作用下变形相对较小,对抗震有利,高土石坝防渗体可以采用砾石土填筑。坝壳料宜选择母岩强度高、细粒含量少的硬岩堆石料。这种材料抗压缩性好,地震变形小且孔隙压力升高不明显,具有良好的抗震性能。

4. 地基处理

在地震作用下,地基可能出现地裂、错位、地陷、崩塌等现象,导致大坝失稳破坏和渗透破坏,选择合适的地基处理方式十分重要。地基处理方式应根据失效形式及土层类型采取对应的方式。对于岩土性质及厚度在水平方向变化大的不均匀地基,应采取措施防止地震时产生较大的不均匀沉降、滑移和集中渗漏,并提高上部建筑物适应地基不均匀沉降的能力;对于可能发生液化的地基土层,可采用挖除液化土层用非液化土置换、人工加密(振冲加密、强夯击实等)、压重和排水、振冲挤密碎石桩等复合地基或桩体穿过可液化土层进入非液化土层的桩基等措施消除液化的影响;对于地基中存在软弱黏土层,可采用挖除或置换地基中的软弱黏土、预压加固、压重和砂井排水或塑料排水板、桩基或振冲挤密碎石桩等复合地基等措施。

5. 边坡选择

由于大坝边坡受到坝体推力、水压力和山体重力等外力作用,其稳定性对工程安全有很大的影响。一般情况下,若遇岩体结构复杂、有软弱结构面或夹泥层不利组合、稳定性较差的边坡条件时,应查明在设计烈度的地震作用下不稳定边坡的分布,分析可能危害程度,提出处理措施。对于地质条件复杂的高边坡工程,宜基于动态分析结果,通过对边坡位移、残余位移或滑动面张开度等地震效应的综合分析,评价其变形及抗震稳定安全性。

11.2 重要性分类及抗震设防目标

结构抗震设防目标一般根据不同地震重现期对应的地震设定对应的能力要求。由于混凝土坝采用脆性的混凝土材料,土石坝采用具有明显非线性特征的土石料,对这两类大坝采用分级抗震设防,很难定量给出相应的性能目标。工程实践表明,与重现期为100～200年设防水准相应的地震动峰值加速度对应的地震强度不控制工程设计。因此,我国大坝抗震设计采用与设计烈度对应的一级设防,其相应的性能目标为允许发生可修复的局部损坏,但不发生导致次生灾害的地震破坏。

国内外震害资料表明,Ⅵ度地震造成的大坝震害仅发生在工程质量有缺陷的薄弱部位。因此,设计烈度为Ⅵ度的大坝主要通过抗震措施来保证其抗震性能,可不进行计算分析。设计烈度在Ⅵ度及以上的 1 级、2 级、3 级大坝,根据大坝的级别和基本烈度确定其工程抗震设防类别,《水工建筑物抗震设计标准》将抗震设防类别划分为甲、乙、丙、丁四类(见表 11.2.1),并以此为依据确定大坝抗震设计的地震作用和地震作用效应的计算方法。

表 11.2.1 大坝工程抗震设防类别

工程抗震设防类别	建筑物级别	场地基本烈度
甲类	1 级(壅水和重要泄水)	≥Ⅵ度
乙类	1 级(非壅水)、2 级(壅水)	≥Ⅵ度
丙类	2 级(非壅水)、3 级	≥Ⅶ度
丁类	4 级、5 级	≥Ⅶ度

根据大坝的抗震设防类别,抗震设防的设计烈度和设计地震动峰值加速度可按以下方法确定:

(1)乙、丙、丁大坝,应依据《中国地震动参数区划图》取该场址所在地区的地震动峰值加速度的分区值作为水平向设计地震动峰值加速度代表值,将与之对应的基本烈度作为设计烈度。

(2)工程抗震设防类别为甲类的大坝,其设计烈度应在基本烈度基础上提高 1 度,水平向设计地震动峰值加速度代表值也相应增加 1 倍。

(3)专门进行场地地震安全性评价的甲类工程,除按设计地震动峰值加速度进行抗震设计外,应对其在遭受场址最大可信地震时不发生库水失控下泄的灾变安全裕度进行论证。

11.3 地震作用及抗震设计

11.3.1 地震动输入

地震动包括竖向 z、顺河流方向 x 和垂直河流的水平方向 y 三个分量(见图 11.3.1)。根据强震记录统计资料,两个水平向峰值加速度大致相同,竖向峰值加速度为水平向的 1/2～2/3。《水工建筑物抗震设计标准》规定,一般情况下竖向设计地震动峰值加速度取水平向地震动峰值加速度的 2/3,考虑近场地震时,应取与水平向相同的地震动峰值加速度。

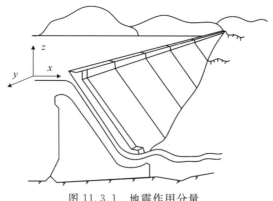

图 11.3.1　地震作用分量

对设计烈度为Ⅷ度、Ⅸ度的 1 级、2 级土石坝、重力坝,地震反应计算应同时计入水平两个方向和竖向的地震作用。土石坝、混凝土重力坝沿坝轴向的刚度很大,垂直河流的水平方向的地震作用力将传至两岸,因此抗震设计一般可只考虑顺河流方向水平向地震作用,不计垂直河流方向。但两岸为陡坡的重力坝段应计入垂直河流方向的水平向地震作用力,重要的土石坝应专门研究垂直河流方向的水平向地震作用。拱坝应同时考虑顺河流方向和垂直河流方向的水平向地震作用。严重不对称、空腹等特殊形式的拱坝,以及设计烈度为Ⅷ度、Ⅸ度的 1 级、2 级双曲拱坝,宜对其竖向地震作用效应进行专门研究。

11.3.2　设计反应谱

《水工建筑物抗震设计标准》中,大坝抗震采用的设计反应谱曲线是加速度水平分量的放大系数 β 与结构自振周期 T 的关系曲线,如图 11.3.2。设计反应谱的形状参数为:

(1)周期小于 0.1s 的区段,$\beta(T)$ 取从 1.0 到 $\beta_{\max}$ 直线段;

(2)在 0.1s 至特征周期 T_g 的水平段,$\beta(T)$ 取最大值 $\beta_{\max}$;

(3)在特征周期 T_g 至 3s 区段,按 $\beta(T)=\beta_{\max}(T_g/T)^{0.6}$ 取值。

土石坝、重力坝和拱坝的反应谱最大值 $\beta_{\max}$ 分别取 1.60、2.00 和 2.50,反应谱最小值 $\beta_{\min}$ 不应小于 $\beta_{\max}$ 的 20%。特征周期 T_g 按照 §1.5 的相关要求取值。

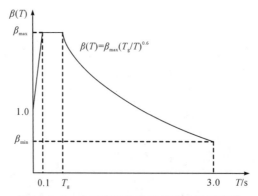

图 11.3.2　水工建筑物抗震标准设计反应谱

11.3.3　抗震设计方法

地震反应计算有拟静力法和动力法两种。拟静力法是把地震作用等效为静力荷载，然后按照静力问题计算地震反应的方法，适用于设防类别较低的大坝地震反应计算。动力法是建立大坝动力计算模型，用振型分解反应谱法或时程分析法计算结构地震反应的方法，适用于安全级别高或抗震设防类别较高的工程。表 11.3.1 为各类大坝地震作用效应计算方法的选用，甲类混凝土大坝应采用动力法计算，但土石坝的抗震稳定性一般采用拟静力法。对于设计烈度为 Ⅶ 度、坝高超过 150m 的土石坝，或者设计烈度为度 Ⅷ度、Ⅸ 度的 70m 以上土石坝，或地基中存在可液化土时，应同时用有限元法对坝体和坝基的地震作用效应进行动力分析，综合评价其抗震安全性。

表 11.3.1　地震作用效应的计算方法

工程抗震设防类别	地震作用效应的计算方法
甲类	动力法，对土石坝可同时采用拟静力法
乙类、丙类	动力法或拟静力法
丁类	拟静力法或着重采用抗震措施

按动力法进行大坝线弹性地震反应分析时，振型分解反应谱法的地震作用效应一般采用 SRSS 法，当两个振型的频率差的绝对值与其中一个较小的频率之比小于 0.1 时，地震作用效应宜采用 CQC 组合（详细参见 §3.4）。地震作用效应影响不超过 5% 的高阶振型可略去不计。采用集中质量模型时，集中质量的个数不宜少于地震作用效应计算中采用的振型数的 4 倍。采用时程分析法计算地震作用效应时，应以阻尼比为 5% 的设计反应谱为目标谱，生成至少 3 组人工模拟地震加速度时程作为基岩的输入地震动，任意 2 组地震动之间的相关系数均不应大于 0.3。对不同组地震加速度时程的计算结果进行综合分析，确定抗震设计的地震作用效应。

11.3.4　地震作用效应

一般情况下，大坝所受到的地震作用包括地震惯性力、地震引起的动土压力和动水压力及孔隙水压力。下述二种情况可忽略其中的一些地震作用影响：

（1）土石坝上游坝坡较缓，动水压力的作用影响较少，除混凝土面板堆石坝外，土石坝的地震动水压力可以忽略不计。

（2）瞬时的地震作用对渗透压力、浮托力的影响很小，地震引起的浪压力也不大，在抗震计算中可以忽略。

此外，在计算地震动水压力时，一般将建筑物前水深取至库底而不再单独考虑地震淤沙压力。当坝前的淤沙厚度特别大时，这样的近似处理可能偏于不安全。对于高坝，地震淤沙压力的影响应做专门研究。

1. 地震惯性力

地震惯性力是导致大坝产生变形、应力及破坏的重要原因。当采用拟静力法计算地震作用效应时，沿建筑物高度作用于质点 i 的水平向地震惯性力采用图 11.3.3 所示的计算简图,其代表值按式(11.3.1)计算。

$$E_i = a_h \xi G_{Ei} \alpha_i / g \tag{11.3.1}$$

式中:E_i 为作用在质点 i 的水平地震惯性力代表值;a_h 为水平设计地震加速度代表值;ξ 为地震作用的效应折减系数,取 0.25;G_{Ei} 为集中在质点 i 的重力作用标准值;α_i 为质点 i 的地震惯性力动态分布系数;g 为重力加速度。

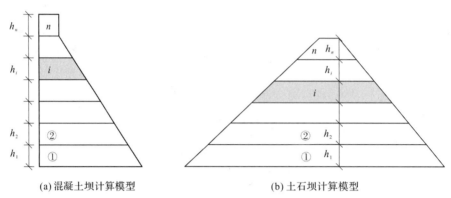

(a) 混凝土坝计算模型　　　　　　(b) 土石坝计算模型

图 11.3.3　地震惯性力计算简图

重力坝的加速度动态分布系数 α_i 按式(11.3.2)计算。

$$\alpha_i = 1.4 \times \left[1 + 4 \left(\frac{h_i}{H} \right)^4 \right] \bigg/ \left[1 + 4 \sum_{j=1}^{n} \frac{G_{Ej}}{G_E} \left(\frac{h_i}{H} \right)^4 \right] \tag{11.3.2}$$

式中:n 为坝体计算质点总数;H 为坝高;h_i、h_j 为质点 i 和 j 的高度;G_{Ej} 为质点 j 的重力作用标准值;G_E 为大坝总重力作用标准值。

土石坝的地震惯性力动态分布系数 α_i(见图 11.3.4)应按下列方法取值:

(1) 坝底动态分布系数 α 取为 1.0。

(2) 当设计烈度为 Ⅶ 度、Ⅷ 度、Ⅸ 度时,坝顶动态分布系数 α_m 分别取 3.0、2.5 和 2.0。

(3) 当坝高 H 不大于 40m 时,按坝顶和坝底的动态分布系数线性插值。

(4) 当坝高 H 大于 40m 时,0.6H 高程的动态分布系数 α_i 取 $1.0 + (\alpha_m - 1)/3$,大于 0.6H 高程的动态分布系数 α_i 按 0.6H 处和坝顶的动态分布系数线性插值,小于 0.6H 高程的动态分布系数 α_i 按 0.6H 处和坝底的动态分布系数线性插值。

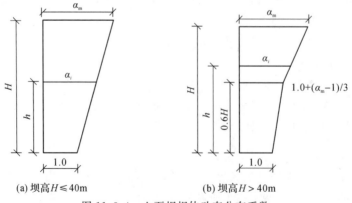

(a) 坝高 $H \leqslant 40$m　　　　　　(b) 坝高 $H > 40$m

图 11.3.4　土石坝坝体动态分布系数

2.动土压力

地震时墙背的动土压力不论其大小或者分布形式,都不同于无地震作用时的土压力。动土压力不仅与地震强度有关,还受地基土、挡土墙及墙后填土等的振动特性影响,比较复杂。目前,一般采用在静土压力计算式中增加对滑动土体的水平向和竖向地震作用的计算方法近似估算主动动土压力。地震主动动土压力代表值(见图 11.3.5)可按式(11.3.3)计算,取式(11.3.3)中"±"号计算结果中的大值。

$$F_E = \left[q_0 \frac{\cos\psi_1}{\cos(\psi_1 - \psi_2)} H + \frac{1}{2}\gamma H^2 \right] (1 \pm \xi a_v/g) C_e \tag{11.3.3}$$

$$C_e = \frac{\cos^2(\varphi - \theta_e - \psi_1)}{\cos\theta_e \cos^2\psi_1 \cos(\delta + \psi_1 + \theta_e)(1 + \sqrt{Z})^2} \tag{11.3.4}$$

$$Z = \frac{\sin(\delta + \varphi)\sin(\varphi - \theta_e - \psi_2)}{\cos(\delta + \psi_1 + \theta_e)\cos(\psi_2 - \psi_1)} \tag{11.3.5}$$

式中:F_E 为地震主动动土压力代表值;q_0 为土表面单位长度的荷重;ψ_1 为挡土墙面与垂直面夹角;ψ_2 为土表面和水平面夹角;H 为土的高度;γ 为土的重度的标准值;φ 为土的内摩擦角;θ_e 为地震系数角,$\theta_e = \tan^{-1}[\xi a_h/(g \pm \xi a_v)]$;$\delta$ 为挡土墙面与土之间的摩擦角;ξ 为地震作用的效应折减系数拟静力法计算地震作用效应时取为 0.25,对钢筋混凝土结构取为 0.35。

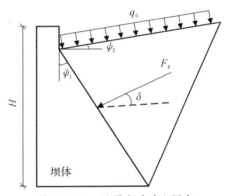

图 11.3.5　地震主动动土压力

由于滑动平面假定在被动动土压力计算时不适用,地震被动动土压力需结合工程经验专门分析。

3.动水压力

水是具有质量的物体,且坝体结构为弹性体,在静水压力基础上地震时产生变化的附加动水压力,将增大坝体的动力反应。在大坝抗震设计时需要考虑水的这种动力作用。《水工建筑物抗震设计标准》采用式(11.3.6)计算水深 h 处的地震动水压力代表值 $P_w(h)$,单位宽度坝面总地震动水压力作用点在水面以下 $0.54H_0$ 处(见图 11.3.6),其代表值 F_0 按式(11.3.7)计算。

$$P_w(h) = a_h \xi \psi(h) \rho_w H_0 \tag{11.3.6}$$

$$F_0 = 0.65 a_h \xi \rho_w H_0^2 \tag{11.3.7}$$

式中：$\psi(h)$ 为水深 h 处的地震动水压力分布系数，按表 11.3.2 的规定取值；ρ_w 为水体质量密度标准值；H_0 为水深。

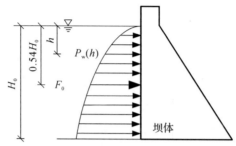

图 11.3.6　刚性直立坝面的动水压力分布曲线

需要指出的是，上述算式假定迎水坝面是直立的。若倾斜迎水坝面与水平面夹角为 θ，计算得到的动水压力代表值应乘以 $\theta/90$ 的折减系数。当迎水坝面有折坡时，如水面以下直立部分的高度等于或大于水深的一半，可近似取作直立坝面，否则取水面点与坡脚点连线代替坡度。

表 11.3.2　重力坝动水压力分布系数

h/H_0	$\psi(h)$	h/H_0	$\psi(h)$
0.0	0.00	0.6	0.76
0.1	0.43	0.7	0.75
0.2	0.58	0.8	0.71
0.3	0.68	0.9	0.68
0.4	0.74	1.0	0.67
0.5	0.76		

除地震作用外，大坝在正常运行期间还受到结构自重、静水压力、扬压力、温度变化、风压力、浪压力、淤沙压力、土压力等作用，抗震分析时需考虑地震与其他荷载的组合。另外，考虑静水压力时，应按照相关规定论证蓄水位取值。

11.3.5　抗震性能验算

大坝抗震性能采用基于承载能力极限状态法验算，结构最不利组合效应满足式 (11.3.8) 的要求。

$$\gamma_0 \psi S(\gamma_G G_k, \gamma_Q Q_k, \gamma_E E_k, a_k) \leqslant \frac{1}{\gamma_d} R\left(\frac{f_k}{\gamma_m}, a_k\right) \tag{11.3.8}$$

式中：γ_0 为结构重要性系数，安全级别 1 级、2 级、3 级的大坝，γ_0 分别取 1.1、1.0、0.9；ψ 为设计状况系数，可取 0.85；G_k、Q_k 分别为永久作用和可变作用的标准值，γ_G、γ_Q 为对应的分项系数；E_k、γ_E 为地震作用的代表值及其分项系数，$\gamma_E = 1.0$；a_k 为几何参数的标准值；$S(\bullet)$ 为作用效应函数；f_k、γ_m 为材料性能的标准值及分项系数；$R(\bullet)$ 为结构的抗力函数；γ_d 为承载能力极限状态的结构系数。分项系数和结构系数取值详见《水工建筑物抗震设计标准》。

11.4　重力坝抗震设计

11.4.1　整体抗滑稳定分析

整体抗滑稳定分析包括沿建基面的抗滑稳定分析和深层滑动面的稳定分析两个方面,对碾压混凝土重力坝还应进行碾压层面的抗滑稳定分析。抗滑稳定分析的目的是计算坝体沿坝基面或坝基内部缓倾角软弱结构面抗滑稳定的安全度。

由于重力坝沿坝轴线方向通过横缝分隔成若干个独立的坝段,可按一个坝段或取单位宽为对象进行分析。《水工建筑物抗震设计标准》采用刚体极限平衡法中的抗剪断公式计算重力坝沿建基面的整体抗滑稳定及沿碾压层面的抗滑稳定,采用基于等安全系数法(又称等 K 法)的刚体极限平衡法计算深层抗滑稳定。另外,对于地质条件复杂的重力坝,宜采用非线性有限元法进行补充分析。

1. 抗剪断强度公式

图 11.4.1 为计算示意图,假设坝体混凝土与基岩接触良好,当接触面倾向上游时[见图 11.4.1(b)],对坝体抗滑有利;相反,抗滑力减小,对坝体稳定不利。《混凝土重力坝设计规范》要求抗滑稳定安全系数 K' 满足

$$K' = \frac{f'(\sum W - U) + c'A}{\sum P} \geqslant 2.3 \qquad (11.4.1)$$

式中:A 为接触面面积;$\sum W$ 为接触面以上的总铅直力;$\sum P$ 为接触面以上的总水平力,包括地震惯性力、地震动土压力和地震动水压力以及其他地震引起的荷载;U 为作用在接触面上的扬压力;f' 为抗剪断摩擦系数,c' 为抗剪断凝聚力,参数取值可按表 11.4.1。

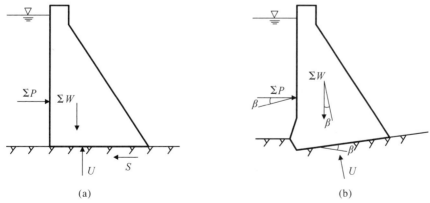

图 11.4.1　坝体抗滑稳定计算简图

表 11.4.1　坝基岩体力学参数

岩体分类	混凝土与坝基接触面			岩体		变形模量
	f'	c'/MPa	f	f'	c'/MPa	E_0/GPa
Ⅰ	1.50～1.30	1.50～1.30	0.85～0.75	1.60～1.40	2.50～2.00	＞20.0
Ⅱ	1.30～1.10	1.30～1.10	0.75～0.65	1.40～1.20	2.00～1.50	20.0～10.0
Ⅲ	1.10～0.90	1.10～0.70	0.65～0.55	1.20～0.80	1.50～0.70	10.0～5.0
Ⅳ	0.90～0.70	0.70～0.30	0.55～0.40	0.80～0.55	0.70～0.30	5.0～2.0
Ⅴ	0.70～0.40	0.30～0.05	0.40～0.30	0.55～0.40	0.30～0.05	2.0～0.2

注:①表中 f'、C' 为抗剪断参数,f 为抗剪摩擦系数。②表中参数限于硬质岩,软质岩根据软化系数进行折减。

2.等安全系数法

当坝基内存在不利的缓倾角软弱结构面时,在水压作用下坝体有可能连同部分基岩沿软弱结构面产生滑移,即所谓的深层滑动。坝基深层存在缓倾角结构面时,根据地质资料滑动面可简化为单滑动面、双滑动面和多滑动面进行抗滑稳定分析。其中双滑动面(见图 11.4.2)较常见。

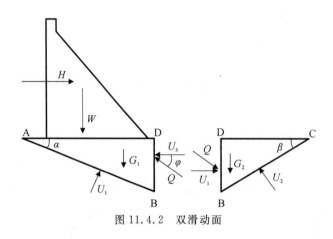

图 11.4.2　双滑动面

深层抗滑稳定计算采用等安全系数法,应按抗剪断强度公式或按抗剪强度公式进行计算。ABD 块的抗滑稳定安全系数 K'_1 为

$$K'_1 = \frac{f'_1 [(W + G_1)\cos\alpha - H\sin\alpha - Q\sin(\varphi - \alpha) - U_1 + U_3\sin\alpha] + c'_1 A_1}{(W + G_1)\sin\alpha + H\cos\alpha - U_3\cos\alpha - Q\cos(\varphi - \alpha)}$$

$$(11.4.2)$$

BCD 块的抗滑稳定安全系数 K'_2 为

$$K'_2 = \frac{f'_2 [G_2\cos\beta + Q\sin(\varphi + \beta) - U_2 + U_3\sin\beta] + c'_2 A_2}{Q\cos(\varphi + \beta) - G_2\sin\beta + U_3\cos\beta} \qquad (11.4.3)$$

式中:W 是作用于坝体上全部荷载(不包括扬压力,下同)的垂直分量;H 为作用于坝体上

全部荷载的水平分值;G_1、G_2 为岩体 ABD、BCD 重量的垂直作用力;f'_1、f'_2 为 AB、BC 滑动面的抗剪断摩擦系数;c'_1、c'_2 为 AB、BC 滑动面的抗剪断凝聚力;A_1、A_2 为 AB、BC 面的面积;α、β 为 AB、BC 面与水平面的夹角;U_1、U_2、U_3 为 AB、BC、BD 面上的扬压力;Q 为 BD 面上的作用力;φ 为 BD 面上的作用力 Q 与水平面的夹角。夹角取值应经论证后选用,从偏于安全考虑 φ 可取 $0°$。

通过 $K'_1 = K'_2 = K'$ 求解 Q、K' 的值。《混凝土重力坝设计规范》规定,地震作用下 1 级、2 级、3 级坝的深层抗滑稳定安全系数不小于 1.10、1.05 和 1.05。

表 11.4.2　结构面、软弱层和断层力学参数

类型	f'	C'/Mpa	f
胶结的结构面	0.80～0.60	0.250～0.100	0.70～0.55
无充填的结构面	0.70～0.45	0.150～0.050	0.65～0.40
岩块岩屑型	0.55～0.45	0.250～0.100	0.50～0.40
岩屑夹泥型	0.45～0.35	0.100～0.050	0.40～0.30
泥夹岩屑型	0.35～0.25	0.050～0.020	0.30～0.23
泥	0.25～0.18	0.005～0.002	0.23～0.18

注:①表中参数限于硬质岩中的结构面;②软质岩中的结构面应进行折减;③胶结或无充填的结构面抗剪断强度,根据结构面的粗糙程度选取大值或小值。

11.4.2　坝体强度计算

重力坝坝体强度计算一般采用材料力学法,即将单个坝体作为悬臂梁,按材料力学方法计算坝体的应力,并与应力标准进行比较,判断是否满足要求。材料力学法假定沿坝体计算截面上的垂直正应力 σ_y 呈直线分布,按平面问题进行计算。图 11.4.3 为重力挡水坝横断面的计算简图。对工程抗震设防类别为甲类,或结构复杂,或地质条件复杂的重力坝,在此基础上还需要用有限元法进行补充分析。

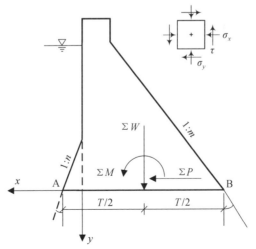

图 11.4.3　坝段横断面及作用力

坝体的最大和最小主应力一般出现在上、下游边缘,而且计算坝体内部应力也以边缘的应力作为边界条件。因此,首先算出上、下游坝面边缘应力。

1. 水平截面上的垂直正应力 σ_y

由于假定任意水平截面上的垂直正应力 σ_y 呈直线分布,上、下游侧的垂直正应力 σ_y^{u} 和 σ_y^{d} 可用式(11.4.4)和式(11.4.5)计算,截面内任意点的垂直应力 σ_y 通过 σ_y^{u} 和 σ_y^{d} 插值得到。

$$\sigma_y^{u} = \frac{\sum W}{T} + \frac{6 \sum M}{T^2} \tag{11.4.4}$$

$$\sigma_y^{d} = \frac{\sum W}{T} - \frac{6 \sum M}{T^2} \tag{11.4.5}$$

式中:$\sum W$ 为作用于计算截面上全部荷载的铅直分力总和;$\sum M$ 为作用于计算截面上全部荷载对截面形心的力矩总和;T 为计算截面沿上、下游方向的宽度。

2. 分应力和主应力计算

根据平衡条件和上、下游侧的垂直正应力 σ_y^{u} 和 σ_y^{d} 计算各分应力和主应力。在上、下游边缘处取出三角形微元体(见图11.4.4),根据平衡条件求出 τ^{u} 和 τ^{d}。对上游坝面 A 的微元体,由 $\sum F_y = 0$ 可得

$$p^{u} \mathrm{d}s \sin\varphi_u - \tau^{u} \mathrm{d}y - \sigma_y^{u} \mathrm{d}x = 0 \tag{11.4.6}$$

$$\tau^{u} = p^{u} \frac{\mathrm{d}x}{\mathrm{d}y} - \sigma_y^{u} \frac{\mathrm{d}x}{\mathrm{d}y} = (p^{u} - \sigma_y^{u}) n \tag{11.4.7}$$

同理,对下游坝面微元体 B,由 $\sum F_y = 0$ 得

$$\tau^{d} = p^{d} \frac{\mathrm{d}x}{\mathrm{d}y} - \sigma_y^{d} \frac{\mathrm{d}x}{\mathrm{d}y} = (p^{d} - \sigma_y^{d}) m \tag{11.4.8}$$

式中:p^{u} 和 p^{d} 为计算截面上下游坝面的分布荷载;n 和 m 为上下游坝面的坡率,分别为 $\tan\varphi_u$ 和 $\tan\varphi_d$;φ_u 和 φ_d 为上下游坝面与铅直面的夹角。

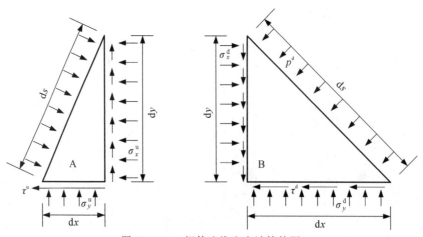

图 11.4.4　坝体边缘应力计算简图

得到边缘剪应力 τ^u 和 τ^d 后,由上下游坝面平衡条件 $\sum F_x = 0$ 算出边缘水平正应力 σ_x^u 和 σ_x^d。根据三角形微元体 A、B 的平衡条件可得

$$\sigma_x^u = p^u - \tau^u \frac{\mathrm{d}x}{\mathrm{d}y} = p^u - (p^u - \sigma_y^u)n^2 \tag{11.4.9}$$

$$\sigma_x^d = p^d + (p^d - \sigma_y^d)m^2 \tag{11.4.10}$$

根据上述 σ_y^u 和 σ_y^d、τ^u 和 τ^d 及 σ_x^u 和 σ_x^d,可由平面问题主应力计算公式求得计算截面上下游的坝面主应力

$$\left.\begin{array}{c}\sigma_1^u\\\sigma_2^u\end{array}\right\} = \frac{\sigma_x^u + \sigma_y^u}{2} \pm \sqrt{\left(\frac{\sigma_x^u - \sigma_y^u}{2}\right) + \tau^{u2}} = \left.\begin{array}{c}p^u\\\sigma_y^u\end{array}\right\}(1 + n^2) - p^u n^2 \tag{11.4.11}$$

$$\left.\begin{array}{c}\sigma_1^d\\\sigma_2^d\end{array}\right\} = \frac{\sigma_x^d + \sigma_y^d}{2} \pm \sqrt{\left(\frac{\sigma_x^d - \sigma_y^d}{2}\right) + \tau^{d2}} = \left.\begin{array}{c}p^d\\\sigma_y^d\end{array}\right\}(1 + m^2) - p^d m^2 \tag{11.4.12}$$

3.考虑扬压力的边缘应力

以上得到的边缘应力计算公式未计入扬压力影响,适用于新建或新蓄水的坝面应力计算。当水库正常蓄水且运行较长时间时,坝体和坝基的渗流水已形成了稳定的渗流场,应力计算需要考虑扬压力的作用,这是需要将扬压力作为荷载计入 $\sum W$ 和 $\sum M$。考虑扬压力的正应力 σ_y 为作用在材料骨架上的有效应力,截面上的总应力等于有效应力与上扬压力之和。当求出边缘正应力以后,边缘其他应力仍由坝面微元体的平衡条件得到。

令 s^u 为上游边缘的扬压力强度,s^d 为下游边缘的扬压力强度,由 $\sum F_y = 0$,得

$$\tau^u = (p^u - s^u - \sigma_y^u)n \tag{11.4.13}$$

$$\tau^d = (p^d + s^d - \sigma_y^d)m \tag{11.4.14}$$

由 $\sum F_x = 0$,得

$$\sigma_x^u = (p^u - s^u) - (p^u - s^u - \sigma_y^u)n^2 \tag{11.4.15}$$

$$\sigma_x^d = (p^d - s^d) + (p^d + s^d - \sigma_y^d)m^2 \tag{11.4.16}$$

上游边缘主应力为

$$\sigma_1^u = p^u - s^u \tag{11.4.17}$$

$$\sigma_2^u = (1 + n^2)\sigma_y^u - (p^u - s^u)n^2 \tag{11.4.18}$$

下游边缘主应力为

$$\sigma_1^d = p^d V - s^d \tag{11.4.19}$$

$$\sigma_2^d = (1 + m^2)\sigma_y^d - (p^d - s^d)m^2 \tag{11.4.20}$$

以上公式中的应力符号均以受压为正,受拉为负。

用材料力学方法计算重力坝应力,一般只计算边缘应力。如需要计算内部应力,可采用简单的内插方法。

《混凝土重力坝设计规范》规定,地震工况下重力坝坝基面坝趾的垂直应力不应大于混凝土动态容许压应力,并不应大于基岩容许承载力,坝体应力则不应大于混凝土动态容许应力。

11.4.3 抗震措施

根据经验和《水工建筑物抗震设计标准》,重力坝抗震工程措施如下:

(1)对于坝体和构造来讲,坝轴线宜取直线,避免采用折线型坝轴线。选择简单的体型,坝坡避免突变,顶部折坡宜取弧形,坝顶不宜过于偏向上游。坝顶宜采用轻型、简单、整体性好的附属结构,应尽量降低高度,不宜设高耸的塔式结构。坝体的断面沿坝轴线方向分布有突变,或纵向地形、地质条件突变的部位应设置横缝,宜选用变形能力大的接缝止水型式及材料。

(2)地基中的断层、破碎带、软弱夹层等薄弱部位应采取工程处理措施,并在上游坝踵部位铺设黏土铺盖,以提高坝踵部位抗震安全性。

(3)根据坝体局部强度、抗渗、抗冻和抗裂需求的不同,对坝体不同部位提高混凝土等级,进行材料增强。例如,在应力容易集中的坝踵、坝趾和体型突变处(Ⅰ区和Ⅱ区)提高混凝土强度等级[见图11.4.5(a)],Ⅲ区则采用普通混凝土,Ⅳ区则需要采用抗渗性能较好的混凝土。

(4)重力坝孔口周边、溢流坝闸墩与堰面交接部位等抗震薄弱部位应加强配筋。合理的配筋在一定程度上也能减小裂缝宽度和限制混凝土裂缝发展,例如在大坝上游面全坝面布置一排钢筋(A区),另外对于大坝的坝踵、上游起坡点、上下游坝头等体型突变的抗震薄弱部位(B区)布置钢筋[见图11.4.5(b)]。

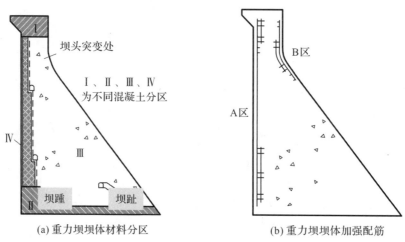

(a)重力坝坝体材料分区 (b)重力坝坝体加强配筋

图 11.4.5 重力坝坝体材料增强

11.5 土石坝抗震设计

土石坝抗震设计包括抗滑稳定验算、永久变形验算、防渗体安全评价和液化判别以及抗震措施几个方面。

11.5.1　抗滑稳定分析

《水工建筑物抗震设计标准》采用拟静力法作为土石坝抗滑稳定性计算的基本方法，符合下列条件之一时，需要同时采用有限元法对坝体和坝基的地震作用效应进行动力分析，综合判断其抗震稳定性：

(1)设计烈度为Ⅷ度，且坝高 150m 以上。

(2)设计烈度为Ⅷ度、Ⅸ度，且坝高 70m 以上。

(3)地基中存在可液化土层。

(4)对于覆盖层厚度超过 40m 的土石坝宜进行动力分析。

土石坝抗震稳定分析早期广泛使用瑞典圆弧法。这种方法虽然计算简单，但是忽略了条块间的作用力，有可能导致不合理的计算结果。随着极限平衡法在理论上逐渐成熟，考虑条块间作用力的滑弧法(源自简化毕肖普法)成为土石坝抗震稳定分析常用的方法。这种方法假设土体达到极限平衡状态时沿某一滑裂面发生剪切破坏而失稳，滑裂面上的土体处于极限平衡状态，满足摩尔－库仑强度条件。

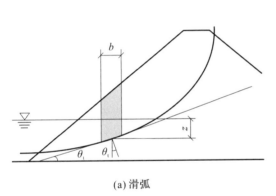 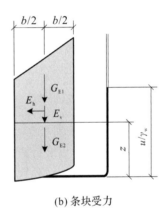

(a) 滑弧   (b) 条块受力

图 11.5.1　弧滑和条块受力

滑弧法假设坝体破坏面为圆弧面，将滑动面上的土体划分为若干铅直土体，近似考虑土体间相互作用的影响(见图 11.5.1)，按式(11.5.1)和式(11.5.2)算出产生滑动的总作用力 S 和抵抗力 R。

$$S = \sum \left[(G_{E1} + G_{E2} \pm E_v) \sin\theta_t + M_h/r \right] \tag{11.5.1}$$

$$R = \sum \left\{ \left[(G_{E1} + G_{E2} \pm E_v) \sec\theta_t - (u - \gamma_w z) b \sec\theta_t \right] \frac{\tan\varphi}{\gamma_f} + \frac{c}{\gamma_c} b \sec\theta_t \right\} \frac{1}{1 + \dfrac{\tan\theta_t \tan\varphi}{\gamma_R}} \tag{11.5.2}$$

其中，

$$\gamma_R = \frac{\gamma_0 \psi \gamma_d (1 + \rho_c)}{\dfrac{1}{\gamma_f} + \dfrac{1}{\gamma_c} \rho_c} \tag{11.5.3}$$

$$\rho_c = \frac{cb\sec\theta_t}{[(G_{E1} + G_{E2} \pm E_v)\sec\theta_t - ub\sec\theta_t]\tan\varphi} \tag{11.5.4}$$

式中：G_{E1}、G_{E2} 为条块在坝坡外水位以上和以下部分的实重标准值；E_h、E_v 为作用在条块重心处的水平向和垂直向地震惯性力代表值,分别为条块实重标准值乘以条块重心处的 $a_h\xi\alpha_i/g$ 或 $a_h\xi\alpha_i/3g$,其中后者的其作用方向可向上(一)或向下(+),以不利于稳定的方向为准；M_h 为 E_h 对圆心的力矩；r 为滑动圆弧半径；θ_t 为通过条块底面中点的滑弧半径与通过滑动圆弧圆心铅直线间的夹角,当半径由铅直线偏向坝轴线时取正号,反之取负号；b 为滑动体条块宽度；u 为条块底面中点的孔隙水压力代表值；z 为坝坡外水位高出条块底面中点的垂直距离；γ_w 为水的容重；c、φ 为土体在地震作用下的凝聚力和摩擦角；γ_c、γ_f 为土体抗剪强度指标的材料性能分项系数,$\gamma_c = 1.2$,$\gamma_f = 1.05$,对于堆石、砂砾石等粗粒料,非线性抗剪强度指标(土体滑动面的摩擦角)的材料性能分项系数可取 $\gamma_f = 1.10$；ρ_c 为土条的凝聚力与摩擦力的比值。

根据土体平衡条件,可得出安全系数 K 计算式

$$K = \frac{\sum\left\{\dfrac{[cb + (G_{E1} + G_{E2} \pm E_v)\tan\varphi - (u - \gamma_w z)b\tan\varphi]\sec\theta_t}{1 + \tan\theta_t\tan\varphi/K}\right\}}{\sum[(G_{E1} + G_{E2} \pm E_v)\sin\theta_t + M_h/r]} \tag{11.5.5}$$

《水工建筑物抗震设计标准》要求 1、2、3、4 和 5 级土石坝在地震工况下抗滑稳定性的安全系数分别不小于 1.2、1.15、1.15、1.10 和 1.10。

11.5.2　永久变形计算

地震时土石坝有可能产生不可忽略的永久变形。地震永久变形计算主要有滑动体位移分析法、整体变形分析法和动力弹塑性分析法三种方法。由于土的动力特性十分复杂,动力弹塑性分析法计算较困难,这里不做介绍。以下简要介绍以 Newmark 法为代表的滑动体位移分析法和以等效节点力法为代表的整体变形分析法。

1. 滑动变形分析

Newmark 滑动变形分析法假定坝和地基土料是刚塑性体,土石坝受水平向地震作用时圆弧面滑动体朝水平方向移动[见图 11.5.2(a)],当土料应力超过屈服应力时,滑动体发生塑性变形,成为永久变形。

坝体滑块未滑动之前,抗滑稳定安全系数 $K > 1$。当滑动处于临界状态时,滑块的下滑力与摩擦力相等,此时的地震加速度称为屈服加速度 a_y,$K = 1$。当滑块开始滑动时,$K < 1$,滑块开始产生速度和位移。假定地震运动有多个脉冲,当脉冲加速度超过屈服加速度 a_y 时,滑块开始滑动,当这个脉冲加速度减小至小于屈服加速度 a_y 时,滑动速度减小,直至停止滑动,向下滑动的位移被认为是不可恢复的位移。永久位移为不可恢复的累计位移。

永久位移通过屈服加速度两次积分计算得到[见图 11.5.2(b)]。图中,$\ddot{\delta}(t)$ 为滑动体顺河向平均水平加速度的时程曲线。若 $\ddot{\delta}(t)$ 超过屈服加速度 a_y,将超过屈服加速度 a_y 的平均加速度时程积分得到速度 $\dot{\delta}(t)$ 的时程曲线,再将速度时程积分得到位移 $\delta(t)$ 的时程曲线。永久变形 δ 为各时段永久变形 δ_i 的累计,即

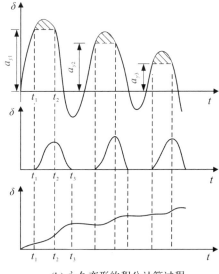

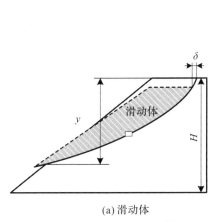

(a) 滑动体　　　　　　　　　　(b) 永久变形的积分计算过程

图 11.5.2　滑动体位移计算原理

$$\delta_i = \iint \left[\ddot{\delta}(t) - a_y \right] \mathrm{d}t \, \mathrm{d}t \tag{11.5.6}$$

$$\delta = \sum_{i=1}^{n} \delta_i \tag{11.5.7}$$

屈服加速度 a_y 是坝体沿某一滑动面向下滑动安全系数 $K=1$ 时的地震加速度,可通过拟静力法(见本书 11.5 节)或有限元方法计算出。而计算屈服加速度前,需要通过循环荷载试验确定土料的屈服强度。

2. 整体变形分析

地震作用还会因土体应力增加产生坝体整体沉降变形。坝体整体变形可采用等效节点力法计算,即把地震时土体单元的应力换算成等效节点力,用等效节点力计算永久变形。土体的地震永久变形是由动应力的偏应力状态引起的,即动剪应力产生的变形。根据有限元法原理,可采用等效节点力表示作用于单元边界的动剪应力。假设单元内的应力均匀分布,如图 11.5.3 所示,相应于平均剪应力 $\bar{\tau}$ 的等效节点力 F_h 和 F_v 为

图 11.5.3　等效节点力

$$F_\mathrm{h} = \frac{1}{2}\bar{\tau}(x_i - x_{i+1}) \tag{11.5.8}$$

$$F_\mathrm{v} = \frac{1}{2}\bar{\tau}(y_i - y_{i-1}) \tag{11.5.9}$$

计算时,平均剪应力 $\bar{\tau}$ 取动剪应力最大值 $\tau_{\max}$ 的 0.65 倍,考虑随时间变化的影响。

考虑到永久变形是沿起始剪应力方向积累的,$\bar{\tau}$ 的方向与单元中初始静剪应力方向一致。将节点周围单元的节点力叠加,得到总的等效节点力荷载。把总的等效节点力作

为荷载,施加到坝体单元的节点进行等效静力有限元计算,得到的土体位移即为地震作用下的坝体永久变形。针对非液化土的坝体永久变形计算,Taniguchi 提出用节点加速度时程曲线转化的等效惯性力、并按试验确定的动应力与残余应变关系曲线迭代计算永久变形的方法。

结合等效节点力概念和动应力—残余应变关系曲线,等效节点力法的计算步骤如下:

(1)首先进行坝体的静、动力有限元分析。其中静力计算的目的是获得坝体应力和位移分布,检验坝体是否静力稳定,同时为动力计算提供初始条件。动力计算的目的是确定坝体单元的动剪应力时程曲线,从而获得永久变形计算的荷载条件。

(2)随后计算出等效节点力,基于振动试验结果,采用 Taniguchi 给出的动应力与残余应变 γ_r 关系曲线(见图 11.5.4),确定经验公式和相关参数:

$$\frac{q_d}{p'_0} = \frac{\gamma_r}{a + b\gamma_r} \tag{11.5.10}$$

式中:$q = q_0 + q_d$;$q_0 = \dfrac{\sigma_{0.1} - \sigma_{0.3}}{2}$;$q_d = \tau_d = \dfrac{\sigma_d}{2}$;$p'_0 = \sigma'_{0.1} + \sigma'_{0.3}$;$q_0$、$q_d$ 分别为初始剪应力和动剪应力;p'_0 为初始静有效应力;$\sigma'_{0.1}$、$\sigma'_{0.3}$ 为初始大、小主应力;σ_d 为动应力幅值;a、b 为试验确定的参数,随主应力比 $K_c = \sigma'_{0.1}/\sigma'_{0.3}$ 和循环振动次数 N 而变,一般而言 $K_c = 1.5 \sim 2.5$,$N = 5 \sim 20$,因此可以作出不同组合情况下的动应力和残余应变的关系曲线,由曲线拟合或曲线间插值求得相应参数 a、b。将等效节点力法求出的总节点力作用到坝体单元各节点上,所求得的变形就是地震产生的永久变形。由于剪切模量 G 与残余剪应变 γ_r 有关,故需迭代计算,其中初始剪切模量 G_0 取为静力计算结束的模量 G,形成刚度矩阵,并求出剪应变力 γ_1。通过 γ_1 和确定的动应力与残余应变关系曲线,求出新的剪切模量 G_1。与前一次的剪切模量 G_0 比较,若 $|G_1 - G_0| > e$(e 为迭代控制误差),则继续迭代,求出新的位移、应变、应力和剪切模量 G_n,直到满足迭代控制 $|G_n - G_0| \leqslant e$ 为止。满足迭代控制条件计算得到的变形就是永久变形。

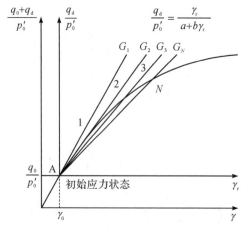

图 11.5.4　残余剪应变与应力关系曲线及迭代计算原理

11.5.3　抗震措施

对于土石坝而言,坝体构造、防渗体、筑坝材料的选择都是抗震的重点。根据经验和《水工建筑物抗震设计标准》,其抗震措施主要有以下几个方面:

(1)对于坝体而言,设计烈度为Ⅷ度、Ⅸ度时,宜选用堆石坝,且防渗体不宜采用刚性心墙的形式,只有缺乏工程条件才选用均质坝。均质坝宜设置内部的竖向排水或水平排水系统,以降低浸润线。

(2)对于坝体构造而言,坝轴线采用直线或向上游弯曲的,可减少坝肩产生裂缝的概率。坝顶安全超高应设立比较富余的高度,包括地震涌浪高度和地震沉陷。一般地震涌浪高度可根据设计烈度和坝前水深采用 0.5m~1.5m。设计时应校核正常蓄水位加地震涌浪高度后不致超过地震沉陷后的坝顶高程。加宽坝顶,放缓上部坝坡,下部坝坡可采用浆砌块石护坡,上部坝坡内可采用钢筋、土工合成材料或混凝土框架等加固措施。

(3)加强土石坝防渗体,特别是在地震中容易发生裂缝的坝体顶部、坝体与岸坡或混凝土等结构的连接部位。

(4)选用抗震性能和渗透稳定性较好且级配良好的土石料筑坝,且按照设计标准选择,满足黏性土的压实功能和压实度以及堆石的填筑干密度或孔隙率等要求。

(5)对于混凝土面板堆石坝,宜采用下列抗震工程措施:①加大垫层区的厚度,采用细垫层料;②增加河床中部面板上部的配筋率;③采用变形性能好的止水结构;④增加坝体堆石料的压实密度;⑤坝体用软岩、砂砾石料填筑时,宜设置内部排水区。

本章习题

11.1　大坝抗震设计采用几级设防? 抗震设计的目标是什么?

11.2　大坝抗震设防类别是如何规定的? 什么情况下应提高抗震基本烈度?

11.3　大坝的抗震计算有几种方法? 各种方法在什么情况下采用?

11.4　在采用拟静力法计算地震惯性力时,简述重力坝和土石坝计算地震惯性力动态分布系数的异同。

11.5　一般情况下大坝所受到的地震作用包括哪几种?

主要参考文献

一、一般文献

1. 柴田明德. 结构抗震分析[M]. 曲哲,译. 北京:中国建筑工业出版社,2020.

2. 陈国兴. 岩土地震工程学[M]. 北京:科学出版社,2007.

3. 陈厚群. 混凝土高坝强震震例分析和启迪[J]. 水利学报,2009,40(01):10-18.

4. 陈厚群. 水工建筑物抗震设计规范修编的若干问题研究[J]. 水力发电学报,2011,30(06):4-10,15.

5. 陈卫忠,宋万鹏,赵武胜,等. 地下工程抗震分析方法及性能评价研究进展[J]. 岩石力学与工程学报,2017,36(2):310-325.

6. 大崎顺彦. 地震动的谱分析入门[M]. 北京:地震出版社,2008.

7. 丁洁民,吴宏磊. 减隔震建筑结构设计指南与工程应用[M]. 北京:中国建筑工业出版社,2018.

8. 顾淦臣,沈长松,岑威钧. 土石坝地震工程学[M]. 北京:中国水利水电出版社,2009.

9. 李国强,李杰,苏小卒,等. 建筑结构抗震设计[M]. 北京:中国建筑工业出版社,2008.

10. 刘汉龙,陆兆溱,钱家欢. 土石坝地震永久变形分析[J]. 河海大学学报,1996(1):91-96.

11. 刘晶波,谭辉,张小波,等. 不同规范中地下结构地震反应分析的反应位移法对比研究[J]. 土木工程学报,2017,50(2):1-8.

12. 柳炳康,沈小璞. 工程结构抗震设计[M]. 3版. 武汉:武汉工业大学出版社,2014.

13. 吕西林,熊海贝. 建筑结构抗震[M]. 北京:高等教育出版社,2019.

14. 潘家铮,潘家铮全集第3卷,重力坝设计[M]. 北京:中国电力出版社,2016.

15. 潘鹏,张耀庭. 建筑结构抗震设计理论与方法[M]. 北京:科学出版社,2017.

16. 王杜良. 抗震结构设计[M]. 4版. 武汉:武汉工业大学出版社,2015.

17. 王静峰,赵春风,胡宝琳,等. 工程结构抗震设计[M]. 北京:机械工业出版社,2018.

18. 王君杰,黄勇,董正方. 城市轨道交通结构抗震设计[M]. 北京:中国建筑工业出版社,2019.

19. 周良,李建中. 城市桥梁抗震设计算例[M],北京:人民交通出版社,2017.

20. 周云,张文芳,宗兰,等. 土木工程抗震设计[M]. 3版. 北京:科学出版社,2013.

21. 庄海洋,陈国兴. 地铁地下结构抗震[M]. 北京:科学出版社,2017.

二、标准类文献

22. 中华人民共和国国家标准. 城市轨道交通结构抗震设计规范(GB 50909—2014)[S]. 北京:中国计划出版社,2014.

23. 中华人民共和国国家标准. 地下结构抗震设计标准(GB/T 51336—2018)[S]. 北京：中国建筑工业出版社,2019.

24. 中华人民共和国国家标准. 钢结构设计标准(GB 50017—2017)[S]. 北京：中国建筑工业出版社,2018.

25. 中华人民共和国国家标准. 混凝土结构设计规范(GB 50010—2010)(2015年版)[S]. 北京：中国建筑工业出版社,2015.

26. 中华人民共和国国家标准. 建筑地基基础设计规范(GB 50007—2011)[S]. 北京：中国建筑工业出版社,2011.

27. 中华人民共和国国家标准. 建筑隔震设计标准(GB/T 51408—2021)[S]. 北京：中国建筑工业出版社,2021.

28. 中华人民共和国国家标准. 建筑工程抗震设防分类标准(GB 50223—2008)[S]. 北京：中国建筑工业出版社,2008.

29. 中华人民共和国国家标准. 建筑抗震设计规范(GB 50011—2010)(2016年版)[S]. 北京：中国建筑工业出版社,2016.

30. 中华人民共和国国家标准. 砌体结构设计规范(GB 50003—2011)[S]. 北京：中国建筑工业出版社,2011.

31. 中华人民共和国国家标准. 水工建筑物抗震设计标准(GB 51247—2018)[S]. 北京：中国计划出版社,2018.

32. 中华人民共和国国家标准. 铁路工程抗震设计规范(GB 50111—2006)(2009年版)[S]. 北京：中国计划出版社,2011.

33. 中华人民共和国国家标准. 中国地震动参数区划图(GB 18306—2015)[S]. 2016.

34. 中华人民共和国国家标准. 中国地震烈度表(GB/T 17742—2020)[S]. 2020.

35. 中华人民共和国行业标准. 水电工程水工建筑物抗震设计规范(NB 35047—2015)[S]. 北京：中国电力出版社,2015.

36. 中华人民共和国行业标准. 碾压式土石坝设计规范(SL 274—2020)[S]. 北京：中国水利水电出版社,2022.

37. 中华人民共和国行业标准. 城市桥梁抗震设计规范(CJJ 166—2011)[S]. 北京：中国建筑工业出版社,2011.

38. 中华人民共和国行业标准. 高层建筑混凝土结构技术规程(JGJ 3—2010)[S]. 北京：中国建筑工业出版社,2011.

39. 中华人民共和国行业标准. 公路钢筋混凝土及预应力混凝土桥涵设计规范(JTG 3362—2018)[S]. 北京：人民交通出版社,2018.

40. 中华人民共和国行业标准. 公路桥梁抗震设计规范(JTG/T 2231—01—2020)[S]. 北京：人民交通出版社,2020.

41. 中华人民共和国行业标准. 混凝土重力坝设计规范(SL 319—2018)[S]. 北京：中国水利水电出版社,2018.